# Alle Formeln kompakt

## Mathematik | Physik

erarbeitet von
Stefan Stöckle

unter Beratung von
Manfred Baum
Prof. Dr. Hinrich Lorenzen
Dr. Michael Schmitz
Oliver Thomsen



Ernst Klett Verlag
Stuttgart · Leipzig

M



# Inhalt

**Grundlagen** 6
Mathematische Begriffe und Bezeichnungen 6
Griechisches Alphabet 6
Logik 7
Mengen 8
Zahlenmengen 9
Intervalle 9
Zahldarstellungen 9
Runden und Näherungswerte 10
Primzahlen 10

**Elementare Algebra** 11
Teiler und Vielfache 11
Bruchrechnung 11
Rechenoperationen und Rechengesetze 12
Kehrzahl 13
Gegenzahl und Betrag 13
Termumformungen 13
Potenzen und Wurzeln 13
Logarithmen 14
Komplexe Zahlen 15
Proportionen 16
Dreisatz 16
Prozent- und Zinsrechnung 16
Mittelwerte 18
Vollständige Induktion 18
Gleichungen und Ungleichungen 18
Lineare Gleichungssysteme mit zwei Gleichungen und zwei Variablen 22
Lineare Ungleichungssysteme mit zwei Variablen 23

**Funktionen und ihre Graphen** 24
Grundbegriffe 24
Eigenschaften von Funktionen und ihren Graphen 25
Lineare Funktionen und Geraden 27
Quadratische Funktionen und Parabeln 28
Potenzfunktionen mit ganzzahligen Exponenten 29
Potenzfunktionen mit gebrochenen Exponenten (Wurzelfunktionen) 30
Rationale Funktionen 30
Exponential- und Logarithmusfunktionen 32
Trigonometrische Funktionen (Winkelfunktionen) 33
Parameterdarstellung von Kurven in der Ebene 35

# Inhalt




**Ebene Geometrie (Planimetrie)** 36
- Grundbegriffe 36
- Dreiecke 38
- Vierecke 43
- Regelmäßige Vielecke (n-Ecke) 45
- Kreis und Kreisteile 46
- Kongruenz 47
- Zentrische Streckungen 48
- Strahlensätze 49
- Satz von Menelaos 49
- Satz von Ceva 49
- Ähnlichkeit 49
- Teilung einer Strecke 50

**Räumliche Geometrie (Stereometrie)** 51
- Körper mit ebenen Begrenzungsflächen 51
- Körper mit gekrümmten Begrenzungsflächen 52
- Rotationskörper 53
- Prinzip von Cavalieri 53
- Polyeder und regelmäßige Polyeder (platonische Körper) 54
- Darstellung von Körpern (Darstellende Geometrie) 55

**Trigonometrie** 56
- Grad- und Bogenmaß 56
- Sinus, Kosinus, Tangens und Kotangens 56

**Analysis** 60
- Folgen und Reihen 60
- Grenzwerte und Stetigkeit von Funktionen 63
- Differenzialrechnung 65
- Anwendungen der Differenzialrechnung 67
- Integralrechnung 72
- (Gewöhnliche) Differenzialgleichungen 78

**Ebene Koordinatengeometrie** 80
- Koordinatensysteme 80
- Transformationen des Koordinatensystems 80
- Grundgebilde 81
- Kegelschnitte 83

# Inhalt

**Analytische Geometrie des Raumes** **86**
Vektoren 86
Teilung und Mittelpunkt einer Strecke 90
Schwerpunkt eines Dreiecks 90
Geraden 90
Ebenen 91
Kugeln 92
Berechnung von Winkelgrößen 93
Berechnung von Abständen 93
Lagebeziehungen 94

**Lineare Algebra** **99**
Vektorraum 99
Untervektorraum 99
Linearkombination 99
Lineare Hülle 99
Lineare Abhängigkeit und lineare Unabhängigkeit von Vektoren 100
Erzeugendensystem 100
Basis und Dimension 100
Koordinaten, Komponenten und Koordinatenraum 100
Standardbasis 101
Skalarprodukt und euklidischer Vektorraum 101
Matrizen 101
Determinanten 105
Lineare Gleichungssysteme 107
Mehrstufige Prozesse 110
Affine Abbildungen der Ebene 112

**Beschreibende Statistik** **118**
Grundbegriffe 118
Diagramme 121
Lagemaße 122
Streumaße 124
Korrelationskoeffizient und Regressionsgerade 125

**Kombinatorik** **126**
Grundbegriffe 126
Permutationen 127
Variationen 127
Kombinationen 127
Übersicht Permutation – Variation – Kombination 128

# Inhalt



**Wahrscheinlichkeitsrechnung** 129
Grundbegriffe 129
Rechnen mit Ereignissen 130
Wahrscheinlichkeit und Wahrscheinlichkeitsverteilung 131
Rechnen mit Wahrscheinlichkeiten 131
Mehrstufige Zufallsexperimente 132
Bedingte Wahrscheinlichkeit 132
Gauß'sche Glockenfunktionen 134
Zufallsgrößen und ihre Verteilung 135
Spezielle Verteilungen 137

**Beurteilende Statistik** 143
Testen von Hypothesen 143
Signifikanztest bei binomialverteilten Zufallsgrößen 145
Alternativtest 146
Konfidenzintervalle (Vertrauensintervalle) 146

**Anhang: Tabellen** 147
Fakultäten 147
Binomialkoeffizienten 147
Binomialverteilung – Wahrscheinlichkeitsfunktion 148
Binomialverteilung – Verteilungsfunktion 150
Gauß-Funktion (Dichtefunktion der Standardnormalverteilung) 154
Gauß'sche Summenfunktion (Verteilungsfunktion der Standardnormalverteilung) 155

**Register** 210

# Grundlagen

## Mathematische Begriffe und Bezeichnungen

### Relationszeichen

| | | | |
|---|---|---|---|
| $a = b$ | a gleich b | $a < b$ | a kleiner b |
| $a \neq b$ | a ungleich b | $a > b$ | a größer b |
| $a \approx b$ | a ungefähr gleich b | $a \leq b$ | a kleiner b oder a gleich b |
| | | $a \geq b$ | a größer b oder a gleich b |

### Konstanten

$\pi$ Kreiszahl Pi (Ludolf'sche Zahl) ($\pi = 3{,}141\,592\,653\,589\ldots$)

$e$ Euler'sche Zahl ($e = 2{,}718\,281\,828\,459\ldots$)

### Funktionen

| | | | |
|---|---|---|---|
| $f$ | Bezeichner einer Funktion | $f'$ | Ableitungsfunktion der Funktion f |
| $f(x)$ | Funktionsterm | $f'(x)$ | Funktionsterm der ersten Ableitung |
| $f(a)$ | Funktionswert an der Stelle a | $f'(a)$ | Wert von f' an der Stelle a |
| $x \mapsto f(x)$ | Funktionsvorschrift | $D_f$ | Definitionsmenge von f |
| $y = f(x)$ | Funktionsgleichung | $W_f$ | Wertemenge von f |

### Geometrie

| | | | |
|---|---|---|---|
| $O(0 \mid 0)$ | Koordinatenursprung in der Ebene | $PQ$ | Gerade durch die Punkte P und Q |
| $O(0 \mid 0 \mid 0)$ | Koordinatenursprung im Raum | $\vec{v} = \begin{pmatrix} v_1 \\ v_2 \end{pmatrix}$ | Vektor in der Ebene mit den Koordinaten $v_1$ und $v_2$ |
| $P(p_1 \mid p_2)$ | Punkt in der Ebene mit den Koordinaten $p_1$ und $p_2$ | $\vec{v} = \begin{pmatrix} v_1 \\ v_2 \\ v_3 \end{pmatrix}$ | Vektor im Raum mit den Koordinaten $v_1$, $v_2$ und $v_3$ |
| $P(p_1 \mid p_2 \mid p_3)$ | Punkt im Raum mit den Koordinaten $p_1$, $p_2$ und $p_3$ | $\lvert\vec{v}\rvert$ | Betrag des Vektors $\vec{v}$ |
| $\overline{PQ}$ | Strecke mit den Endpunkten P und Q | $\overrightarrow{AB}$ | Vektor, der die Verschiebung beschreibt, die A auf B abbildet |
| $\lvert\overline{PQ}\rvert$ (auch $\overline{PQ}$) | Länge der Strecke mit den Endpunkten P und Q | $\vec{o}$ | Nullvektor |
| | | $\vec{a} = \overrightarrow{OA}$ | Ortsvektor des Punktes A |

### Stochastik

| | | | |
|---|---|---|---|
| $P(A)$ | Wahrscheinlichkeit des Ereignisses A | $\binom{n}{k}$ | Binomialkoeffizient „n über k" |
| $X$ | Zufallsgröße | $E(X) = \mu(X)$ | Erwartungswert der Zufallsgröße X |
| $P(X = k)$ | Wahrscheinlichkeit dafür, dass die Zufallsgröße X den Wert k annimmt | $\sigma(X)$ | Standardabweichung der Zufallsgröße X |

## Griechisches Alphabet

| | | | | | |
|---|---|---|---|---|---|
| Α, α Alpha | Β, β Beta | Γ, γ Gamma | Δ, δ Delta | Ε, ε Epsilon | Ζ, ζ Zeta |
| Η, η Eta | Θ, ϑ Theta | Ι, ι Jota | Κ, ϰ Kappa | Λ, λ Lambda | Μ, μ My |
| Ν, ν Ny | Ξ, ξ Xi | Ο, ο Omikron | Π, π Pi | Ρ, ϱ Rho | Σ, σ Sigma |
| Τ, τ Tau | Υ, υ Ypsilon | Φ, φ Phi | Χ, χ Chi | Ψ, ψ Psi | Ω, ω Omega |

## Aussagenlogik

### Aussage, Wahrheitswerte und Aussagenvariable

Eine **Aussage** ist ein Satz, der entweder etwas Wahres oder etwas Falsches ausdrückt. Jeder Aussage lässt sich stets ein **Wahrheitswert** zuordnen: W (wahr) bzw. F (falsch). **Aussagenvariablen** sind Zeichen wie p und q, die für Aussagen stehen und nur die Wahrheitswerte W und F annehmen können.

### Aussageform

Ein Ausdruck, der mindestens eine Variable bezüglich einer Grundmenge enthält, heißt **Aussageform** bezüglich dieser Grundmenge. Er ist weder wahr noch falsch und geht bei jeder Einsetzung der Variable(n) durch Elemente der Grundmenge in eine Aussage über.
Eine Aussageform, die für jede Einsetzung den Wahrheitswert W annimmt, heißt **Tautologie**.

### Aussagenverknüpfungen

(p, q Aussagenvariablen)

Negation: $\neg p$ nicht p
Konjunktion: $p \wedge q$ p und q
Disjunktion: $p \vee q$ p oder q (einschließendes Oder)
Alternative: $p \dot{\vee} q$ entweder p oder q (ausschließendes Oder)
Subjunktion: $p \rightarrow q$ wenn p, dann q
Bijunktion: $p \leftrightarrow q$ p genau dann, wenn q

### Wahrheitstafeln

(p, q Aussagenvariablen)

| p | q | $\neg p$ | $p \wedge q$ | $p \vee q$ | $p \dot{\vee} q$ | $p \rightarrow q$ | $p \leftrightarrow q$ |
|---|---|---|---|---|---|---|---|
| W | W | F | W | W | F | W | W |
| W | F | F | F | W | W | F | F |
| F | W | W | F | W | W | W | F |
| F | F | W | F | F | F | W | W |

Die Verknüpfungszeichen $\neg$, $\wedge$, $\vee$, $\dot{\vee}$, $\rightarrow$, und $\leftrightarrow$ heißen **Junktoren**.
$\neg$ bindet stärker als $\wedge$ und $\vee$, die wiederum stärker binden als $\dot{\vee}$, $\rightarrow$ und $\leftrightarrow$.

## Implikation und Äquivalenz (A, B Aussageformen)

**Implikation:** Ist $A \rightarrow B$ für alle möglichen Einsetzungen wahr, schreibt man $A \Rightarrow B$ (aus A folgt B). A ist hinreichend für B; B ist notwendig für A.

**Äquivalenz:** Ist $A \leftrightarrow B$ für alle möglichen Einsetzungen wahr, schreibt man $A \Leftrightarrow B$ (A ist äquivalent zu B). Dann ist auch B äquivalent zu A.

## Gesetze der Aussagenlogik (p, q, r Aussagenvariablen)

| | | |
|---|---|---|
| **Kommutativgesetze:** | $p \vee q \Leftrightarrow q \vee p$ | $p \wedge q \Leftrightarrow q \wedge p$ |
| **Assoziativgesetze:** | $(p \vee q) \vee r \Leftrightarrow p \vee (q \vee r)$ | $(p \wedge q) \wedge r \Leftrightarrow p \wedge (q \wedge r)$ |
| **Distributivgesetze:** | $p \vee (q \wedge r) \Leftrightarrow (p \vee q) \wedge (p \vee r)$ | $p \wedge (q \vee r)$ $\Leftrightarrow (p \wedge q) \vee (p \wedge r)$ |
| **Idempotenzgesetze:** | $p \vee p \Leftrightarrow p$ | $p \wedge p \Leftrightarrow p$ |
| **Absorptionsgesetze:** | $p \vee (p \wedge q) \Leftrightarrow p$ | $p \wedge (p \vee q) \Leftrightarrow p$ |
| **De-Morgan-Gesetze:** | $\neg(p \vee q) \Leftrightarrow \neg p \wedge \neg q$ | $\neg(p \wedge q) \Leftrightarrow \neg p \vee \neg q$ |
| **Vereinigungsgesetze:** | $p \vee \neg p$ Tautologie<br>Satz vom ausgeschlossenen Dritten | $\neg(p \wedge \neg p)$ Tautologie<br>Satz vom Widerspruch |
| **Kontrapositionsgesetz:** | $(p \rightarrow q) \Leftrightarrow (\neg q \rightarrow \neg p)$ | |
| **Transitivgesetz:** | $((p \rightarrow q) \wedge (q \rightarrow r)) \Rightarrow (p \rightarrow r)$ | |
| **Abtrenngesetze:** | $p \wedge (p \rightarrow q) \Rightarrow q$ (direkter Schluss)<br>$(p \rightarrow q) \wedge \neg q \Rightarrow \neg p$ (indirekter Schluss) | |

Tautologie → vgl. oben

M

Mathematik

# Grundlagen

## Mengen

### Schreibweisen und Beziehungen

| | |
|---|---|
| $\{x_1, x_2, \ldots, x_n\}$: | Menge mit den Elementen $x_1, x_2, \ldots, x_n$ |
| $\{x \mid \ldots\}$: | Menge aller x, für die … gilt |
| $x \in M$: | x ist ein Element der Menge M. |
| $y \notin M$: | y ist kein Element der Menge M. |
| $\{\,\}$ oder $\emptyset$: | leere Menge (enthält kein Element) |
| **Mengengleichheit:** | $A = B$ A und B haben dieselben Elemente (A gleich B). |
| **Teilmenge:** | $A \subseteq B$ Jedes Element von A ist auch Element von B (A ist Teilmenge von B). |

**Echte Teilmenge:** $A \subset B$
A ist Teilmenge von B und es gibt mindestens ein Element in B, das nicht Element von A ist (A ist echte Teilmenge von B).

**Potenzmenge:** $P(B) = \{A \mid A \subseteq B\}$
Menge aller Teilmengen einer Menge B (Potenzmenge einer Menge B).
Die Potenzmenge einer Menge mit n Elementen enthält $2^n$ Elemente.

**Komplementmenge:** $\overline{A} = \{x \mid x \in B \wedge x \notin A\}$
Es liegt eine Menge B zugrunde und A ist eine beliebige Menge aus P(B), also Teilmenge von B. Dann ist die Komplementmenge (Komplementärmenge) $\overline{A}$ die Menge aller Elemente von B, die nicht Element der Menge A sind (Komplement bzw. Komplementmenge von A bezüglich B).

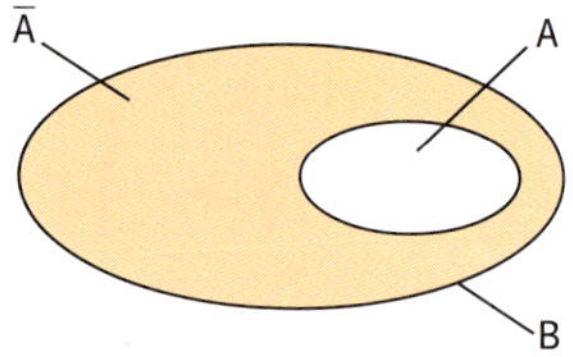


### Mengenverknüpfungen

**Vereinigungsmenge:** $A \cup B = \{x \mid x \in A \vee x \in B\}$
Menge aller Elemente, die Element von A oder Element von B oder Element von A und B sind (A vereinigt B).

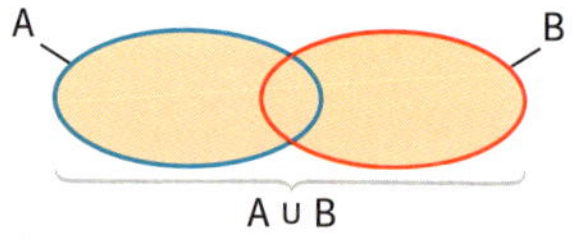


**Schnittmenge:** $A \cap B = \{x \mid x \in A \wedge x \in B\}$
Menge aller Elemente, die Element von A und Element von B sind (A geschnitten B).

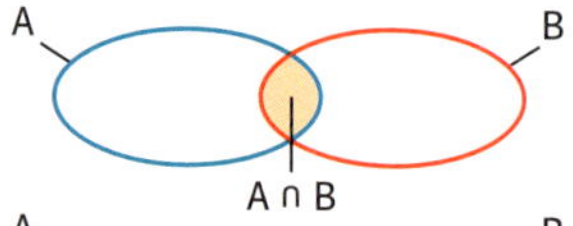


**Differenzmenge:** $A \setminus B = \{x \mid x \in A \wedge x \notin B\}$
Menge aller Elemente, die Element von A, aber nicht Element von B sind (A ohne B).

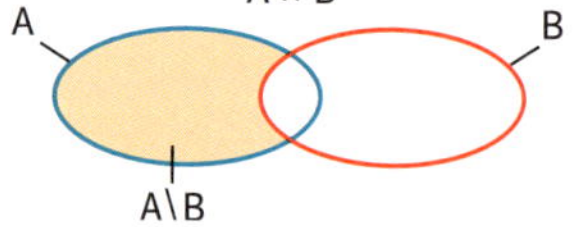


**Produktmenge:** $A \times B = \{(x; y) \mid x \in A \wedge y \in B\}$
Menge aller geordneten Paare (x; y), bei denen x Element von A und y Element von B ist (A kreuz B).

### Gesetze der Mengenalgebra

| | | |
|---|---|---|
| **Kommutativgesetze:** | $A \cup B = B \cup A$ | $A \cap B = B \cap A$ |
| **Assoziativgesetze:** | $(A \cup B) \cup C = A \cup (B \cup C)$ | $(A \cap B) \cap C = A \cap (B \cap C)$ |
| **Distributivgesetze:** | $A \cup (B \cap C) = (A \cup B) \cap (A \cup C)$ | $A \cap (B \cup C) = (A \cap B) \cup (A \cap C)$ |
| **Idempotenzgesetze:** | $A \cup A = A$ | $A \cap A = A$ |
| **Absorptionsgesetze:** | $A \cup (A \cap B) = A$ | $A \cap (A \cup B) = A$ |
| **De-Morgan-Gesetze:** | $\overline{A \cup B} = \overline{A} \cap \overline{B}$ | $\overline{A \cap B} = \overline{A} \cup \overline{B}$ |

## Zahlenmengen

| Zahlenmenge | Uneingeschränkt ausführbar |
|---|---|
| **Menge der natürlichen Zahlen:** $\mathbb{N} = \{0, 1, 2, 3 \ldots\}$; $\mathbb{N}^* = \mathbb{N} \setminus \{0\} = \{1, 2, 3 \ldots\}$ | Addition und Multiplikation |
| **Menge der gebrochenen Zahlen:** $\mathbb{Q}^+ = \left\{\frac{a}{b} \,\middle|\, a \in \mathbb{N} \text{ und } b \in \mathbb{N} \setminus \{0\}\right\}$; $\mathbb{N} \subset \mathbb{Q}^+$ Auch als positive abbrechende oder periodische Dezimalbrüche darstellbar. | Addition, Multiplikation und Division (außer durch 0) |
| **Menge der ganzen Zahlen:** $\mathbb{Z} = \{\ldots -3, -2, -1, 0, 1, 2, 3 \ldots\}$; $\mathbb{N} \subset \mathbb{Z}$ | Addition, Subtraktion und Multiplikation |
| **Menge der rationalen Zahlen:** $\mathbb{Q} = \left\{\frac{a}{b} \,\middle|\, a \in \mathbb{Z} \text{ und } b \in \mathbb{Z} \setminus \{0\}\right\}$; $\mathbb{N} \subset \mathbb{Z} \subset \mathbb{Q}$ Auch als abbrechende oder periodische Dezimalbrüche darstellbar. | Addition, Subtraktion, Multiplikation und Division (außer durch 0) |
| **Menge der reellen Zahlen:** $\mathbb{N} \subset \mathbb{Z} \subset \mathbb{Q} \subset \mathbb{R}$ Enthält neben $\mathbb{Q}$ auch die Menge $\mathbb{I}$ der irrationalen Zahlen wie $\pi$, e oder $\sqrt{2}$ (nicht als abbrechende oder periodische Dezimalbrüche darstellbar). | Addition, Subtraktion, Multiplikation und Division (außer durch 0) Wurzelziehen für nichtnegative Radikanden |
| **Menge der komplexen Zahlen:** $\mathbb{C} = \{z \mid z = a + b\,i \text{ und } a, b \in \mathbb{R} \text{ und } i^2 = -1\}$ $\mathbb{N} \subset \mathbb{Z} \subset \mathbb{Q} \subset \mathbb{R} \subset \mathbb{C}$ | Addition, Subtraktion, Multiplikation und Division (außer durch 0), Wurzelzeichen |

Echte Teilmenge → S. 8

Radikand → S. 12, 14
Komplexe Zahlen → S. 15

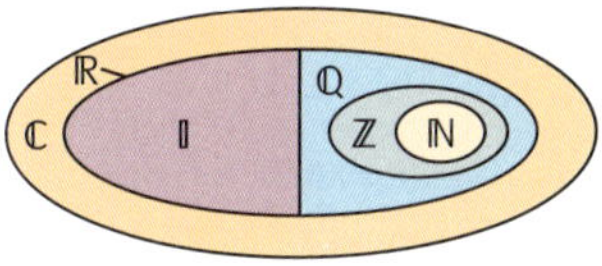


## Intervalle

**Abgeschlossenes Intervall:**
$[a; b] = \{x \in \mathbb{R} \mid a \le x \le b\}$

**Linksoffenes Intervall:**
$(a; b] = \{x \in \mathbb{R} \mid a < x \le b\}$

**Unbeschränkte Intervalle:**
$[a; +\infty) = \{x \in \mathbb{R} \mid x \ge a\}$

$(a; +\infty) = \{x \in \mathbb{R} \mid x > a\}$

**Offenes Intervall:**
$(a; b) = \{x \in \mathbb{R} \mid a < x < b\}$

**Rechtsoffenes Intervall:**
$[a; b) = \{x \in \mathbb{R} \mid a \le x < b\}$

$(-\infty; a] = \{x \in \mathbb{R} \mid x \le a\}$

$(-\infty; a) = \{x \in \mathbb{R} \mid x < a\}$

## Zahldarstellungen

### Stellenwertsysteme (Positionssysteme)

Darstellung einer natürlichen Zahl $a_n a_{n-1} a_{n-2} \ldots a_2 a_1 a_0$ mit der Basis b:
$(a_n a_{n-1} a_{n-2} \ldots a_2 a_1 a_0)_b = a_n \cdot b^n + a_{n-1} \cdot b^{n-1} + a_{n-2} \cdot b^{n-2} + \ldots + a_2 \cdot b^2 + a_1 \cdot b^1 + a_0 \cdot b^0$.
In einem Stellenwertsystem mit der Basis b benötigt man zur Darstellung jeder natürlichen Zahl b Ziffern. Der Wert einer Ziffer hängt von ihrer Position (Stelle) ab.

### Dezimalsystem (Zehnersystem)

Basis $b = 10$. Ziffern zur Darstellung einer natürlichen Zahl: 0, 1, 2, …, 8 und 9.
$a_n a_{n-1} a_{n-2} \ldots a_2 a_1 a_0 = a_n \cdot 10^n + a_{n-1} \cdot 10^{n-1} + a_{n-2} \cdot 10^{n-2} + \ldots + a_2 \cdot 10^2 + a_1 \cdot 10 + a_0$
Beispiel: $34\,204 = 3 \cdot 10^4 + 4 \cdot 10^3 + 2 \cdot 10^2 + 0 \cdot 10^1 + 4 \cdot 10^0$.

# Grundlagen

## Zahldarstellungen

### Dualsystem (Binärsystem)

Basis $b = 2$. Zur Darstellung einer natürlichen Zahl verwendet man die Ziffern 0 und 1.
$(a_n a_{n-1} a_{n-2} \ldots a_2 a_1 a_0)_2 = a_n \cdot 2^n + a_{n-1} \cdot 2^{n-1} + a_{n-2} \cdot 2^{n-2} + \ldots + a_2 \cdot 2^2 + a_1 \cdot 2 + a_0$
Beispiel: $(1011)_2 = 1 \cdot 2^3 + 0 \cdot 2^2 + 1 \cdot 2^1 + 1 \cdot 2^0 = 11.$

### Hexadezimalsystem

Basis $b = 16$. Zur Darstellung einer natürlichen Zahl verwendet man die Ziffern 0, 1, 2, …, 9, A, B … F.
$(a_n a_{n-1} a_{n-2} \ldots a_2 a_1 a_0)_{16} = a_n \cdot 16^n + a_{n-1} \cdot 16^{n-1} + a_{n-2} \cdot 16^{n-2} + \ldots + a_2 \cdot 16^2 + a_1 \cdot 16 + a_0$
Beispiel: $(B103F)_{16} = 11 \cdot 16^4 + 1 \cdot 16^3 + 0 \cdot 16^2 + 3 \cdot 16^1 + 15 \cdot 16^0 = 725\,055.$

### Römische Zahlzeichen (Additionssystem)

Römische Zahlzeichen und ihre Bedeutung:
I: 1 V: 5 X: 10 L: 50 C: 100 D: 500 M: 1000

Der Wert eines römischen Zahlzeichens ist unabhängig von seiner Stelle, an der es steht. Römische Zahlzeichen werden hintereinandergeschrieben.
Im Allgemeinen beginnt man mit dem Zeichen mit dem größten Wert.
Steht ein Zahlzeichen rechts von einem gleichen oder höheren, so wird sein Wert addiert. Steht ein Zahlzeichen links von einem höheren, so wird sein Wert subtrahiert.
Die Zeichen I, X und C werden höchstens dreimal hintereinandergeschrieben. Die Zeichen V, L und D werden nicht vorangestellt und nicht wiederholt.
Beispiele: VII = 5 + 1 + 1 = 7, XVI = 10 + 5 + 1 = 16, XCV = 100 − 10 + 5 = 95.

## Runden und Näherungswerte

Steht direkt rechts von der Rundungsstelle eine 5, 6, 7, 8 oder 9, so wird **aufgerundet**.
Steht direkt rechts von der Rundungsstelle eine 0, 1, 2, 3 oder 4, so wird **abgerundet**.

**Näherungswerte** erhält man durch Runden, beim Messen von Größen, beim Angeben von irrationalen Zahlen oder bei Überschlagsrechnungen.

## Primzahlen

Teiler und Teilermenge → S. 11

Eine natürliche Zahl $p > 1$ mit genau zwei Teilern in der Menge $\mathbb{N}$ der natürlichen Zahlen (die 1 und p) heißt **Primzahl**.
Eine Primzahl p hat nur unechte Teiler: $T_p = \{1; p\}$.

**Primzahlen bis 100:**

| | | | | | | | | | | | | |
|---|---|---|---|---|---|---|---|---|---|---|---|---|
| 2 | 3 | 5 | 7 | 11 | 13 | 17 | 19 | 23 | 29 | 31 | 37 | 41 |
| 43 | 47 | 53 | 59 | 61 | 67 | 71 | 73 | 79 | 83 | 89 | 97 | |

Wenn sich eine Zahl $n \in \mathbb{N}$, $n > 1$ als Produkt zweier kleinerer natürlicher Zahlen a und b beschreiben lässt $(n = a \cdot b)$, dann heißt n **zusammengesetzt**, ansonsten **prim**.

### Primfaktorzerlegung

Schreibweise p | n → S. 11

Eine Zahl p heißt **Primfaktor** einer natürlichen Zahl n, wenn $p \mid n$ und p eine Primzahl ist. Alle natürlichen Zahlen größer als 1 lassen sich (bis auf die Reihenfolge der Faktoren) eindeutig als ein Produkt von Primfaktoren schreiben, z. B. $28 = 2 \cdot 2 \cdot 7$.

Bei der **kanonischen Primfaktorzerlegung** einer Zahl $n \in \mathbb{N}, n > 1$ werden die Primfaktoren der Größe nach geordnet und gleiche Primfaktoren zu Potenzen zusammengefasst:
$n = p_1^{e_1} \cdot p_2^{e_2} \cdot \ldots \cdot p_m^{e_m}$ mit den Primzahlen $p_1 < p_2 < \ldots < p_m$ und $e_1, e_2, \ldots, e_m \in \mathbb{N}^*$.
Der Exponent $e_k (k = 1, 2 \ldots m)$ ist die Vielfachheit des Primfaktors $p_k$.

## Teiler und Vielfache

Eine Zahl $a \in \mathbb{Z}$ ist **Teiler** einer Zahl $b \in \mathbb{Z}$, wenn es ein $n \in \mathbb{Z}$ gibt mit $a \cdot n = b$, wenn also die Division $b : a$ ohne Rest aufgeht. Die Zahl n ist der zu a **komplementäre Teiler**, b ist ein **Vielfaches** von a. Die Zahlen 1 und b sind **unechte Teiler**, alle anderen Teiler nennt man **echte Teiler** der Zahl b.

**Schreibweisen:** $a \mid b$ „a teilt b." und $a \nmid b$ „a ist kein Teiler von b."
**Teilermenge:** Menge aller Teiler einer Zahl. $T_b = \{x \in \mathbb{Z} \mid x \mid b\}$
**Vielfachenmenge:** Menge aller Vielfachen einer Zahl. $V_a = \{x \in \mathbb{Z} \mid a \mid x\}$

### Teilbarkeitsregeln

Eine Zahl ist genau dann **teilbar durch**

**2**, wenn ihre letzte Ziffer eine 0, 2, 4, 6 oder 8 ist,
**3**, wenn ihre Quersumme durch 3 teilbar ist,
**4**, wenn die aus ihren beiden letzten Ziffern gebildete Zahl durch 4 teilbar ist,
**5**, wenn ihre letzte Ziffer eine 0 oder eine 5 ist,
**9**, wenn ihre Quersumme durch 9 teilbar ist,
**10**, wenn ihre letzte Ziffer eine 0 ist.

### Größter gemeinsamer Teiler (ggT) und kleinstes gemeinsames Vielfaches (kgV)

Für den **größten gemeinsamen Teiler** zweier Zahlen a und b schreibt man **ggT (a; b)**.
Für das **kleinste gemeinsame Vielfache** zweier Zahlen a und b schreibt man **kgV (a; b)**.
Zwischen ggT und kgV besteht der Zusammenhang $a \cdot b = \text{ggT}(a; b) \cdot \text{kgV}(a; b)$.

#### Bestimmen von ggT (a; b) mithilfe der Primfaktorzerlegung

$$1560 = 2 \cdot 2 \cdot 2 \cdot 3 \cdot 5 \cdot 13$$
$$6300 = 2 \cdot 2 \cdot 3 \cdot 3 \cdot 5 \cdot 5 \cdot 7$$
$$\text{ggT}(1560; 6300) = 2 \cdot 2 \cdot 3 \cdot 5 = 60$$

#### Bestimmen von kgV (a; b) mithilfe der Primfaktorzerlegung

Primfaktorzerlegung → S. 10

$$504 = 2 \cdot 2 \cdot 2 \cdot 3 \cdot 3 \cdot 7$$
$$60 = 2 \cdot 2 \cdot 3 \cdot 5$$
$$\text{ggT}(504; 60) = 2 \cdot 2 \cdot 2 \cdot 3 \cdot 3 \cdot 5 \cdot 7 = 2520$$

#### Euklidischer Algorithmus zum Bestimmen von ggT (a; b)

$a : b = m_1$ Rest $n_1$, $n_1 \neq 0$
$b : n_1 = m_2$ Rest $n_2$, $n_2 \neq 0$
$n_1 : n_2 = m_3$ Rest $n_3$, $n_3 \neq 0$
…
$n_{z-2} : n_{z-1} = m_z$ Rest 0
$\text{ggT}(a; b) = n_{z-1}$

## Bruchrechnung

Betrag → S. 13

### Begriffe (Alle Nenner stets ungleich null.)

Bei einem **Bruch** $\frac{a}{b}$ heißt a **Zähler** und b **Nenner** des Bruches. $\frac{b}{a}$ ist der **Kehrbruch** von $\frac{a}{b}$. Es gilt $\frac{a}{b} \cdot \frac{b}{a} = 1$. Für $|a| < |b|$ spricht man von einem **echten Bruch**, für $|a| \geq |b|$ von einem **unechten Bruch**. Brüche mit dem Zähler 1 heißen **Stammbrüche**.
Unechte Brüche wie $\frac{7}{4}$ kann man auch in der **gemischten Schreibweise** angeben: $1\frac{3}{4}$.
Brüche mit gleichem Nenner heißen **gleichnamig**. Der kleinste gemeinsame Nenner zweier Brüche, der **Hauptnenner**, ist das kgV der beiden Nenner.

kgV → vgl. oben

### Erweitern und Kürzen (Alle Nenner stets ungleich null.)

Ein Bruch wird **erweitert**, indem der Zähler und der Nenner mit derselben Zahl (ungleich 0) multipliziert werden: $\frac{a}{b} = \frac{a \cdot n}{b \cdot n}$ $(n \neq 0)$. Ein Bruch wird **gekürzt**, indem der Zähler und der Nenner durch dieselbe Zahl (ungleich 0) dividiert werden: $\frac{a}{b} = \frac{a : n}{b : n}$ $(n \neq 0)$.

# Elementare Algebra

Bruchrechnung

## Rechnen mit Brüchen (Alle Nenner stets ungleich null.)

Addition und Subtraktion: $\frac{a}{b} \pm \frac{c}{b} = \frac{a \pm c}{b}$ $\qquad \frac{a}{b} \pm \frac{c}{d} = \frac{a \cdot d \pm c \cdot b}{b \cdot d}$

Multiplikation: $\frac{a}{b} \cdot \frac{c}{d} = \frac{a \cdot c}{b \cdot d}$

Division: $\frac{a}{b} : \frac{c}{d} = \frac{a}{b} \cdot \frac{d}{c} = \frac{a \cdot d}{b \cdot c}$

## Gleichheit von Brüchen (Alle Nenner stets ungleich null.)

Zwei Brüche $\frac{a}{b}$ und $\frac{c}{d}$ stellen genau dann die gleiche Zahl dar, wenn $a \cdot d = b \cdot c$ gilt.

# Rechenoperationen und Rechengesetze

## Rechenoperationen ($a, b \in \mathbb{R}$)

| | Rechenart | Term | Termname | a | b |
|---|---|---|---|---|---|
| Grundrechenarten | Addition | $a + b$ | Summe | Summand | Summand |
| Grundrechenarten | Subtraktion | $a - b$ | Differenz | Minuend | Subtrahend |
| Grundrechenarten | Multiplikation | $a \cdot b$ | Produkt | Faktor | Faktor |
| Grundrechenarten | Division | $a : b \; (b \neq 0)$ | Quotient | Dividend | Divisor |
| Potenzen → S. 13 | Potenzieren | $a^b$ $(a > 0)$ | Potenz | Basis bzw. Grundzahl | Exponent bzw. Hochzahl |
| Wurzeln → S. 14 | Radizieren (Wurzelziehen) | $\sqrt[b]{a}$ $(a \geq 0;\; b \in \mathbb{N}^* \setminus \{1\})$ | n-te Wurzel | Radikand | Wurzelexponent |
| Logarithmen → S. 14 | Logarithmieren | $\log_b(a)$ $(a, b > 0;\; b \neq 1)$ | Logarithmus | Numerus | Basis |

## Vorrangregeln (Hierarchie der Rechenoperationen)

Zuerst wird berechnet, was in Klammern steht.
Potenzieren, Radizieren und Logarithmieren erfolgt vor der Punkt- und Strichrechnung.
Die Punktrechnung erfolgt vor der Strichrechnung.

## Rechengesetze für die Grundrechenarten

### Kommutativgesetze

$a + b = b + a$ $\qquad a \cdot b = b \cdot a$

### Assoziativgesetze

$(a + b) + c = a + (b + c) = a + b + c$ $\qquad (a \cdot b) \cdot c = a \cdot (b \cdot c) = a \cdot b \cdot c$

### Distributivgesetze

$a \cdot (b \pm c) = a \cdot b \pm a \cdot c$ $\qquad (a \pm b) \cdot c = a \cdot c \pm b \cdot c$

Von links nach rechts gelesen: **Ausmultiplizieren**, in der anderen Richtung **Ausklammern**.

$(a \pm b) : c = a : c \pm b : c$

### Multiplizieren von Summen

$(a + b) \cdot (c + d) = a \cdot c + a \cdot d + b \cdot c + b \cdot d$

Rechenoperationen und Rechengesetze

## Monotoniegesetze $(a, b, c \in \mathbb{R})$

$a < b \Leftrightarrow b > a \Leftrightarrow b - a > 0$

Aus $a < b$ folgt $a + c < b + c$.

Aus $a < b$ folgt $-a > -b$.

Aus $a < b$ folgt $a \cdot c < b \cdot c \;(c > 0)$.

Aus $a < b$ folgt $a \cdot c > b \cdot c \;(c < 0)$.

Aus $a < b$ folgt $\frac{1}{a} > \frac{1}{b}$ für $a > 0$.

## Kehrzahl

Zu einer Zahl $a \in \mathbb{R} \setminus \{0\}$ heißt $\frac{1}{a}$ **Kehrzahl** von a. Es gilt $a \cdot \frac{1}{a} = 1$.

## Gegenzahl und Betrag

Zu einer Zahl a heißt $-a$ **Gegenzahl** von a. Es gilt $a + (-a) = 0$.
Zahl und Gegenzahl haben auf der Zahlengeraden denselben Abstand vom Nullpunkt.

### Betrag einer Zahl

$|a| = \begin{cases} a & \text{für } a \geq 0 \\ -a & \text{für } a < 0 \end{cases}$ Der Betrag einer Zahl entspricht dem Abstand der Zahl vom Nullpunkt auf der Zahlengeraden.

$|a| = |-a|$

$|a \cdot b| = |a| \cdot |b|; \;|a : b| = |a| : |b|$

$|a + b| \leq |a| + |b|$ **(Dreiecksungleichung)**

$|a + b| \geq \big||a| - |b|\big|$

$|a_1 + a_2 + \ldots + a_n| \leq |a_1| + |a_2| + \ldots + |a_n|$

## Termumformungen

### Binomische Formeln

$(a + b)^2 = a^2 + 2ab + b^2$

$(a - b)^2 = a^2 - 2ab + b^2$

$(a + b)(a - b) = a^2 - b^2$

$(a + b)^3 = a^3 + 3a^2b + 3ab^2 + b^3$

$(a - b)^3 = a^3 - 3a^2b + 3ab^2 - b^3$

$(a + b)^4 = a^4 + 4a^3b + 6a^2b^2 + 4ab^3 + b^4$

$(a - b)^4 = a^4 - 4a^3b + 6a^2b^2 - 4ab^3 + b^4$

### Binomischer Lehrsatz $(a, b \in \mathbb{R};\; n \in \mathbb{N})$

$$(a + b)^n = a^n b^0 + \binom{n}{1} a^{n-1} b^1 + \binom{n}{2} a^{n-2} b^2 + \ldots + \binom{n}{n-1} a^1 b^{n-1} + \binom{n}{n} a^0 b^n$$
$$= \sum_{k=0}^{n} \binom{n}{k} a^{n-k} b^k$$

Binomialkoeffizient → S. 126

Terme der Form $(a + b)^n$ kann man mithilfe des Pascal'schen Dreiecks umformen:

| | Pascal'sches Dreieck | |
|---|---|---|
| n = 0 | 1 | $(a + b)^0 = 1$ |
| n = 1 | 1 1 | $(a + b)^1 = a + b$ |
| n = 2 | 1 2 1 | $(a + b)^2 = a^2 + 2ab + b^2$ |
| n = 3 | 1 3 3 1 | $(a + b)^3 = a^3 + 3a^2b + 3ab^2 + b^3$ |
| n = 4 | 1 4 6 4 1 | $(a + b)^4 = a^4 + 4a^3b + 6a^2b^2 + 4ab^3 + b^4$ |
| n = 5 | 1 5 10 10 5 1 | $(a + b)^5 = a^5 + 5a^4b + 10a^3b^2 + 10a^2b^3 + 5ab^4 + b^5$ |
| … | … | … |

## Potenzen und Wurzeln

### Definitionen und Begriffe

**Potenzen**

$a^n = \underbrace{a \cdot a \cdot a \cdot \ldots \cdot a}_{n \text{ Faktoren}}$. $a \in \mathbb{R} \setminus \{0\}$ heißt **Basis (Grundzahl)**, $n \in \mathbb{N}$ **Exponent (Hochzahl)**.

$a^1 = a$ $\quad a^0 = 1$ $\quad a^{-n} = \frac{1}{a^n}$ $\quad 0^0$ ist nicht definiert.

# Elementare Algebra

## Potenzen und Wurzeln – Definitionen und Begriffe

### Wurzeln

$\sqrt{a}$ ist die nichtnegative Zahl b, für die $b^2 = a$ gilt. Dabei ist $a \geq 0$.

$\sqrt{a} = b \Leftrightarrow b^2 = a$
$a \in \mathbb{R}$ und $a \geq 0$

$\sqrt[n]{a}$ ist die nichtnegative Zahl b, für die $b^n = a$ gilt. Dabei ist $n \in \mathbb{N}^* \setminus \{1\}$ sowie $a \geq 0$.

$\sqrt[n]{a} = b \Leftrightarrow b^n = a$
$a \in \mathbb{R}$ und $a \geq 0$, $n \in \mathbb{N}^* \setminus \{1\}$
a: Radikand
b: Wurzelexponent

### Zusammenhang Potenzen – Wurzeln ($m, n \in \mathbb{N}^* \setminus \{1\}$ und $a \in \mathbb{R}$ mit $a \geq 0$)

$a^{\frac{1}{n}} = \sqrt[n]{a}$ $\quad$ $a^{\frac{m}{n}} = (a^m)^{\frac{1}{n}} = \left(a^{\frac{1}{n}}\right)^m = \sqrt[n]{a^m}$ $\quad$ $a^{-\frac{m}{n}} = \frac{1}{\sqrt[n]{a^m}}$ $(a > 0)$

## Rechnen mit Potenzen und Wurzeln

### Potenzgesetze ($m, n \in \mathbb{Z}$; $a, b \in \mathbb{R} \setminus \{0\}$)

$a^m \cdot a^n = a^{m+n}$ $\quad$ $a^n \cdot b^n = (a \cdot b)^n$ $\quad$ $(a^m)^n = (a^n)^m = a^{m \cdot n}$

$a^m : a^n = a^{m-n}$ $\quad$ $a^n : b^n = (a : b)^n$

### Wurzelgesetze ($m, n \in \mathbb{N}^* \setminus \{1\}$ und $a, b \in \mathbb{R}$ mit $a, b \geq 0$)

$\sqrt[m]{a} \cdot \sqrt[n]{a} = \sqrt[mn]{a^{m+n}}$ $\quad$ $\sqrt[n]{a} \cdot \sqrt[n]{b} = \sqrt[n]{a \cdot b}$ $\quad$ $(\sqrt[n]{a})^m = \sqrt[n]{a^m} = \sqrt[kn]{a^{km}}$ $(k \in \mathbb{N}^*)$

$\sqrt[m]{a} : \sqrt[n]{a} = \sqrt[mn]{a^{m-n}}$ $\quad$ $\sqrt[n]{a} : \sqrt[n]{b} = \sqrt[n]{a : b}$ $(b > 0)$ $\quad$ $\sqrt[m]{\sqrt[n]{a}} = \sqrt[n]{\sqrt[m]{a}} = \sqrt[mn]{a}$

## Logarithmen

### Definition

Der Logarithmus von a zur Basis b ist die Zahl, mit der man b potenzieren muss, um a zu erhalten.
Es gilt $\log_b(1) = 0$ und $\log_b(b) = 1$.

$b^x = a \Leftrightarrow \log_b(a) = x$
$a, b \in \mathbb{R}$, $a, b > 0$ und $b \neq 1$
b: Basis
a: Numerus

### Rechnen mit Logarithmen ($b, u, v \in \mathbb{R}$; $n \in \mathbb{N}^* \setminus \{1\}$; $p \in \mathbb{R}$; $b, u, v > 0$; $b \neq 1$)

$\log_b(u \cdot v) = \log_b(u) + \log_b(v)$ $\quad$ $\log_b(u^p) = p \cdot \log_b(u)$

$\log_b(u : v) = \log_b(u) - \log_b(v)$ $\quad$ $\log_b(\sqrt[n]{u}) = \frac{1}{n} \cdot \log_b(u)$

$b^{\log_b(u)} = u$ $\quad$ $\log_b(b^u) = u$

### Logarithmen zu speziellen Basen

#### Zehnerlogarithmus bzw. dekadischer Logarithmus

$b = 10$: $\log_{10}(a) = \lg(a)$

#### Natürlicher Logarithmus

$b = e$ mit $e = 2{,}718\,281\,828\,459\ldots$ (Euler'sche Zahl): $\log_e(a) = \ln(a)$

### Basiswechsel und Rechnen mit Logarithmen zu speziellen Basen

($b, c, u \in \mathbb{R}$; $b, c, u > 0$; $b, c \neq 1$)

$\log_b(u) = \frac{\log_c(u)}{\log_c(b)} = \frac{\lg(u)}{\lg(b)} = \frac{\ln(u)}{\ln(b)}$

$10^{\lg(u)} = u$ $\quad$ $e^{\ln(u)} = u$

$\lg(10^u) = u$ $\quad$ $\ln(e^u) = u$

## Komplexe Zahlen

### Komplexe Zahlen in Normalform

Menge der komplexen Zahlen:
$\mathbb{C} = \{z \mid z = a + bi \text{ mit } a, b \in \mathbb{R} \text{ und } i^2 = -1\}$.
a: **Realteil** von z (Re (z))
b: **Imaginärteil** von z (Im (z))
i: **imaginäre Einheit**
$z = a + bi$ und $\bar{z} = a - bi$ heißen **zueinander konjugiert komplexe Zahlen.**
$b = 0$: reelle Zahlen $\mathbb{R}$
$a = 0$ und $b \neq 0$: imaginäre Zahlen

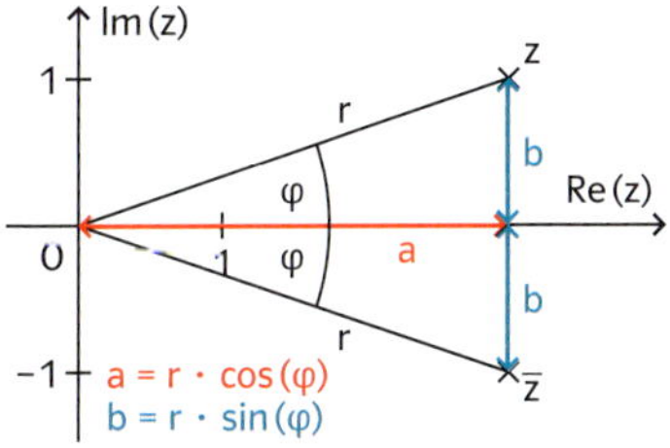


### Komplexe Zahlen in Polarform (trigonometrische Form)

$z = r \cdot (\cos(\varphi) + i \sin(\varphi))$ mit $r \geq 0$ und $0 \leq \varphi \leq 2\pi$
r: **Betrag** von z
φ: **Argument** bzw. **Phase** von z

### Komplexe Zahlen in Exponentialform

$z = r \cdot e^{i\varphi}$ mit $e^{i\varphi} = \cos(\varphi) + i \sin(\varphi)$ **(Euler'sche Relation)**, e: Euler'sche Zahl

Euler'sche Zahl → S. 6

### Zusammenhänge

$r = \sqrt{a^2 + b^2}$ $\cos(\varphi) = \frac{a}{r}$ $\sin(\varphi) = \frac{b}{r}$ $\tan(\varphi) = \frac{b}{a}$

### Rechnen mit komplexen Zahlen ($a_1, a_2, b_1, b_2 \in \mathbb{R}$)

#### Potenzen der imaginären Einheit i ($k, n \in \mathbb{Z}$)

$i^{4n} = 1$ $i^{4n+1} = i$ $i^{4n+2} = -1$ $i^{4n+3} = -i$ $i^i = e^{-\left(\frac{1}{2}+2k\right)\pi}$

#### In Normalform

$z_1 = a_1 + b_1 i,\ z_2 = a_2 + b_2 i$

$z_1 \pm z_2 = (a_1 \pm a_2) + (b_1 \pm b_2) i$

$z_1 \cdot z_2 = (a_1 a_2 - b_1 b_2) + (a_1 b_2 + a_2 b_1) i$

$\frac{z_1}{z_2} = \frac{z_1 \cdot \bar{z}_2}{z_2 \cdot \bar{z}_1} = \frac{a_1 a_2 + b_1 b_2}{a_2^2 + b_2^2} + \frac{a_2 b_1 - a_1 b_2}{a_2^2 + b_2^2} i$ für $z_2 \neq 0 + 0i$

$z^2 = a^2 + 2abi - b^2$

$z^3 = a^3 + 3a^2 bi - 3ab^2 i - b^3 i$

#### In Polarform

$z_1 = r_1 \cdot (\cos(\varphi_1) + i \sin(\varphi_1)),\ z_2 = r_2 \cdot (\cos(\varphi_2) + i \sin(\varphi_2))$

$z_1 \pm z_2 = (r_1 \cdot \cos(\varphi_1) \pm r_2 \cdot \cos(\varphi_2)) + i(r_1 \cdot \sin(\varphi_1) \pm r_2 \cdot \sin(\varphi_2))$

$z_1 \cdot z_2 = r_1 r_2 (\cos(\varphi_1 + \varphi_2) + i \sin(\varphi_1 + \varphi_2))$

$\frac{z_1}{z_2} = \frac{r_1}{r_2} (\cos(\varphi_1 - \varphi_2) + i \sin(\varphi_1 - \varphi_2))$ für $z_2 \neq 0 + 0i$

$z^n = \left(r(\cos(\varphi) + i \sin(\varphi))\right)^n = r^n (\cos(n\varphi) + i \sin(n\varphi))$ für $n \in \mathbb{N}$ **(Satz von de Moivre)**

$\sqrt[n]{z} = \sqrt[n]{r}\left(\cos\left(\frac{\varphi + k \cdot 2\pi}{n}\right) + i \sin\left(\frac{\varphi + k \cdot 2\pi}{n}\right)\right)$ für $n \in \mathbb{N}^*$, $k \in \{0, 1, 2 \ldots (n-1)\}$

#### In Exponentialform

$z_1 = r_1 \cdot e^{i\varphi_1},\ z_2 = r_2 \cdot e^{i\varphi_2}$

$z_1 \cdot z_2 = r_1 \cdot r_2 \cdot e^{i(\varphi_1 + \varphi_2)}$

$\frac{z_1}{z_2} = \frac{r_1}{r_2} \cdot e^{i(\varphi_1 - \varphi_2)}$ für $z_2 \neq 0 + 0i$

$z^n = r^n \cdot e^{in\varphi}$ für $n \in \mathbb{N}$

$e^{i\pi} + 1 = 0$ **(Euler'sche Identität)**

M

Mathematik

# Elementare Algebra

## Proportionen

### (Direkte) Proportionalität $(x, x_m, x_n, y, y_m, y_n, k \subset \mathbb{R};\ k \neq 0;\ \text{Nenner} \neq 0)$

Zwei Größen sind zueinander proportional, wenn die Verhältnisse, also die Quotienten aus zugeordnetem Wert und dem zugehörigen Ausgangswert jeweils gleich sind **(Quotientengleichheit)**.

**Verhältnisgleichung** für alle Paare $(x_m; y_m)$ und $(x_n; y_n)$: $\frac{y_m}{x_m} = \frac{y_n}{x_n} = k$

Für ein Wertepaar $(x; y)$ gilt also $y = k \cdot x$ bzw. $\frac{y}{x} = k$.

k: **Proportionalitätsfaktor**

Wird der Ausgangswert verdoppelt, verdreifacht …, so verdoppelt, verdreifacht … sich auch der zugeordnete Wert.

### Umgekehrte (indirekte) Proportionalität $(x, x_m, x_n, y, y_m, y_n, k \in \mathbb{R};\ k \neq 0;\ \text{Nenner} \neq 0)$

Zwei Größen sind zueinander umgekehrt (indirekt) proportional (auch antiproportional), wenn die Produkte aus Ausgangswert und zugeordnetem Wert stets gleich sind **(Produktgleichheit)**.

**Produktgleichung** für alle Paare $(x_m; y_m)$ und $(x_n; y_n)$: $x_m y_m = x_n y_n = k$

Für ein Paar $(x; y)$ gilt also $x \cdot y = k$ bzw. $y = \frac{k}{x}$.

Wird der Ausgangswert verdoppelt, verdreifacht …, so wird der zugeordnete Wert halbiert, gedrittelt …

## Dreisatz

### Proportionalität

Gegeben: $x_m$, $y_m$ und $x_n$

Gesucht: $y_n$

$$\begin{array}{lccr} & x_m & y_m & \\ :x_m & 1 & \frac{y_m}{x_m} & :x_m \\ \cdot x_n & x_n & \frac{y_m}{x_m} \cdot x_n & \cdot x_n \end{array}$$

$$y_n = \frac{y_m}{x_m} \cdot x_n$$

### Umgekehrte Proportionalität

Gegeben: $x_m$, $y_m$ und $x_n$

Gesucht: $y_n$

$$\begin{array}{lccr} & x_m & y_m & \\ :x_m & 1 & y_m \cdot x_m & \cdot x_m \\ \cdot x_n & x_n & \frac{y_m \cdot x_m}{x_n} & :x_n \end{array}$$

$$y_n = \frac{y_m \cdot x_m}{x_n}$$

## Prozent- und Zinsrechnung

### Grundbegriffe

Prozent: $1\,\% = \frac{1}{100}$

Promille: $1\,‰ = \frac{1}{1000}$

### Prozentrechnung

Grundwert: G

Prozentsatz: $p\,\% = \frac{p}{100}$

Prozentzahl: p

Prozentwert: W

Prozentwert und Prozentsatz sind zueinander (direkt) proportional.

Proportionalität → vgl. oben

### Zinsrechnung

Kapital: K

Zinssatz: $p\,\% = \frac{p}{100}$

Zinszahl: p

Zinsen: Z

Zinsen und Zinssatz sind zueinander (direkt) proportional.

### Ausgewählte Prozentsätze

| 1 % | 2 % | 2,5 % | 4 % | 5 % | 10 % | 12,5 % | 20 % | 25 % | $33\frac{1}{3}$ % | 50 % | $66\frac{2}{3}$ % | 75 % | 100 % |
|---|---|---|---|---|---|---|---|---|---|---|---|---|---|
| $\frac{1}{100}$ | $\frac{1}{50}$ | $\frac{1}{40}$ | $\frac{1}{25}$ | $\frac{1}{20}$ | $\frac{1}{10}$ | $\frac{1}{8}$ | $\frac{1}{5}$ | $\frac{1}{4}$ | $\frac{1}{3}$ | $\frac{1}{2}$ | $\frac{2}{3}$ | $\frac{3}{4}$ | 1 |

## Grundgleichung

$\frac{W}{G} = \frac{p}{100} = p\,\% = \frac{p}{100}$ $\frac{Z}{K} = \frac{p}{100} = p\,\% = \frac{p}{100}$

Prozent- und Zinsrechnung
Grundbegriffe → S. 16

## Grundaufgaben

Prozentsatz berechnen: $p\,\% = \frac{p}{100} = \frac{W}{G}$

Prozentwert berechnen: $W = G \cdot p\,\% = \frac{G \cdot p}{100}$

Grundwert berechnen: $G = \frac{W}{p\,\%} = \frac{W \cdot 100}{p}$

Zinssatz berechnen: $p\,\% = \frac{p}{100} = \frac{Z}{K}$

Zinsen berechnen: $Z = K \cdot p\,\% = \frac{K \cdot p}{100}$

Kapital berechnen: $K = \frac{Z}{p\,\%} = \frac{Z \cdot 100}{p}$

Die Grundaufgaben können auch mit dem Dreisatz gelöst werden.

Dreisatz → S. 16

## Vermehrter bzw. verminderter Grundwert

Um p % vermehrter Grundwert:

$G_+ = G \cdot \frac{100 + p}{100} = G \cdot (1 + p\,\%)$

Um p % verminderter Grundwert:

$G_- = G \cdot \frac{100 - p}{100} = G \cdot (1 - p\,\%)$

## Zinsrechnung

K: Kapital
Z: Zinsen
$p\,\% = \frac{p}{100}$: Zinssatz
$q = 1 + \frac{p}{100}$: Zinsfaktor
n: Anzahl an Jahren
m: Anzahl an Monaten
t: Anzahl an Tagen

### Tages-, Monats- und Jahreszinsen

Zinsen für ein Jahr: $Z = \frac{K \cdot p}{100}$

Zinsen für m Monate: $Z = \frac{K \cdot m \cdot p}{100 \cdot 12}$

Zinsen für n Jahre: $Z = \frac{K \cdot n \cdot p}{100}$

Zinsen für t Tage: $Z = \frac{K \cdot t \cdot p}{100 \cdot 360}$

### Zinseszins

Kapital $K_n$ nach n Jahren bei einem Anfangskapital $K_0$: $K_n = K_0 \cdot \left(\frac{1+p}{100}\right)^n = K_0 \cdot q^n$

## Rentenrechnung

K: Kapital
$q = 1 + \frac{p}{100}$: Zinsfaktor

### Vorschüssige Rente

Am Beginn jeden Jahres wird eine Rate R eingezahlt und am Jahresende wird das Gesamtkapital mit p % verzinst.
Kapital nach n Jahren: $K_n = R \cdot q \cdot \frac{q^n - 1}{q - 1}$

### Nachschüssige Rente

Am Ende jeden Jahres wird eine Rate R eingezahlt und am Jahresende wird das Gesamtkapital mit p % verzinst.
Kapital nach n Jahren: $K_n = R \cdot \frac{q^n - 1}{q - 1}$

### Sparkassenformeln

Kapital nach n Jahren bei einer Verzinsung mit p % am Jahresende, wenn ein Anfangskapital $K_0$ durch Jahresraten R vermehrt (+) bzw. vermindert (−) wird bei vorschüssiger Zahlungsweise: $K_n = K_0 \cdot q^n \pm R \cdot q \cdot \frac{q^n - 1}{q - 1}$

Kapital nach n Jahren bei einer Verzinsung mit p % am Jahresende, wenn ein Anfangskapital $K_0$ durch Jahresraten R vermehrt (+) bzw. vermindert (−) wird bei nachschüssiger Zahlungsweise: $K_n = K_0 \cdot q^n \pm R \cdot \frac{q^n - 1}{q - 1}$

# Elementare Algebra

Prozent- und Zinsrechnung

## Tilgungsrechnung

K: Kapital $q = 1 + \frac{p}{100}$: Zinsfaktor

**Jährliche Tilgungsrate (Annuität)** zur Tilgung einer Schuld S in n Jahren bei einer Verzinsung mit p % bei nachschüssiger Zahlungsweise:

$$R_n = S \cdot q^n \cdot \frac{q-1}{q^n-1}$$

## Abschreibung

### Lineare Abschreibung

Abschreibungsbetrag pro Jahr

$$= \frac{\text{Anschaffungskosten}}{\text{Nutzungsdauer (in Jahren)}}$$

$$\text{Abschreibungssatz} = \frac{100}{\text{Nutzungsdauer (in Jahren)}} = p\,\% = \frac{p}{100}$$

Der Abschreibungssatz wird auf die Anschaffungskosten angewendet.
Buchwert $W_n$ des Anschaffungswertes $W_0$ nach n Jahren:

$$W_n = W_0 \cdot \left(1 - n \cdot \frac{p}{100}\right)$$

### Geometrisch-degressive Abschreibung

$p\,\% = \frac{p}{100}$: Abschreibungssatz

Abschreibungsbetrag pro Jahr
= Abschreibungssatz · Buchwert des Vorjahres

Statt des Buchwertes des Vorjahres verwendet man im Jahr der Anschaffung die Anschaffungskosten.
Buchwert $W_n$ des Anschaffungswertes $W_0$ nach n Jahren:

$$W_n = W_0 \cdot \left(1 - \frac{p}{100}\right)^n$$

## Mittelwerte

Für mehr als zwei Werte → S. 122 f.

**Arithmetisches Mittel:** $m_a = \frac{a+b}{2} \Leftrightarrow a - m_a = m_a - b$

**Geometrisches Mittel:** $m_g = \sqrt{ab} \Leftrightarrow \frac{a}{m_g} = \frac{m_g}{b}$ $(a, b > 0)$

**Harmonisches Mittel:** $m_h = \frac{2ab}{a+b} \Leftrightarrow \frac{a - m_h}{m_h - b} = \frac{a}{b}$

**Zusammenhänge:** $m_h \le m_g \le m_a$ $m_g = \sqrt{m_h m_a}$ $\frac{1}{m_h} = \frac{1}{2}\left(\frac{1}{a} + \frac{1}{b}\right)$

## Vollständige Induktion

Aussageform → S. 7

Wenn für eine Aussageform A(n) mit $n \in \mathbb{N}$
(1) A(m) für $m \in \mathbb{N}$ eine wahre Aussage ist (oft $m = 1$) und **(Induktionsanfang)**
(2) $A(n) \Rightarrow A(n+1)$ für $n \ge m$ eine wahre Aussage ist, **(Induktionsschritt)**
dann gilt A(n) für alle $n \in \mathbb{N}$ mit $n \ge m$.

Implikation → S. 7

Es müssen sowohl der Induktionsanfang als auch der Induktionsschritt bewiesen werden. Bei der Implikation $A(n) \Rightarrow A(n+1)$ des Induktionsschrittes ist A(n) die **Induktionsvoraussetzung** und A(n + 1) die **Induktionsbehauptung**, die bewiesen werden muss.

## Gleichungen und Ungleichungen

### Grundbegriffe

#### Variable, Term, Grundmenge und Defintionsmenge

**Variablen** (Platzhalter) sind Zeichen wie z. B. a, b, x, y, □ oder △, für die man Zahlen aus einer gegebenen Menge, der **Definitionsmenge D**, einsetzen darf.

Ein **Term** ist ein mathematisch sinnvoller Ausdruck wie z. B. $16 + 8$ oder $5(a+b)^2$, der aus Zahlen, Variablen, Rechenzeichen und Klammern bestehen kann.

Teilmenge → S. 8

Die **Grundmenge G** ist die Menge, aus der man Zahlen zum Einsetzen für die Variablen eines Terms nimmt. Die Definitionsmenge D eines Terms ist die Menge der Zahlen aus G, bei deren Einsetzung der Term einen **Wert** hat. D ist eine Teilmenge von G ($D \subset G$).

### Wertgleiche Terme – Termumformungen

Zwei Terme sind **wertgleich**, wenn sie für alle Einsetzungen der Variablen denselben Wert haben.

Mit einer **Termumformung** formt man einen Term unter Verwendung der Rechengesetze in einen wertgleichen Term um.

**Gleichungen und Ungleichungen – Grundbegriffe**

### Gleichungen und Ungleichungen

Verbindet man zwei Terme $T_1$ und $T_2$ durch ein Gleichheitszeichen (Ungleichheitszeichen), so entsteht eine **Gleichung (Ungleichung)**.

Enthalten $T_1$ und $T_2$ keine Variablen, also nur Zahlen, so stellt die Gleichung (Ungleichung) eine **Aussage** dar, die entweder **wahr** oder **falsch** sein kann.

Aussage → S. 7

$3 + 5 = 10 - 2$ wahr $\qquad$ $2 - 6 > 6 - 1$ falsch

Enthält mindestens einer der beiden Terme eine oder mehrere Variablen, dann ist die Gleichung (Ungleichung) eine **Aussageform**. Wenn man für die Variablen Zahlen einsetzt, wird die Aussageform zu einer **wahren** oder **falschen Aussage**.

Aussageform → S. 7

$2x - 1 = 5x + 2$ $\qquad$ $2x - 1 \geq 5x + 2$

Alle Elemente der Definitionsmenge D, die beim Einsetzen eine wahre Aussage ergeben (die Gleichung (Ungleichung) erfüllen), sind Lösungen der Gleichung (Ungleichung). Sie bilden die **Lösungsmenge L** der Gleichung. L ist eine Teilmenge von D ($L \subset D \subset G$).

Definitionsmenge D → S. 18

### Lösbarkeit von Gleichungen und Ungleichungen

Eine Gleichung (Ungleichung) heißt bezüglich einer Grundmenge G
**allgemeingültig**, wenn $L = G$ ist,
**lösbar**, wenn $L \neq \{\,\}$ ist,
**unlösbar**, wenn $L = \{\,\}$ ist,

Grundmenge G → S. 18

### Äquivalenz von Gleichungen und Ungleichungen

Gleichungen (Ungleichungen), die bezüglich einer Grundmenge dieselbe Lösungsmenge haben, heißen **zueinander äquivalent** bezüglich dieser Grundmenge. Sind zwei Gleichungen (Ungleichungen) zueinander äquivalent, setzt man das Zeichen $\Leftrightarrow$ zwischen sie.

### Äquivalenzumformungen für Gleichungen und Ungleichungen

Umformungen, die eine Gleichung (Ungleichung) in eine dazu äquivalente Gleichung (Ungleichung) umformen, heißen **Äquivalenzumformungen**.

Wichtige Äquivalenzumformungen bei Gleichungen sind:
- Termumformungen der Terme auf der linken und rechten Seite der Gleichung,
- die Addition (oder Subtraktion) derselben Zahl oder desselben Terms auf beiden Seiten der Gleichung,
- die Multiplikation beider Seiten mit derselben von null verschiedenen Zahl bzw. die Division beider Seiten durch dieselbe von null verschiedenen Zahl.

Ungleichungen kann man mit denselben Äquivalenzumformungen lösen. Multipliziert man aber eine Ungleichung mit einer negativen Zahl bzw. dividiert man durch eine negative Zahl, so muss man das Relationszeichen umdrehen. Vertauscht man die Seiten einer Ungleichung, so muss man das Relationszeichen ebenfalls umdrehen.

Man versucht beim Lösen einer Gleichung, die gegebene Gleichung durch Äquivalenzumformungen so umzuformen, dass man die Lösungsmenge ablesen kann. Dazu sollte die Variable zum Schluss allein auf einer Seite der Gleichung stehen.

# Elementare Algebra

Gleichungen und Ungleichungen

## Gleichungsarten

### Lineare Gleichungen ($a, b, c \in \mathbb{R}$)

| Anzahl der Variablen | eine | zwei |
|---|---|---|
| Normalform | $ax + b = 0$ ($a, b = \text{const.};\ a \neq 0$) | $ax + by = c$ ($a, b, c = \text{const.};\ a, b \neq 0$) |
| Lösungsmenge | $L = \left\{-\frac{b}{a}\right\}$ | $L = \left\{(x; y) \mid x \in \mathbb{R} \text{ und } y = -\frac{a}{b}x + \frac{c}{b}\right\}$ |

### Quadratische Gleichungen ($a, b, c, p, q \in \mathbb{R}$)

**Allgemeine Form**

$ax^2 + bx + c = 0$ ($a, b = \text{const.};\ a \neq 0$)

Diskriminante: $D = b^2 - 4ac$

Lösungen:

$D = 0$: genau eine Lösung (Doppellösung) $x_1 = x_2 = -\frac{b}{2a}$

$D > 0$: zwei Lösungen (abc-Formel) $x_{1,2} = \frac{-b \pm \sqrt{b^2 - 4ac}}{2a} = \frac{-b \pm \sqrt{D}}{2a}$

$D < 0$: keine Lösung in $\mathbb{R}$

Zerlegung in Linearfaktoren ($x_{1,2}$: Lösungen):
$ax^2 + bx + c = a(x - x_1)(x - x_2) = 0$

**Satz von Vieta** ($x_{1,2}$: Lösungen):
$x_1 + x_2 = -\frac{b}{a}$ und $x_1 x_2 = \frac{c}{a}$

**Normalform**

$x^2 + px + q = 0$ ($p, q = \text{const.}$)

Diskriminante: $D = \frac{p^2}{4} - q$

Lösungen:

$D = 0$: genau eine Lösung (Doppellösung) $x_1 = x_2 = -\frac{p}{2}$

$D > 0$: zwei Lösungen (pq-Formel) $x_{1,2} = -\frac{p}{2} \pm \sqrt{\frac{p^2}{4} - q} = -\frac{p}{2} \pm \sqrt{D}$

$D < 0$: keine Lösung in $\mathbb{R}$

Zerlegung in Linearfaktoren ($x_{1,2}$: Lösungen):
$x^2 + px + q = (x - x_1)(x - x_2) = 0$

**Satz von Vieta** ($x_{1,2}$: Lösungen):
$x_1 + x_2 = -p$ und $x_1 x_2 = q$

### Biquadratische Gleichungen

Gleichungen 4. Grades der Form $ax^4 + bx^2 + c = 0$ bzw. $x^4 + px^2 + q = 0$ heißen **biquadratische Gleichungen**. Sie können durch die Substitution $x^2 = z$ auf eine quadratische Gleichung in z zurückgeführt werden: $az^2 + bz + c = 0$ bzw. $z^2 + pz + q = 0$. Hat diese Gleichung die nichtnegativen Lösungen $z_1$ und $z_2$, so sind $x_{1,2} = \pm\sqrt{z_1}$ und $x_{3,4} = \pm\sqrt{z_2}$ die Lösungen der biquadratischen Gleichung.

### Gleichungen höheren Grades ($a_i \in \mathbb{R};\ x_i \in \mathbb{C};\ n \in \mathbb{N}^*$)

Eine Gleichung der Form $a_n x^n + a_{n-1}x^{n-1} + \ldots + a_2 x^2 + a_1 x + a_0 = 0$ ($a_n \neq 0$) heißt (algebraische) **Gleichung n-ten Grades**.
Dabei heißt $P_n(x) = a_n x^n + a_{n-1}x^{n-1} + \ldots + a_2 x^2 + a_1 x + a_0$ **Polynom von Grad n.**

### Fundamentalsatz der Algebra

Komplexe Zahlen → S.15

Jede Gleichung n-ten Grades hat in der Menge der komplexen Zahlen mindestens eine Lösung. Berücksichtigt man die Vielfachheit der Lösungen, so gibt es in der Menge der komplexen Zahlen genau n Lösungen.

Wenn $x_1, x_2, \ldots, x_k$ die Lösungen mit den Vielfachheiten $\alpha_1, \alpha_2, \ldots, \alpha_k$ sind, so ist $\sum_{i=1}^{k} \alpha_i = n$ und die Gleichung hat die Produktdarstellung
$a_n(x - x_1)^{\alpha_1}(x - x_2)^{\alpha_2}\ldots(x - x_{k-1})^{\alpha_{k-1}}(x - x_k)^{\alpha_k} = 0.$
Speziell für n verschiedene Lösungen $x_1, x_2, \ldots, x_n$ ergibt sich
$a_n(x - x_1)(x - x_2)\ldots(x - x_{k-1})(x - x_k) = 0.$
Das Polynom $P_n(x)$ zerfällt entsprechend in Linearfaktoren.

Mit $z = a + bi$ ($z \in \mathbb{C}$) ist auch $\overline{z} = a - bi$ eine Lösung mit gleicher Vielfachheit wie z.

Eine Gleichung n-ten Grades hat in der Menge der reellen Zahlen höchstens n reelle Lösungen. Ist n ungerade, so hat die Gleichung mindestens eine reelle Lösung, für gerade n muss es keine Lösung geben.
Die Lösungen sind die Nullstellen der ganzrationalen Funktion $P_n(x)$.

**Fundamentalsatz der Algebra**

Ganzrationale Funktion → S. 30

**„Reelle Version des Fundamentalsatzes der Algebra":**
Jedes Polynom $P_n(x) = a_n x^n + a_{n-1} x^{n-1} + \ldots + a_2 x^2 + a_1 x + a_0$ mit reellen Koeffizienten $a_i \in \mathbb{R}$ lässt sich als Produkt von linearen und/oder quadratischen Faktoren mit reellen Koeffizienten schreiben. Dabei haben die quadratischen Faktoren keine reellen Nullstellen.

**Zum Lösen von Gleichungen n-ten Grades:**
Ist $P_n(x)$ ein Polynom vom Grad n und $x_1 \neq 0$ eine Lösung der Gleichung $P_n(x) = 0$, so kann man $P_n(x)$ mithilfe der **Polynomdivision** ohne Rest durch $(x - x_1)$ dividieren.
Man erhält ein Polynom (n − 1)-ten Grades: $P_n(x) = (x - x_1)P_{n-1}(x)$.

$3x^3 + 6x^2 - 3x - 6 = 0.$ $x_1 = 1$ ist Lösung.

$$
\begin{array}{l}
(3x^3 + 6x^2 - 3x - 6) : (x - 1) = 3x^2 + 9x + 6 \\
\underline{-(3x^3 - 3x^2)} \\
\quad 9x^2 - 3x \\
\quad \underline{-(9x^2 - 9x)} \\
\qquad 6x - 6 \\
\qquad \underline{-(6x - 6)} \\
\qquad\quad 0
\end{array}
$$

$x_2 = -1 \qquad x_3 = -2$

$3x^3 + 6x^2 - 3x - 6 = 3(x - 1)(x + 1)(x + 2)$

Polynom vom Grad n → S. 20

### Bruchgleichungen
Eine Gleichung, bei der mindestens ein Bruch mit der Variable im Nenner vorkommt, heißt **Bruchgleichung**. Die Defintionsmenge umfasst alle Zahlen, für die alle vorkommenden Nenner ungleich null sind.
Durch Multiplikation mit dem Hauptnenner entsteht eine Gleichung n-ten Grades. Es ist zu prüfen, ob die Lösungen der entstandenen Gleichung zur Defintionsmenge der Bruchgleichung gehören.

Definitionsmenge → S. 18
Hauptnenner → S. 11
Gleichung n-ten Grades → S. 20

### Wurzelgleichungen
Eine Gleichung, bei der die Variable mindestens einmal im Radikanden einer Wurzel vorkommt, heißt **Wurzelgleichung.** Es kann sich um Quadratwurzeln oder um Wurzeln mit beliebigen Wurzelexponenten handeln. Die Definitionsmenge umfasst alle Zahlen, für die alle vorkommenden Radikanden nicht negativ sind.
Lässt sich durch Äquivalenzumformungen der Wurzelterm isolieren, so kann die entstehende Gleichung durch Potenzieren beider Seiten eventuell gelöst werden. Da Potenzieren aber keine Äquivalenzumformung ist, muss man unbedingt eine Probe machen.

Radikand → S. 12, 14
Wurzelexponent → S. 12, 14
Äquivalenzumformungen → S. 19

### Exponentialgleichungen
Eine Gleichung, bei der die Variable mindestens einmal im Exponenten einer Potenz auftritt, heißt **Exponentialgleichung.** Zum Lösen kann man die Gleichung logarithmieren und die Variable isolieren. Kann man die Gleichung auf die Form $b^x = a$ mit $a, b \in \mathbb{R}$, $a, b > 0$ und $b \neq 1$ bringen, so ist $x = \log_b(a)$ Lösung der Gleichung.

Exponent und Potenz → S. 12 f.
Logarithmieren → S. 12

### Logarithmusgleichungen
Eine Gleichung, bei der die Variable mindestens einmal im Argument eines Logarithmus (also im Numerus) auftritt, heißt **Logarithmusgleichung**. Kann man die Gleichung auf die Form $\log_b(x) = a$ mit $a, b, x \in \mathbb{R}$, $b, x > 0$ und $b \neq 1$ bringen, so ist $x = b^a$ Lösung der Gleichung.

Logarithmus und Numerus → S. 12, 14

# Elementare Algebra

Gleichungsarten

## Trigonometrische Gleichungen

Eine Gleichung, bei der die Variable mindestens einmal im Argument einer trigonometrischen Funktion auftritt, heißt **trigonometrische Gleichung**.
Wegen der Periodizität der trigonometrischen Funktionen können unendlich viele Lösungen auftreten.

## Lineare Ungleichungen mit zwei Variablen

Die Lösungen einer linearen Ungleichung $ax + by \leq c$ mit zwei Variablen sind alle geordneten Paare $(x; y)$, die die Ungleichung erfüllen.
Man kann die Lösungsmenge als Menge aller Punkte veranschaulichen, die in der entsprechenden Halbebene liegen, die durch die Gerade $y = -\frac{a}{b}x + \frac{c}{b}$ festgelegt wird, oder auf der Geraden.

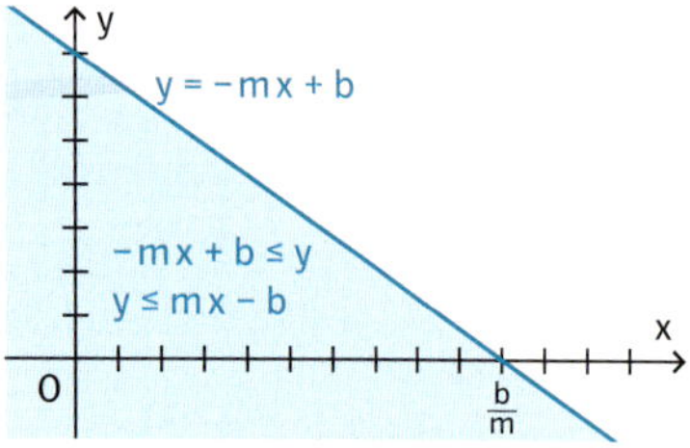


# Lineare Gleichungssysteme mit zwei Gleichungen und zwei Variablen

LGS mit m Gleichungen und n Variablen → S. 107

Zwei lineare Gleichungen mit den beiden gleichen Variablen bilden ein **lineares Gleichungssystem mit zwei Gleichungen und zwei Variablen**.

$$a_1x + b_1y = c_1$$
$$a_2x + b_2y = c_2$$
$$a_1, a_2, b_1, b_2, c_1, c_2 = \text{const.}$$
$$a_1, a_2, b_1, b_2, c_1, c_2 \in \mathbb{R}$$

## Grafisches Lösen und Lösbarkeit

Jede Gleichung eines linearen Gleichungssystems mit zwei Gleichungen und zwei Variablen kann als Geradengleichung aufgefasst werden.
Es werden die beiden Geraden in ein Koordinatensystem gezeichnet. Dabei können drei Fälle auftreten:

Die beiden Geraden schneiden sich im Punkt $S(x_S \mid x_S)$.
Genau eine Lösung.

$L = \{(x_S \mid x_S)\}$

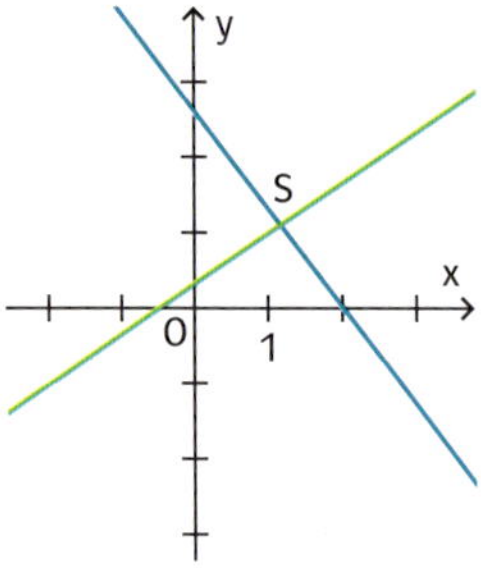


Die beiden Geraden sind zueinander parallel.
Keine Lösung.

$L = \{\}$

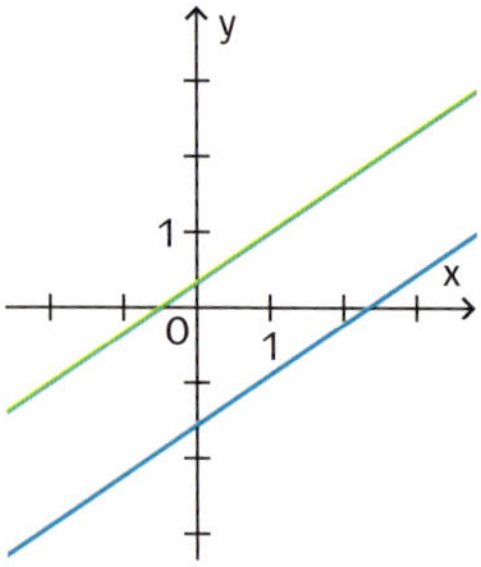


Die beiden Geraden sind identisch.
Unendlich viele Lösungen.

$L = \left\{(x; y) \mid y = -\frac{a_1}{b_1}x + \frac{c_1}{b_1}\right\}$

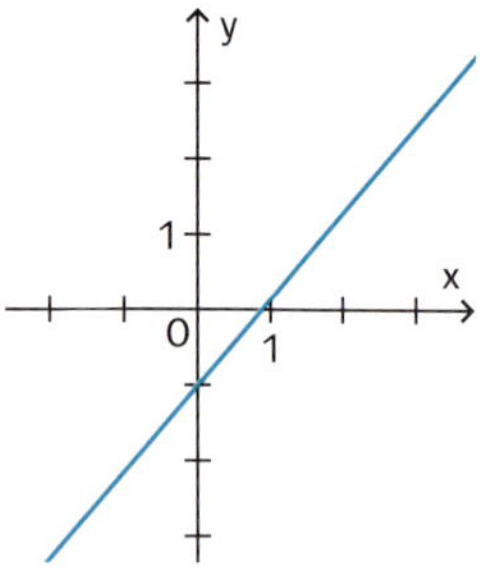

## Äquivalenzumformungen für lineare Gleichungssysteme

Lineare Gleichungssysteme mit zwei Gleichungen und zwei Variablen

(1) Vertauschen zweier Gleichungen.
(2) Multiplizieren einer Gleichung mit einer Zahl ungleich null.
(3) Ersetzen einer Gleichung durch die Summe oder Differenz eines Vielfachen der Gleichung (Faktor $\neq 0$) und dem Vielfachen einer anderen Gleichung (Faktor $\neq 0$).

## Rechnerisches Lösen

### Lösungsformel (Cramer'sche Regel)

$$x = \frac{c_1 b_2 - c_2 b_1}{a_1 b_2 - a_2 b_1}, \quad y = \frac{a_1 c_2 - a_2 c_1}{a_1 b_2 - a_2 b_1} \quad \text{für } a_1 b_2 - a_2 b_1 \neq 0$$

### Gleichsetzungsverfahren

Man löst beide Gleichungen nach derselben Variablen auf und erzeugt durch Gleichsetzen der erhaltenen Terme eine lineare Gleichung, die nur noch die andere der beiden Variablen enthält. Diese Gleichung löst man und setzt die Lösung in eine der beiden Ausgangsgleichungen ein.

Lineare Gleichung → S. 20

### Einsetzungsverfahren

Man löst eine der beiden Gleichungen nach einer Variablen auf und erzeugt durch Einsetzen des erhaltenen Terms in die andere Gleichung eine lineare Gleichung, die nur noch die andere der beiden Variablen enthält. Diese Gleichung löst man und setzt die Lösung in eine der beiden Ausgangsgleichungen ein.

### Additionsverfahren

Man bringt beide Gleichungen in die Form $ax + by = c$.
Man multipliziert die Ausgangsgleichungen mit geeigneten Zahlen so, dass bei der Addition der Gleichungen eine Variable wegfällt. Neben der so erhaltenen linearen Gleichung mit einer Variablen wird eine Ausgangsgleichung beibehalten.
Man löst die Gleichung, die nur eine Variable enthält, und setzt die Lösung in die andere Gleichung ein.
Man löst die andere Gleichung nach der zweiten Variablen auf.

## Lineare Ungleichungssysteme mit zwei Variablen

Lineare Ungleichungen mit zwei Variablen → S. 22

Ein lineares Ungleichungssystem mit zwei Variablen kann man grafisch lösen. Man löst jede der Ungleichungen. Die Lösungsmengen der Ungleichungen veranschaulicht man jeweils durch entsprechende Halbebenen und gegebenenfalls Geraden. Der Bereich, der in allen Halbebenen und gegebenenfalls auf allen Geraden liegt, ergibt die Lösungsmenge des linearen Ungleichungssystems.

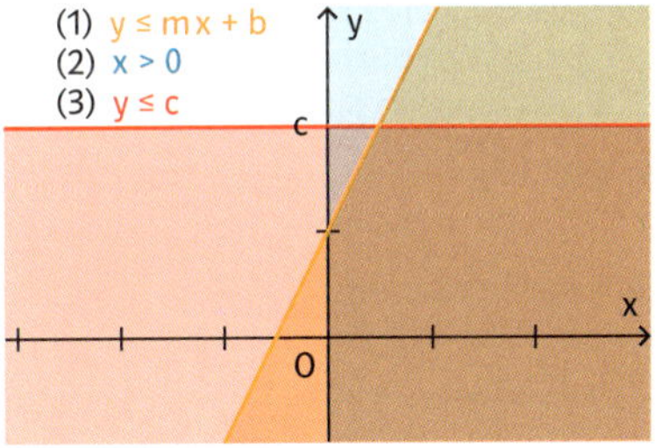

# Funktionen und ihre Graphen

## Grundbegriffe

### Funktion

Eine Zuordnung, die jedem Element x **(Argument)** aus einer Menge $D_f$ **(Definitionsmenge von f)** eindeutig ein Element y **(Funktionswert)** aus einer Menge $Z_f$ **(Zielmenge von f)** zuordnet, heißt **Funktion.** Man schreibt $f\colon D_f \to Z_f,\ x \mapsto f(x)$. Die Menge $W_f = \{f(x) \mid x \in D_f\}$ heißt **Wertemenge von f.**

**Funktionsvorschrift:** $f\colon x \mapsto f(x)$
**Funktionsgleichung:** $y = f(x)$
**Funktionsterm:** $f(x)$
**Funktionswert an der Stelle $x_0$:** $f(x_0)$

### Kartesisches Koordinatensystem, Graph einer Funktion, Abszisse und Ordinate

Mithilfe eines **Koordinatensystems** können Punkte eindeutig bezeichnet werden. Stehen die beiden Koordinatenachsen senkrecht aufeinander, spricht man von einem **kartesischen Koordinatensystem.** Darin begrenzen die beiden Koordinatenachsen vier **Quadranten.**

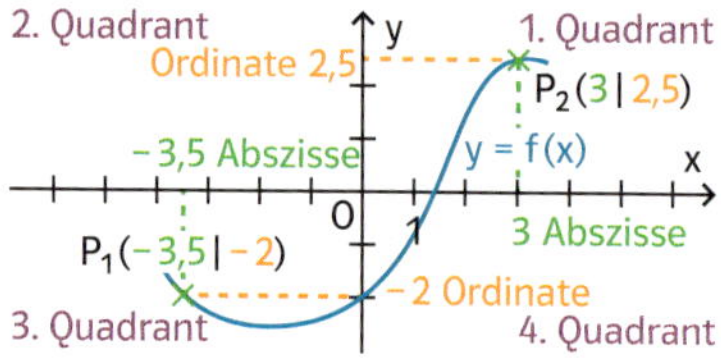


Jedes geordnete Paar (x; y) mit $y = f(x)$ kann als ein Punkt $P(x \mid y)$ in einem kartesischen Koordinatensystem interpretiert werden. Der **Graph einer Funktion** f ist die Menge aller Punkte $P(x \mid y)$ mit $x \in D_f$.

x-Koordinate eines Punktes: **Abszisse**

y-Koordinate eines Punktes: **Ordinate**

### Umkehrfunktion

Gibt es zu jedem $y \in W_f$ genau ein $x \in D_f$ mit $f(x) = y$, so heißt f **injektiv** (oder **umkehrbar eindeutig** oder **eineindeutig**). Die Funktion $f^{-1}\colon W_f \to D_f,\ y \mapsto x$, wobei $f(x) = y$ ist, heißt **Umkehrfunktion** (oder **inverse Funktion**) zu f.
Meist vertauscht man die Variablen und schreibt $f^{-1}(x)$.

Spiegelt man den Graphen einer Funktion f an der 1. Winkelhalbierenden, so erhält man den **Graphen der Umkehrfunktion** $f^{-1}$.

Es gilt $(f^{-1})^{-1} = f$ und $f(f^{-1}(x)) = x$ für $x \in W_f$ und $f^{-1}(f(x)) = x$ für $x \in D_f$.

Monotonie → S. 26

Ist eine Funktion in einem Intervall I streng monoton, so ist sie auf I umkehrbar.

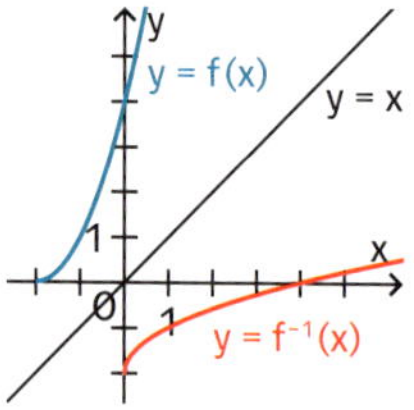


$D_f = [-1; \infty)$
$W_f = [0; \infty)$

$D_{f^{-1}} = [0; \infty)$
$W_{f^{-1}} = [-1; \infty)$

### Verketten von Funktionen

Die Verkettung zweier Funktionen f und g ist die Funktion $f \circ g\colon x \mapsto f(g(x))$.
Die Funktion $f \circ g$ ist nur für solche $x \in D_g$ definiert, für die $g(x) \in D_f$ ist, d.h. $D_{f \circ g} = \{x \in D_g \mid g(x) \in D_f\}$.
$f \circ g$ liest man „f nach g".

Grundbegriffe

## Funktionenschar und Kurvenschar

Eine **Funktionenschar** ist eine Menge von Funktionen, die denselben Funktionsterm haben, der mindestens einen frei wählbaren Parameter **(Scharparameter)** enthält. Zu jedem Wert des Parameters a beschreibt $f_a\colon x \mapsto f_a(x)$ eine Funktion der Schar.

Die Graphen der Funktionenschar heißen **Kurvenschar**. Punkte der Kurvenschar mit gleichen Eigenschaften (z. B. Extrempunkte) liegen auf einer Kurve, der **Ortskurve**.

# Eigenschaften von Funktionen und ihren Graphen

## Nullstellen

Eine Stelle $x_0 \in D_f$ einer Funktion f heißt **Nullstelle**, wenn $f(x_0) = 0$ gilt.

## Schnitt- und Berührungspunkte eines Graphen mit den Koordinatenachsen

Ist $x_0$ eine Nullstelle der Funktion f, so schneidet oder berührt der Graph der Funktion f die x-Achse im Punkt $N(x_0 \mid 0)$. Der Graph schneidet die y-Achse im Punkt $S(0 \mid f(0))$.

## Symmetrie von Graphen

### Symmetrie zur y-Achse, gerade Funktionen

Der Graph einer Funktion $f\colon x \mapsto f(x)$ mit der Definitionsmenge $D_f$ ist genau dann **achsensymmetrisch zur y-Achse**, wenn für alle $x \in D_f$ gilt: $\mathbf{f(-x) = f(x)}$.

Eine solche Funktion heißt **gerade Funktion.**

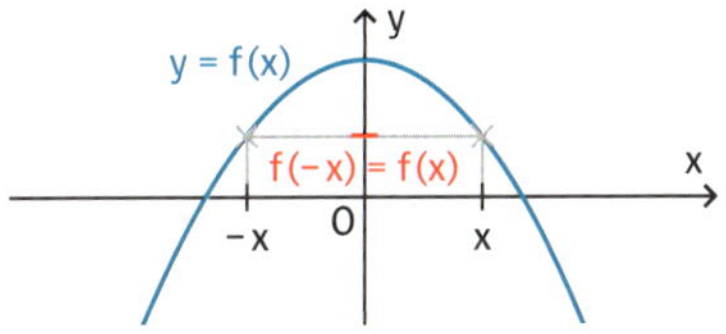


### Symmetrie zum Koordinatenursprung, ungerade Funktionen

Der Graph einer Funktion $f\colon x \mapsto f(x)$ mit der Definitionsmenge $D_f$ ist genau dann **punktsymmetrisch zum Koordinatenursprung**, wenn für alle $x \in D_f$ gilt: $\mathbf{f(-x) = -f(x)}$.

Eine solche Funktion heißt **ungerade Funktion.**

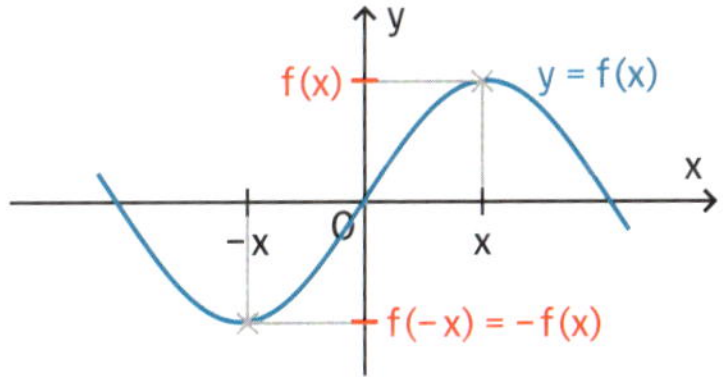


### Symmetrie zu einer Parallelen zur y-Achse

Der Graph einer Funktion $f\colon x \mapsto f(x)$ mit der Definitionsmenge $D_f$ ist genau dann **achsensymmetrisch zur Geraden mit der Gleichung** $\mathbf{x = x_0}$, wenn für alle $h \in \mathbb{R}$ mit $x_0 + h \in D_f$ gilt: $\mathbf{f(x_0 - h) = f(x_0 + h)}$.

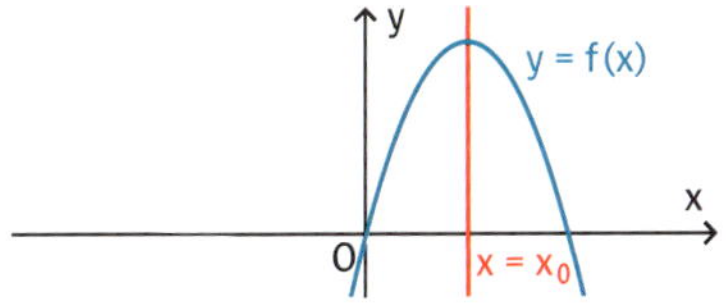


### Symmetrie zu einem beliebigen Punkt

Der Graph einer Funktion $f\colon x \mapsto f(x)$ mit der Definitionsmenge $D_f$ ist genau dann **punktsymmetrisch zum Punkt** $\mathbf{S(x_0 \mid y_0)}$, wenn für alle $h \in \mathbb{R}$ mit $x_0 + h \in D_f$ gilt: $\mathbf{\frac{1}{2}(f(x_0 - h) + f(x_0 + h)) = y_0}$.

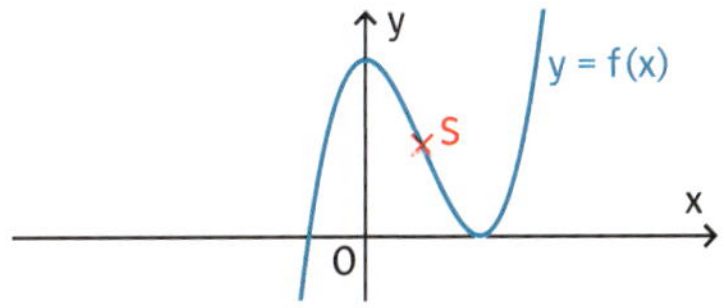

# Funktionen und ihre Graphen

Eigenschaften von Funktionen und ihren Graphen

## Einfluss von Parametern auf den Graphen einer Funktion

### Multiplikation des Funktionsterms mit einer Konstanten

Der Graph der Funktion g mit $g(x) = a \cdot f(x)$ und $a \in \mathbb{R} \setminus \{0\}$ geht aus dem Graphen der Funktion f durch **Strecken in y-Richtung mit dem Faktor a** hervor.

Für $|a| < 1$ erfolgt eine Stauchung, für $|a| > 1$ eine Streckung und für $a < 0$ eine zusätzliche Spiegelung an der x-Achse. $a = -1$ bedeutet ausschließlich eine Spiegelung an der x-Achse.

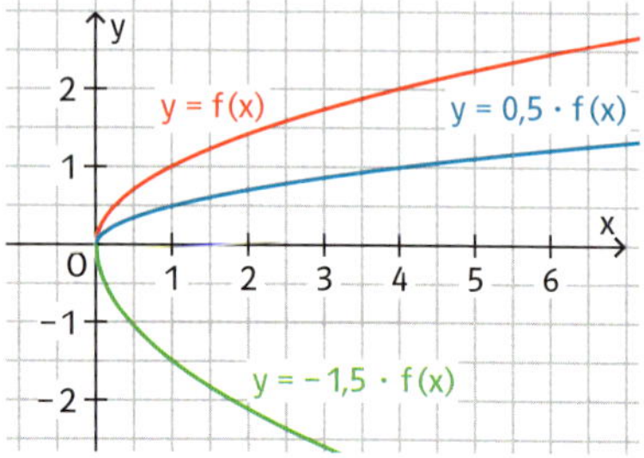


### Addition einer Konstanten zum Argument

Der Graph der Funktion g mit $g(x) = f(x - b)$ und $b \in \mathbb{R}$ geht aus dem Graphen der Funktion f durch **Verschieben um b in x-Richtung** hervor.

Für $b > 0$ $(b < 0)$ wird der Graph in Richtung (entgegen) der x-Achse verschoben.

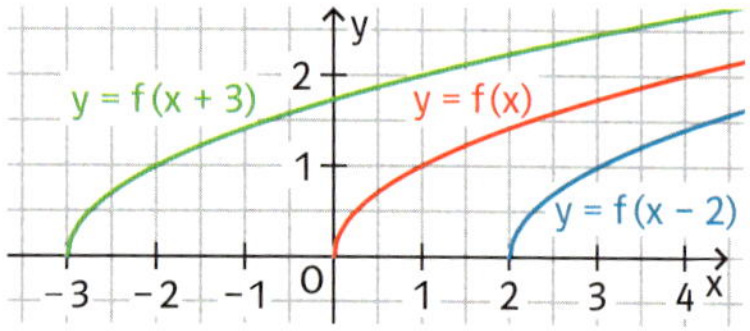


### Addition einer Konstanten zum Funktionsterm

Der Graph der Funktion g mit $g(x) = f(x) + c$ und $c \in \mathbb{R}$ geht aus dem Graphen der Funktion f durch **Verschieben um c in y-Richtung** hervor.

Für $c > 0$ $(c < 0)$ wird der Graph in Richtung (entgegen) der y-Achse verschoben.

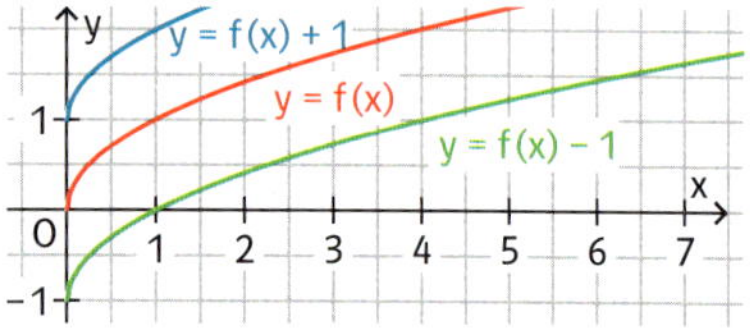


### Multiplikation des Arguments mit einer Konstanten

Der Graph der Funktion g mit $g(x) = f(d \cdot x)$ und $d \in \mathbb{R} \setminus \{0\}$ geht aus dem Graphen der Funktion f durch **Strecken in x-Richtung mit dem Faktor $\frac{1}{d}$** hervor.

Für $|d| > 1$ erfolgt eine Stauchung, für $|d| < 1$ eine Streckung und für $d < 0$ eine zusätzliche Spiegelung an der y-Achse. $d = -1$ bedeutet ausschließlich eine Spiegelung an der y-Achse.

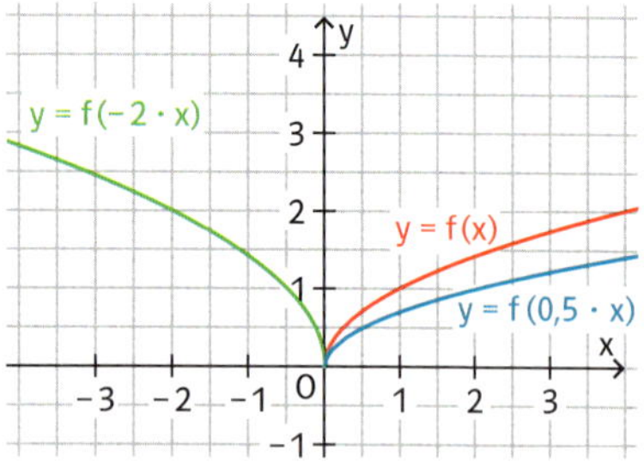


Monotoniesatz → S. 67

## Monotonie

Eine Funktion f mit der Definitionsmenge $D_f$ heißt in einem Intervall I mit $I \subseteq D_f$

**streng monoton wachsend**, | **streng monoton fallend**,

wenn für alle $x_1, x_2 \in I$ mit $x_1 < x_2$ gilt:

$f(x_1) < f(x_2)$ | $f(x_1) > f(x_2)$.

In einem **Monotonieintervall** ist eine der Monotoniebedingungen erfüllt.
Gilt nur $f(x_1) \leq f(x_2)$ bzw. $f(x_1) \geq f(x_2)$, so spricht man von **monoton wachsend** bzw. **fallend**.

Eigenschaften von Funktionen und ihren Graphen

## Periodizität

Eine Funktion f heißt **periodisch**, wenn es eine Zahl $p \in \mathbb{R}$ gibt, sodass für alle $x \in D_f$ gilt: $x + p \in D_f$ und $f(x + p) = f(x)$. Die Zahl p heißt **Periode** von f. Meist bezeichnet man die kleinste positive Zahl p, für die die Bedingung $f(x + p) = f(x)$ gilt, als Periode.

**Lineare Funktionen und Geraden**

## Lineare Funktionen

**Hauptform:** $f(x) = mx + b$ $(m, b \in \mathbb{R};\ m \neq 0)$
Definitionsmenge: $D_f = \mathbb{R}$; Wertemenge: $W_f = \mathbb{R}$
Der Graph einer linearen Funktion ist eine **Gerade** mit der **Steigung** m und dem **y-Achsenabschnitt** b.

Steigung: $m = \frac{y_2 - y_1}{x_2 - x_1} = \frac{f(x_2) - f(x_1)}{x_2 - x_1}$ $(x_1 \neq x_2)$

$m > 0$: steigende Gerade
$m < 0$: fallende Gerade
$m = 0$: Parallele zur x-Achse
Steigungswinkel: $\alpha$; $\tan(\alpha) = m$
Nullstellen: $x_0 = -\frac{b}{m}$ $(m \neq 0)$

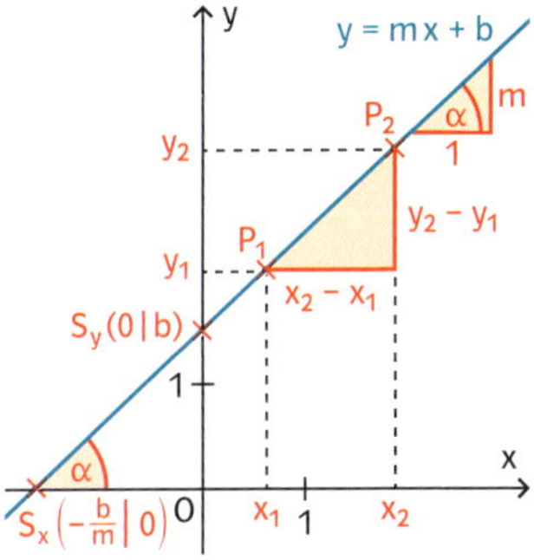


Konstante Funktion → vgl. unten

## Konstante Funktionen

$f(x) = b$ $(b \in \mathbb{R})$
Definitionsmenge: $D_f = \mathbb{R}$
Wertemenge: $W_f = \{b\}$
Der Graph ist eine Parallele zur x-Achse.

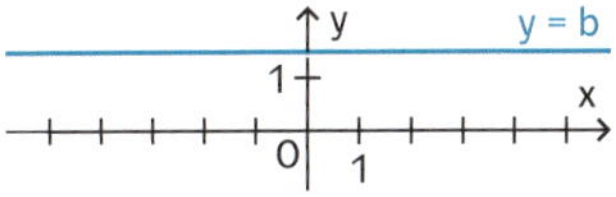


## Proportionale Funktionen

$f(x) = mx$ $(m \neq 0)$
Definitionsmenge: $D_f = \mathbb{R}$;
Wertemenge: $W_f = \mathbb{R}$
Der Graph einer proportionalen Funktion ist eine **Ursprungsgerade** mit der Steigung m.

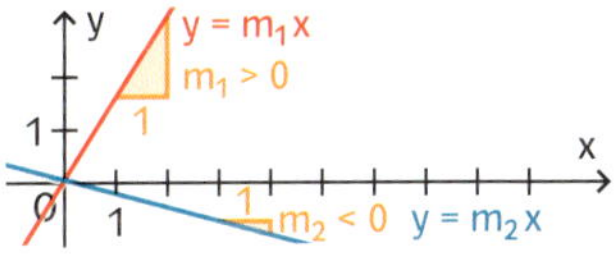


## Betragsfunktionen

$$f(x) = |x| = \begin{cases} x \text{ für } x \geq 0 \\ -x \text{ für } x < 0 \end{cases}$$

Definitionsmenge: $D_f = \mathbb{R}$; Wertemenge: $W_f = \mathbb{R}_0^+$

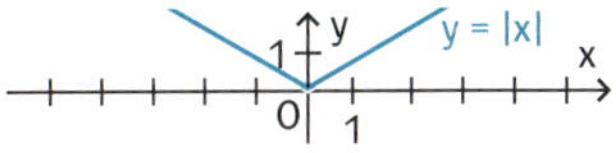


## Lagebeziehungen, Schnittpunkt und Schnittwinkel zweier Geraden

**Zwei Geraden** mit den Steigungen $m_1$ bzw. $m_2$ sind genau dann **zueinander parallel**, wenn $m_1 = m_2$ gilt.

**Zwei Geraden** mit den Steigungen $m_1$ bzw. $m_2$ sind genau dann **zueinander senkrecht**, wenn $m_1 \cdot m_2 = -1$ gilt.

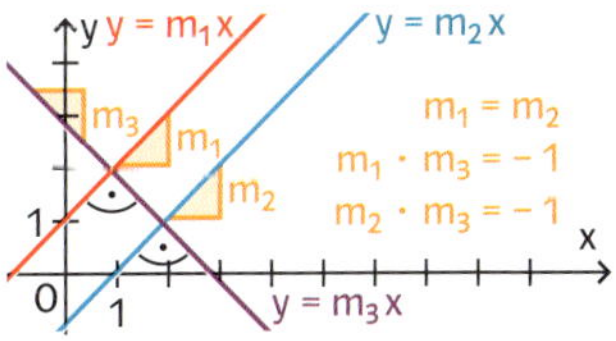

# Funktionen und ihre Graphen

**Lagebeziehungen zweier Geraden und Schnittwinkel**

Zwei nicht zueinander parallele Geraden mit $f_1(x) = m_1x + b_1$ und $f_2(x) = m_2x + b_2$ haben den **Schnittpunkt** $S\left(\frac{b_1 - b_2}{m_2 - m_1} \middle| \frac{m_2b_1 - m_1b_2}{m_2 - m_1}\right)$.

Für $m_1 \cdot m_2 \neq -1$ gilt für ihren **Schnittwinkel** $\alpha$: $\tan(\alpha) = \frac{m_2 - m_1}{1 + m_1m_2}$.

## Koordinatengleichungen von Geraden in der Ebene

### Allgemeine Form

$Ax + By + C = 0 \quad (A, B, C \in \mathbb{R};\ A^2 + B^2 \neq 0)$

Konstante Funktion → S. 27

$A = 0$ und $B \neq 0$: konstante Funktion; Parallele zur x-Achse

$A \neq 0$ und $B = 0$: Parallele zur y-Achse

Lineare Funktion → S. 27

$A \neq 0$ und $B \neq 0$: lineare Funktion

### Zwei-Punkte-Form

$y - y_1 = \frac{y_2 - y_1}{x_2 - x_1}(x - x_1)$

### Achsenabschnittsform

$\frac{x}{a} + \frac{y}{b} = 1 \quad (a \neq 0 \text{ und } b \neq 0)$

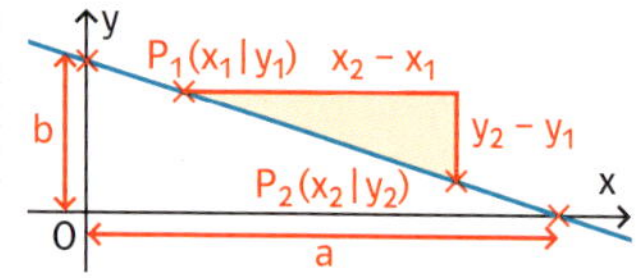


## Quadratische Funktionen und Parabeln

### Allgemeine Form

$\mathbf{f(x) = ax^2 + bx + c} \quad (a, b, c \in \mathbb{R};\ a \neq 0)$

**Diskriminante:** $D = b^2 - 4ac$

Definitionsmenge: $D_f = \mathbb{R}$

Wertemenge: $W_f = \left\{y \mid y \geq -\frac{D}{4a}\right\}$ für $a > 0$ bzw. $W_f = \left\{y \mid y \leq -\frac{D}{4a}\right\}$ für $a < 0$

Scheitelpunkt: $S\left(-\frac{b}{2a} \middle| -\frac{D}{4a}\right)$

Nullstellen: $x_{1,2} = \frac{-b \pm \sqrt{D}}{2a} \quad (D \geq 0)$

Der Graph einer quadratischen Funktion ist eine **Parabel**.

Der Graph der quadratischen Funktion f mit $\mathbf{f(x) = x^2}$ heißt **Normalparabel**.

Verschieben und Strecken von Graphen → S. 26

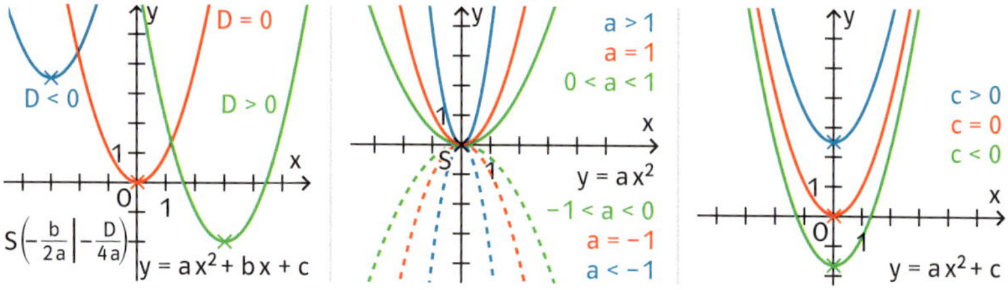


### Normalform

$\mathbf{f(x) = x^2 + px + q} \quad (p, q \in \mathbb{R})$

Diskriminante: $D = \left(\frac{p}{2}\right)^2 - q$

Definitionsmenge: $D_f = \mathbb{R}$

Wertemenge: $W_f = \{y \mid y \geq -D\}$

Scheitelpunkt: $S\left(-\frac{p}{2} \middle| -D\right)$

Nullstellen: $x_{1,2} = -\frac{p}{2} \pm \sqrt{D} \quad (D \geq 0)$

### Scheitelpunktform

$\mathbf{f(x) = a(x - d)^2 + e} \quad (a, d, e \in \mathbb{R};\ a \neq 0)$

Definitionsmenge: $D_f = \mathbb{R}$

Wertemenge: $W_f = \{y \mid y \geq -D\}$

Scheitelpunkt: $S(d \mid e)$

Nullstellen: $x_{1,2} = d \pm \sqrt{-\frac{e}{a}} \quad \left(\frac{e}{a} \geq 0\right)$

## Potenzfunktionen mit ganzzahligen Exponenten

### $f(x) = x^n \quad (n \in \mathbb{N}^*)$

Nullstelle: $x_0 = 0$
Die Graphen sind **Parabeln n-ten Grades**.
Für $n = 1$ erhält man eine lineare Funktion, für $n = 2$ eine quadratische Funktion.

#### n gerade

Definitionsmenge: $D_f = \mathbb{R}$
Wertemenge: $W_f = \mathbb{R}_0^+$
Die Graphen sind **achsensymmetrisch zur y-Achse**.
Gemeinsame Punkte aller Graphen:
$(-1|1)$; $(0|0)$; $(1|1)$

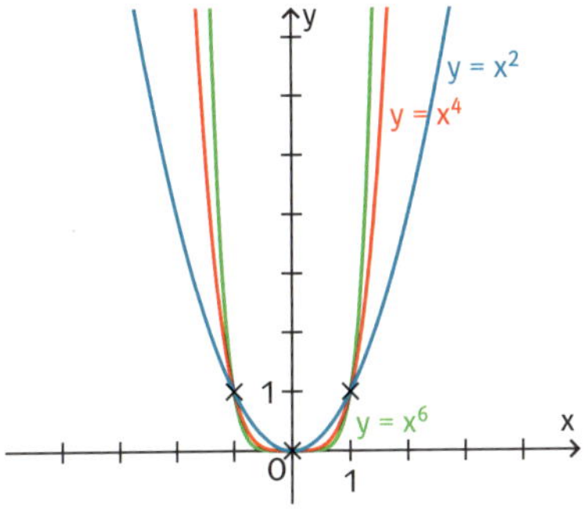


#### n ungerade

Definitionsmenge: $D_f = \mathbb{R}$
Wertemenge: $W_f = \mathbb{R}$
Die Graphen sind **punktsymmetrisch zum Koordinatenursprung**.
Gemeinsame Punkte aller Graphen:
$(-1|-1)$; $(0|0)$; $(1|1)$

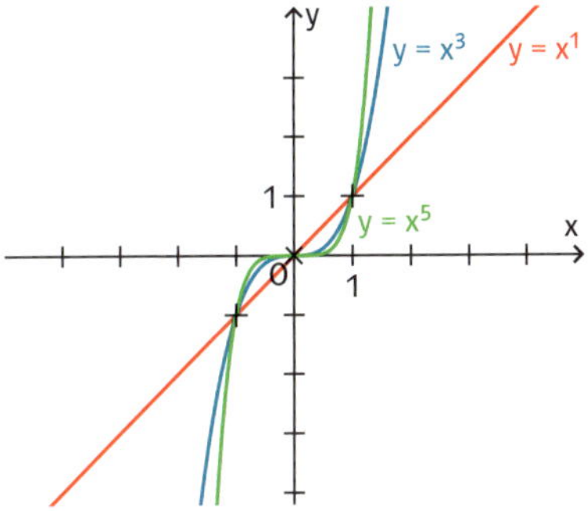


### $f(x) = x^{-n} = \frac{1}{x^n} \quad (n \in \mathbb{N}^*)$

Es gibt keine Nullstellen.
Die Graphen sind **Hyperbeln**. Sie bestehen aus zwei Ästen, auch Zweige genannt.

#### n gerade

Definitionsmenge: $D_f = \mathbb{R} \setminus \{0\}$
Wertemenge: $W_f = \mathbb{R}^+$
Die Graphen sind **achsensymmetrisch zur y-Achse**.
Gemeinsame Punkte aller Graphen:
$(-1|1)$; $(1|1)$

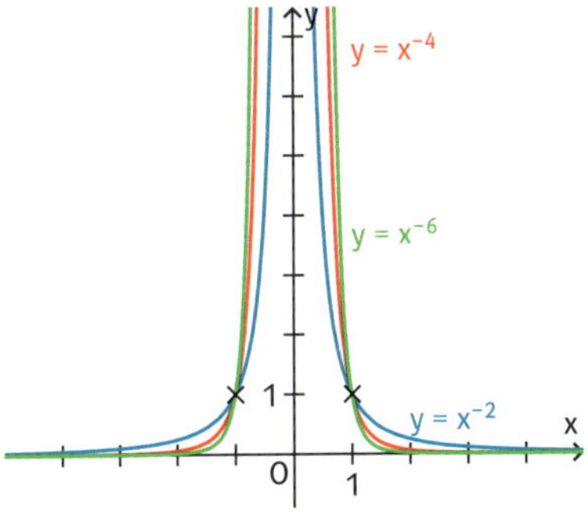


#### n ungerade

Definitionsmenge: $D_f = \mathbb{R} \setminus \{0\}$
Wertemenge: $W_f = \mathbb{R} \setminus \{0\}$
Die Graphen sind **punktsymmetrisch zum Koordinatenursprung**.
Gemeinsame Punkte aller Graphen:
$(-1|-1)$; $(1|1)$

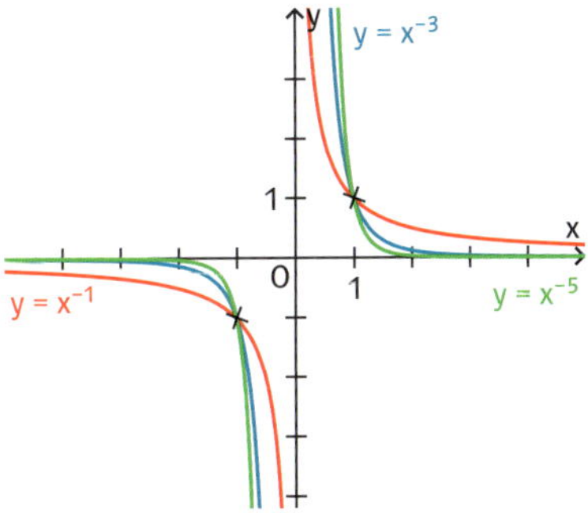

# Funktionen und ihre Graphen

## Potenzfunktionen mit gebrochenen Exponenten (Wurzelfunktionen)

Umkehrfunktion → S. 24

**$f(x) = x^q$ mit $q = \frac{m}{n}$ ($m \in \mathbb{Z}$ und $n \in \mathbb{N}^*$; m und n teilerfremd)**

Definitionsmenge:
Für $m > 0$: $D_f = \mathbb{R}_0^+$; für $m < 0$: $D_f = \mathbb{R}^+$.
Wertemenge:
Für $m > 0$: $W_f = \mathbb{R}_0^+$; für $m < 0$: $W_f = \mathbb{R}^+$.
Nullstelle: $x_0 = 0$
Gemeinsamer Punkt aller Graphen: $(1|1)$

Die **Wurzelfunktionen** $f(x) = \sqrt[n]{x} = x^{\frac{1}{n}}$ ($m = 1$) und $g(x) = \frac{1}{\sqrt[n]{x}} = x^{-\frac{1}{n}}$ ($m = -1$) sind die **Umkehrfunktionen** von Potenzfunktionen $h(x) = x^n$ und $i(x) = x^{-n}$ mit $n \in \mathbb{N}^*$ und eingeschränkten Definitionsmengen $D_h = \mathbb{R}_0^+$ und $D_i = \mathbb{R}^+$.

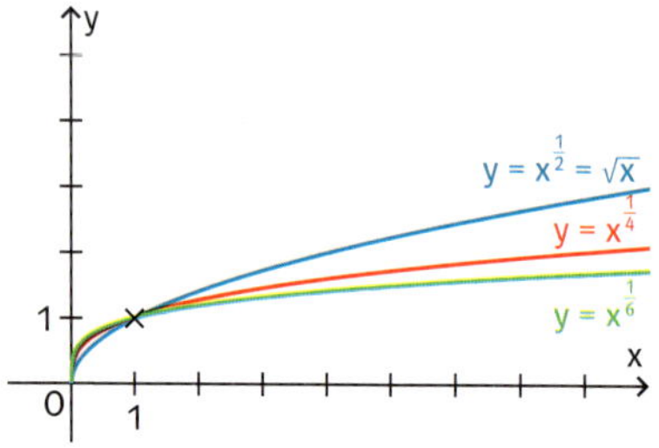


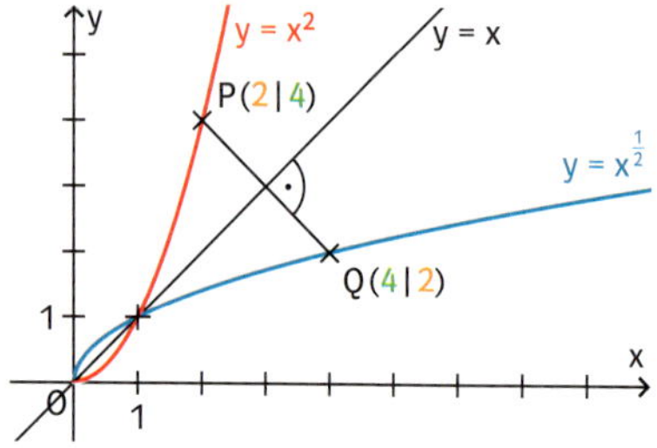


## Rationale Funktionen

Eine Funktion f mit $f(x) = \frac{a_n x^n + a_{n-1} x^{n-1} + \ldots + a_2 x^2 + a_1 x + a_0}{b_m x^m + b_{m-1} x^{m-1} + \ldots + b_2 x^2 + b_1 x + b_0}$ ($m, n \in \mathbb{N}$; $a_i, b_j \in \mathbb{R}$; $b_m \neq 0$) heißt **rationale Funktion**.

### Ganzrationale Funktionen

Eine Funktion f mit $f(x) = a_n x^n + a_{n-1} x^{n-1} + \ldots + a_2 x^2 + a_1 x + a_0 = \sum_{i=0}^{n} a_i x^i$

($n \in \mathbb{N}$; $a_i \in \mathbb{R}$; $a_n \neq 0$) heißt **ganzrationale Funktion vom Grad n** oder **Polynomfunktion vom Grad n.** Ganzrationale Funktionen sind rationale Funktionen, bei denen das Nennerpolynom konstant ist.
Definitionsmenge: $D_f = \mathbb{R}$
$a_n x^n + a_{n-1} x^{n-1} + \ldots + a_2 x^2 + a_1 x + a_0$: Polynom vom Grad n
$a_n, a_{n-1}, \ldots, a_2, a_1, a_0$: Koeffizienten
$a_0$: Absolutglied

### Nullstellen ganzrationaler Funktionen

Gleichungen höheren Grades → S. 20

Eine ganzrationale Funktion vom Grad n hat **höchstens n Nullstellen.**

Polynomdivision → S. 21

Ist $x_0$ eine Nullstelle einer ganzrationalen Funktion $f(x) = a_n x^n + a_{n-1} x^{n-1} + \ldots + a_1 x + a_0$, so kann man den Funktionsterm in der Form $f(x) = (x - x_0)\, g(x)$ schreiben, wobei $g(x)$ ein Polynom vom Grad $n - 1$ ist.

Lässt sich eine ganzrationale Funktion f in der Form $f(x) = (x - x_0)^m h(x)$ schreiben, wobei $h(x_0) \neq 0$ ist, dann heißt $x_0$ **m-fache Nullstelle** von f (**Nullstelle m-ter Ordnung** oder **Nullstelle der Vielfachheit m**).

Unter Berücksichtigung der Vielfachheit der Nullstellen lässt sich eine ganzrationale Funktion vom Grad n in der Form $f(x) = (x - x_1)^{m_1}(x - x_2)^{m_2} \ldots (x - x_i)^{m_i} j(x)$ mit $\sum_{r=1}^{i} m_r = k$ schreiben, wobei $x_r$ eine $m_r$-fache Nullstelle mit $r = 1, 2, \ldots, i$ und $j(x)$ eine ganzrationale Funktion vom Grad $n - k$ ist.

Extrem- und Sattelpunkt → S. 68

Ist $x_0$ eine Nullstelle gerader Ordnung, dann hat die Funktion f an der Stelle $x = x_0$ keinen Vorzeichenwechsel und ihr Graph einen Extrempunkt ($f(x_0) = f'(x_0) = 0$). Ist $x_0$ eine Nullstelle ungerader Ordnung ($m \neq 1$), dann hat die Funktion f an der Stelle $x = x_0$ einen Vorzeichenwechsel und ihr Graph einen Sattelpunkt ($f(x_0) = f'(x_0) = f''(x_0) = 0$).

### Verhalten ganzrationaler Funktionen für $|x| \to \infty$

Das Verhalten einer ganzrationalen Funktionen für $|x| \to \infty$ wird allein durch den Summanden $a_n x^n$ bestimmt. Man unterscheidet bei ihren Graphen vier Fälle:

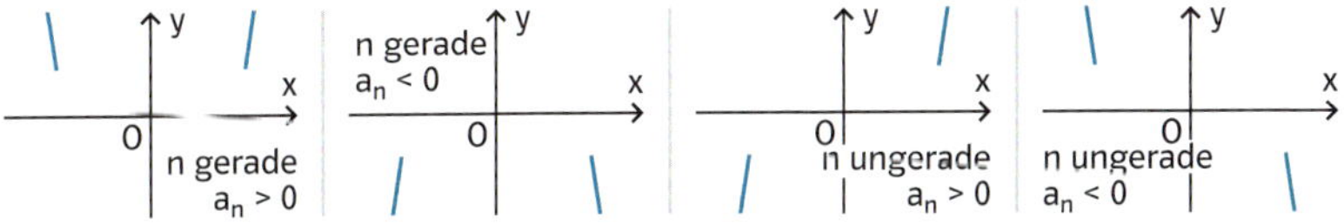


### Symmetrie von Graphen ganzrationaler Funktionen

Der Graph einer ganzrationalen Funktion f ist genau dann

**achsensymmetrisch zur y-Achse**, wenn der Funktionsterm f(x) ausschließlich gerade Potenzen von x enthält.

**punktsymmetrisch zum Ursprung**, wenn der Funktionsterm f(x) ausschließlich ungerade Potenzen von x enthält.

---

## Gebrochenrationale Funktionen

Ganzrationale Funktion → S. 30

Eine Funktion f mit $f(x) = \frac{u(x)}{v(x)}$ heißt **gebrochenrationale Funktion**, wenn u und v ganzrationale Funktionen sind und v mindestens vom Grad 1 ist.
Definitionsmenge: $D_f = \mathbb{R} \setminus \{x \in \mathbb{R} \mid v(x) = 0\}$.
Die Stellen x mit $v(x) = 0$ heißen **Definitionslücken**.

Ist der Grad von u größer als null und der Grad von v größer als der von u, so heißt die Funktion **echt gebrochenrational**.
Ist der Grad von u größer als null und der Grad von v kleiner oder gleich dem von u, so heißt die Funktion **unecht gebrochenrational**. Durch Polynomdivision kann sie als Summe einer ganzrationalen Funktion und einer echt gebrochenrationale Funktion geschrieben werden.

Polynomdivision → S. 21

### Nullstellen gebrochenrationaler Funktionen

Eine Stelle $x_0$ ist genau dann eine Nullstelle von f, wenn $u(x_0) = 0$ und $v(x_0) \neq 0$ gilt.

### Polstellen gebrochenrationaler Funktionen

Eine Definitionslücke $x_0$ ist genau dann eine Polstelle von f, wenn $u(x_0) \neq 0$ und $v(x_0) = 0$ gilt. Dann gilt $|f(x)| \to \infty$ für $x \to x_0$. Die Funktion f hat an der Stelle $x_0$ einen **Pol**. Die Gerade $x = x_0$ ist eine **senkrechte Asymptote** des Graphen von f.

Gilt $\lim\limits_{\substack{x \to x_0 \\ x < x_0}} f(x) = \pm\infty$ und $\lim\limits_{\substack{x \to x_0 \\ x > x_0}} f(x) = \pm\infty$, so liegt ein **Pol ohne Vorzeichenwechsel** vor.
Gilt $\lim\limits_{\substack{x \to x_0 \\ x < x_0}} f(x) = \pm\infty$ und $\lim\limits_{\substack{x \to x_0 \\ x > x_0}} f(x) = \mp\infty$, so liegt ein **Pol mit Vorzeichenwechsel** vor.

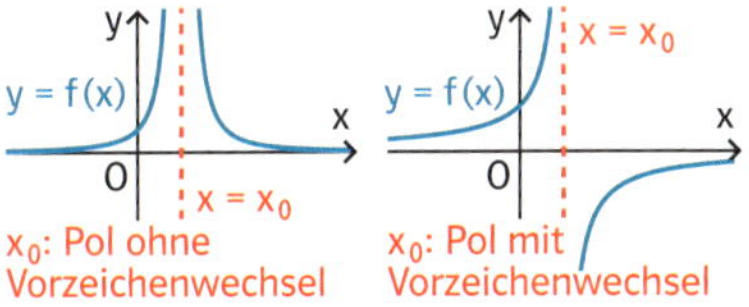


### Hebbare Lücken gebrochenrationaler Funktionen

Ist $x_0$ eine Definitionslücke von f mit $u(x_0) = v(x_0) = 0$ und gilt $\lim\limits_{\substack{x \to x_0 \\ x < x_0}} f(x) = \lim\limits_{\substack{x \to x_0 \\ x > x_0}} f(x) = a$, so heißt die Stelle $x_0$ **(stetig) hebbare Lücke**. An dieser Stelle liegt keine Polstelle vor. Der Punkt $(x_0 \mid f(x_0))$ gehört nicht zum Graphen von f. Die Funktion f ist **stetig fortsetzbar**, indem man $f(x_0) = \lim\limits_{x \to x_0} f(x)$ festlegt.

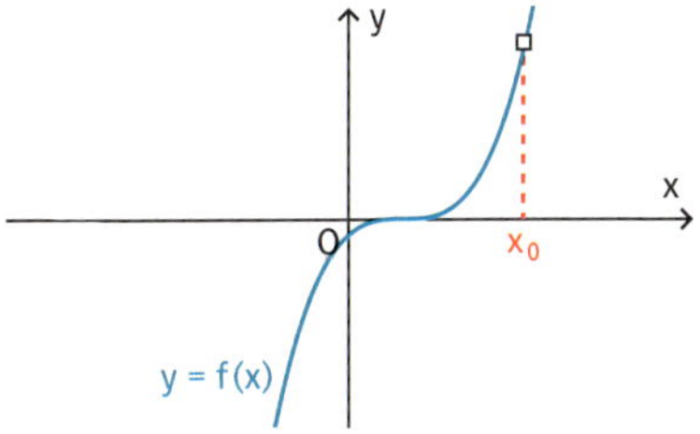


Stetigkeit von Funktionen → S. 64

**Gebrochenrationale Funktionen**

### Sprungstelle

Ist $x_0$ eine Definitionslücke mit $u(x_0) = v(x_0) = 0$ und gilt $\lim\limits_{\substack{x \to x_0 \\ x < x_0}} f(x) = a$ sowie $\lim\limits_{\substack{x \to x_0 \\ x > x_0}} f(x) = b$ mit $a \neq b$, so heißt die Stelle $x_0$ **Sprungstelle**.

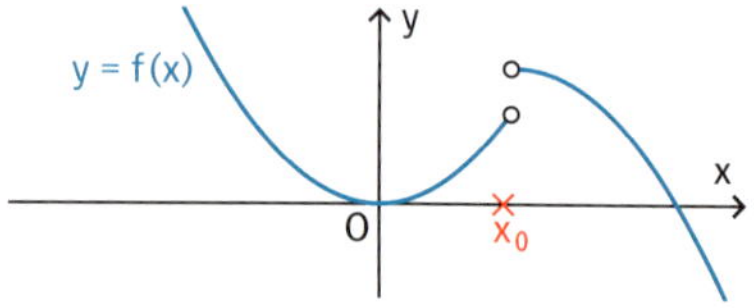


### Bedingungen für Polstellen und hebbare Lücken

Gebrochenrationale Funktion → S. 31
Definitionslücke → S. 31
Hebbare Lücke → S. 31

Gegeben ist eine gebrochenrationale Funktion f mit $f(x) = \frac{u(x)}{v(x)}$ und der Definitionslücke $x_0$. Dabei ist $x_0$ m-fache Nullstelle von u und n-fache Nullstelle von v ($m, n \in \mathbb{N}$). Dann kann man f in der Form $f(x) = \frac{u(x)}{v(x)} = \frac{(x - x_0)^m p(x)}{(x - x_0)^n q(x)}$ mit $p(x_0) \neq 0$ und $q(x_0) \neq 0$ schreiben.

$m > n > 0$: $x_0$ ist eine stetig hebbare Lücke und es gilt $\lim\limits_{\substack{x \to x_0 \\ x < x_0}} f(x) = \lim\limits_{\substack{x \to x_0 \\ x > x_0}} f(x) = 0$.

$m = n > 0$: $x_0$ ist eine stetig hebbare Lücke und es gilt $\lim\limits_{\substack{x \to x_0 \\ x < x_0}} f(x) = \lim\limits_{\substack{x \to x_0 \\ x > x_0}} f(x) = \frac{p(x_0)}{q(x_0)}$.

$m < n$: $x_0$ ist eine Polstelle.

### Asymptotisches Verhalten der Graphen gebrochenrationaler Funktionen

Polynomdivision → S. 21

Gegeben ist eine gebrochenrationale Funktion $f(x) = \frac{a_n x^n + a_{n-1} x^{n-1} + \ldots + a_2 x^2 + a_1 x + a_0}{b_m x^m + b_{m-1} x^{m-1} + \ldots + b_2 x^2 + b_1 x + b_0}$ ($a_n \neq 0$ und $b_m \neq 0$). Für $|x| \to \infty$ gilt:

$n < m$: $\lim\limits_{|x| \to \infty} f(x) = 0$. Der Graph von f hat die **waagerechte Asymptote** $y = 0$.

$n = m$: $\lim\limits_{|x| \to \infty} f(x) = \frac{a_n}{b_m} \neq 0$. Der Graph von f hat die **waagerechte Asymptote** $y = \frac{a_n}{b_m}$.

$n = m + 1$: $\lim\limits_{|x| \to \infty} f(x) = \infty$. Der Graph von f hat eine **schiefe Asymptote**, deren Gleichung sich mithilfe der Polynomdivision ergibt.

$n > m + 1$: $\lim\limits_{|x| \to \infty} f(x) = \infty$. Der Graph von f hat eine **nichtlineare Näherungskurve**, deren Gleichung sich mithilfe der Polynomdivision ergibt.

waagerechte Asymptote $y = 0$

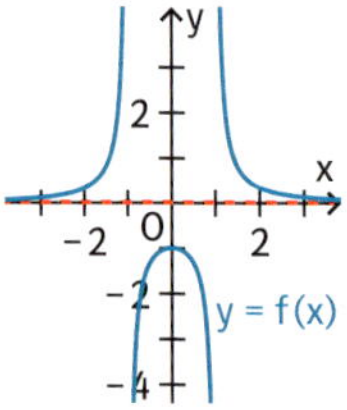


waagerechte Asymptote $y = \frac{a_n}{b_m}$

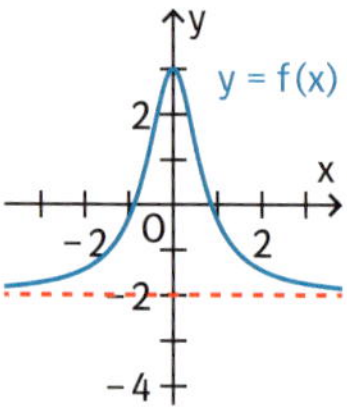


schiefe Asymptote

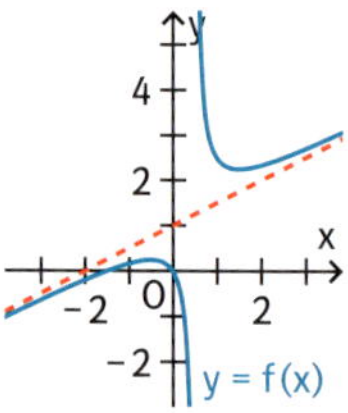


nichtlineare Näherungskurve

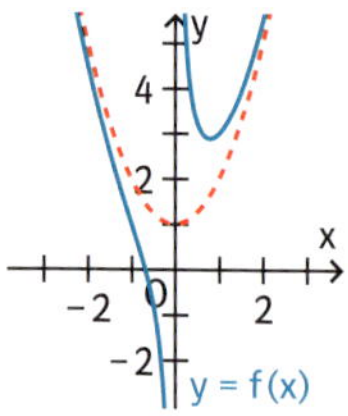


## Exponential- und Logarithmusfunktionen

### Exponentialfunktionen

Euler'sche Zahl → S. 6

$f(x) = a^x$ ($a \in \mathbb{R}^+$; $a \neq 1$)
Definitionsmenge: $D_f = \mathbb{R}$
Wertemenge: $W_f = \mathbb{R}^+$
Es gibt keine Nullstellen.
Gemeinsamer Punkt aller Graphen: $(0 | 1)$
Spezialfall: $f(x) = e^x$ (e: Euler'sche Zahl)
**natürliche Exponentialfunktion**

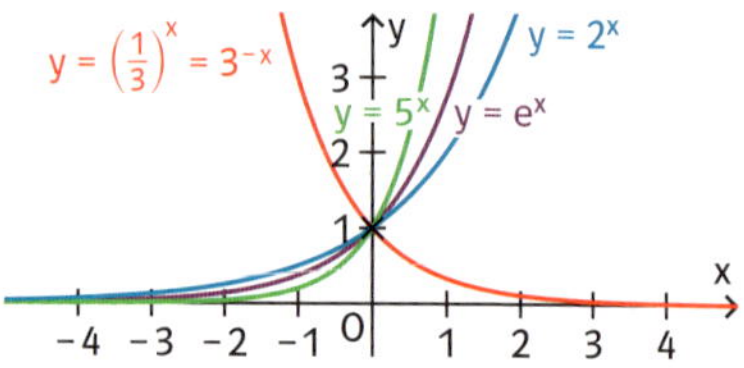

# Funktionen und ihre Graphen



## Logarithmusfunktionen

**$f(x) = \log_b(x)$** $(b \in \mathbb{R}^+;\ b \neq 1)$
Definitionsmenge: $D_f = \mathbb{R}^+$
Wertemenge: $W_f = \mathbb{R}$
Nullstelle: $x_0 = 0$
Gemeinsamer Punkt aller Graphen: $(1|0)$

Spezialfälle:
$\log_e(x) = \ln(x)$ **natürliche Logarithmusfunktion** (e: Euler'sche Zahl)
$\log_{10}(x) = \lg(x)$ **dekadische Logarithmusfunktion** oder **Zehnerlogarithmusfunktion**
$\log_2(x) = \mathrm{lb}(x)$ **binäre Logarithmusfunktion** oder **Zweierlogarithmusfunktion**

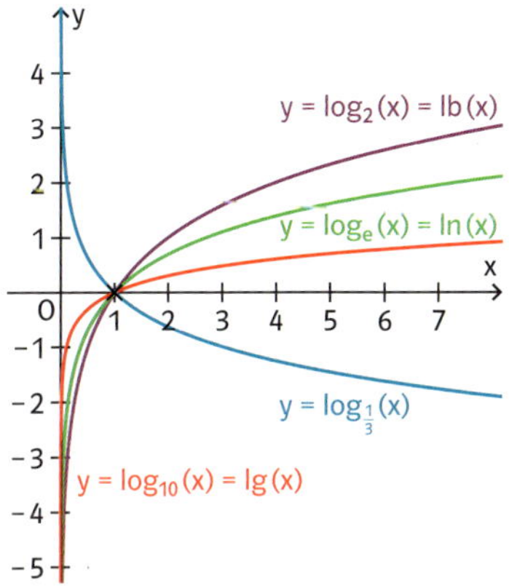


Die Logarithmusfunktion $\log_b(x)$ ist die **Umkehrfunktion** der Exponentialfunktion $b^x$ $(b \in \mathbb{R}^+;\ b \neq 1)$ und umgekehrt. Insbesondere ist die natürliche Logarithmusfunktion $\ln(x)$ die Umkehrfunktion der natürlichen Exponentialfunktion $e^x$.

**Exponential- und Logarithmusfunktionen**

Natürlicher Logarithmus → S. 14
Euler'sche Zahl → S. 6
Dekadischer Logarithmus → S. 14
Umkehrfunktion → S. 24

## Sinusfunktion

**$f(x) = \sin(x)$**
Definitionsmenge: $D_f = \mathbb{R}$
Wertemenge: $W_f = [-1; 1]$
Nullstellen: $x_k = k\pi;\ k \in \mathbb{Z}$
Periode: $2\pi;\ \sin(x + 2k\pi) = \sin(x)$
Der Graph ist **punktsymmetrisch zum Koordinatenursprung**.

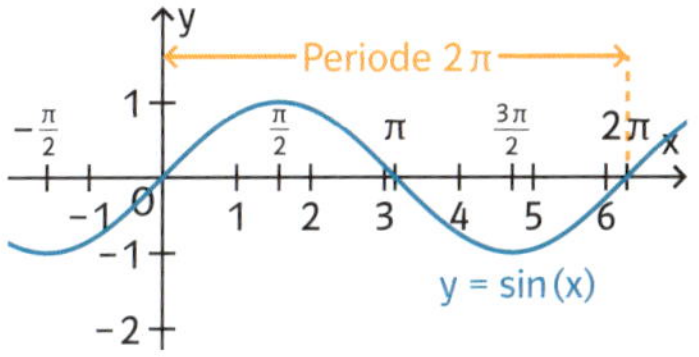


**Trigonometrische Funktionen (Winkelfunktionen)**

Bogenmaß → S. 37, 56
Definition am Einheitskreis → S. 56

## Allgemeine Sinusfunktion

**$f(x) = a \cdot \sin(b \cdot (x - c)) + d$**
$(a, b, c, d \in \mathbb{R};\ a, b \neq 0)$

Definitionsmenge: $D_f = \mathbb{R}$
Wertemenge: $W_f = [-|a| + d; |a| + d]$
Nullstellen: $x_k = \frac{k\pi + bc}{b};\ k \in \mathbb{Z}$
Periode: $\frac{2\pi}{|b|};\ \sin\left(x + k\frac{2\pi}{|b|}\right) = \sin(x)$
Amplitude: $A = |a|$

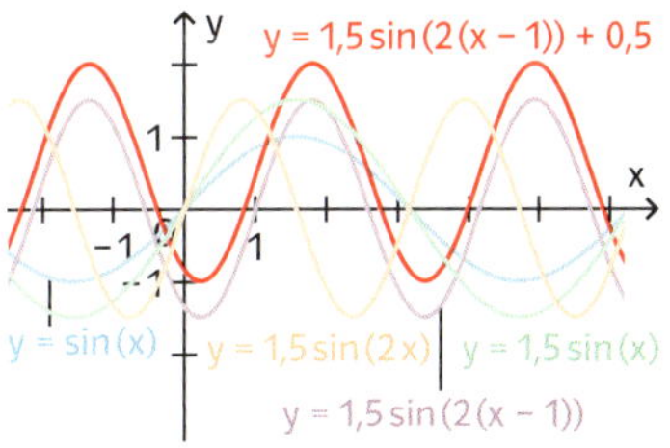


Den **Graphen von $a \cdot \sin(b \cdot (x - c)) + d$** erhält man aus dem Graphen von $\sin(x)$ durch
- Strecken in y-Richtung mit dem Faktor a (für $a < 0$ zusätzlich Spiegelung an der x-Achse),
- Strecken in x-Richtung mit dem Faktor $\frac{1}{b}$ (für $b < 0$ zusätzlich Spiegelung an der x-Achse),
- Verschieben in x-Richtung um c,
- Verschieben in y-Richtung um d.

Einfluss von Parametern auf den Graphen einer Funktion → S. 26

# Funktionen und ihre Graphen

Trigonometrische Funktionen (Winkelfunktionen)

## Kosinusfunktion

$f(x) = \cos(x)$
Definitionsmenge: $D_f = \mathbb{R}$
Wertemenge: $W_f = [-1; 1]$
Nullstellen: $x_k = (2k + 1)\frac{\pi}{2}$; $k \in \mathbb{Z}$
Periode: $2\pi$; $\cos(x + 2k\pi) = \cos(x)$
Der Graph ist **achsensymmetrisch zur y-Achse.**

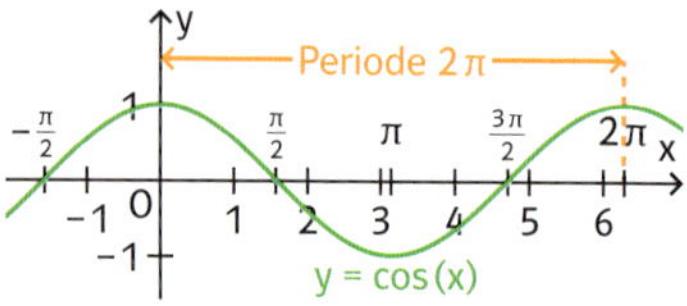


## Tangensfunktion

$f(x) = \tan(x) = \frac{\sin(x)}{\cos(x)}$
Definitionsmenge: $D_f = \mathbb{R} \setminus \left\{x \mid x = (2k+1)\frac{\pi}{2}\right\}$; $k \in \mathbb{Z}$
Wertemenge: $W_f = \mathbb{R}$
Nullstellen: $x_k = k\pi$; $k \in \mathbb{Z}$
Periode: $\pi$; $\tan(x + k\pi) = \tan(x)$
Der Graph ist **punktsymmetrisch zum Koordinatenursprung.**

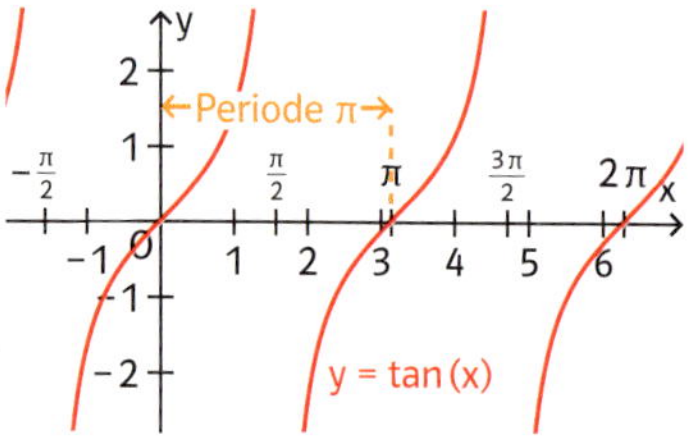


## Kotangensfunktion

$f(x) = \cot(x) = \frac{\cos(x)}{\sin(x)}$
Definitionsmenge: $D_f = \mathbb{R} \setminus \{x \mid x = k\pi\}$; $k \in \mathbb{Z}$
Wertemenge: $W_f = \mathbb{R}$
Nullstellen: $x_k = (2k + 1)\frac{\pi}{2}$; $k \in \mathbb{Z}$
Periode: $\pi$; $\cot(x + k\pi) = \cot(x)$
Der Graph ist **punktsymmetrisch zum Koordinatenursprung.**

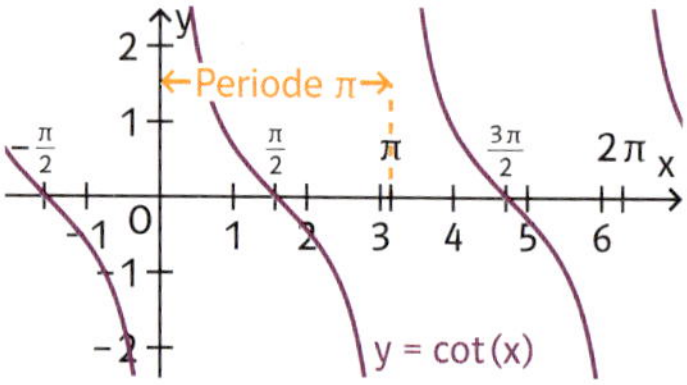


Umkehrfunktion → S. 24

Strenge Monotonie → S. 26

## Umkehrfunktionen der trigonometrischen Funktionen

Schränkt man die Definitionsmenge der trigonometrischen Funktionen auf Bereiche ein, in denen die Funktionen jeweils streng monoton sind, so sind diese eingeschränkten Funktionen umkehrbar. Die Umkehrfunktionen der geeignet eingeschränkten trigonometrischen Funktionenheißen **Arkusfunktionen (zyklometrische Funktionen).**

### Arkussinusfunktion

$f(x) = \arcsin(x)$
Definitionsmenge: $D_f = [-1; 1]$
Wertemenge: $W_f = \left[-\frac{\pi}{2}; \frac{\pi}{2}\right]$
Nullstelle: $x_0 = 0$

### Arkuskosinusfunktion

$f(x) = \arccos(x)$
Definitionsmenge: $D_f = [-1; 1]$
Wertemenge: $W_f = [0; \pi]$
Nullstelle: $x_0 = 1$

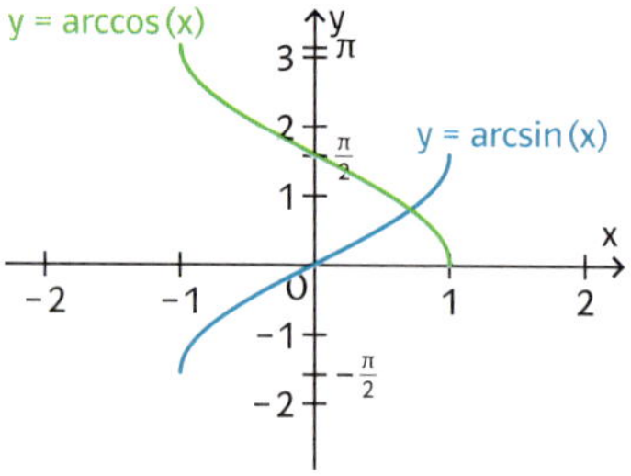

**Umkehrfunktionen der trigonometrischen Funktionen**

### Arkustangensfunktion

**$f(x) = \arctan(x)$**

Definitionsmenge: $D_f = \mathbb{R}$

Wertemenge: $W_f = \left(-\frac{\pi}{2}; \frac{\pi}{2}\right)$

Nullstelle: $x_0 = 0$

### Arkuskotangensfunktion

**$f(x) = \text{arccot}(x)$**

Definitionsmenge: $D_f = \mathbb{R}$

Wertemenge: $W_f = (0; \pi)$

Es gibt keine Nullstellen.

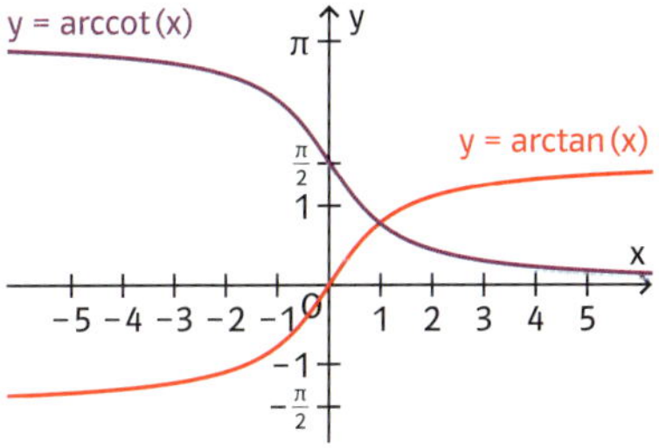


---

**Parameterdarstellung von Kurven in der Ebene**

Die **Parameterdarstellung einer Kurve in der Ebene** ist eine Darstellung, bei der jedem Wert eines Parameters t ein Punkt $P_t$ der Kurve entspricht. Die Koordinaten jedes Punktes der Kurve sind Funktionen des Parameters t. Es gilt $P_t(x(t) \mid y(t))$.

---

### Kreis mit Radius r und Mittelpunkt $M(x_M \mid y_M)$ in Parameterdarstellung

$x = x(t) = x_M + r \cdot \cos(t)$

$y = y(t) = y_M + r \cdot \sin(t)$

$0 \leq t \leq 2\pi$

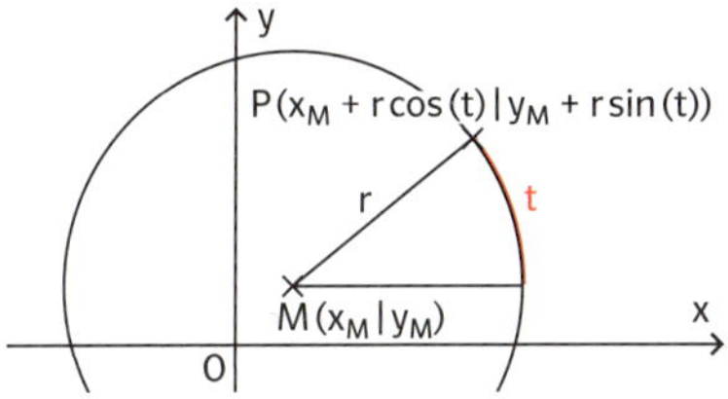


---

### Archimedische Spirale

$x = x(t) = a \cdot t \cdot \cos(t)$

$y = y(t) = a \cdot t \cdot \sin(t)$

$0 \leq t < \infty$

$a > 0$

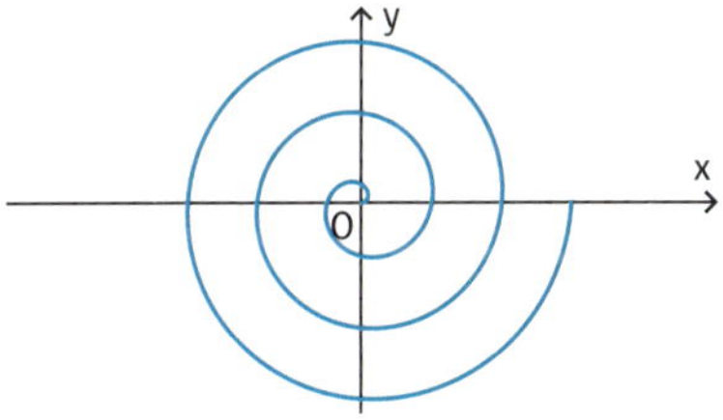


---

### Zykloide

Eine **Zykloide** ist die Kurve, auf der sich ein Kreispunkt beim Abrollen des Kreises auf einer Geraden bewegt.

Rollt ein Kreis mit dem Radius r auf der x-Achse ab, so gilt für die Bahn eines Punktes auf der Kreislinie:

$x = x(t) = r \cdot (t - \sin(t)),$

$y = y(t) = r \cdot (1 - \cos(t)),$

$-\infty < t < \infty.$

Dabei heißt t **Wälzwinkel**.

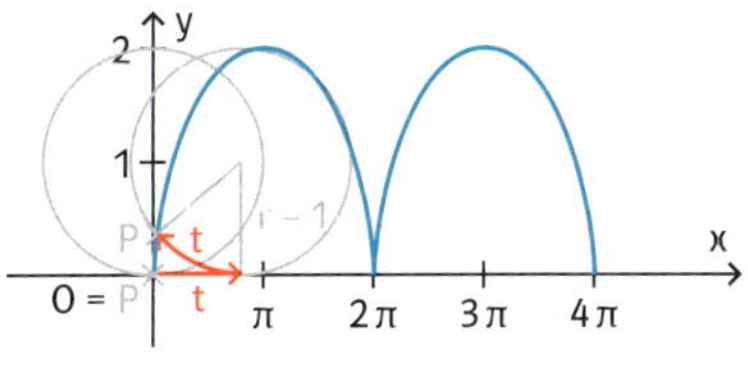

# Ebene Geometrie (Planimetrie)

## Grundbegriffe

### Strecke, Strahl und Gerade

Eine gerade Linie mit einem Anfangs- und einem Endpunkt heißt **Strecke**. Die **Länge einer Strecke** $\overline{AB}$ bezeichnet man mit $|\overline{AB}|$ (manchmal auch mit $\overline{AB}$). Verlängert man eine Strecke unbegrenzt über einen ihrer Endpunkte hinaus, so erhält man einen **Strahl (Halbgerade)**. Verlängert man eine Strecke unbegrenzt über ihre beiden Endpunkte hinaus, so erhält man eine **Gerade**.

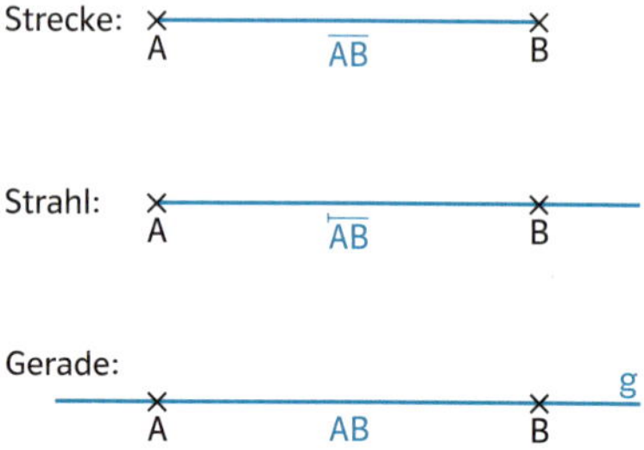


### Zueinander senkrecht und zueinander parallel

Zwei Geraden sind genau dann **zueinander parallel**, wenn sie sich nicht schneiden oder wenn sie identisch sind.

Rechter Winkel → S. 37

Zwei Geraden sind genau dann **zueinander senkrecht (orthogonal)**, wenn sie sich unter einem rechten Winkel schneiden.
Zwei Geraden sind genau dann zueinander senkrecht, wenn sie sich schneiden und eine Gerade bei Spiegelung an der anderen Geraden auf sich selbst abgebildet wird.

Strecke und Gerade → vgl. oben

Das **Lot** ist eine Strecke oder Gerade, die auf einer gegebenen Geraden senkrecht steht. Man spricht von **Lotgerade** oder **Lotstrecke**. Den Schnittpunkt des Lots mit einer gegebenen Geraden nennt man den **Lotfußpunkt**.
Man **errichtet das Lot** einer Geraden in einem Punkt der Geraden und **fällt das Lot** von einem Punkt außerhalb der Geraden auf diese Gerade.
Die **Mittelparallele** zweier zueinander paralleler Geraden g und h ist die Gerade, die von g und h jeweils den gleichen Abstand hat.

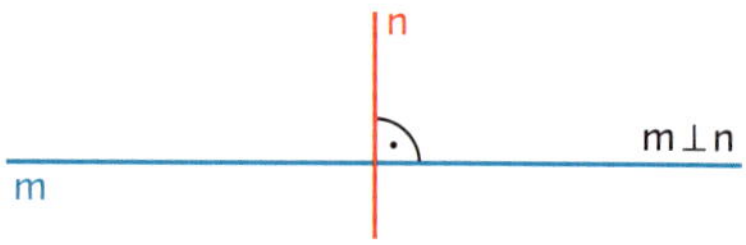


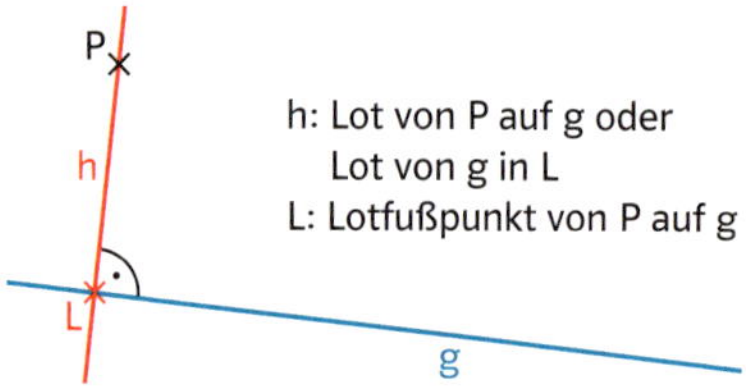


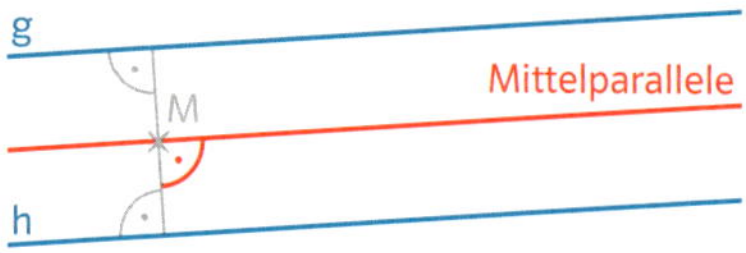


### Winkel

Strahl → vgl. oben

Zwei Strahlen mit einem gemeinsamen Anfangspunkt S bilden einen **Winkel**. Der Punkt S heißt **Scheitelpunkt** des Winkels, die beiden Strahlen g und h nennt man **Schenkel** des Winkels.

#### Bezeichnung von Winkeln

Winkel bezeichnet man mit griechischen Buchstaben (α, β, γ …), mit den Schenkeln oder mit drei Punkten.

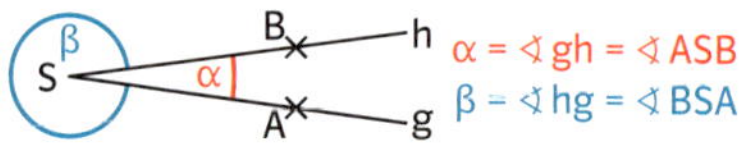

# Ebene Geometrie (Planimetrie)



## Winkelmaße

### Gradmaß

Ein Winkel mit der Größe ein **Grad** (1°) ist der 360. Teil des Vollwinkels.

Es gilt: $1° = 60'$ (Minuten),
$1' = 60''$ (Sekunden) und
$1° = 3600''$.

Man erhält einen Winkel der Größe 1°, indem man einen Kreis durch Radien in 360 deckungsgleiche Kreisausschnitte unterteilt.

### Bogenmaß

Trigonometrie → S. 56
Zentriwinkel → S. 46

Das zum (Zentri-)Winkel $\alpha$ gehörende Verhältnis von **Bogenlänge** b zu Radius r heißt **Bogenmaß** des Winkels $\alpha$: $\operatorname{arc}(\alpha) = \frac{b}{r}$.
Im **Einheitskreis**, dem Kreis mit Radius 1 und Mittelpunkt im Koordinatenursprung, ist das Bogenmaß eines Winkels gleich der Maßzahl der zugehörigen Bogenlänge.
Ein Winkel hat die Größe 1 **Radiant** (1 rad), wenn $b = r$ gilt bzw. für $b = 1$ im Einheitskreis.

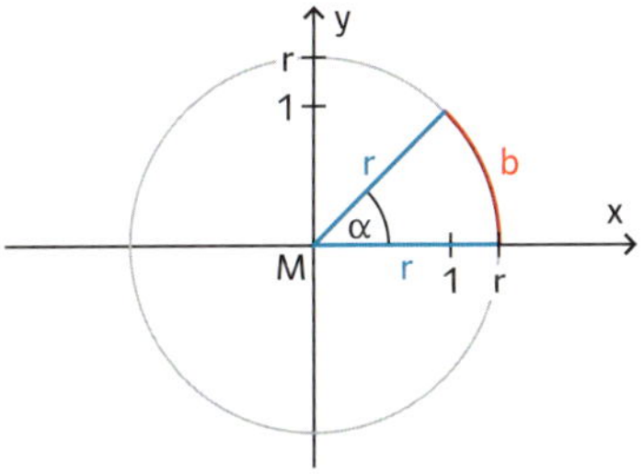


### Umrechnungen

Wenn $\alpha$ die Winkelgröße im Gradmaß und x die Winkelgröße im Bogenmaß ist, dann gilt:

$\frac{\alpha}{360°} = \frac{x}{2\pi}$ bzw. $\frac{\alpha}{180°} = \frac{x}{\pi}$ $\quad x = \frac{\alpha}{180°} \cdot \pi$ $\quad \alpha = \frac{x}{\pi} \cdot 180°$

$1° \approx 0{,}01745\,\text{rad}$ $\quad 1\,\text{rad} \approx 57{,}296°$

| **Gradmaß** | 0° | 15° | 30° | 45° | 60° | 90° | 120° | 135° | 180° | 270° | 360° |
|---|---|---|---|---|---|---|---|---|---|---|---|
| **Bogenmaß** | 0 | $\frac{\pi}{12}$ | $\frac{\pi}{6}$ | $\frac{\pi}{4}$ | $\frac{\pi}{3}$ | $\frac{\pi}{2}$ | $\frac{2\pi}{3}$ | $\frac{3\pi}{4}$ | $\pi$ | $\frac{3\pi}{2}$ | $2\pi$ |

## Winkelarten

| Nullwinkel | spitzer Winkel | rechter Winkel | stumpfer Winkel | gestreckter Winkel | überstumpfer Winkel | Vollwinkel |
|---|---|---|---|---|---|---|
| $\alpha = 0°$ | $0° < \alpha < 90°$ | $\alpha = 90°$ | $90° < \alpha < 180°$ | $\alpha = 180°$ | $180° < \alpha < 360°$ | $\alpha = 360°$ |

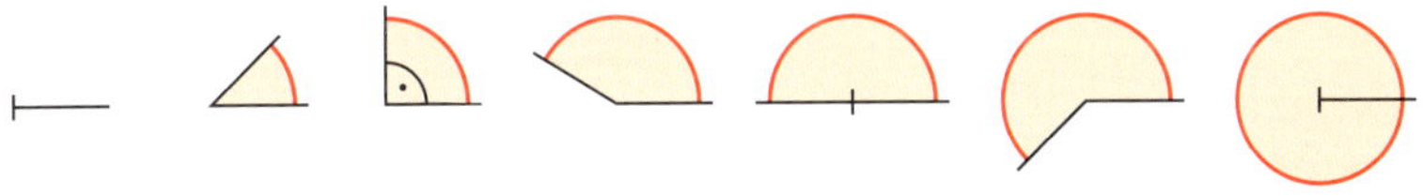

## Winkel an sich schneidenden Geraden

**Scheitelwinkel** sind gleich groß.

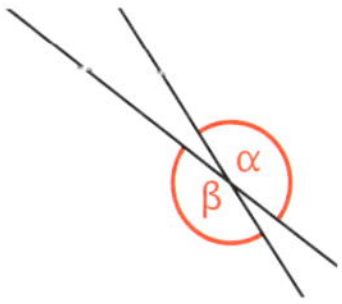


Ein Winkel und sein **Nebenwinkel** sind zusammen 180° groß.

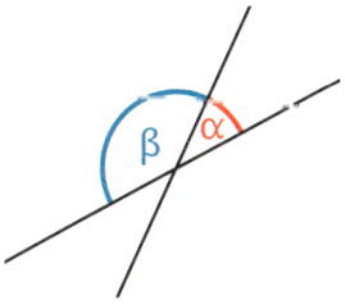


**Stufenwinkel** an geschnittenen Parallelen sind gleich groß.

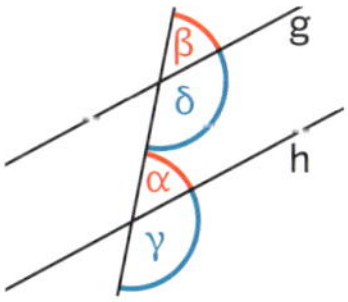


**Wechselwinkel** an geschnittenen Parallelen sind gleich groß.

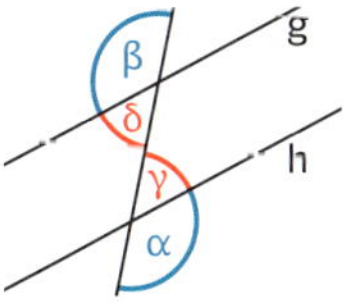

M

Mathematik

# Ebene Geometrie (Planimetrie)

Grundbegriffe

## Abstände, Mittelsenkrechte und Winkelhalbierende

### Abstände

Der **Abstand zweier Punkte** P und Q ist die Länge der Verbindungsstrecke der Punkte. Man schreibt dafür $d(P; Q)$.

Lot und Lotfußpunkt → S. 36

Der **Abstand eines Punktes** P **von einer Geraden** g ist die Länge des Lots von P auf g, also der Abstand von P zum Lotfußpunkt von P auf g. Man schreibt dafür $d(P; g)$.

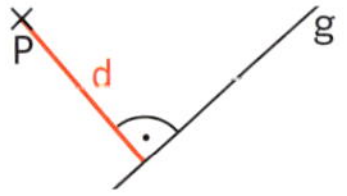


Der **Abstand zwischen zwei zueinander parallelen Geraden** g und h ist die Länge der kürzesten Strecke zwischen g und h. Man schreibt dafür $d(g; h)$.

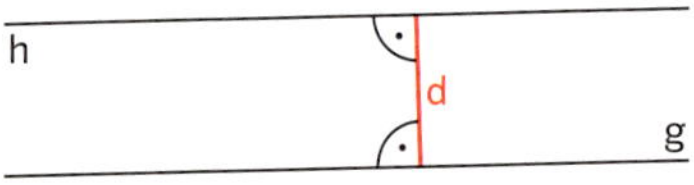


### Mittelsenkrechte

Die Gerade, die senkrecht zu einer Strecke $\overline{AB}$ ist und durch ihren Mittelpunkt verläuft, heißt **Mittelsenkrechte** $m_{\overline{AB}}$ der Strecke $\overline{AB}$.
Wenn ein Punkt P auf der Mittelsenkrechten von $\overline{AB}$ liegt, dann ist der Abstand von P zu A und zu B gleich.
Wenn der Abstand eines Punktes P zu A und zu B gleich ist, dann liegt P auf der Mittelsenkrechten von $\overline{AB}$.

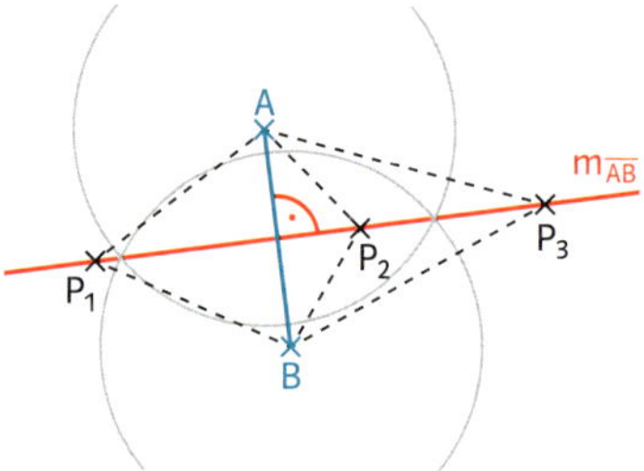


### Winkelhalbierende

Die Gerade, die einen Winkel $\alpha$ in zwei gleich große Teile teilt, heißt **Winkelhalbierende** $w_\alpha$ von $\alpha$.
Wenn ein Punkt P auf der Winkelhalbierenden von $\alpha$ liegt, dann ist der Abstand von P zu beiden Schenkeln von $\alpha$ gleich.
Wenn der Abstand eines Punktes P zu beiden Schenkeln von $\alpha$ gleich ist, dann liegt P auf der Winkelhalbierenden von $\alpha$.

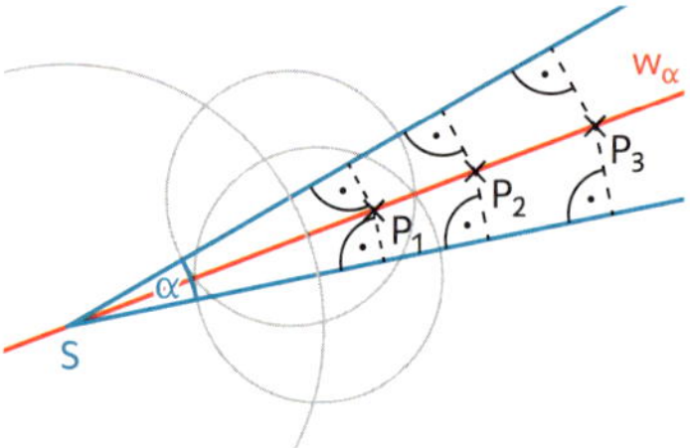


## Dreiecke

### Bezeichnungen

Drei Punkte A, B und C, die nicht auf einer Geraden liegen, bilden ein **Dreieck**.
**Eckpunkte:** A, B und C
**Seiten:** a, b und c
**Winkel:** $\alpha$, $\beta$ und $\gamma$

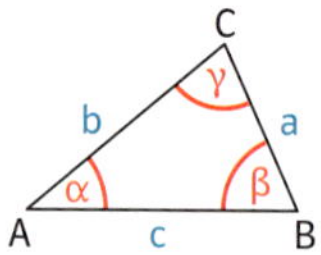


Lotgerade → S. 36

Die Lotgerade von einem Eckpunkt auf die gegenüberliegende Seite(nlinie) heißt **Höhenlinie**. Die Strecke vom Eckpunkt zum Lotfußpunkt heißt **Höhe** des Dreiecks zur entsprechenden Seite.

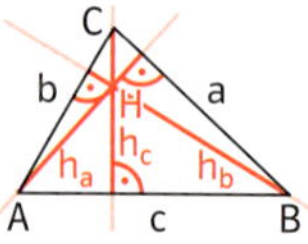


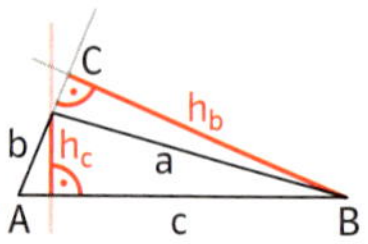

## Winkelsätze

Dreiecke

### Innenwinkelsatz

In jedem Dreieck beträgt die Summe der Innenwinkel 180°: $\alpha + \beta + \gamma = 180°$.

### Außenwinkelsatz

Jeder Außenwinkel eines Dreiecks ist so groß wie die Summe der beiden nicht anliegenden Innenwinkel.
In jedem Dreieck beträgt die Summe der Außenwinkel 360°: $\alpha' + \beta' + \gamma' = 360°$.

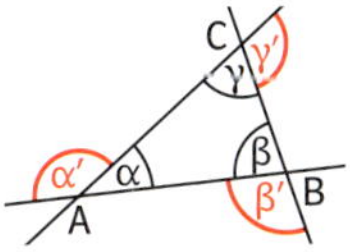


$\alpha' = \beta + \gamma$
$\beta' = \alpha + \gamma$
$\gamma' = \alpha + \beta$

## Besondere Punkte und Linien im Dreieck

### Umkreismittelpunkt

In jedem Dreieck schneiden sich die drei Mittelsenkrechten $m_a$, $m_b$ und $m_c$ in einem Punkt, dem **Umkreismittelpunkt** U des Dreiecks. U hat zu den drei Eckpunkten A, B und C den gleichen Abstand. Die Eckpunkte liegen auf dem Umkreis.

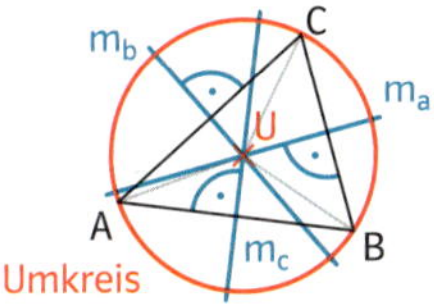


Mittelsenkrechte → S. 38

### Inkreismittelpunkt

In jedem Dreieck schneiden sich die drei Winkelhalbierenden $w_\alpha$, $w_\beta$ und $w_\gamma$ in einem Punkt, dem **Inkreismittelpunkt** I des Dreiecks. I hat von den drei Seiten a, b und c den gleichen Abstand. Der Inkreis berührt die drei Seiten.

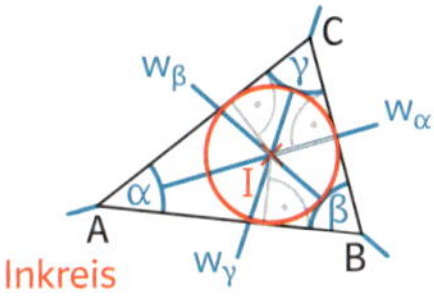


Winkelhalbierende → S. 38

### Höhenschnittpunkt

In jedem Dreieck schneiden sich die drei Höhenlinien $h_a$, $h_b$ und $h_c$ in einem Punkt, dem **Höhenschnittpunkt** H des Dreiecks.

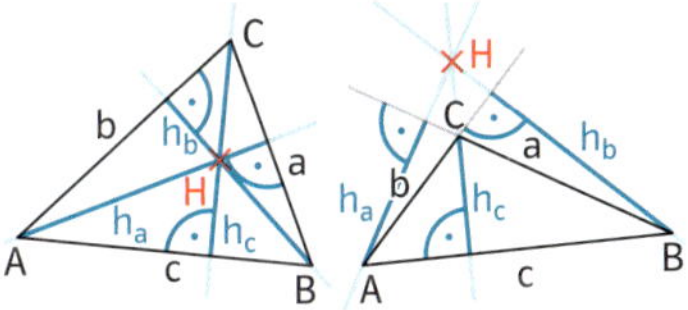


Höhenlinie → S. 38

### Schwerpunkt

Die Strecken von einem Eckpunkt zum Mittelpunkt der gegenüberliegenden Seite heißen **Seitenhalbierende**.
In jedem Dreieck schneiden sich die drei Seitenhalbierenden $s_a$, $s_b$ und $s_c$ in einem Punkt, dem **Schwerpunkt** S des Dreiecks.

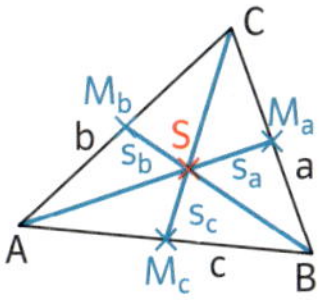


S teilt jede Seitenhalbierende im Verhältnis 2 : 1:
$\frac{\overline{SA}}{\overline{SM_a}} = \frac{\overline{SB}}{\overline{SM_b}} = \frac{\overline{SC}}{\overline{SM_c}} = \frac{2}{1}$.

### Euler-Gerade

In jedem Dreieck liegen der Umkreismittelpunkt U, der Höhenschnittpunkt H und der Schwerpunkt S auf einer Geraden, der **Euler-Geraden** e.

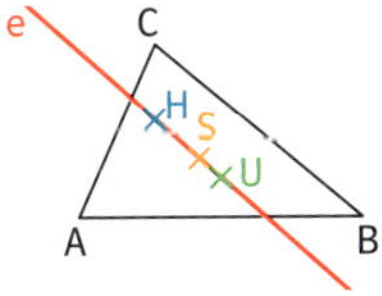

# Ebene Geometrie (Planimetrie)

Dreiecke

## Dreiecksarten

### Einteilung nach der Seitenlänge

**Allgemeines Dreieck**
Alle drei Seiten sind paarweise unterschiedlich lang.
$a \neq b$; $a \neq c$; $b \neq c$

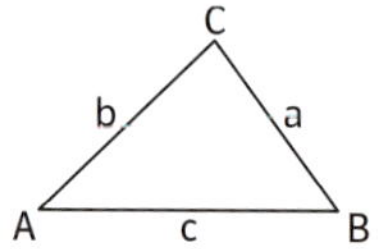


**Gleichschenkliges Dreieck**
Zwei der drei Seiten, die **Schenkel**, sind gleich lang. Die dritte Seite heißt **Basis**.

$a = b \neq c$

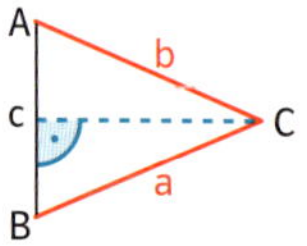


**Gleichseitiges Dreieck**
Alle drei Seiten sind gleich lang.

$a = b = c$

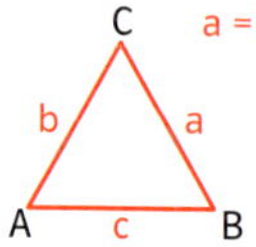


### Einteilung nach der Größe der Innenwinkel

Winkelarten → S. 37

**Spitzwinkliges Dreieck**
Alle drei Innenwinkel sind spitze Winkel.

$\alpha < 90°$
$\beta < 90°$
$\gamma < 90°$

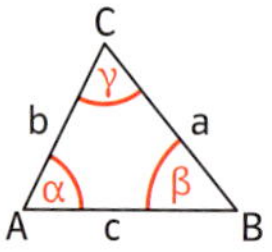


**Rechtwinkliges Dreieck**
Einer der drei Innenwinkel ist ein rechter Winkel.

$\gamma = 90°$

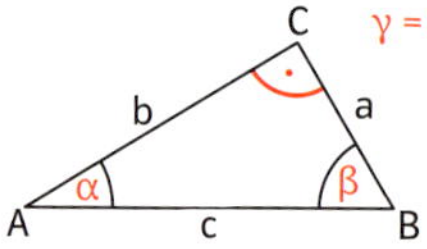


**Stumpfwinkliges Dreieck**
Einer der drei Innenwinkel ist ein stumpfer Winkel.

$\gamma > 90°$

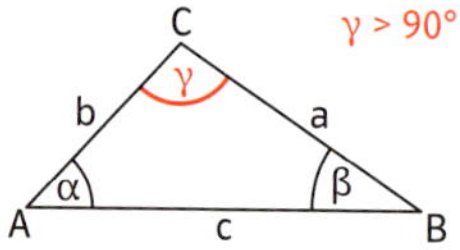


## Allgemeines Dreieck (beliebiges Dreieck)

Umfang: $U = a + b + c$

Flächeninhalt: $A = \frac{1}{2} a \cdot h_a = \frac{1}{2} b \cdot h_b = \frac{1}{2} c \cdot h_c$

$= \frac{1}{4} \frac{abc}{R}$ (R: Umkreisradius)

Heron'sche Formel: $A = \sqrt{s(s-a)(s-b)(s-c)}$ $\left(s = \frac{U}{2}\right)$

Dreiecksungleichung: $a + b > c$; $a + c > b$; $b + c > a$

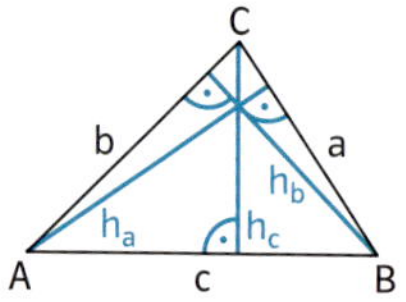


## Gleichschenkliges Dreieck

$a = b$ und $\alpha = \beta$

Länge der Höhe zur Basis: $h_c = \sqrt{a^2 - \left(\frac{c}{2}\right)^2}$

Flächeninhalt: $A = \frac{1}{2} c \cdot h_c$

Umkreis → S. 39

Umkreisradius: $R = \frac{4h_c^2 + c^2}{8h_c}$

Inkreis → S. 39

Inkreisradius: $r = \frac{c h_c}{2a + c}$

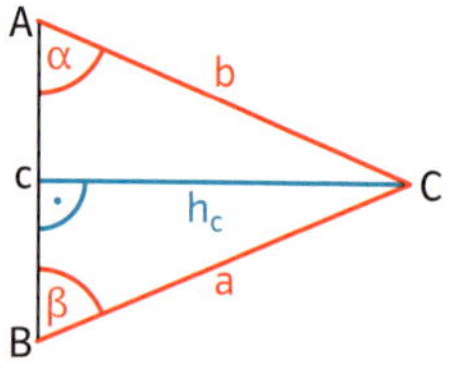


## Gleichseitiges Dreieck

$a = b = c$ und $\alpha = \beta = \gamma = 60°$

Alle Höhen sind gleich lang: $h = \frac{a}{2}\sqrt{3}$.

Flächeninhalt: $A = \frac{a^2}{4}\sqrt{3}$

Umkreisradius: $R = \frac{a}{3}\sqrt{3}$

Inkreisradius: $r = \frac{a}{6}\sqrt{3}$

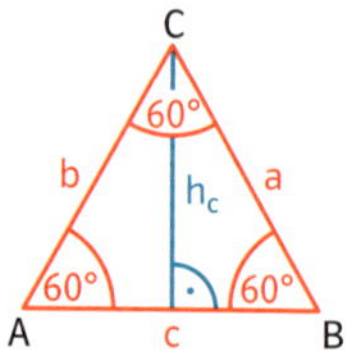

# Ebene Geometrie (Planimetrie)

Dreiecke

## Rechtwinkliges Dreieck

Die dem rechten Winkel gegenüberliegende Seite heißt **Hypotenuse**.
Die beiden anderen Seiten heißen **Katheten**.

Jede Kathete ist die Höhe zur anderen Kathete.
Die Höhe h zur Hypotenuse teilt diese in die beiden **Hypotenusenabschnitte** p und q.
Für $\gamma = 90°$ gilt

Flächeninhalt: $A = \frac{1}{2}a \cdot b = \frac{1}{2}c \cdot h$,

Umkreisradius: $R = \frac{c}{2} = \frac{1}{2}\sqrt{a^2 + b^2}$,

Inkreisradius: $r = \frac{ab}{a + b + c} = \frac{1}{2}(a + b - c)$.

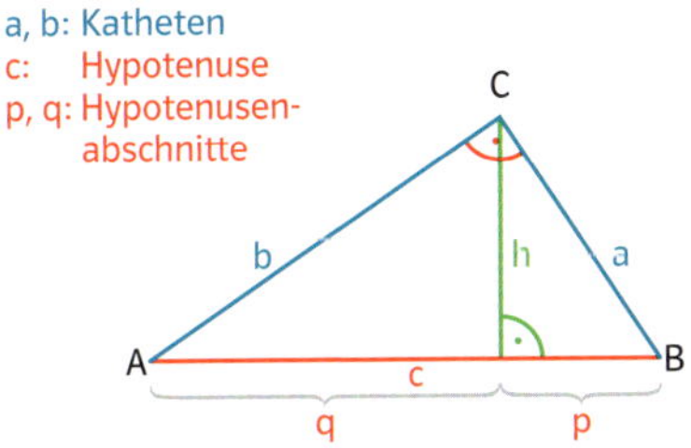


## Sätze im rechtwinkligen Dreieck

### Satz des Pythagoras

In jedem rechtwinkligen Dreieck ABC mit den Katheten a und b sowie der Hypotenuse c gilt $a^2 + b^2 = c^2$.

### Umkehrung des Satzes von Pythagoras

Wenn in einem Dreieck ABC die Gleichung $a^2 + b^2 = c^2$ gilt, dann ist das Dreieck rechtwinklig bei C.

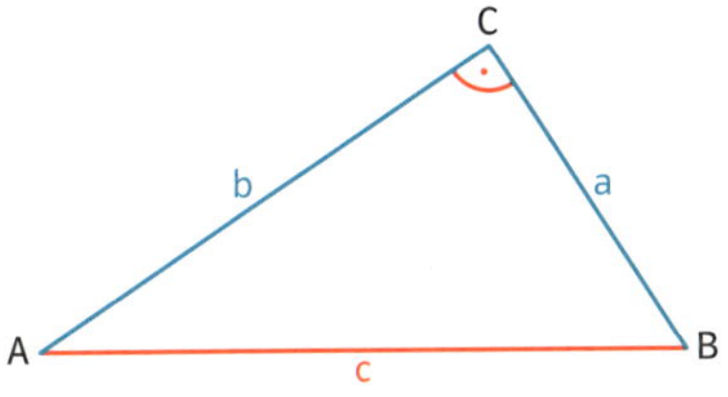


### Kathetensatz

In jedem rechtwinkligen Dreieck ABC mit den Katheten a und b, den Hypotenusenabschnitten p und q sowie der Hypotenuse c gilt $a^2 = c \cdot p$ und $b^2 = c \cdot q$.

### Höhensatz

In jedem rechtwinkligen Dreieck ABC mit der Höhe h zur Hypotenuse sowie den Hypotenusenabschnitten p und q gilt $h^2 = p \cdot q$.

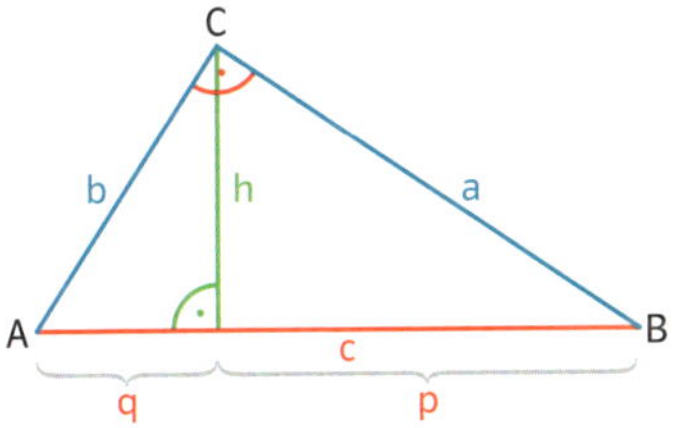


### Satz des Thales

$\overline{AB}$ sei der Durchmesser eines Kreises k mit dem Mittelpunkt M. Wenn der Punkt C ($\neq$ A und $\neq$ B) auf k liegt, dann ist das Dreieck ABC bei C rechtwinklig. Der Kreis k heißt **Thales-Kreis**.

Alternative Formulierung → S. 47

### Umkehrung des Satzes von Thales

Wenn ein Dreieck ABC bei C rechtwinklig ist, dann liegt C auf dem Thales-Kreis.

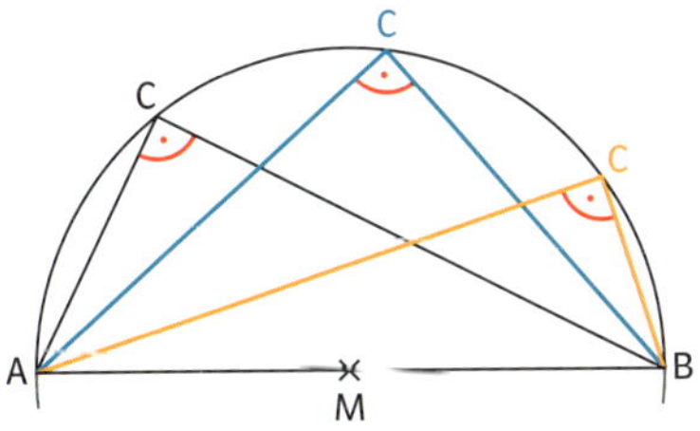

# Ebene Geometrie (Planimetrie)

Dreiecke

## Trigonometrische Beziehungen in Dreiecken

Definitionen am Einheitskreis → S. 56

### Definitionen am rechtwinkligen Dreieck

Für spitze Winkel α in einem rechtwinkligen Dreieck gilt:

$$\sin(\alpha) = \frac{\text{Gegenkathete von } \alpha}{\text{Hypotenuse}}, \quad \cos(\alpha) = \frac{\text{Ankathete von } \alpha}{\text{Hypotenuse}},$$

$$\tan(\alpha) = \frac{\text{Gegenkathete von } \alpha}{\text{Ankathete von } \alpha}, \quad \cot(\alpha) = \frac{\text{Ankathete von } \alpha}{\text{Gegenkathete von } \alpha}.$$

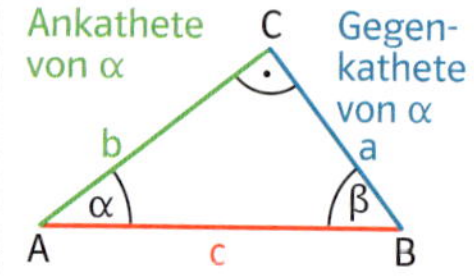


### Trigonometrische Beziehungen im allgemeinen Dreieck

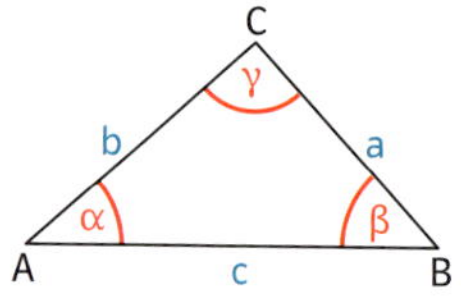


**Sinussatz:** Umkreis → S. 39

$$\frac{a}{\sin(\alpha)} = \frac{b}{\sin(\beta)} = \frac{c}{\sin(\gamma)} = 2R$$

R: Umkreisradius

**Kosinussatz:**

$$a^2 = b^2 + c^2 - 2bc \cdot \cos(\alpha)$$
$$b^2 = a^2 + c^2 - 2ac \cdot \cos(\beta)$$
$$c^2 = a^2 + b^2 - 2ab \cdot \cos(\gamma)$$

**Tangenssatz:**

$$\frac{a+b}{a-b} = \frac{\tan\left(\frac{\alpha+\beta}{2}\right)}{\tan\left(\frac{\alpha-\beta}{2}\right)} \qquad \frac{b+c}{b-c} = \frac{\tan\left(\frac{\beta+\gamma}{2}\right)}{\tan\left(\frac{\beta-\gamma}{2}\right)} \qquad \frac{a+c}{a-c} = \frac{\tan\left(\frac{\alpha+\gamma}{2}\right)}{\tan\left(\frac{\alpha-\gamma}{2}\right)}$$

**Halbwinkelsatz:**

$$\tan\left(\frac{\alpha}{2}\right) = \sqrt{\frac{(s-b)(s-c)}{s(s-a)}} = \frac{r}{s-a} \qquad \tan\left(\frac{\beta}{2}\right) = \sqrt{\frac{(s-a)(s-c)}{s(s-b)}} = \frac{r}{s-b}$$

$$\tan\left(\frac{\gamma}{2}\right) = \sqrt{\frac{(s-a)(s-b)}{s(s-c)}} = \frac{r}{s-c}$$

Inkreis → S. 39

r: Inkreisradius und $s = \frac{a+b+c}{2} = \frac{U}{2}$

**Flächeninhalt:**

$$A = \tfrac{1}{2}ab \cdot \sin(\gamma) = \tfrac{1}{2}bc \cdot \sin(\alpha) = \tfrac{1}{2}ac \cdot \sin(\beta)$$
$$= 2R^2 \cdot \sin(\alpha)\sin(\beta)\sin(\gamma)$$

R: Umkreisradius

**Höhen:**

$$h_a = b \cdot \sin(\gamma) = c \cdot \sin(\beta) \qquad h_b = a \cdot \sin(\gamma) = c \cdot \sin(\alpha)$$
$$h_c = a \cdot \sin(\beta) = b \cdot \sin(\alpha)$$

**Seitenhalbierende:**

$$s_a = \tfrac{1}{2}\sqrt{b^2 + c^2 + 2bc \cdot \cos(\alpha)} \qquad s_b = \tfrac{1}{2}\sqrt{a^2 + c^2 + 2ac \cdot \cos(\beta)}$$
$$s_c = \tfrac{1}{2}\sqrt{a^2 + b^2 + 2ab \cdot \cos(\gamma)}$$

**Winkelhalbierende:**

$$w_\alpha = \frac{2bc \cdot \cos\left(\frac{\alpha}{2}\right)}{b+c} \qquad w_\beta = \frac{2ac \cdot \cos\left(\frac{\beta}{2}\right)}{a+c} \qquad w_\gamma = \frac{2ab \cdot \cos\left(\frac{\gamma}{2}\right)}{a+b}$$

**Inkreisradius:**

$$r = (s-a)\tan\left(\frac{\alpha}{2}\right) = (s-b)\tan\left(\frac{\beta}{2}\right) = (s-c)\tan\left(\frac{\gamma}{2}\right)$$

mit $s = \frac{a+b+c}{2} = \frac{U}{2}$

**Umkreisradius:**

$$R = \frac{a}{2}\sin(\alpha) = \frac{b}{2}\sin(\beta) = \frac{c}{2}\sin(\gamma)$$

**Projektionssatz:**

$$a = b \cdot \cos(\gamma) + c \cdot \cos(\beta) \qquad b = c \cdot \cos(\alpha) + a \cdot \cos(\gamma)$$
$$c = a \cdot \cos(\beta) + b \cdot \cos(\alpha)$$

## Vierecke

### Bezeichnungen

| | |
|---|---|
| **Eckpunkte:** | A, B, C und D |
| **Seiten:** | a, b, c und d |
| **Winkel:** | α, β, γ und δ |
| **Diagonalen:** | e und f |

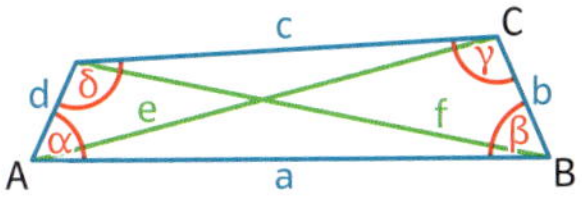


### Innenwinkelsatz im Viereck

In jedem Viereck beträgt die Summe der Innenwinkel 360°: $\alpha + \beta + \gamma + \delta = 360°$.

### Besondere Vierecksarten (A: Flächeninhalt; U: Umfang; e, f: Diagonalen)

Blau: Definitionen; rot: Symmetrieachsen und -zentren

| Name | Darstellung | Zusammenhänge |
|---|---|---|
| Quadrat | 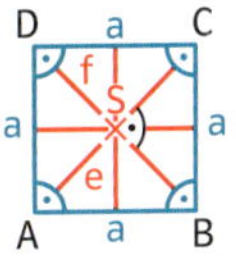 | $a = b = c = d$; $\alpha = \beta = \gamma = \delta = 90°$<br>$A = a^2$; $U = 4a$  $e = f = a\sqrt{2}$<br>e und f stehen senkrecht aufeinander und halbieren einander.<br>4 Symmetrieachsen. Punktsymmetrie zu S. |
| Rechteck | 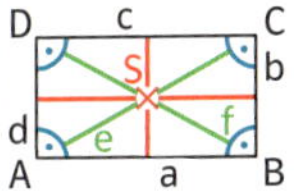 | $\alpha = \beta = \gamma = \delta = 90°$; $a = c$ und $b = d$<br>$A = ab$; $U = 2(a + b)$<br>$e = f$. e und f halbieren einander.<br>2 Symmetrieachsen. |
| Raute (Rhombus) | 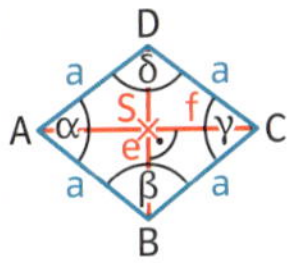 | $a = b = c = d$<br>$\alpha = \gamma$ und $\beta = \delta$; $\alpha + \beta = \gamma + \delta = 180°$<br>$A = \frac{1}{2}ef = a^2 \sin(\alpha) = a^2 \sin(\beta)$; $U = 4a$<br>e und f stehen senkrecht aufeinander und halbieren einander.<br>2 Symmetrieachsen. Punktsymmetrie zu S. |
| Parallelogramm | 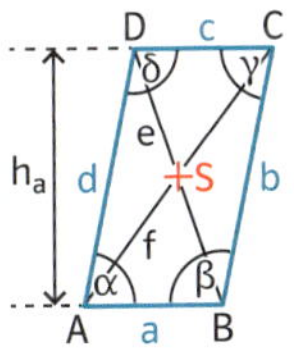 | $a \parallel b$ und $b \parallel d$<br>$\alpha = \gamma$ und $\beta = \delta$; $\alpha + \beta = 180°$<br>$a = c$ und $b = d$<br>$A = a h_a = b h_b = ab \cdot \sin(\alpha) = ab \cdot \sin(\beta)$<br>$U = 2(a + b)$<br>e und f halbieren einander.<br>Punktsymmetrie zu S. |
| Symmetrisches Drachenviereck | 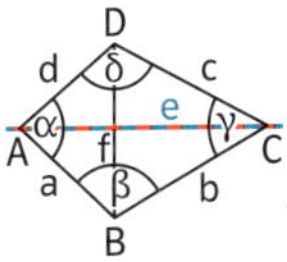 | Eine Diagonale ist Symmetrieachse.<br>$a = d$ und $b = c$<br>$A = \frac{1}{2}ef$  $U = 2(a + b)$<br>e und f stehen senkrecht aufeinander.<br>Eine Diagonale wird halbiert.<br>1 Symmetrieachse. |
| Trapez | 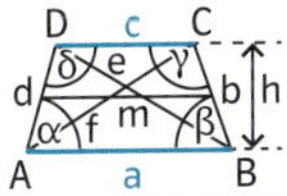 | Mindestens zwei Seiten sind zueinander parallel.<br>$\alpha + \delta = \beta + \gamma = 180°$  $A = \frac{1}{2}(a + c)h = mh$<br>$U = a + b + c + d$  $m = \frac{1}{2}(a + c)$ (Mittelparallele) |

# Ebene Geometrie (Planimetrie)

Vierecke

## Haus der Vierecke

Wenn zwei Vierecke durch eine oder mehrere Verbindungslinien in gleicher Richtung miteinander verbunden sind, dann „erbt" das „untere" Viereck die Eigenschaften des „oberen" Vierecks.

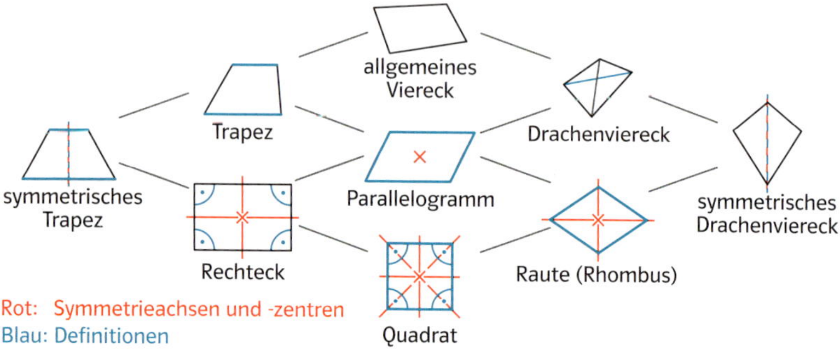


## Sehnenviereck (A: Flächeninhalt; U: Umfang)

Bei einem **Sehnenviereck** liegen alle vier Eckpunkte auf einem Kreis, dem Umkreis des Vierecks. Alle vier Seiten sind also Sehnen des Umkreises.

Die Summe gegenüberliegender Winkel beträgt 180°: $\alpha + \gamma = \beta + \delta = 180°$.

$A = \sqrt{(s-a)(s-b)(s-c)(s-d)}$ mit $s = \frac{U}{2}$
$U = a + b + c + d$

**Satz von Ptolemäus:** $ac + bd = ef$

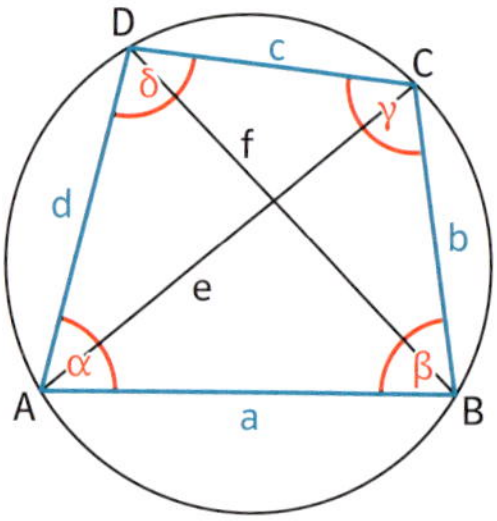


## Tangentenviereck (A: Flächeninhalt; U: Umfang)

Bei einem **Tangentenviereck** sind alle vier Seiten Tangenten an einen Kreis, den Inkreis des Vierecks.

Die Summe gegenüberliegender Seitenlängen ist gleich: $a + c = b + d$.

$A = r(a + c) = r(b + d)$ mit r: Inkreisradius
$U = a + b + c + d$

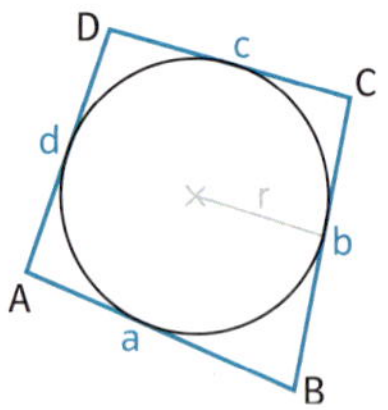


## Sehnentangentenviereck (A: Flächeninhalt; U: Umfang)

Ein Viereck, das sowohl einen Umkreis als auch einen Inkreis besitzt, heißt **Sehnentangentenviereck**.

Die Summe gegenüberliegender Seitenlängen ist gleich: $a + c = b + d$.
Die Summe gegenüberliegender Winkel beträgt 180°: $\alpha + \gamma = \beta + \delta = 180°$.

$A = \sqrt{abcd}$ $U = a + b + c + d$

## Regelmäßige Vielecke (n-Ecke)

Kreisausschnitt → S. 46

Ein **Vieleck** (auch n-Eck oder Polygon) heißt **regelmäßig**, wenn alle Seiten gleich lang und alle Innenwinkel gleich groß sind.

Den Winkel $\alpha$ eines der gleich großen Kreisausschnitte nennt man **Mittelpunktswinkel**. Alle Mittelpunktswinkel sind gleich groß.

R: Umkreisradius  r: Inkreisradius

$\alpha = \frac{360°}{n}$  $\beta = \frac{n-2}{n} \cdot 180°$

$r^2 = R^2 - \left(\frac{a_n}{2}\right)^2$

$a_n = 2R \cdot \sin\left(\frac{180°}{n}\right) = 2R \cdot \sin\left(\frac{\alpha}{2}\right) = 2r \cdot \tan\left(\frac{\alpha}{2}\right)$

$A_n = \frac{n}{2} a_n r = \frac{n}{2} R^2 \cdot \sin\left(\frac{360°}{n}\right) = \frac{n}{2} R^2 \cdot \sin(\alpha)$

$U_n = n a_n = 2nR \cdot \sin\left(\frac{\alpha}{2}\right) = 2nr \cdot \tan\left(\frac{\alpha}{2}\right)$

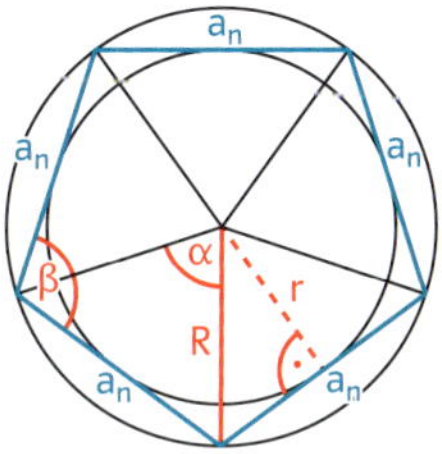


**Regelmäßige n-Ecke**

| n | Seitenlänge $a_n$ | Umfang $U_n$ | Flächeninhalt $A_n$ | Umkreisradius R | Inkreisradius r |
|---|---|---|---|---|---|
| 3 | $R\sqrt{3} = 2r\sqrt{3}$ | $3a_n = 3R\sqrt{3}$ $= 6r\sqrt{3}$ | $\frac{a_n^2}{4}\sqrt{3} = \frac{3}{4}R^2\sqrt{3}$ $= 3r^2\sqrt{3}$ | $\frac{a_n}{3}\sqrt{3} = 2r$ | $\frac{a_n}{6}\sqrt{3} = \frac{R}{2}$ |
| 4 | $R\sqrt{2} = 2r$ | $4a_n = 4R\sqrt{2}$ $= 8r$ | $a_n^2 = 2R^2 = 4r^2$ | $\frac{a_n}{2}\sqrt{2} = r\sqrt{2}$ | $\frac{a_n}{2} = \frac{R}{2}\sqrt{2}$ |
| 5 | $R\sqrt{\frac{1}{2}(5-\sqrt{5})}$ $= 2r\sqrt{5-2\sqrt{5}}$ | $5a_n$ $= 5R\sqrt{\frac{1}{2}(5-\sqrt{5})}$ $= 10r\sqrt{5-2\sqrt{5}}$ | $\frac{a_n^2}{4}\sqrt{5(5+2\sqrt{5})}$ $= \frac{5}{4}R^2\sqrt{\frac{1}{2}(5+\sqrt{5})}$ $= 5r^2\sqrt{5-2\sqrt{5}}$ | $a_n\sqrt{\frac{1}{10}(5+\sqrt{5})}$ $= r(\sqrt{5}-1)$ | $\frac{a_n}{2}\sqrt{\frac{1}{5}(5+2\sqrt{5})}$ $= \frac{R}{4}(1+\sqrt{5})$ |
| 6 | $R = \frac{2}{3}r\sqrt{3}$ | $6a_n = 6R$ $= 4r\sqrt{3}$ | $\frac{3}{2}a_n^2\sqrt{3} = \frac{3}{2}R^2\sqrt{3}$ $= 2r^2\sqrt{3}$ | $a_n = \frac{2}{3}r\sqrt{3}$ | $\frac{a_n}{2}\sqrt{3} = \frac{R}{2}\sqrt{3}$ |
| 8 | $R\sqrt{2-\sqrt{2}}$ $= 2r(\sqrt{2}-1)$ | $8a_n$ $= 8R\sqrt{2-\sqrt{2}}$ $= 16r(\sqrt{2}-1)$ | $2a_n^2(1+\sqrt{2})$ $= 2R^2\sqrt{2}$ $= 8r^2(\sqrt{2}-1)$ | $a_n\sqrt{\frac{1}{2}(2+\sqrt{2})}$ $= r\sqrt{2(2-\sqrt{2})}$ | $\frac{a_n}{2}(1+\sqrt{2})$ $= \frac{R}{2}\sqrt{2+\sqrt{2}}$ |
| 10 | $\frac{R}{2}(\sqrt{5}-1)$ $= 2r\sqrt{\frac{1}{5}(5-2\sqrt{5})}$ | $10a_n$ $= 5R(\sqrt{5}-1)$ $= 4r\sqrt{5(5-2\sqrt{5})}$ | $\frac{5}{2}a_n^2\sqrt{5+2\sqrt{5}}$ $= \frac{5}{2}R^2\sqrt{\frac{1}{2}(5-\sqrt{5})}$ $= 2r^2\sqrt{5(5-2\sqrt{5})}$ | $\frac{a_n}{2}(1+\sqrt{5})$ $= r\sqrt{\frac{2}{5}(5-\sqrt{5})}$ | $\frac{a_n}{2}\sqrt{5+2\sqrt{5}}$ $= \frac{R}{2}\sqrt{\frac{1}{2}(5+\sqrt{5})}$ |
| 12 | $R\sqrt{2-\sqrt{3}}$ $= 2r(2-\sqrt{3})$ | $12a_n$ $= 12R\sqrt{2-\sqrt{3}}$ $= 24r(2-\sqrt{3})$ | $3a_n^2(2+\sqrt{3})$ $= 3R^2$ $= 12r^2(2-\sqrt{3})$ | $a_n\sqrt{2+\sqrt{3}}$ $= 2r\sqrt{2-\sqrt{3}}$ | $\frac{a_n}{2}(2+\sqrt{3})$ $= \frac{R}{2}\sqrt{2+\sqrt{3}}$ |

### Innenwinkelsatz im regelmäßigen Vieleck

In jedem regelmäßigen Vieleck beträgt die Summe der Innenwinkel $(n-2) \cdot 180°$:
$\alpha_1 + \alpha_2 + \ldots + \alpha_n = (n-2) \cdot 180°$.

# Ebene Geometrie (Planimetrie)

## Kreis und Kreisteile

### Bezeichnungen

Ein **Kreis** ist die Menge aller Punkte der Ebene, die von einem gegebenen Punkt, dem **Mittelpunkt**, denselben Abstand haben. Dieser Abstand heißt **Radius** r des Kreises.
Eine Verbindungsstrecke von zwei Kreispunkten heißt **Sehne**.
Eine Sehne durch den Mittelpunkt heißt **Durchmesser** d. Es gilt $d = 2r$.
Die Verlängerung einer Sehne über beide Endpunkte hinaus zu einer Geraden heißt **Sekante**.
Eine Gerade, die mit dem Kreis genau einen (Berührungs-)Punkt B gemeinsam hat, heißt **Tangente**. Sie steht senkrecht auf dem Berührungsradius $\overline{MB}$.
Eine Gerade, die den Kreis nicht schneidet oder berührt, heißt **Passante**.

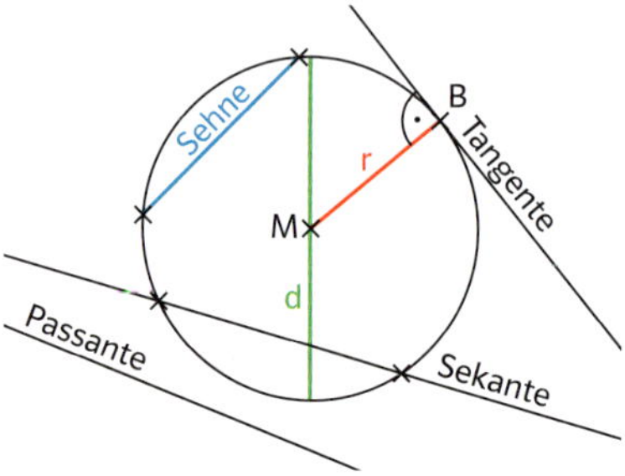


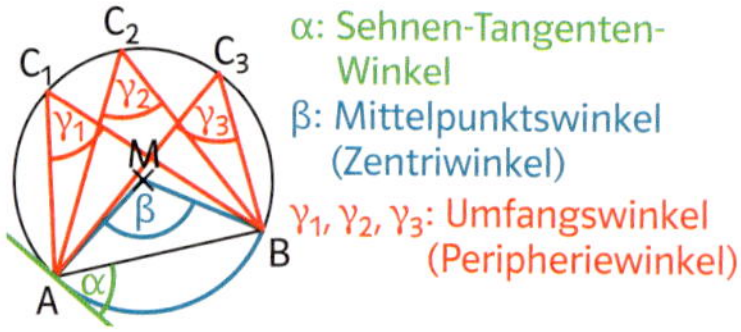


### Kreis, Kreisring, Kreisausschnitt (Sektor) und Kreisabschnitt (Segment)

(A: Flächeninhalt; U: Umfang; b: Bogenlänge)

Bogenmaß und Bogenlänge → S. 37, 56

**Kreis**

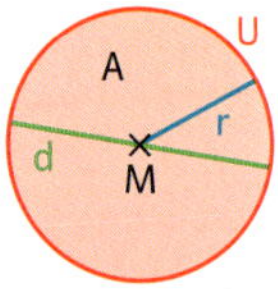


$U = 2\pi r = 2\pi \frac{d}{2}$

$A = \pi r^2 = \pi \frac{d^2}{4}$

**Kreisring**

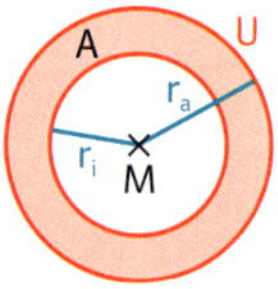


$U = 2\pi (r_a + r_i)$

$A = \pi \left(r_a^2 - r_i^2\right)$

$= \frac{\pi}{4}\left(d_a^2 - d_i^2\right)$

**Kreisausschnitt (Sektor)**

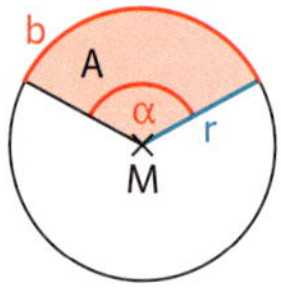


$U = 2r + b$

$b = 2\pi r \frac{\alpha}{360°}$

$= r \cdot \operatorname{arc}(\alpha)$

$A = \pi r^2 \frac{\alpha}{360°}$

$= \frac{1}{2} b r$

$= \frac{1}{2} r^2 \operatorname{arc}(\alpha)$

**Kreisabschnitt (Segment)**

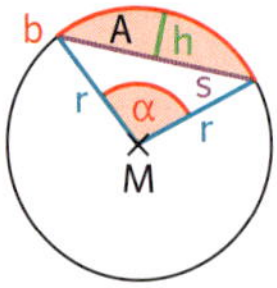


$U = s + b$

$b = 2\pi r \frac{\alpha}{360°}$

$= r \cdot \operatorname{arc}(\alpha)$

$s = 2r \sin\left(\frac{\alpha}{2}\right)$

$= 2\sqrt{2hr - h^2}$

$h = r - \frac{1}{2}\sqrt{4r^2 - s^2}$

$A = \frac{r^2}{2}\left(\frac{\pi\alpha}{180°} - \sin(\alpha)\right)$

$= \frac{1}{2}(br - s(r - h))$

### Kreiswinkelsatz (Zentriwinkelsatz)

Der Mittelpunktswinkel (Zentriwinkel) β über einer Sehne ist doppelt so groß wie jeder der zugehörigen Umfangswinkel (Peripheriewinkel) γ: $\beta = 2\gamma$.

Für $\beta = 180°$ ergibt sich der Satz des Thales.

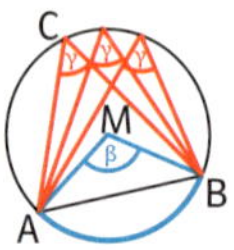

# Ebene Geometrie (Planimetrie)



## Umfangswinkelsatz (Peripheriewinkelsatz)

Kreis und Kreisteile

Alle Umfangswinkel (Peripheriewinkel) $\gamma$ über derselben Sehne sind gleich groß.

Es gilt $\gamma = \frac{\beta}{2}$.

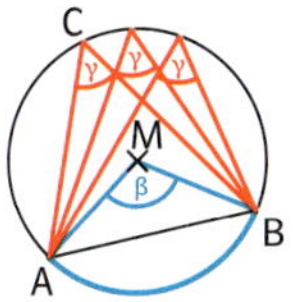


## Satz des Thales

Alternative Formulierung → S. 41

Peripheriewinkel über einem Halbkreis bzw. über jedem Durchmesser eines Kreises sind rechte Winkel.

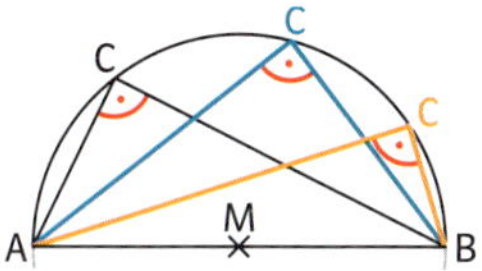


## Sehnen-Tangenten-Winkelsatz

Sehnen-Tangenten-Winkel $\alpha$ sind gleich groß wie die zugehörigen Umfangswinkel (Peripheriewinkel) $\gamma$ und halb so groß wie der zugehörige Mittelpunktswinkel (Zentriwinkel) $\beta$ auf der anderen Seite der Sehne.

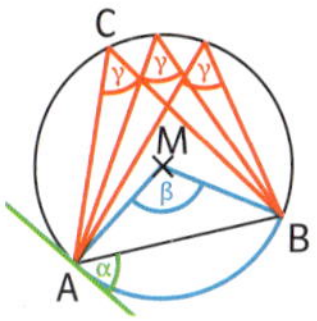


## Sehnensatz, Sekantensatz und Sekanten-Tangenten-Satz

**Sehnensatz**
Schneiden sich zwei Sehnen eines Kreises in einem Punkt P innerhalb des Kreises, dann gilt $|\overline{AP}| \cdot |\overline{PB}| = |\overline{A'P}| \cdot |\overline{PB'}|$.

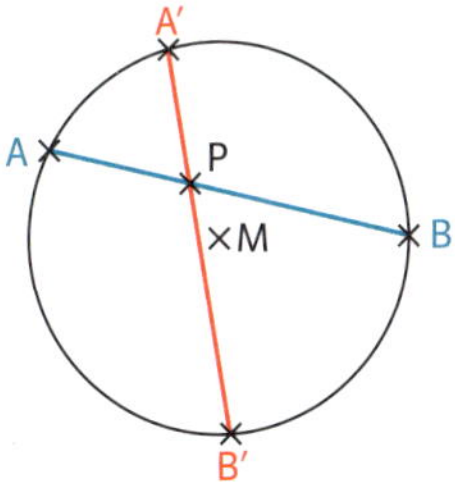


**Sekantensatz**
Schneiden sich zwei Sekanten eines Kreises in einem Punkt P außerhalb des Kreises, dann gilt $|\overline{PA}| \cdot |\overline{PB}| = |\overline{PA'}| \cdot |\overline{PB'}|$.

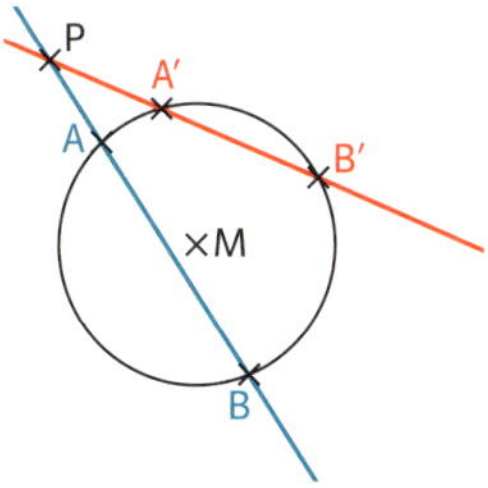


**Sekanten-Tangenten-Satz**
Schneiden sich eine Tangente und eine Sekante eines Kreises in einem Punkt P außerhalb des Kreises, dann gilt $|\overline{PT}|^2 = |\overline{PA}| \cdot |\overline{PB}|$.

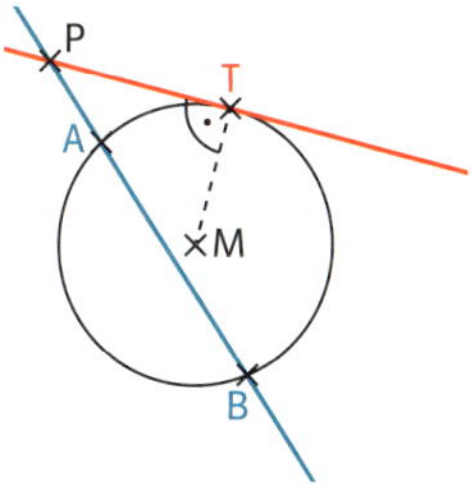


## Kongruenz

Kongruenz-abbildungen → S. 48

## Zueinander kongruente Figuren

Zwei Figuren heißen zueinander **kongruent** (deckungsgleich), wenn man sie durch geeignete Abbildungen (Kongruenzabbildungen) aufeinander abbilden kann, d. h., wenn sie in Form und Größe übereinstimmen.

# Ebene Geometrie (Planimetrie)

Kongruenz

Zueinander kongruente Figuren → S. 47

## Kongruenzabbildungen

Eine **Kongruenzabbildung** ist eine Abbildung, bei der jede Figur auf eine zu ihr kongruente Figur abgebildet wird.

Achsenspiegelung (Geradenspiegelung), Punktspiegelung, Parallelverschiebung und Drehung sowie die Hintereinanderausführung dieser Abbildungen sind Kongruenzabbildungen.

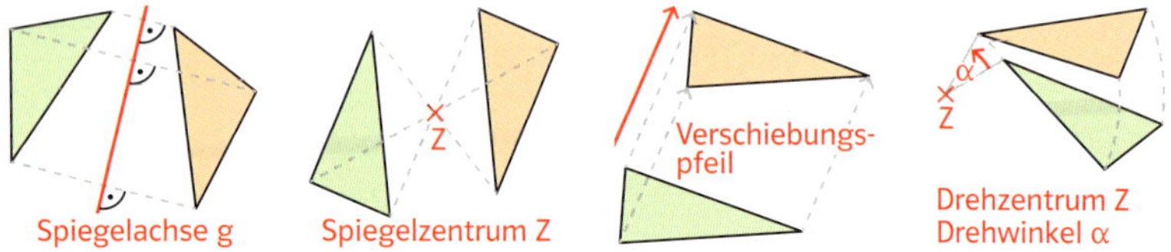


## Eigenschaften von Kongruenzabbildungen

Bei zwei zueinander kongruenten Figuren sind alle einander entsprechenden Strecken gleich lang und alle einander entsprechenden Winkel gleich groß. Der Flächeninhalt zueinander kongruenter Figuren ist gleich groß.

## Kongruenzsätze für Dreiecke

Zwei Dreiecke sind zueinander kongruent, wenn sie
- in den drei Seiten übereinstimmen **(Kongruenzsatz sss)**,
- in einer Seite und den dieser Seite anliegenden Winkeln übereinstimmen **(Kongruenzsatz wsw)**,
- in zwei Seiten und dem eingeschlossenen Winkel übereinstimmen **(Kongruenzsatz sws)**,
- in zwei Seiten und dem der längeren Seite (S) gegenüberliegenden Winkel übereinstimmen **(Kongruenzsatz Ssw)**.

# Zentrische Streckungen

Eine **zentrische Streckung** ist durch das **Streckzentrum** Z und den **Streckfaktor** k festgelegt. Jeder Punkt $P \neq Z$ wird auf einen Punkt P′ abgebildet, sodass P′ auf der Geraden ZP liegt und $|\overline{ZP'}| = |k| \cdot |\overline{ZP}|$ gilt. Es gilt $Z = Z'$.
Für $k > 0$ liegen P und P′ auf derselben Seite von Z, für $k < 0$ auf verschiedenen.

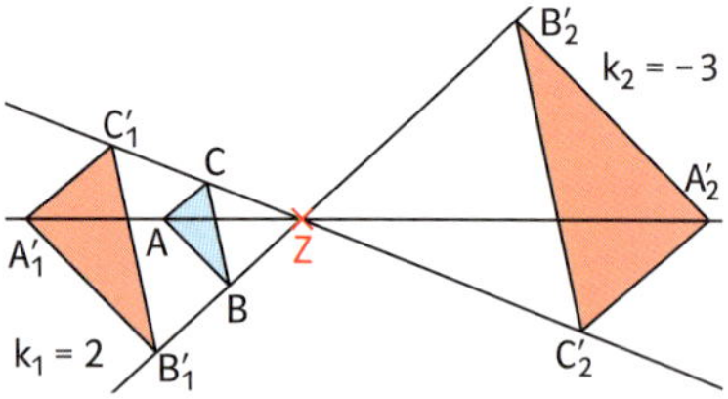


## Eigenschaften zentrischer Streckungen

Das Bild einer Geraden ist wieder eine Gerade.
Winkelgrößen bleiben erhalten.
Jede Bildstrecke verläuft parallel zur zugehörigen Originalstrecke.
Jede Bildstrecke ist $|k|$-mal so lang wie die zugehörige Originalstrecke.
Bildfigur und Originalfigur sind zueinander ähnlich.
Der Flächeninhalt der Bildfigur ist $k^2$-mal so groß wie der der Originalfigur.
Das Volumen des Bildkörpers ist $k^3$-mal so groß wie das des Originalkörpers.

Zueinander ähnliche Figuren → S. 49

# Ebene Geometrie (Planimetrie)

## Strahlensätze

Werden zwei Strahlen mit gemeinsamem Anfangspunkt bzw. zwei sich schneidende Geraden von zwei zueinander parallelen Geraden geschnitten, so entsteht eine **Strahlensatzfigur**.

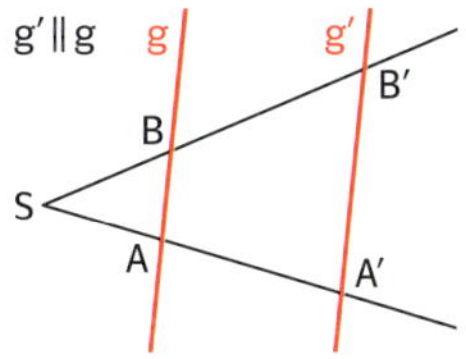


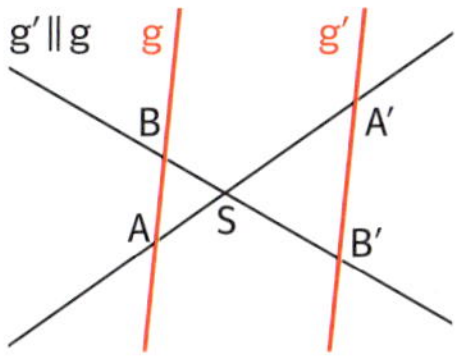


In jeder Strahlensatzfigur gelten folgende Verhältnisgleichungen:

$\frac{|\overline{SA}|}{|\overline{SA'}|} = \frac{|\overline{SB}|}{|\overline{SB'}|}$ **1. Strahlensatz,** $\frac{|\overline{SA}|}{|\overline{SA'}|} = \frac{|\overline{AB}|}{|\overline{A'B'}|}$ und $\frac{|\overline{SB}|}{|\overline{SB'}|} = \frac{|\overline{AB}|}{|\overline{A'B'}|}$ **2. Strahlensatz.**

Der 1. Strahlensatz ist umkehrbar, der 2. Strahlensatz ist nicht umkehrbar.

Folgerung aus dem 1. Strahlensatz: $\frac{|\overline{AA'}|}{|\overline{SA}|} = \frac{|\overline{BB'}|}{|\overline{SB}|}$

## Satz von Menelaos

Gegeben ist ein Dreieck ABC. Schneidet eine Gerade g die Gerade AB im Punkt X, die Gerade AC im Punkt Y und die Gerade BC im Punkt Z, dann gilt $\frac{|\overline{BX}|}{|\overline{CX}|} \cdot \frac{|\overline{CY}|}{|\overline{AY}|} \cdot \frac{|\overline{AZ}|}{|\overline{BZ}|} = 1.$

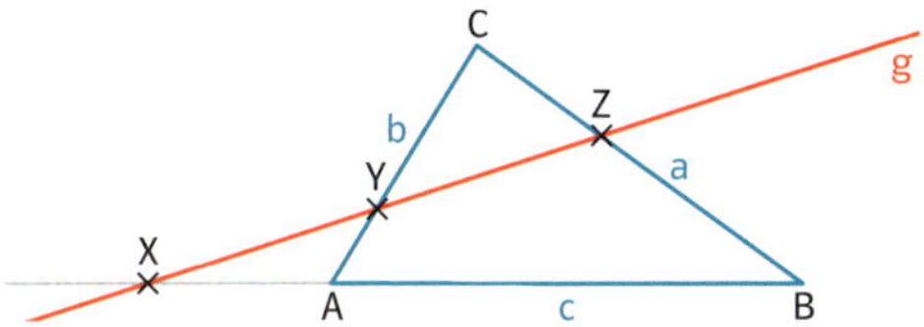


Gilt umgekehrt die Beziehung $\frac{|\overline{BX}|}{|\overline{CX}|} \cdot \frac{|\overline{CY}|}{|\overline{AY}|} \cdot \frac{|\overline{AZ}|}{|\overline{BZ}|} = 1$, so liegen die drei Punkte X, Y und Z auf einer Geraden.

## Satz von Ceva

Gegeben ist ein Dreieck ABC. Schneiden sich die drei Ecktransversalen $\overline{AX}$, $\overline{BY}$ und $\overline{CZ}$ eines Dreiecks ABC, d.h. die Verbindungsstrecken zwischen je einem Eckpunkt und einem Punkt auf der gegenüberliegenden Seite beziehungsweise ihrer Verlängerung, in einem Punkt innerhalb oder außerhalb des Dreiecks, dann gilt $\frac{|\overline{BX}|}{|\overline{XC}|} \cdot \frac{|\overline{CY}|}{|\overline{YA}|} \cdot \frac{|\overline{AZ}|}{|\overline{ZB}|} = 1.$

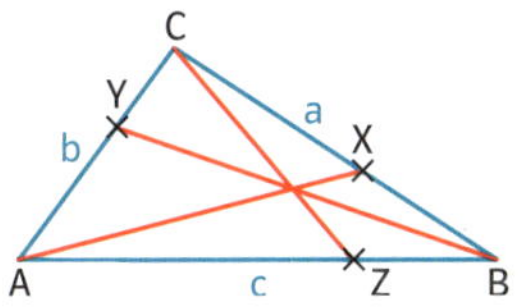


Gilt umgekehrt die Beziehung $\frac{|\overline{BX}|}{|\overline{XC}|} \cdot \frac{|\overline{CY}|}{|\overline{YA}|} \cdot \frac{|\overline{AZ}|}{|\overline{ZB}|} = 1$, so schneiden sich die drei Geraden AX, BY und CZ in einem Punkt.

## Ähnlichkeit

### Zueinander ähnliche Figuren

Zwei Figuren heißen **zueinander ähnlich**, wenn die Längenverhältnisse einander entsprechender Strecken übereinstimmen und einander entsprechende Winkel gleich groß sind.

### Ähnlichkeitsabbildungen

Eine **Ähnlichkeitsabbildung** ist eine Abbildung, bei der jede Figur auf eine zu ihr ähnliche Figur abgebildet wird.

Zentrische Streckungen, Kongruenzabbildungen und die Hintereinanderausführung dieser Abbildungen sind Ähnlichkeitsabbildungen.

Zentrische Streckung und Kongruenzabbildungen → S. 48

Ähnlichkeit

## Eigenschaften von Ähnlichkeitsabbildungen

Das Bild einer Geraden ist wieder eine Gerade.
Winkelgrößen bleiben erhalten.
Jede Bildstrecke verläuft parallel zur zugehörigen Originalstrecke.
Jede Bildstrecke ist $|k|$-mal so lang wie die zugehörige Originalstrecke.
Der Flächeninhalt der Bildfigur ist $k^2$-mal so groß wie der der Originalfigur.
Das Volumen des Bildkörpers ist $k^3$-mal so groß wie das des Originalkörpers.
In Bildfigur und Originalfigur sind entsprechende Teilverhältnisse gleich groß.

Teilverhältnis → vgl. unten

## Ähnlichkeitssätze für Dreiecke

Zwei Dreiecke sind zueinander ähnlich, wenn sie
- in zwei (und damit in allen) Winkelgrößen übereinstimmen **(Hauptähnlichkeitssatz)**,
- in allen entsprechenden Längenverhältnissen der Seiten übereinstimmen,
- in je zwei entsprechenden Längenverhältnissen von Seiten und der Größe des von diesen Seiten eingeschlossenen Winkels übereinstimmen,
- in je zwei entsprechenden Längenverhältnissen von Seiten und in der Größe des der jeweils größeren Seite gegenüberliegenden Winkels übereinstimmen.

# Teilung einer Strecke

Vektoren → S. 86

## Teilverhältnis

Wird eine Strecke $\overline{AB}$ durch einen Punkt $T \neq B$ in die beiden Teilstrecken $\overline{AT}$ und $\overline{TB}$ geteilt, dann heißt $\lambda$ mit $\overrightarrow{AT} = \lambda \cdot \overrightarrow{TB}$ das zugehörige **Teilverhältnis** $(\lambda \in \mathbb{R};\ \lambda \neq -1)$.

## Eigenschaften des Teilverhältnisses

Für $\lambda > 0$ liegt T innerhalb von $\overline{AB}$ (innerer Teilpunkt).
Für $\lambda < 0$ liegt T außerhalb von $\overline{AB}$ (äußerer Teilpunkt).
Liegt T bei äußerer Teilung auf der Seite von B, so gilt $\lambda < -1$.
Liegt T bei äußerer Teilung auf der Seite von A, so gilt $-1 < \lambda < 0$.
Für $\lambda = 1$ ist T der Mittelpunkt der Strecke $\overline{AB}$. Für $\lambda = 0$ gilt $A = T$.

## Harmonische Teilung

Teilt man eine Strecke $\overline{AB}$ durch einen inneren Teilpunkt $T_i$ und einen äußeren Teilpunkt $T_a$ so, dass $|\lambda_i| = |\lambda_a|$, d.h. $\frac{|\overline{AT_i}|}{|\overline{T_iB}|} = \frac{|\overline{AT_a}|}{|\overline{T_aB}|}$ gilt, dann spricht man von einer harmonischen Teilung.

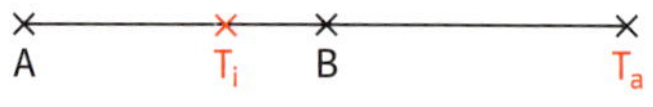


## Goldener Schnitt (stetige Teilung)

Innerer Teilpunkt → vgl. oben

Eine Strecke $\overline{AB}$ wird durch einen inneren Teilpunkt T im Goldenen Schnitt geteilt, wenn $\frac{|\overline{AB}|}{|\overline{AT}|} = \frac{|\overline{AT}|}{|\overline{TB}|}$ gilt, d.h. $\frac{a+b}{a} = \frac{a}{b}$. Dann gilt $\Phi = \frac{a+b}{a} = \frac{a}{b} = \frac{1+\sqrt{5}}{2} = 1{,}618\,033\,988\ldots$

Die Gesamtstrecke steht zur größeren Teilstrecke im gleichen Verhältnis wie die größere Teilstrecke zur kleineren.

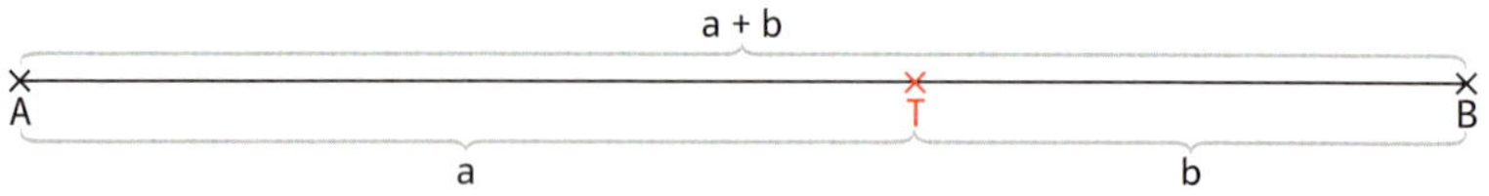

## Körper mit ebenen Begrenzungsflächen

**Prismen** (G: Grundflächeninhalt; M: Mantelflächeninhalt; O: Oberflächeninhalt; V: Volumen)

Für jedes Prisma gilt $V = G\,h$ (h: Höhe des Prismas) und $O = 2G + M$.

| Name | Darstellung | Netz | Zusammenhänge |
|---|---|---|---|
| Gerades Prisma | 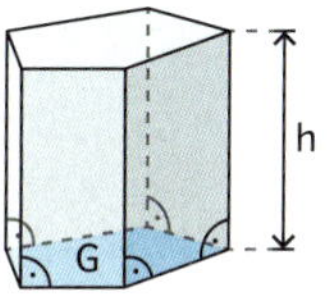  | 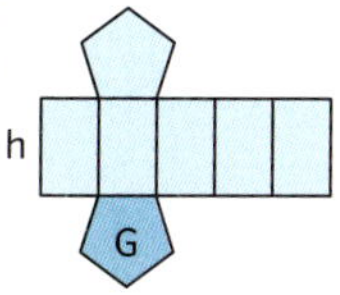  | $O = 2G + M$<br>$V = G\,h$ |
| Würfel | 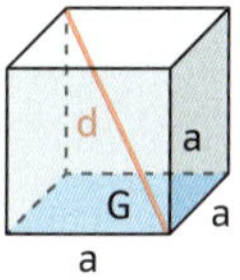  | 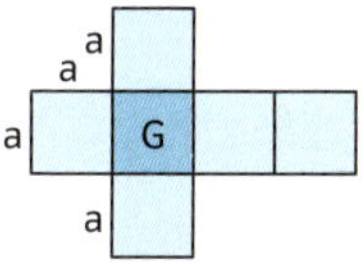  | $G = a^2$<br>$M = 4a^2$<br>$O = 6a^2$<br>$V = a^3$<br>$d = a\sqrt{3}$ |
| Quader | 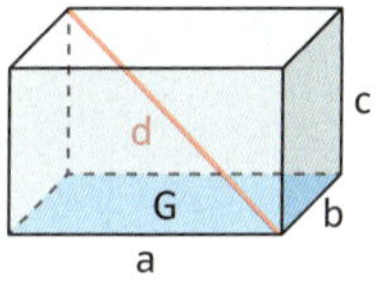  | 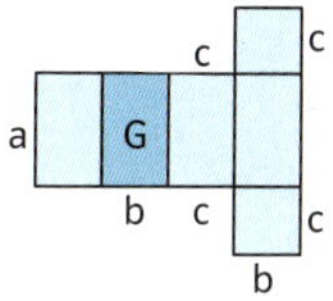  | $G = a\,b$<br>$M = 2(a\,c + b\,c)$<br>$O = 2(a\,c + b\,c + a\,b)$<br>$V = a\,b\,c$<br>$d = \sqrt{a^2 + b^2 + c^2}$ |

**Pyramiden und Pyramidenstümpfe** (G: Grundflächeninhalt; M: Mantelflächeninhalt; O: Oberflächeninhalt; V: Volumen)

Für jede Pyramide gilt $V = \frac{1}{3}G\,h$ (h: Höhe der Pyramide) und $O = G + M$.
Für jeden Pyramidenstumpf gilt $V = \frac{1}{3}h\,(G_1 + \sqrt{G_1 G_2} + G_2)$ und $O = G_1 + G_2 + M$.

| Name | Darstellung | Netz | Zusammenhänge |
|---|---|---|---|
| Quadratische Pyramide | 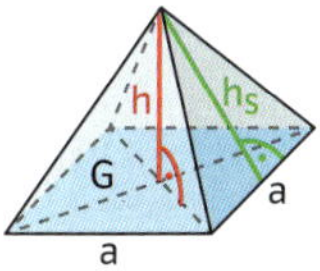  | 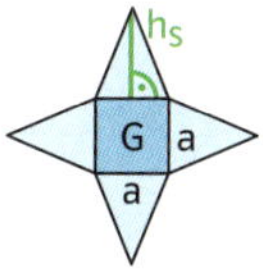  | $G = a^2$<br>$M = 2a\,h_S$<br>$O = a\,(a + 2h_S)$<br>$V = \frac{1}{3}a^2h$ |
| Tetraeder | 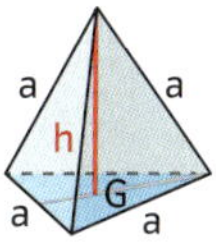  | 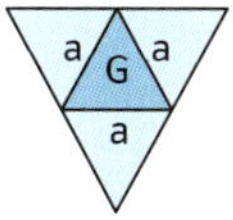  | $G = \frac{a^2}{4}\sqrt{3}$ $M = \frac{3a^2}{4}\sqrt{3}$<br>$O = a^2\sqrt{3}$ $V = \frac{a^3}{12}\sqrt{2}$<br>$h = \frac{a}{3}\sqrt{6}$ (Höhe) |
| Quadratischer Pyramidenstumpf | 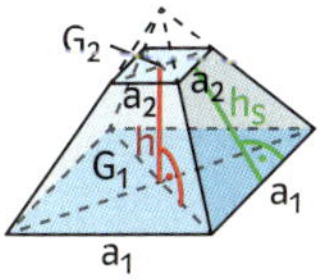  | 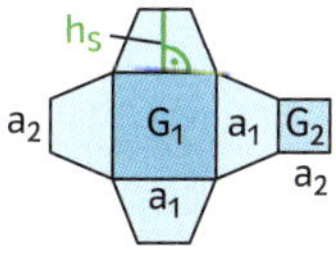  | $G_1 = a_1^2$ $G_2 = a_2^2$<br>$M = 2(a_1 + a_2)h_S$<br>$O = a_1^2 + 2(a_1 + a_2)h_S + a_2^2$<br>$V = \frac{1}{3}h\left(a_1^2 + a_1a_2 + a_2^2\right)$ |

Tetraeder (platonische Körper) → S. 54

# Räumliche Geometrie (Stereometrie)

## Körper mit gekrümmten Begrenzungsflächen

**Kreiszylinder, Kreiskegel und Kegelstümpfe** (G: Grundflächeninhalt; M: Mantelflächeninhalt; O: Oberflächeninhalt; V: Volumen)

| Name | Darstellung | Netz | Zusammenhänge |
|---|---|---|---|
| Gerader Kreiszylinder | 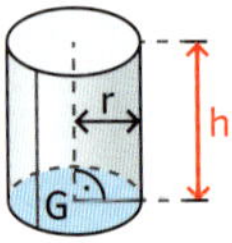  | 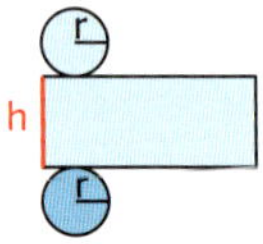  | $G = \pi r^2$<br>$M = 2\pi r h$<br>$O = 2\pi r(h + r)$<br>$V = \pi r^2 h$ |
| Gerader Kreiskegel | 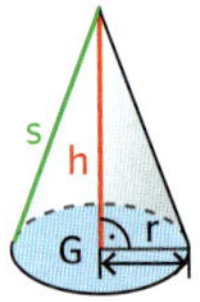  | 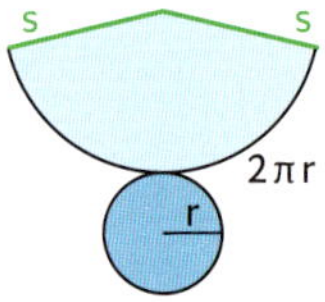  | $G = \pi r^2$<br>$M = \pi r s$<br>$O = \pi r^2 + \pi r s$<br>$V = \frac{1}{3}\pi r^2 h$<br>$s = \sqrt{r^2 + h^2}$ |
| Gerader Kegelstumpf | 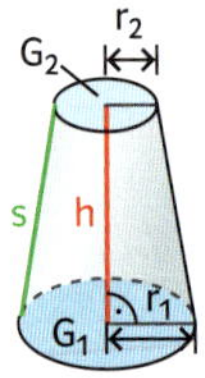  | 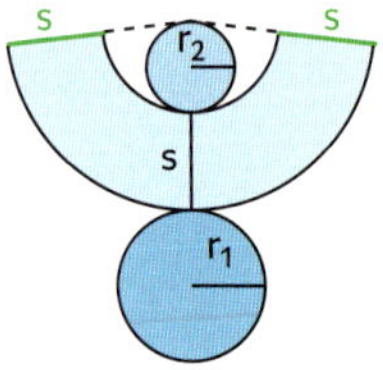  | $G_1 = \pi r_1^2$<br>$G_2 = \pi r_2^2$<br>$M = \pi s(r_1 + r_2)$<br>$O = \pi(r_1^2 + r_1^2) + \pi s(r_1 + r_2)$<br>$V = \frac{1}{3}h\pi(r_1^2 + r_1 r_2 + r_2^2)$<br>$s = \sqrt{(r_1 - r_2)^2 + h^2}$ |

**Kugel und Kugelteile** (M: Mantelflächeninhalt; O: Oberflächeninhalt; V: Volumen)

| Name | Darstellung | Zusammenhänge |
|---|---|---|
| Kugel | 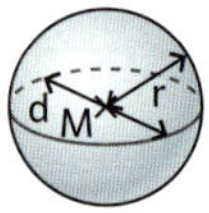  | $d = 2r$<br>$O = 4\pi r^2 = \pi d^2$<br>$V = \frac{4}{3}\pi r^3 = \frac{1}{6}\pi d^3$ |
| Kugelabschnitt (Kugelsegment, Kugelkappe) | 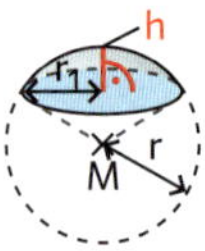  | $r_1 = \sqrt{h(2r - h)}$<br>$M = 2\pi r h = \pi(r_1^2 + h^2)$ (Kugelkappe)<br>$O = \pi(h^2 + 2r_1^2)$<br>$V = \frac{1}{3}\pi h^2(3r - h) = \frac{1}{6}\pi h(3r_1^2 + h^2)$ |
| Kugelausschnitt (Kugelsektor) | 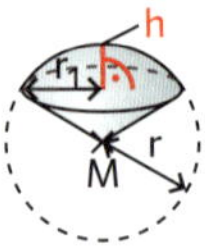  | $r_1 = \sqrt{h(2r - h)}$<br>$M = \pi r r_1$ (Kegelmantel)<br>$O = 2\pi r h + \pi r r_1$<br>$V = \frac{2}{3}\pi r^2 h$ |
| Kugelschicht (Kugelzone) | 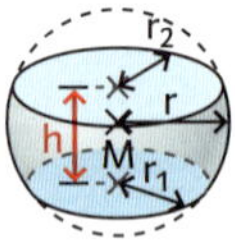  | $M = 2\pi r h$<br>$O = \pi(r_1^2 + r_2^2 + 2rh)$<br>$V = \frac{1}{6}\pi h(3r_1^2 + 3r_2^2 + h^2)$ |

## Rotationskörper

Rotationskörper → S. 76

### Guldin'sche Regeln

Der Rotationskörper entsteht durch Rotation einer erzeugenden Fläche um eine Rotationsachse. Dabei liegen die erzeugende Fläche und die Rotationsachse in einer gemeinsamen Ebene und die Rotationsachse darf die erzeugende Fläche nicht schneiden. Die Oberfläche des Rotationskörpers wird durch Rotation einer erzeugenden Linie um eine Rotationsachse gebildet.

#### 1. Guldin'sche Regel

Das Volumen V eines Rotationskörpers ergibt sich als Produkt aus dem Flächeninhalt A der erzeugenden Fläche und dem Weg des Flächenschwerpunktes bei einer vollen Drehung um die Rotationsachse.
Der Weg des Flächenschwerpunktes ist gleich dem Umfang des Kreises mit dem Radius $r_S$, den der Flächenschwerpunkt bei einer vollen Drehung um die Rotationsachse zurücklegt.
$V = 2\pi r_S A$

#### 2. Guldin'sche Regel

Der Mantelflächeninhalt M eines Rotationskörpers ergibt sich als Produkt aus der Länge der erzeugenden Linie und dem Weg des Schwerpunktes dieser Linie bei einer vollen Drehung um die Rotationsachse.
Der Weg des Schwerpunktes der erzeugenden Linie ist der Umfang $r_S$ des Kreises, der durch die Rotation des Schwerpunktes dieser Linie erzeugt wird.
$M = 2\pi r_S L$

### Torus

Guldin'sche Regeln → vgl. oben

Erzeugende Fläche: Kreis mit dem Radius r
Flächeninhalt der erzeugenden Fläche: $A = \pi r^2$
Erzeugende Linie: Kreis mit dem Umfang $2\pi r$
Länge der erzeugenden Linie: $L = 2\pi r$
$r_S = R$
Mantelflächeninhalt: $M = 4\pi^2 r R$
Volumen: $V = 2\pi^2 r^2 R$

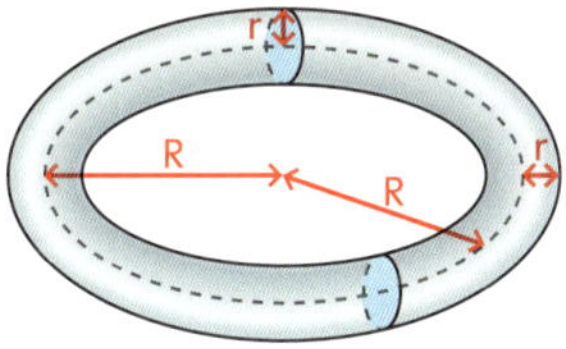


## Prinzip von Cavalieri

Zwei Körper haben das gleiche Volumen, wenn sie gleiche Höhen haben, die Grundflächen in derselben Ebene liegen und gleiche Flächeninhalte haben und die Schnittflächen im gleichen Abstand parallel zu den Grundflächen den gleichen Flächeninhalt haben.

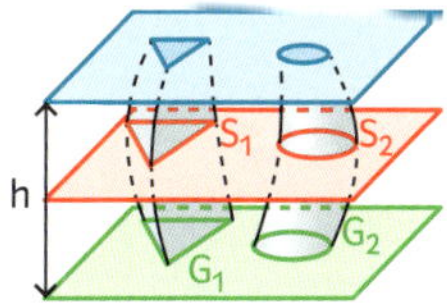


### Schiefe Körper

Wenn die Deckfläche eines Würfels, Quaders, Zylinders oder Prismas parallel zu dessen Grundfläche verschoben wird, dann ändert sich das Volumen nicht: $V = Gh$.

Wenn die Spitze einer Pyramide oder eines Kegels parallel zur Grundfläche verschoben wird, dann ändert sich das Volumen nicht: $V = \frac{1}{3} G h$

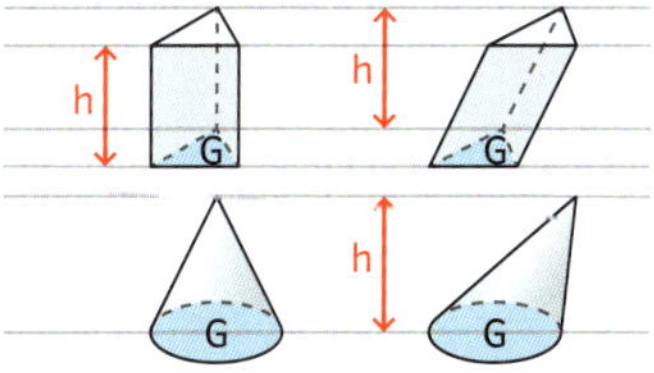

# Räumliche Geometrie (Stereometrie)

## Polyeder und regelmäßige Polyeder (platonische Körper)

### Polyeder

Ein Körper, der ausschließlich von ebenen Vielecken begrenzt wird, heißt **Polyeder (Vielflach bzw. Vielflächner)**. Ein Polyeder heißt **konvex**, wenn für je zwei seiner Punkte die Strecke zwischen diesen beiden Punkten im Polyeder liegt.

### Euler'scher Polyedersatz

Für alle konvexen Polyeder mit e Ecken, f Flächen und k Kanten gilt $e + f - k = 2$.

### Regelmäßige (reguläre) Polyeder (platonische Körper)

(a: Kantenlänge; R: Umkugelradius; r: Inkugelradius; O: Oberflächeninhalt; V: Volumen; e: Eckenanzahl; f: Flächenanzahl; k: Kantenanzahl)

Regelmäßige Vielecke → S. 45

Ein konvexes Polyeder, das ausschließlich von regelmäßigen, zueinander kongruenten Vielecken begrenzt wird, von denen an jeder Ecke gleich viele zusammentreffen, heißt **regelmäßiges (reguläres) Polyeder bzw. platonischer Körper**.
Es gibt genau fünf reguläre Polyeder.

Tetraeder (Pyramide) → S. 51

| Name | Darstellung | Zusammenhänge |
|---|---|---|
| Tetraeder (Vierflächner) | 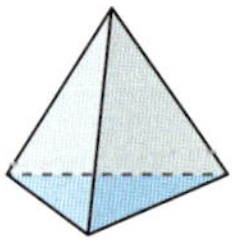 | $O = a^2\sqrt{3}$<br>$V = \frac{a^3}{12}\sqrt{2}$<br>$R = \frac{a}{4}\sqrt{6}$ $r = \frac{a}{12}\sqrt{6}$<br>$e = 4;\ f = 4;\ k = 6$ |
| Hexaeder (Würfel) (Sechsflächner) | 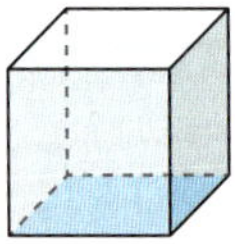 | $O = 6a^2$<br>$V = a^3$<br>$R = \frac{a}{2}\sqrt{3}$ $r = \frac{a}{2}$<br>$e = 8;\ f = 6;\ k = 12$ |
| Oktaeder (Achtflächner) | 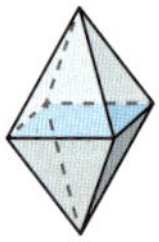 | $O = 2a^2\sqrt{3}$<br>$V = \frac{a^3}{3}\sqrt{2}$<br>$R = \frac{a}{2}\sqrt{2}$ $r = \frac{a}{6}\sqrt{6}$<br>$e = 6;\ f = 8;\ k = 12$ |
| Dodekaeder (Zwölfflächner) | 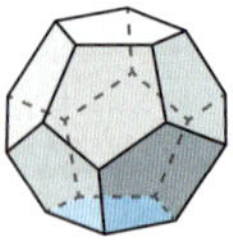 | $O = 3a^2\sqrt{5(5 + 2\sqrt{5})}$<br>$V = \frac{a^3}{4}(15 + 7\sqrt{5})$<br>$R = \frac{a}{4}\sqrt{3}(1 + \sqrt{5})$<br>$r = \frac{a}{4}\sqrt{10 + \frac{22}{5}\sqrt{5}}$<br>$e = 20;\ f = 12;\ k = 30$ |
| Ikosaeder (Zwanzigflächner) | 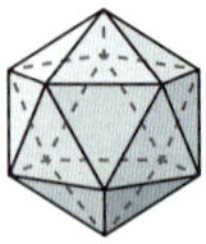 | $O = 5a^2\sqrt{3}$<br>$V = \frac{5a^3}{12}(3 + \sqrt{5})$<br>$R = \frac{a}{4}\sqrt{2(5 + \sqrt{5})}$<br>$r = \frac{a}{12}\sqrt{3}(3 + \sqrt{5})$<br>$e = 12;\ f = 20;\ k = 30$ |

# Räumliche Geometrie (Stereometrie)

## Darstellung von Körpern (Darstellende Geometrie)

### Parallelprojektion

Eine Abbildung des Raumes auf die Ebene, bei der die Projektionsstrahlen (Lichtstrahlen) zueinander parallel verlaufen, heißt **Parallelprojektion**. Sie ist durch die **Projektionsrichtung** (Richtung der Lichtstrahlen) und die **Projektionsebene** festgelegt.

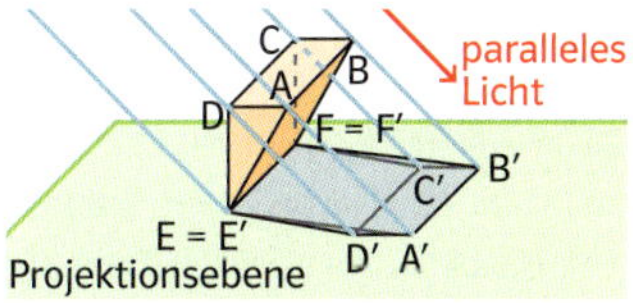


Für Geraden und Strecken, die nicht parallel zur Projektionsrichtung verlaufen, gilt:
- Geraden (Strecken) werden auf Geraden (Strecken) abgebildet.
- Zueinander parallele Geraden (Strecken) werden auf zueinander parallele Geraden (Strecken) abgebildet.
- Zur Projektionsebene parallele Figuren werden auf kongruente Figuren abgebildet.

Verlaufen Geraden (Strecken) parallel zur Projektionsrichtung, so werden sie jeweils auf einen Punkt abgebildet.

Verläuft die Projektionsrichtung senkrecht zur Projektionsebene, so spricht man von einer **senkrechten Parallelprojektion**, ansonsten von einer **schrägen Parallelprojektion**.

### Schrägbilder

Bei einer schrägen Parallelprojektion entsteht in der Aufrissebene ein **Schrägbild** des Körpers.

Aufriss
→ vgl. unten

Strecken parallel zur Bildebene werden auf Strecken gleicher Länge und gleicher Richtung abgebildet. Die Bilder von Figuren, die parallel zur Bildebene liegen, sind kongruent zu diesen. Strecken, die senkrecht zur Bildebene verlaufen, werden mit dem **Verzerrungswinkel** $\alpha$ gegen die Waagerechte geneigt und verkürzt dargestellt (**Verzerrungsfaktor** k mit $k < 1$). Für $\alpha = 45°$ und $k = \frac{1}{2}$ spricht man von der **Kavaliersperspektive**.

Würfel in Kavaliersperspektive

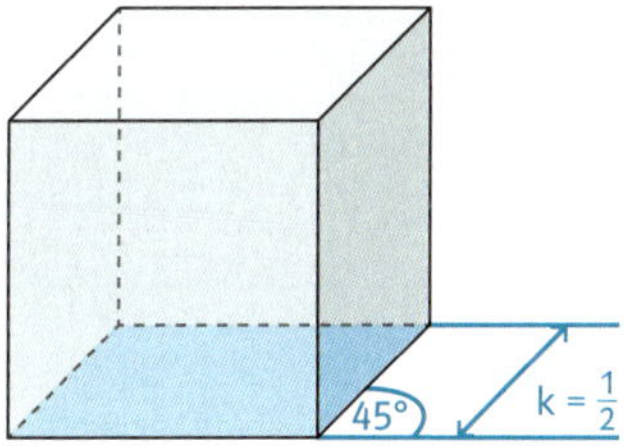


### Dreitafelprojektion

Bei einer **Dreitafelprojektion** wird ein Körper mithilfe einer senkrechten Parallelprojektion senkrecht auf drei Ebenen abgebildet, die senkrecht aufeinander stehen. Dabei entstehen Grundriss (von oben), Aufriss (von vorn) und Seitenriss (von der Seite).

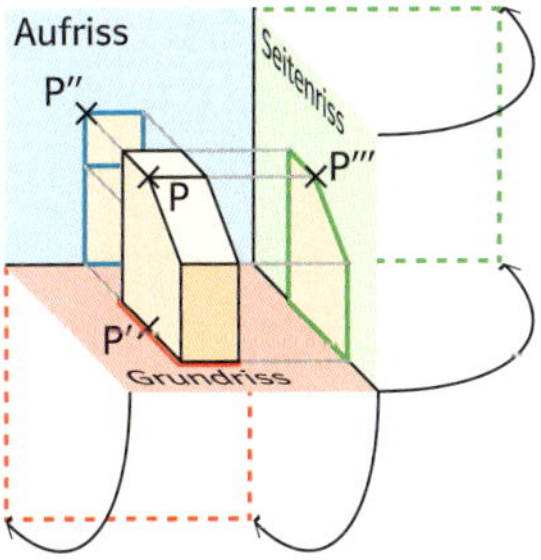


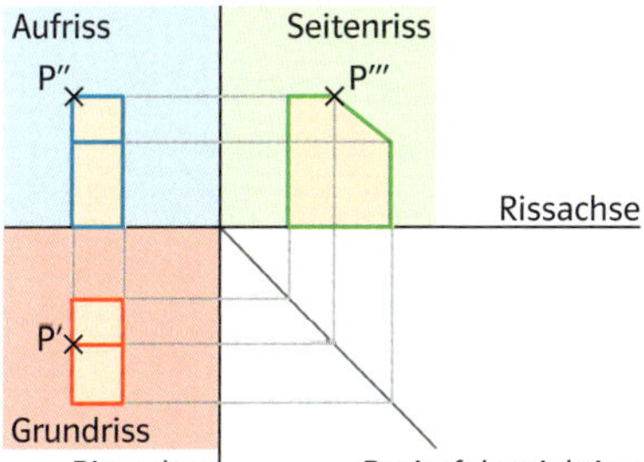


Dreitafelprojektion

# Ebene Trigonometrie

## Grad- und Bogenmaß

### Gradmaß

Ein Winkel mit der Größe ein **Grad** (1°) ist der 360. Teil des Vollwinkels.

Es gilt: $1° = 60'$ (Minuten),
$1' = 60''$ (Sekunden) und
$1° = 3600''$.

Man erhält einen Winkel der Größe 1°, indem man einen Kreis durch Radien in 360 deckungsgleiche Kreisausschnitte unterteilt.

### Bogenmaß

Zentriwinkel → S. 46

Das zum (Zentri-)Winkel $\alpha$ gehörende Verhältnis von **Bogenlänge** b zu Radius r heißt **Bogenmaß** des Winkels $\alpha$: $\text{arc}(\alpha) = \frac{b}{r}$.
Im **Einheitskreis**, dem Kreis mit Radius 1 und Mittelpunkt im Koordinatenursprung, ist das Bogenmaß eines Winkels gleich der Maßzahl der zugehörigen Bogenlänge.
Ein Winkel hat die Größe 1 **Radiant** (1 rad), wenn $b = r$ gilt bzw. für $b = 1$ im Einheitskreis.

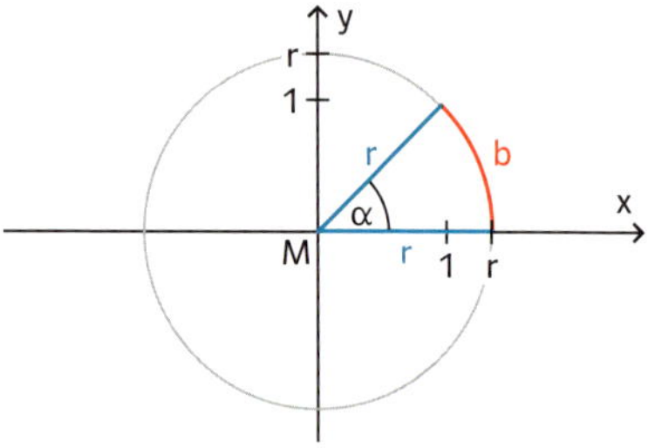


### Umrechnungen

Wenn $\alpha$ die Winkelgröße im Gradmaß und x die Winkelgröße im Bogenmaß ist, dann gilt:

$\frac{\alpha}{360°} = \frac{x}{2\pi}$ bzw. $\frac{\alpha}{180°} = \frac{x}{\pi}$  $x = \frac{\alpha}{180°} \cdot \pi$  $\alpha = \frac{x}{\pi} \cdot 180°$

$\alpha = \frac{x}{\pi} \cdot 180°$  $1\,\text{rad} \approx 57{,}296°$

| **Gradmaß** | 0° | 15° | 30° | 45° | 60° | 90° | 120° | 135° | 180° | 270° | 360° |
|---|---|---|---|---|---|---|---|---|---|---|---|
| **Bogenmaß** | 0 | $\frac{\pi}{12}$ | $\frac{\pi}{6}$ | $\frac{\pi}{4}$ | $\frac{\pi}{3}$ | $\frac{\pi}{2}$ | $\frac{2\pi}{3}$ | $\frac{3\pi}{4}$ | $\pi$ | $\frac{3\pi}{2}$ | $2\pi$ |

## Sinus, Kosinus, Tangens und Kotangens

Definitionen am rechtwinkligen Dreieck → S. 42

### Definitionen am Kreis

#### Definitionen am Kreis mit Radius r

Trägt man einen beliebigen Winkel der Größe $\alpha$ wie abgebildet in ein rechtwinkliges Koordinatensystem ein und schneidet seinen freien Schenkel mit einem Kreis um den Ursprung mit Radius r, dann wird festgelegt:

$\sin(\alpha) = \frac{v}{r}$  $\cos(\alpha) = \frac{u}{r}$

$\tan(\alpha) = \frac{v}{u}$ $(u \neq 0)$  $\cot(\alpha) = \frac{u}{v}$ $(v \neq 0)$

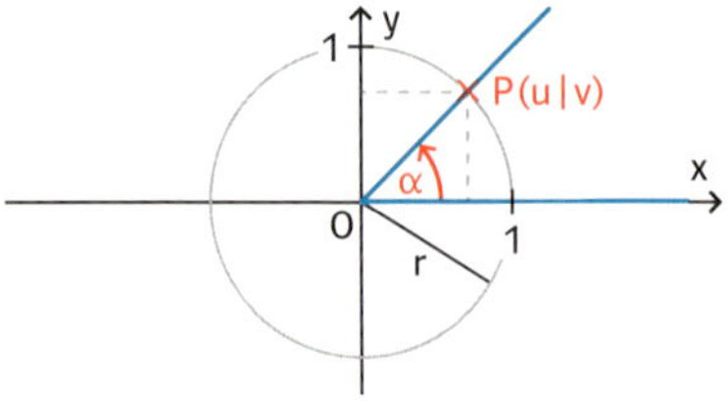


#### Definitionen am Einheitskreis

Liegt der Punkt P(u | v) auf dem Einheitskreis $(r = 1)$ um den Ursprung, dann wird festgelegt:

$\sin(\alpha) = v$  $\cos(\alpha) = u$

$\tan(\alpha) = \frac{v}{u}$ $(u \neq 0)$  $\cot(\alpha) = \frac{u}{v}$ $(v \neq 0)$

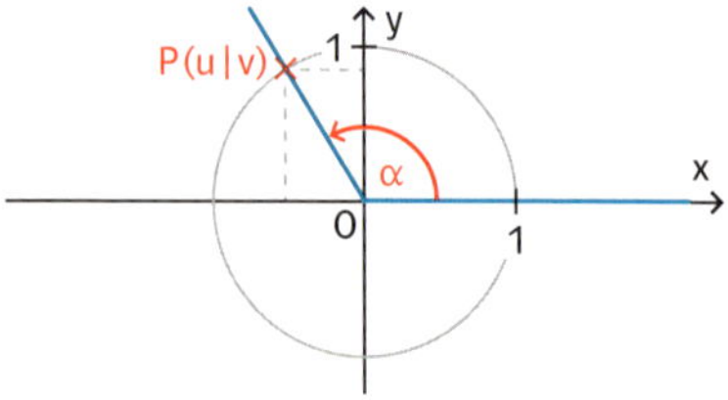

# Ebene Trigonometrie



Sinus, Kosinus, Tangens und Kotangens

## Veranschaulichungen am Einheitskreis

1. Quadrant

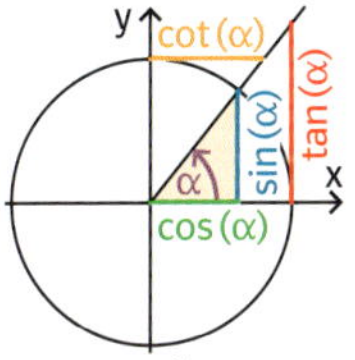


$\sin(\alpha) > 0$
$\cos(\alpha) > 0$
$\tan(\alpha) > 0$
$\cot(\alpha) > 0$

2. Quadrant

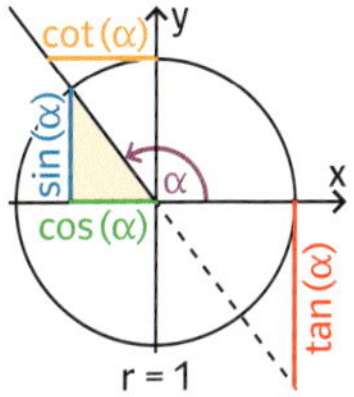


$\sin(\alpha) > 0$
$\cos(\alpha) < 0$
$\tan(\alpha) < 0$
$\cot(\alpha) < 0$

3. Quadrant

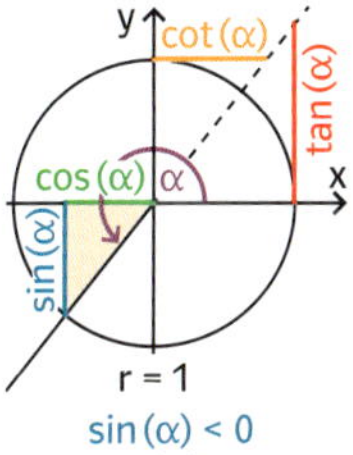


$\sin(\alpha) < 0$
$\cos(\alpha) < 0$
$\tan(\alpha) > 0$
$\cot(\alpha) > 0$

4. Quadrant

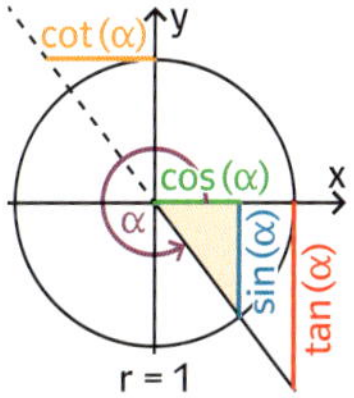


$\sin(\alpha) < 0$
$\cos(\alpha) > 0$
$\tan(\alpha) < 0$
$\cot(\alpha) < 0$

## Werte für spezielle Winkelgrößen und Vorzeichen in den Quadranten

| $\alpha$ | 0° | 30° | 45° | 60° | 90° |
|---|---|---|---|---|---|
| x | 0 | $\frac{\pi}{6}$ | $\frac{\pi}{4}$ | $\frac{\pi}{3}$ | $\frac{\pi}{2}$ |
| sin | 0 | $\frac{1}{2}$ | $\frac{1}{2}\sqrt{2}$ | $\frac{1}{2}\sqrt{3}$ | 1 |
| cos | 1 | $\frac{1}{2}\sqrt{3}$ | $\frac{1}{2}\sqrt{2}$ | $\frac{1}{2}$ | 0 |
| tan | 0 | $\frac{1}{3}\sqrt{3}$ | 1 | $\sqrt{3}$ | – |
| cot | – | $\sqrt{3}$ | 1 | $\frac{1}{3}\sqrt{3}$ | 0 |

| Quadrant | I | II | III | IV |
|---|---|---|---|---|
| sin | + | + | – | – |
| cos | + | – | – | + |
| tan | + | – | + | – |
| cot | + | – | + | – |

## Reduktionsformeln

| | 90° ± α | 180° ± α | 270° ± α | 360° ± α | –α |
|---|---|---|---|---|---|
| sin | $\cos(\alpha)$ | $\mp\sin(\alpha)$ | $-\cos(\alpha)$ | $\pm\sin(\alpha)$ | $-\sin(\alpha)$ |
| cos | $\mp\sin(\alpha)$ | $-\cos(\alpha)$ | $\pm\sin(\alpha)$ | $\cos(\alpha)$ | $\cos(\alpha)$ |
| tan | $\mp\cot(\alpha)$ | $\pm\tan(\alpha)$ | $\mp\cot(\alpha)$ | $\pm\tan(\alpha)$ | $-\tan(\alpha)$ |
| cot | $\mp\tan(\alpha)$ | $\pm\cot(\alpha)$ | $\mp\tan(\alpha)$ | $\pm\cot(\alpha)$ | $-\cot(\alpha)$ |

## Beziehungen zwischen Sinus, Kosinus, Tangens und Kotangens zum gleichen Argument

Argument → S. 24

$\sin^2(\alpha) + \cos^2(\alpha) = 1 \qquad \tan(\alpha) = \frac{\sin(\alpha)}{\cos(\alpha)} \qquad \cot(\alpha) = \frac{\cos(\alpha)}{\sin(\alpha)} \qquad \tan(\alpha)\cot(\alpha) = 1$

$\sin^2(\alpha) = 1 - \cos^2(\alpha) = \frac{\tan^2(\alpha)}{1 + \tan^2(\alpha)} = \frac{1}{1 + \cot^2(\alpha)} \qquad \cos^2(\alpha) = 1 - \sin^2(\alpha) = \frac{1}{1 + \tan^2(\alpha)} = \frac{\cot^2(\alpha)}{1 + \cot^2(\alpha)}$

$\tan^2(\alpha) = \frac{\sin^2(\alpha)}{1 - \sin^2(\alpha)} = \frac{1 - \cos^2(\alpha)}{\cos^2(\alpha)} = \frac{1}{\cot^2(\alpha)} \qquad \cot^2(\alpha) = \frac{1 - \sin^2(\alpha)}{\sin^2(\alpha)} = \frac{\cos^2(\alpha)}{1 - \cos^2(\alpha)} = \frac{1}{\tan^2(\alpha)}$

# Ebene Trigonometrie

Sinus, Kosinus, Tangens und Kotangens

## Additionstheoreme

$$\sin(\alpha \pm \beta) = \sin(\alpha)\cos(\beta) \pm \cos(\alpha)\sin(\beta)$$

$$\cos(\alpha \mp \beta) = \cos(\alpha)\cos(\beta) \pm \sin(\alpha)\sin(\beta)$$

$$\tan(\alpha \pm \beta) = \frac{\tan(\alpha) \pm \tan(\beta)}{1 \mp \tan(\alpha)\tan(\beta)}$$

$$\cot(\alpha \pm \beta) = \frac{\cot(\alpha)\cot(\beta) \mp 1}{\cot(\beta) \pm \cot(\alpha)}$$

$$\sin(\alpha + \beta + \gamma) = \sin(\alpha)\cos(\beta)\cos(\gamma) + \cos(\alpha)\sin(\beta)\cos(\gamma) + \cos(\alpha)\cos(\beta)\sin(\gamma) - \sin(\alpha)\sin(\beta)\sin(\gamma)$$

$$\cos(\alpha + \beta + \gamma) = \cos(\alpha)\cos(\beta)\cos(\gamma) - \sin(\alpha)\sin(\beta)\cos(\gamma) - \sin(\alpha)\cos(\beta)\sin(\gamma) - \cos(\alpha)\sin(\beta)\sin(\gamma)$$

Argument → S. 24

## Vielfache und Teile im Argument

$$\sin(2\alpha) = 2\sin(\alpha)\cos(\alpha)$$

$$\cos(2\alpha) = \cos^2(\alpha) - \sin^2(\alpha) = 2\cos^2(\alpha) - 1 = 1 - 2\sin^2(\alpha)$$

$$\tan(2\alpha) = \frac{2\tan(\alpha)}{1 - \tan^2(\alpha)}$$

$$\cot(2\alpha) = \frac{\cot^2(\alpha) - 1}{2\cot(\alpha)}$$

$$\sin(3\alpha) = 3\sin(\alpha) - 4\sin^3(\alpha)$$

$$\cos(3\alpha) = 4\cos^3(\alpha) - 3\cos(\alpha)$$

$$\sin(4\alpha) = 8\cos^3(\alpha)\sin(\alpha) - 4\cos(\alpha)\sin(\alpha)$$

$$\cos(4\alpha) = 8\cos^4(\alpha) - 8\cos^2(\alpha) + 1$$

Binomialkoeffizient → S. 126

$$\sin(n\alpha) = n\cos^{n-1}(\alpha)\sin(\alpha) - \binom{n}{3}\cos^{n-3}(\alpha)\sin^3(\alpha) + \binom{n}{5}\cos^{n-5}(\alpha)\sin^5(\alpha) \mp \ldots$$

$$\cos(n\alpha) = \cos^n(\alpha) - \binom{n}{2}\cos^{n-2}(\alpha)\sin^2(\alpha) + \binom{n}{4}\cos^{n-4}(\alpha)\sin^4(\alpha) \mp \ldots$$

$$\sin\left(\frac{\alpha}{2}\right) = \pm\sqrt{\frac{1 - \cos(\alpha)}{2}}$$

$$\cos\left(\frac{\alpha}{2}\right) = \pm\sqrt{\frac{1 + \cos(\alpha)}{2}}$$

$$\tan\left(\frac{\alpha}{2}\right) = \frac{\sin(\alpha)}{1 + \cos(\alpha)}$$

## Summen und Differenzen trigonometrischer Funktionen

$$\sin(\alpha) + \sin(\beta) = 2\sin\left(\frac{\alpha + \beta}{2}\right)\cos\left(\frac{\alpha - \beta}{2}\right)$$

$$\sin(\alpha) - \sin(\beta) = 2\cos\left(\frac{\alpha + \beta}{2}\right)\sin\left(\frac{\alpha - \beta}{2}\right)$$

$$\cos(\alpha) + \cos(\beta) = 2\cos\left(\frac{\alpha + \beta}{2}\right)\cos\left(\frac{\alpha - \beta}{2}\right)$$

$$\cos(\alpha) - \cos(\beta) = -2\sin\left(\frac{\alpha + \beta}{2}\right)\sin\left(\frac{\alpha - \beta}{2}\right)$$

$$\cos(\alpha) \pm \sin(\alpha) = \sqrt{2}\sin(45° \pm \alpha) = \sqrt{2}\cos(45° \mp \alpha)$$

$$\tan(\alpha) \pm \tan(\beta) = \frac{\sin(\alpha \pm \beta)}{\cos(\alpha)\cos(\beta)}$$

$$\tan(\alpha) + \cot(\beta) = \frac{\cos(\alpha - \beta)}{\cos(\alpha)\sin(\beta)}$$

$$\cot(\alpha) \pm \cot(\beta) = \pm\frac{\sin(\alpha \pm \beta)}{\sin(\alpha)\sin(\beta)}$$

$$\cot(\alpha) - \tan(\beta) = \frac{\cos(\alpha + \beta)}{\sin(\alpha)\cos(\beta)}$$

Sinus, Kosinus, Tangens und Kotangens

## Produkte trigonometrischer Funktionen

$$\sin(\alpha)\sin(\beta) = \frac{\cos(\alpha - \beta) - \cos(\alpha + \beta)}{2}$$

$$\cos(\alpha)\cos(\beta) = \frac{\cos(\alpha - \beta) + \cos(\alpha + \beta)}{2}$$

$$\sin(\alpha)\cos(\beta) = \frac{\sin(\alpha - \beta) + \sin(\alpha + \beta)}{2}$$

$$\cos(\alpha)\sin(\beta) = \frac{\sin(\alpha + \beta) - \sin(\alpha - \beta)}{2}$$

$$\sin(\alpha + \beta)\sin(\alpha - \beta) = \cos^2(\beta) - \cos^2(\alpha)$$

$$\cos(\alpha + \beta)\cos(\alpha - \beta) = \cos^2(\beta) - \sin^2(\alpha)$$

$$\tan(\alpha)\tan(\beta) = \frac{\tan(\alpha) + \tan(\beta)}{\cot(\alpha) + \cot(\beta)} = -\frac{\tan(\alpha) - \tan(\beta)}{\cot(\alpha) - \cot(\beta)}$$

$$\cot(\alpha)\cot(\beta) = \frac{\cot(\alpha) + \cot(\beta)}{\tan(\alpha) + \tan(\beta)} = -\frac{\cot(\alpha) - \cot(\beta)}{\tan(\alpha) - \tan(\beta)}$$

$$\tan(\alpha)\cot(\beta) = \frac{\tan(\alpha) + \cot(\beta)}{\cot(\alpha) + \tan(\beta)} = -\frac{\tan(\alpha) - \cot(\beta)}{\cot(\alpha) - \tan(\beta)}$$

$$\sin(\alpha)\sin(\beta)\sin(\gamma) = \frac{\sin(\alpha + \beta - \gamma) + \sin(\beta + \gamma - \alpha) + \sin(\gamma + \alpha - \beta) - \sin(\alpha + \beta - \gamma)}{4}$$

$$\sin(\alpha)\sin(\beta)\cos(\gamma) = \frac{-\cos(\alpha + \beta - \gamma) + \cos(\beta + \gamma - \alpha) + \cos(\gamma + \alpha - \beta) - \cos(\alpha + \beta - \gamma)}{4}$$

$$\sin(\alpha)\cos(\beta)\cos(\gamma) = \frac{\sin(\alpha + \beta - \gamma) - \sin(\beta + \gamma - \alpha) + \sin(\gamma + \alpha - \beta) + \sin(\alpha + \beta - \gamma)}{4}$$

$$\cos(\alpha)\cos(\beta)\cos(\gamma) = \frac{\cos(\alpha + \beta - \gamma) + \cos(\beta + \gamma - \alpha) + \cos(\gamma + \alpha - \beta) - \cos(\alpha + \beta - \gamma)}{4}$$

## Potenzen trigonometrischer Funktionen

$$\sin^2(\alpha) = \frac{1 - \cos(2\alpha)}{2}$$

$$\cos^2(\alpha) = \frac{1 + \cos(2\alpha)}{2}$$

$$\sin^3(\alpha) = \frac{3\sin(\alpha) - \sin(3\alpha)}{4}$$

$$\cos^3(\alpha) = \frac{3\cos(\alpha) + \cos(3\alpha)}{4}$$

$$\sin^4(\alpha) = \frac{\cos(4\alpha) - 4\cos(2\alpha) + 3}{8}$$

$$\cos^4(\alpha) = \frac{\cos(4\alpha) + 4\cos(2\alpha) + 3}{8}$$

# Analysis

## Folgen und Reihen

### Zahlenfolgen

Eine Funktion mit $\mathbb{N}$ oder $\mathbb{N}^*$ oder einer unendlichen Teilmenge von $\mathbb{N}$ oder $\mathbb{N}^*$ als Defintionsmenge heißt **unendliche Zahlenfolge.** Ist die Definitionsmenge eine endliche Menge aus $\mathbb{N}$, so spricht man von einer **endlichen Zahlenfolge.**
Die Wertemenge ist meist $\mathbb{R}$. Dann spricht man von einer **reellen Zahlenfolge.**
Schreibweise: $(a_n)$. Dabei heißt $a_n$ das n-te Glied der Zahlenfolge $(a_n)$.

### Monotonie

Eine Zahlenfolge $(a_n)$ heißt **streng monoton wachsend** bzw. **streng monoton fallend,** wenn für alle $n \in \mathbb{N}$ gilt: $a_n < a_{n+1}$ bzw. $a_n > a_{n+1}$.
Gilt für alle $n \in \mathbb{N}$ nur $a_n \leq a_{n+1}$ bzw. $a_n \geq a_{n+1}$, so heißt $(a_n)$ **monoton wachsend** bzw. **monoton fallend.**

### Beschränktheit

Eine Zahlenfolge $(a_n)$ heißt **nach oben beschränkt,** wenn es eine Zahl $S \in \mathbb{R}$ **(obere Schranke)** gibt, sodass $a_n \leq S$ für alle $n \in \mathbb{N}$ gilt.
Eine Zahlenfolge $(a_n)$ heißt **nach unten beschränkt,** wenn es eine Zahl $s \in \mathbb{R}$ **(untere Schranke)** gibt, sodass $a_n \geq s$ für alle $n \in \mathbb{N}$ gilt.
Eine untere Schranke kann man verkleinern, eine obere Schranke vergrößern.
Die kleinste obere Schranke heißt **Supremum,** die größte untere Schranke **Infimum** der Zahlenfolge.
Eine Zahlenfolge $(a_n)$ heißt **beschränkt,** wenn es eine Zahl $K \in \mathbb{R}^+$ gibt, sodass $|a_n| \leq K$ für alle $n \in \mathbb{N}$ gilt.

### Grenzwert

Eine Zahl g heißt **Grenzwert** einer Zahlenfolge $(a_n)$, wenn es zu jeder Zahl $\varepsilon > 0$ eine natürliche Zahl $n_0$ gibt, sodass für alle $n \geq n_0$ gilt: $|a_n - g| < \varepsilon$. Die Zahlenfolge heißt dann **konvergent.** Man sagt, sie **konvergiert gegen den Grenzwert g.**
Schreibweise: $\lim\limits_{n \to \infty} a_n = g$.

Besitzt eine Zahlenfolge keinen Grenzwert, so heißt sie **divergent.**
Eine Zahlenfolge, die gegen null konvergiert (Grenzwert null), heißt **Nullfolge.**

### Sätze über Zahlenfolgen

(1) Eine Zahlenfolge hat höchstens einen Grenzwert.
(2) Eine Zahlenfolge $(a_n)$ konvergiert genau dann gegen den Grenzwert g, wenn die Folge $(a_n - g)$ eine Nullfolge ist.
(3) Jede konvergente Zahlenfolge ist beschränkt. (Die Umkehrung gilt im Allgemeinen nicht.)
(4) Jede monotone und beschränkte Zahlenfolge ist konvergent.
(5) **Cauchy'sches Konvergenzkriterium:**
Eine Zahlenfolge $(a_n)$ ist genau dann konvergent, wenn es zu jeder Zahl $\varepsilon > 0$ eine natürliche Zahl $n_0$ gibt, sodass für $n, m \geq n_0$ gilt: $|a_n - a_m| < \varepsilon$.
(6) Ist eine Zahlenfolge $(a_n)$ beschränkt und $(b_n)$ eine Nullfolge, dann ist die Zahlenfolge $(a_n \cdot b_n)$ eine Nullfolge.

Folgen und Reihen
Konvergente Zahlenfolge → S. 60

## Grenzwertsätze ($a_i, b_j \in \mathbb{R}$; $n \in \mathbb{N}$)

Sind $(a_n)$ und $(b_n)$ konvergente Zahlenfolgen mit $\lim\limits_{n \to \infty} a_n = a$ und $\lim\limits_{n \to \infty} b_n = b$, so gilt:

(1) $\lim\limits_{n \to \infty} (r a_n \pm s b_n) = r a \pm s b \quad (r, s \in \mathbb{R})$

(2) $\lim\limits_{n \to \infty} (a_n \cdot b_n) = a \cdot b$

(3) $\lim\limits_{n \to \infty} (|a_n|) = |a|$

(4) Ist $b \neq 0$, sind ab einem bestimmten n alle $b_n \neq 0$ und es gilt $\lim\limits_{n \to \infty} \left(\frac{a_n}{b_n}\right) = \frac{a}{b}$.

(5) Ist $a > 0$, sind ab einem bestimmten n alle $a_n > 0$ und es gilt $\lim\limits_{n \to \infty} \sqrt[k]{a_n} = \sqrt[k]{a} \quad (k \in \mathbb{N})$.

## Grenzwerte spezieller Zahlenfolgen

Euler'sche Zahl → S. 6

$\lim\limits_{n \to \infty} \left(1 + \frac{1}{n}\right)^n = e$ $\quad \lim\limits_{n \to \infty} \left(1 - \frac{1}{n}\right)^n = \frac{1}{e}$ $\quad \lim\limits_{n \to \infty} \left(1 + \frac{x}{n}\right)^n = e^x$ $\quad \lim\limits_{n \to \infty} \left(1 - \frac{x}{n}\right)^n = e^{-x} = \frac{1}{e^x}$

$\lim\limits_{n \to \infty} \frac{a^n}{n!} = 0$ $\quad \lim\limits_{n \to \infty} \frac{n^n}{n!} = \infty$ $\quad \lim\limits_{n \to \infty} \sqrt[n]{n!} = \infty$ $\quad \lim\limits_{n \to \infty} \frac{1}{n} \sqrt[n]{n!} = \frac{1}{e}$

$\lim\limits_{n \to \infty} \sqrt[n]{n} = 1$ $\quad \lim\limits_{n \to \infty} \sqrt[n]{a} = 1 \ (a > 0)$ $\quad \lim\limits_{n \to \infty} a^n = 0 \ (|a| < 1)$

## n-te Partialsumme

Die **n-te Partialsumme** einer Zahlenfolge $(a_n)$ mit $n \in \mathbb{N}^*$ ist die Summe $s_n$ der ersten n Summanden der Folge: $s_n = a_1 + a_2 + \ldots + a_n = \sum\limits_{i=1}^{n} a_i$.
Die Nummerierung kann auch mit 0 oder einer anderen natürlichen Zahl beginnen.

## Spezielle Partialsummen

$1 + 2 + 3 + \ldots + n = \sum\limits_{i=1}^{n} i = \frac{n(n+1)}{2}$ $\qquad 2 + 4 + 6 + \ldots + 2n = \sum\limits_{i=1}^{n} 2n = n(n+1)$

$1 + 3 + 5 + \ldots + (2n-1) = \sum\limits_{i=1}^{n} (2i-1) = n^2$ $\qquad 1^2 + 2^2 + 3^2 + \ldots + n^2 = \sum\limits_{i=1}^{n} i^2 = \frac{n(n+1)(2n+1)}{6}$

$1^2 + 3^2 + 5^2 + \ldots + (2n-1)^2 = \sum\limits_{i=1}^{n} (2i-1)^2 = \frac{n(4n^2-1)}{3}$

$1^3 + 2^3 + 3^3 + \ldots + n^3 = \sum\limits_{i=1}^{n} i^3 = \frac{n^2(n+1)^2}{4}$

$1^3 + 3^3 + 5^3 + \ldots + (2n-1)^3 = \sum\limits_{i=1}^{n} (2i-1)^3 = n^2(2n^2-1)$

$1^4 + 2^4 + 3^4 + \ldots + n^4 = \sum\limits_{i=1}^{n} i^4 = \frac{n(n+1)(2n+1)(3n^2+3n-1)}{30}$

## Unendliche Reihen

Die **unendliche Reihe** zur Zahlenfolge $(a_n)$ ist die Partialsummenfolge $(s_n)$, deren Glieder die Partialsummen $s_n$ der Zahlenfolge $(a_n)$ sind: $a_1 + a_2 + \ldots = \sum\limits_{i=1}^{\infty} a_i$.

Partialsumme → vgl. oben

## Konvergenz einer Reihe

Wenn die Partialsummenfolge $(s_n)$ einen Grenzwert hat $\left(\lim\limits_{n \to \infty} s_n = s\right)$, dann heißt die unendliche Reihe $\sum\limits_{i=1}^{\infty} a_i$ **konvergent** und es gilt $\sum\limits_{i=1}^{\infty} a_i = s$. Wenn die Partialsummenfolge $(s_n)$ keinen Grenzwert hat, dann heißt die unendliche Reihe $\sum\limits_{i=1}^{\infty} a_i$ **divergent**.

Grenzwert → S. 60

# Analysis

Folgen und Reihen

## Konvergenzkriterien einer Reihe

Unendliche Reihe → S. 61

**Notwendige Bedingung** für die Konvergenz der unendlichen Reihe $\sum_{i=1}^{\infty} a_i$: $\lim_{i \to \infty} a_i = 0$.

**Hinreichende Bedingungen** für die Konvergenz der unendlichen Reihe $\sum_{i=1}^{\infty} a_i$:

(1) **Majorantenkriterium**
Wenn die beiden unendlichen Reihen $\sum_{i=1}^{\infty} a_i$ und $\sum_{i=1}^{\infty} b_i$ nur nichtnegative Glieder haben, es eine natürliche Zahl n gibt, für die $a_i \leq b_i$ für alle $i \geq n$ gilt, und die unendliche Reihe $\sum_{i=1}^{\infty} b_i$ konvergent ist, so ist auch die Reihe $\sum_{i=1}^{\infty} a_i$ konvergent.

(2) **Quotientenkriterium (D'Alembert'sches Kriterium)**
Die unendliche Reihe $\sum_{i=1}^{\infty} a_i$ mit nur nichtnegativen Gliedern ist konvergent, wenn es eine natürliche Zahl n gibt, sodass $\frac{a_{i+1}}{a_i} \leq q < 1$ für alle $i \geq n$ gilt $(0 < q < 1)$.

(3) **Wurzelkriterium**
Die unendliche Reihe $\sum_{i=1}^{\infty} a_i$ mit nur nichtnegativen Gliedern ist konvergent, wenn es eine natürliche Zahl n gibt, sodass $\sqrt[i]{a_i} \leq q < 1$ für alle $i \geq n$ gilt $(0 < q < 1)$.

## Summenwerte spezieller unendlicher Reihen

Euler'sche Zahl und π → S. 6
Natürlicher Logarithmus → S. 14

$1 + \frac{1}{1!} + \frac{1}{2!} + \frac{1}{3!} + \ldots = e$

$1 - \frac{1}{2} + \frac{1}{3} - \frac{1}{4} \pm \ldots = \ln(2)$

$1 + \frac{1}{2} + \frac{1}{4} + \frac{1}{8} + \ldots = 2$

$1 - \frac{1}{3} + \frac{1}{5} - \frac{1}{7} \pm \ldots = \frac{\pi}{4}$

$1 + \frac{1}{2^2} + \frac{1}{3^2} + \frac{1}{4^2} + \ldots = \frac{\pi^2}{6}$

$1 - \frac{1}{2^2} + \frac{1}{3^2} - \frac{1}{4^2} \pm \ldots = \frac{\pi^2}{12}$

## Arithmetische Zahlenfolge und ihre Partialsummen

Eine Zahlenfolge $(a_n)$ mit $n \in \mathbb{N}^*$ heißt **arithmetische Zahlenfolge**, wenn die Differenz zweier aufeinanderfolgender Glieder jeweils konstant ist: $a_{n+1} - a_n = d$ $(d \in \mathbb{R})$. Es gilt $a_n = a_1 + (n-1)d$.

Für $d < 0$ ist die Zahlenfolge streng monoton fallend, für $d = 0$ konstant und für $d > 0$ streng monoton wachsend.

n-te Partialsumme → S. 61

Für die n-te Partialsumme der arithmetischen Zahlenfolge gilt:

$s_n = a_1 + a_2 + \ldots + a_n = \sum_{i=1}^{n} a_i = \frac{n}{2}(a_1 + a_n) = n a_1 + \frac{(n-1)n}{2} d$.

## Geometrische Zahlenfolge und ihre Partialsummen

Eine Zahlenfolge $(a_n)$ mit $n \in \mathbb{N}^*$ heißt **geometrische Zahlenfolge**, wenn der Quotient zweier aufeinanderfolgender Glieder jeweils konstant ist: $\frac{a_{n+1}}{a_n} = q$ $(a_1, q \in \mathbb{R};\ a_1, q \neq 0)$. Es gilt $a_n = a_1 q^{n-1}$.

Für $|q| < 1$ ist die Zahlenfolge eine Nullfolge.

Ist $a_1 > 0$ und $0 < q < 1$, so ist die Zahlenfolge streng monoton fallend, für $q = 1$ konstant, für $q > 1$ streng monoton wachsend und für $q < 0$ alternierend.

Für die n-te Partialsumme der geometrischen Zahlenfolge gilt:

$s_n = a_1 + a_2 + \ldots + a_n = \sum_{i=1}^{n} a_i = a_1 \frac{q^n - 1}{q - 1}$ $(q \neq 1)$.

## Unendliche geometrische Reihe

$s = \sum_{i=1}^{\infty} a_1 q^{i-1} = \frac{a_1}{1-q}$ $(a_1 \neq 0;\ |q| < 1)$

## Grenzwerte von Funktionen

Grenzwerte und Stetigkeit von Funktionen

Eine Funktion f sei in einer Umgebung der Stelle $x_0$ definiert. An der Stelle $x_0$ muss sie nicht definiert sein.

### Grenzwert für $x \to x_0$ – Formulierung über Folgen

Eine Funktion $f: x \mapsto f(x)$ hat an der Stelle $x_0$ den **Grenzwert** g, wenn für jede Zahlenfolge $(x_n)$ mit $x_n \in D_f$ und $x_n \neq x_0$, die gegen $x_0$ konvergiert $\left(\lim\limits_{n \to \infty} x_n = x_0\right)$, die Folge $(f(x_n))$ gegen g konvergiert $\left(\lim\limits_{n \to \infty} f(x_n) = g\right)$. Man schreibt $\lim\limits_{x \to x_0} \mathbf{f(x) = g}$.

### Rechtsseitiger und linksseitiger Grenzwert für $x \to x_0$ – Formulierung über Folgen

Eine Funktion $f: x \mapsto f(x)$ hat an der Stelle $x_0$ den **rechtsseitigen (linksseitigen) Grenzwert** $g_r$ ($g_l$), wenn für jede Zahlenfolge $(x_n)$ mit $x_n \in D_f$ und $x_n \geq x_{n+1} > x_0$ ($x_n \leq x_{n+1} < x_0$), die gegen $x_0$ konvergiert, die Folge $(f(x_n))$ gegen g konvergiert.
Man schreibt $\lim\limits_{x \to x_0 + 0} \mathbf{f(x) = g_r}$ $\left(\lim\limits_{x \to x_0 - 0} \mathbf{f(x) = g_l}\right)$.
Eine Funktion f besitzt an der Stelle $x_0$ genau dann einen Grenzwert g, wenn sowohl der rechtsseitige Grenzwert $g_r$ als auch der linksseitige Grenzwert $g_l$ der Funktion f an der Stelle $x_0$ existieren und übereinstimmen. Es gilt $g = g_r = g_l$.

### Grenzwert für $x \to \pm\infty$ – Formulierung über Folgen

Eine Funktion $f: x \mapsto f(x)$ hat für $x \to \pm\infty$ den **Grenzwert** g, wenn für jede Zahlenfolge $(x_n)$ mit $x_n \in D_f$ und $x_n \to \pm\infty$ die Folge $(f(x_n))$ gegen g konvergiert. Man schreibt $\lim\limits_{x \to \pm\infty} \mathbf{f(x) = g}$.

### Grenzwert für $x \to x_0$ – Formulierung mit ε

Eine Funktion $f: x \mapsto f(x)$ hat an der Stelle $x_0$ den **Grenzwert** g, wenn es zu jeder vorgegebenen (noch so kleinen) Zahl $\varepsilon > 0$ eine (i. A. von ε abhängige) Zahl $\delta > 0$ gibt, sodass für alle x mit $0 < |x - x_0| < \delta$ gilt: $|f(x) - g| < \varepsilon$. Man schreibt $\lim\limits_{x \to x_0} \mathbf{f(x) = g}$.

### Rechtsseitiger und linksseitiger Grenzwert für $x \to x_0$ – Formulierung mit ε

Eine Funktion $f: x \mapsto f(x)$ hat an der Stelle $x_0$ den **rechtsseitigen (linksseitigen) Grenzwert** $g_r$ ($g_l$), wenn es zu jeder vorgegebenen (noch so kleinen) Zahl $\varepsilon > 0$ eine (i. A. von ε abhängige) Zahl $\delta > 0$ gibt, sodass für alle x mit $0 < x - x_0 < \delta$ $(-\delta < x - x_0 < 0)$ gilt: $|f(x) - g| < \varepsilon$. Man schreibt $\lim\limits_{x \to x_0 + 0} \mathbf{f(x) = g_r}$ $\left(\lim\limits_{x \to x_0 - 0} \mathbf{f(x) = g_l}\right)$.

### Grenzwert für $x \to \pm\infty$ – Formulierung mit ε

Eine Funktion $f: x \mapsto f(x)$ hat für $x \to \pm\infty$ den **Grenzwert** g, wenn es zu jeder vorgegebenen (noch so kleinen) Zahl $\varepsilon > 0$ eine Stelle $x_\delta$ gibt, sodass $|f(x) - g| < \varepsilon$ ist für alle $x > x_\delta$ $(x < x_\delta)$. Man schreibt $\lim\limits_{x \to \pm\infty} \mathbf{f(x) = g}$.

## Grenzwertsätze für Funktionen

Wenn $\lim\limits_{x \to x_0} f(x) = u$ und $\lim\limits_{x \to x_0} g(x) = v$ ist, dann gilt:

(1) $\lim\limits_{x \to x_0} (r f(x) \pm s g(x)) = r u \pm s v$ $(r, s \in \mathbb{R})$,

(2) $\lim\limits_{x \to x_0} (f(x) \cdot g(x)) = u \cdot v$,

(3) $\lim\limits_{x \to x_0} \left(\frac{f(x)}{g(x)}\right) = \frac{u}{v}$ (falls $v \neq 0$).

Die angegebenen Grenzwertsätze gelten auch für $x \to x_0 \pm 0$ und $x \to \pm\infty$ statt $x \to x_0$.

# Analysis

**Grenzwerte und Stetigkeit von Funktionen**
Differenzierbarkeit → S. 65

## Regel von de l'Hospital

Zwei Funktionen f und g seien in einer Umgebung $U(x_0)$ von $x_0$ differenzierbar, es sei $f(x_0) = g(x_0) = 0$ sowie $g'(x) \neq 0$ für $x \in U(x_0) \setminus \{x_0\}$ und $\lim\limits_{x \to x_0} \frac{f'(x)}{g'(x)}$ existiere. Dann gilt $\lim\limits_{x \to x_0} \frac{f(x)}{g(x)} = \lim\limits_{x \to x_0} \frac{f'(x)}{g'(x)}$.

An der Stelle $x_0$ müssen f und g nicht differenzierbar sein.
Die Regel gilt auch dann, wenn man $f(x_0) = g(x_0) = 0$ durch $\lim\limits_{x \to x_0} f(x) = \lim\limits_{x \to x_0} g(x) = 0$ ersetzt und für $x \to x_0 \pm 0$ statt $x \to x_0$.

Die Regel gilt auch für

$\lim\limits_{x \to \pm\infty} \frac{f(x)}{g(x)}$, falls sowohl Zähler als auch Nenner gegen 0 streben,

$\lim\limits_{x \to x_0} \frac{f(x)}{g(x)}$ und $\lim\limits_{x \to \pm\infty} \frac{f(x)}{g(x)}$, falls sowohl Zähler als auch Nenner gegen ∞ streben.

## Spezielle Grenzwerte von Funktionen

Natürlicher Logarithmus → S. 14
Euler'sche Zahl → S. 6

| | | |
|---|---|---|
| $\lim\limits_{x \to 0} \frac{\sin(x)}{x} = 1$ | $\lim\limits_{x \to 0} \frac{\tan(x)}{x} = 1$ | $\lim\limits_{x \to 0} \frac{a^x - 1}{x} = \ln(a) \quad (a > 0)$ |
| $\lim\limits_{x \to 0} \frac{e^x - 1}{x} = 1$ | $\lim\limits_{x \to 1} \frac{\ln(x)}{x - 1} = 1$ | $\lim\limits_{x \to \infty} \frac{\ln(x)}{x^n} = 0 \quad (n > 0)$ |
| $\lim\limits_{x \to 0} \frac{\ln(1 + x)}{x} = 1$ | $\lim\limits_{x \to 0} (x^n \cdot \ln(x)) = 0 \quad (n > 0)$ | $\lim\limits_{x \to \infty} \left(\frac{x + 1}{x}\right)^x = e$ |
| $\lim\limits_{x \to \infty} \frac{a^x}{x!} = 0$ | $\lim\limits_{x \to \infty} \frac{a^x}{x^n} = 0 \quad (0 < a < 1;\ n \text{ fest})$ | $\lim\limits_{x \to \infty} \frac{x^n}{e^x} = 0 \quad (n > 0)$ |

## Stetigkeit von Funktionen

Grenzwert einer Funktion → S. 63

### Stetigkeit an einer Stelle – Formulierung mit Grenzwert

Eine Funktion f, die in $x_0$ und einer Umgebung von $x_0$ definiert ist, heißt genau dann **stetig an der Stelle $x_0$**, wenn der Grenzwert von f für $x \to x_0$ existiert und mit dem Funktionswert $f(x_0)$ übereinstimmt, wenn also $\lim\limits_{x \to x_0} f(x) = f(x_0)$ gilt.

### Stetigkeit an einer Stelle – Formulierung mit ε

Eine Funktion f heißt **stetig an der Stelle $x_0 \in D_f$**, wenn es zu jeder vorgegebenen (noch so kleinen) Zahl $\varepsilon > 0$ eine (i. A. von ε abhängige) Zahl $\delta > 0$ gibt, sodass für alle x mit $|x - x_0| < \delta$ und $x \in D_f$ gilt:
$|f(x) - f(x_0)| < \varepsilon$.

### Stetigkeit in einem Intervall

Eine Funktion f heißt **in einem Intervall $I \subseteq D_f$ stetig**, wenn f für alle $x_0 \in I$ stetig ist.

### Stetige Funktionen

Eine Funktion f, die an jeder Stelle ihrer Defintionsmenge $D_f$ stetig ist, nennt man eine auf $D_f$ **stetige Funktion**.

## Sätze über stetige Funktionen

Verketten von Funktionen → S. 24

- Eine an der Stelle $x_0$ differenzierbare Funktion ist an der Stelle $x_0$ auch stetig.
- Sind die Funktionen f und g an der Stelle $x_0$ stetig, so sind auch die Funktionen $f + g$, $f - g$ und $f \cdot g$ sowie die Funktion $\frac{f}{g}$, falls $g(x_0) \neq 0$ ist, an der Stelle $x_0$ stetig.
- Ist die Funktion g an der Stelle $x_0$ stetig und die Funktion f an der Stelle $g(x_0)$ stetig, so ist die Funktion $f \circ g$ an der Stelle $x_0$ stetig.

Sätze über stetige Funktionen

- **Zwischenwertsatz**
  Ist eine Funktion $f: x \mapsto f(x)$ in einem Intervall $I = [a; b]$ stetig und ist $f(a) \neq f(b)$, dann nimmt f in I alle Werte zwischen f(a) und f(b) mindestens einmal an.
- **Nullstellensatz von Bolzano**
  Ist eine Funktion $f: x \mapsto f(x)$ in einem Intervall [a; b] stetig und haben f(a) und f(b) verschiedene Vorzeichen, so hat f im Intervall (a; b) mindestens eine Nullstelle.
- **Satz von Weierstraß (Satz vom Minimum und Maximum)**
  Ist eine Funktion $f: x \mapsto f(x)$ in einem Intervall $I = [a; b]$ stetig, dann gibt es mindestens eine Stelle $x_1 \in I$ $(x_2 \in I)$, an der f(x) ein Maximum (Minimum) annimmt.
- **Satz von der Beschränktheit**
  Ist eine Funktion $f: x \mapsto f(x)$ in einem Intervall $I = [a; b]$ stetig, dann ist f auf I beschränkt, d.h., es gibt Schranken s und S mit $s \leq f(x) \leq S$ für alle $x \in I$.

Nullstelle einer Funktion → S. 25

# Differenzialrechnung

## Grundbegriffe

### Differenzenquotient

Ist die Funktion f in einem Intervall $[x_0; x_0 + h]$ definiert $(h \neq 0)$, dann heißt $\frac{f(x_0 + h) - f(x_0)}{h} = \frac{\Delta y}{\Delta x}$ **Differenzenquotient** oder **mittleren Änderungsrate** von f im Intervall $[x_0; x_0 + h]$.
Der Differenzenquotient entspricht der Steigung der Sekante s durch die Punkte $P(x_0 | f(x_0))$ und $Q(x_0 + h | f(x_0 + h))$ des Graphen von f.

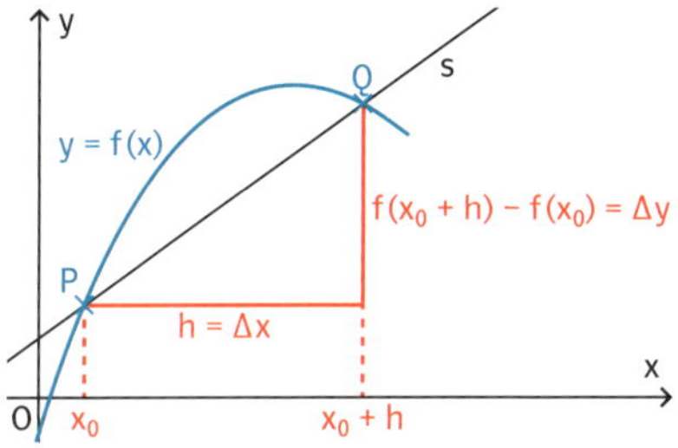


### Differenzierbarkeit, Differenzialquotient (Ableitung), Tangente und Normale

Eine Funktion f heißt **differenzierbar an der Stelle $x_0$** $(x_0 \in (a; b) \subseteq D_f)$ wenn der Grenzwert $\lim\limits_{h \to 0} \frac{f(x_0 + h) - f(x_0)}{h}$ existiert. Dieser Grenzwert heißt **Differenzialquotient** oder **Ableitung von f an der Stelle $x_0$** oder **momentane Änderungsrate** an der Stelle $x_0$.

Schreibweisen: $f'(x_0) = \lim\limits_{h \to 0} \frac{f(x_0 + h) - f(x_0)}{h} = \frac{df(x_0)}{dx} = \frac{df}{dx}(x_0) = \left.\frac{df}{dx}\right|_{x = x_0} = \frac{dy}{dx}(x_0) = \left.\frac{dy}{dx}\right|_{x = x_0}$

Funktionen, die an jeder Stelle ihrer Definitionsmenge differenzierbar sind, heißen **differenzierbar**.
Funktionen, die differenzierbar sind und deren Ableitungsfunktion stetig ist, heißen **stetig differenzierbar**.

$f'(x_0)$ sei die **Steigung des Graphen** von f im Punkt $P(x_0 | f(x_0))$.
Die Gerade durch den Punkt $P(x_0 | f(x_0))$ mit der Steigung $f'(x_0)$ heißt **Tangente** des Graphen von f im Punkt $P(x_0 | f(x_0))$.
**Steigungswinkel:** $\tan(\alpha) = f'(x_0)$
**Gleichung der Tangente in $P(x_0 | f(x_0))$:**
$y = f'(x_0)(x - x_0) + f(x_0)$
**Gleichung der Normalen $P(x_0 | f(x_0))$:**
$y = -\frac{1}{f'(x_0)}(x - x_0) + f(x_0)$

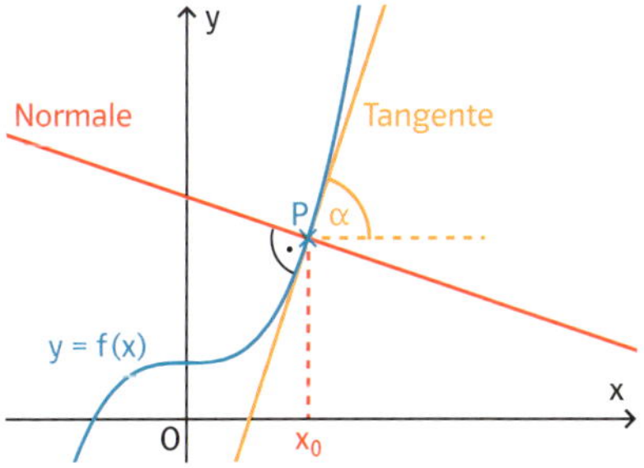

# Analysis

Differenzialrechnung – Grundbegriffe

## Ableitungsfunktion und höhere Ableitungen

Ist eine Funktion f differenzierbar, so heißt die Funktion $f': x \mapsto f'(x)$, die jeder Stelle $x \in D_f$ eindeutig die Ableitung $f'(x)$ an dieser Stelle zuordnet, **Ableitungsfunktion** von f. Ist auch die Ableitungsfunktion f′ einer Funktion f differenzierbar, so erhält man aus f′ durch Ableiten die Funktion f″ usw. Man spricht von **höheren Ableitungen**.

2. Ableitung: $f''(x) = \frac{d^2f(x)}{dx^2} = (f'(x))'$.   3. Ableitung: $f'''(x) = \frac{d^3f(x)}{dx^3} = (f''(x))'$.

Vollständige Induktion → S. 18

Mithilfe der vollständigen Induktion erhält man die **n-te Ableitung (Ableitung n-ter Ordnung)**: $f^{(n)}(x) = \frac{d^nf(x)}{dx^n} = (f^{(n-1)}(x))'$ $(n \in \mathbb{N}^*)$.

## Stetigkeit und Differenzierbarkeit

- Eine in $x_0$ differenzierbare Funktion ist an der Stelle $x_0$ stetig. Eine in $x_0$ stetige Funktion muss an der Stelle $x_0$ aber nicht differenzierbar sein.
- Wenn eine Funktion f in einem Intervall (a; b) differenzierbar ist, dann ist sie in diesem Intervall auch stetig.
- Die Differenzierbarkeit einer Funktion ist eine hinreichende Bedingung für ihre Stetigkeit, sie ist aber nicht notwendig.
- Die Stetigkeit einer Funktion ist eine notwendige Bedingung für ihre Differenzierbarkeit, sie ist aber nicht hinreichend.
- Es gibt Funktionen, die in einem Intervall stetig, aber an keiner Stelle des Intervalls differenzierbar sind.

## Ableitungen spezieller Funktionen

| f | f′ | f | f′ |
|---|---|---|---|
| $f(x) = c = \text{const.}$ | $f'(x) = 0$ | $f(x) = \sin(x)$ | $f'(x) = \cos(x)$ |
| $f(x) = x^n$ | $f'(x) = n x^{n-1}$ | $f(x) = \cos(x)$ | $f'(x) = -\sin(x)$ |
| $f(x) = x^{\frac{1}{2}} = \sqrt{x}$ | $f'(x) = \frac{1}{2\sqrt{x}}$ | $f(x) = \tan(x)$ | $f'(x) = \frac{1}{\cos^2(x)} = \tan^2(x) + 1$ |
| $f(x) = x^{-1} = \frac{1}{x}$ | $f'(x) = -\frac{1}{x^2}$ | $f(x) = \cot(x)$ | $f'(x) = -\frac{1}{\sin^2(x)}$ |
| $f(x) = a^x$ | $f'(x) = a^x \ln(a)$ | $f(x) = \arcsin(x)$ | $f'(x) = \frac{1}{\sqrt{1-x^2}}$ |
| $f(x) = e^x$ | $f'(x) = e^x$ | $f(x) = \arccos(x)$ | $f'(x) = -\frac{1}{\sqrt{1-x^2}}$ |
| $f(x) = \ln(x)$ | $f'(x) = \frac{1}{x}$ | $f(x) = \arctan(x)$ | $f'(x) = \frac{1}{1+x^2}$ |
| $f(x) = \log_a(x)$ | $f'(x) = \frac{1}{x}\ln(a)$ | $f(x) = \text{arccot}(x)$ | $f'(x) = -\frac{1}{1+x^2}$ |

## n-te Ableitungen spezieller Funktionen

| f | $f^{(n)}$ | f | $f^{(n)}$ |
|---|---|---|---|
| $f(x) = x^r$ $(r \in \mathbb{N})$ | $f^{(n)}(x) = \frac{r!}{(r-n)!} x^{r-n}$ $(r \geq n)$ | $f(x) = \ln(x)$ | $f^{(n)}(x) = (-1)^{n-1}(n-1)!\frac{1}{x^n}$ |
| $f(x) = a^{rx}$ | $f^{(n)}(x) = (r\ln(a))^n a^{rx}$ | $f(x) = \sin(rx)$ | $f^{(n)}(x) = r^n \sin\left(rx + \frac{n\pi}{2}\right)$ |
| $f(x) = e^{rx}$ | $f^{(n)}(x) = r^n e^{rx}$ | $f(x) = \cos(rx)$ | $f^{(n)}(x) = r^n \cos\left(rx + \frac{n\pi}{2}\right)$ |

## Ableitungsregeln (Differenziationsregeln)

**Differenzialrechnung**
Differenzierbarkeit → S. 65

Im Folgenden seien alle Funktionen hinreichend oft differenzierbar.

| | | |
|---|---|---|
| **Konstante Funktion:** | $f(x) = c$ | $f'(x) = 0$ (c = const.) |
| **Potenzregel:** | $f(x) = x^r$ | $f'(x) = r x^{r-1}$ ($r \in \mathbb{R}$; $r \neq 0$) |
| **Faktorregel:** | $f(x) = c \cdot g(x)$ | $f'(x) = c \cdot g'(x)$ (c = const.) |
| **Summenregel:** | $f(x) = g(x) + h(x)$ | $f'(x) = g'(x) + h'(x)$ |
| **Produktregel:** | $f(x) = g(x) \cdot h(x)$ | $f'(x) = g'(x) \cdot h(x) + g(x) \cdot h'(x)$ |
| **Quotientenregel:** | $f(x) = \frac{g(x)}{h(x)}$ | $f'(x) = \frac{g'(x) \cdot h(x) - g(x) \cdot h'(x)}{(h(x))^2}$ ($h(x) \neq 0$) |
| **Kettenregel:** | $f(x) = h(g(x))$ | $f'(x) = h'(g(x)) \cdot g'(x)$ |
| **Ableiten der Umkehrfunktion:** | | $x = f^{-1}(y)$ ist die Umkehrfunktion von $y = f(x)$. Dann gilt $(f^{-1})'(y) = \frac{1}{f'(x)}$ ($f'(x) \neq 0$). |
| **Leibniz-Regel:** | $f(x) = g(x) \cdot h(x)$ | $f^{(n)}(x) = \sum_{k=0}^{n} \binom{n}{k} g^{(k)}(x) \cdot h^{(n-k)}(x)$ |

Umkehrfunktion → S. 24
Höhere Ableitung → S. 66
Binomialkoeffizient → S. 126

## Monotoniesatz

**Anwendungen der Differenzialrechnung**

Monotonie → S. 26

Eine Funktion f mit der Definitionsmenge $D_f$, die in einem Intervall $I \subseteq D_f$ differenzierbar ist, heißt im Intervall I **streng monoton wachsend (streng monoton fallend)**, wenn für alle $x \in I$ gilt: $f'(x) > 0$ ($f'(x) < 0$).
Die Umkehrung des Monotoniesatzes gilt nicht.

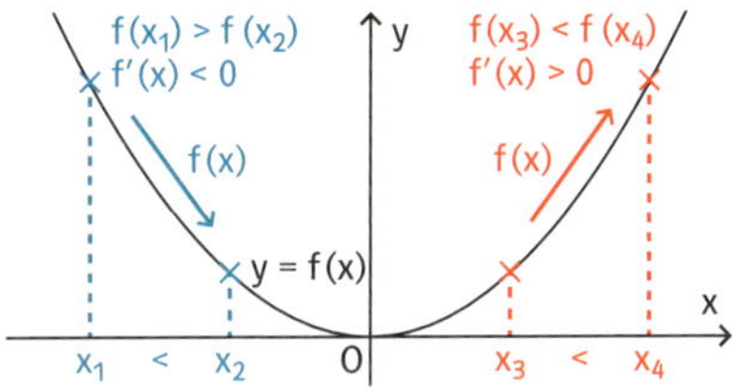


## Krümmungsverhalten des Graphen einer Funktion

Wenn eine Funktion f mit der Definitionsmenge $D_f$ in einem Intervall $I \subseteq D_f$ differenzierbar und f′ streng monoton wachsend (streng monoton fallend) ist, dann ist der Teil des Graphen, der zu I gehört, eine **Linkskurve (Rechtskurve)** und die Funktion f heißt **streng konvex (streng konkav)**.

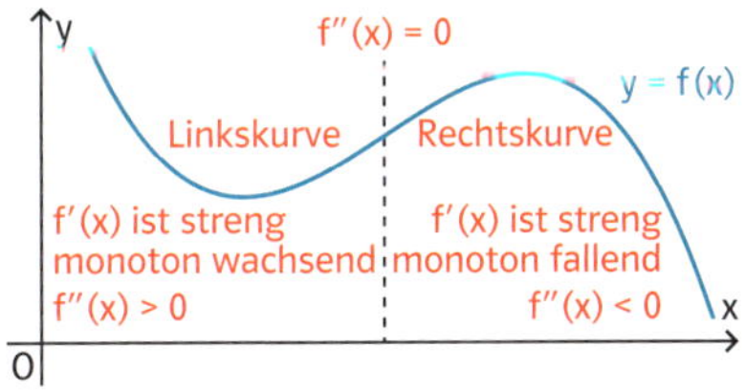


**Hinreichende Bedingung für eine Links- bzw. Rechtskurve**
Wenn eine Funktion f mit der Definitionsmenge $D_f$ in einem Intervall $I \subseteq D_f$ mindestens zweimal differenzierbar ist und $f''(x) > 0$ ($f''(x) < 0$) für alle $x \in I$ gilt, dann ist der Teil des Graphen, der zu I gehört, eine **Linkskurve (Rechtskurve)**.

Anwendungen der Differenzialrechnung

## Spezielle Stellen einer Funktion und spezielle Punkte des zugehörigen Graphen

### Extremstelle einer Funktion und Extrempunkt eines Graphen

Eine Funktion f sei in einem Intervall $I = [a; b]$ definiert und es gelte $x_0 \in I$.
Der Funktionswert $f(x_0)$ heißt genau dann

| | |
|---|---|
| **lokales bzw. relatives Maximum von f** | **lokales bzw. relatives Minimum von f** |

in I, wenn es eine Umgebung $U(x_0)$ von $x_0$ gibt, sodass für alle $x \in U(x_0) \cap I$ gilt:

| | |
|---|---|
| $\mathbf{f(x) \leq f(x_0)}$ | $\mathbf{f(x) \geq f(x_0)}$. |

Die Stelle $x_0$ heißt dann **lokale Maximumstelle** bzw. **lokale Minimumstelle** von f in I.
Allgemein heißt $x_0$ **lokale Extremstelle** und $f(x_0)$ **lokaler Extremwert** bzw. **lokales Extremum** von f in I.
Der Punkt $(x_0 \mid f(x_0))$ des Graphen von f heißt dann **Hochpunkt** bzw. **Tiefpunkt**, allgemein **Extrempunkt**.

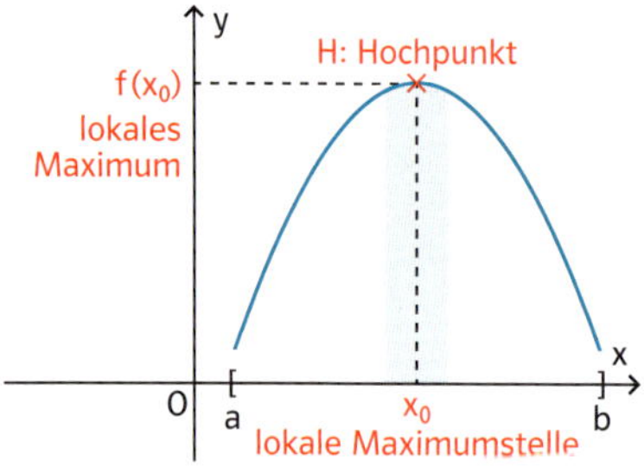


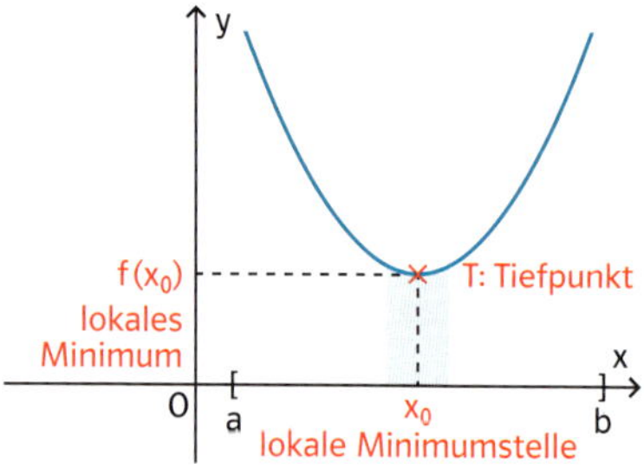


Gilt $f(x) \leq f(x_0)$ für alle $x \in I$, dann ist $x_0$ eine lokale Maximumstelle und $f(x_0)$ ein **globales bzw. absolutes Maximum** von f in I.
Gilt $f(x) \geq f(x_0)$ für alle $x \in I$, dann ist $x_0$ eine lokale Minimumstelle und $f(x_0)$ ein **globales bzw. absolutes Minimum** in I.

Extremwerte, die am Rand des Intervalls I liegen, heißen **Randextrema**.

Man erhält die globalen Extremwerte einer Funktion f im Intervall $I = [a; b]$, indem man die lokalen Extremwerte in I mit den Funktionswerten f(a) und f(b) an den Rändern von I vergleicht.

### Wendestelle einer Funktion und Wendepunkt eines Graphen

Wenn eine Funktion f in einer Umgebung von $x_0$ differenzierbar ist, dann heißt $x_0$ genau dann **Wendestelle** von f, wenn die Funktion f′ an der Stelle $x_0$ eine lokale Extremstelle hat. Der Punkt $(x_0 \mid f(x_0))$ des Graphen von f heißt dann **Wendepunkt**.

### Sattelpunkt (Terrassenpunkt) eines Graphen

Ein **Sattelpunkt** (auch **Terrassenpunkt**) ist ein Wendepunkt mit waagerechter Tangente.
Ist $S(x_0 \mid f(x_0))$ ein Sattelpunkt einer Funktion f, so gilt $f'(x_0) = 0$; f′ wechselt aber an der Stelle $x_0$ nicht das Vorzeichen.

## Notwendige und hinreichende Bedingungen und grafische Übersichten

f ist hinreichend oft stetig differenzierbar im Intervall $(a; b)$. Es ist $x_0 \in (a; b)$.

| Begriff | | Notwendige Bedingung | Hinreichende Bedingung |
|---|---|---|---|
| $x_0$:<br>$f(x_0)$:<br>$H(x_0 \mid f(x_0))$: | innere lokale Maximumstelle von f<br>lokales Maximum von f<br>Hochpunkt des Graphen von f | $f'(x_0) = 0$ | $f'(x_0) = 0$ und $f''(x_0) < 0$ bzw.<br>$f'(x_0) = 0$ und f' wechselt an der Stelle $x_0$ das Vorzeichen (VZW) von + nach − (VZW-Kriterium) bzw.<br>$f'(x_0) = f''(x_0) = \ldots = f^{(n-1)}(x_0) = 0$, n gerade und $f^{(n)}(x_0) < 0$ |
| $x_0$:<br>$f(x_0)$:<br>$T(x_0 \mid f(x_0))$: | innere lokale Minimumstelle von f<br>lokales Minimum von f<br>Tiefpunkt des Graphen von f | $f'(x_0) = 0$ | $f'(x_0) = 0$ und $f''(x_0) > 0$ bzw.<br>$f'(x_0) = 0$ und f' wechselt an der Stelle $x_0$ das Vorzeichen von − nach + (VZW-Kriterium) bzw.<br>$f'(x_0) = f''(x_0) = \ldots = f^{(n-1)}(x_0) = 0$, n gerade und $f^{(n)}(x_0) > 0$ |
| $x_0$:<br>$W(x_0 \mid f(x_0))$: | innere Wendestelle von f<br>Wendepunkt des Graphen von f | $f''(x_0) = 0$ | $f''(x_0) = 0$ und $f'''(x_0) \neq 0$ bzw.<br>$f''(x_0) = 0$ und f'' wechselt an der Stelle $x_0$ das Vorzeichen (VZW-Kriterium) bzw. $f'(x_0) = f''(x_0) = \ldots = f^{(n-1)}(x_0) = 0$, n ungerade und $f^{(n)}(x_0) \neq 0$ |
| $S(x_0 \mid f(x_0))$: | Sattelpunkt des Graphen von f | $f'(x_0) = 0$ und $f''(x_0) = 0$ | $f'(x_0) = 0$ und $f''(x_0) = 0$ und $f'''(x_0) \neq 0$ bzw. $f'(x_0) = 0$ und $f''(x_0) = 0$ und f'' wechselt an der Stelle $x_0$ das Vorzeichen (VZW-Kriterium) |

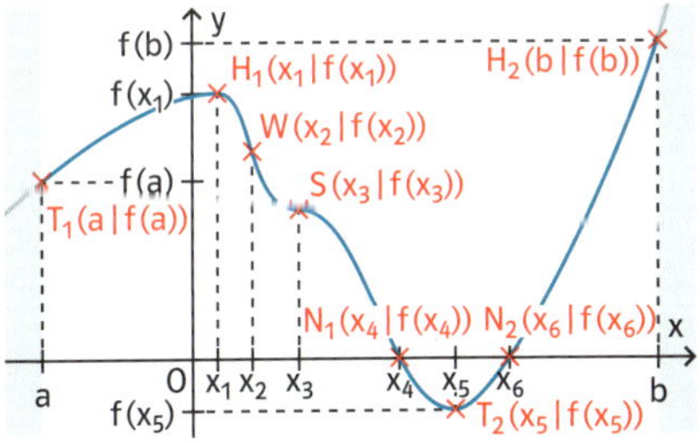


| | |
|---|---|
| $f(x_1)$, $f(b)$ | lokale Maxima |
| $f(a)$, $f(x_5)$ | lokale Minima |
| $a$, $x_1$, $x_5$, $b$ | lokale Extremstellen |
| $H_1$, $H_2$ | Hochpunkte |
| $T_1$, $T_2$ | Tiefpunkte |
| $f(b)$ | globales Maximum |
| $f(x_5)$ | globales Minimum |
| $f(a)$, $f(b)$ | Randextrema |
| W | Wendepunkt |
| S | Sattelpunkt |
| $N_1$, $N_2$ | Schnittpunkte mit der x-Achse |
| $x_4$, $x_6$ | Nullstellen |

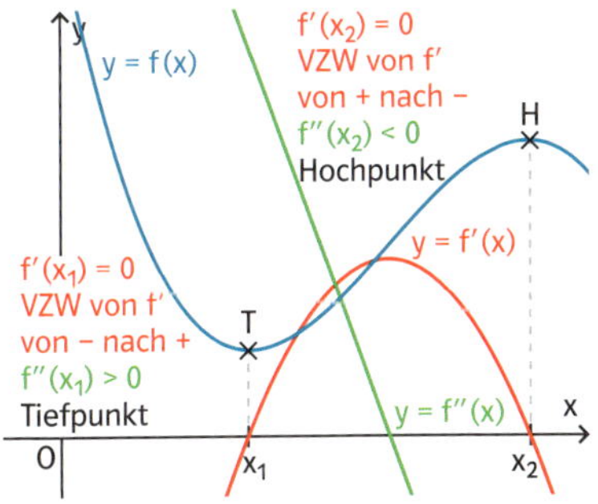


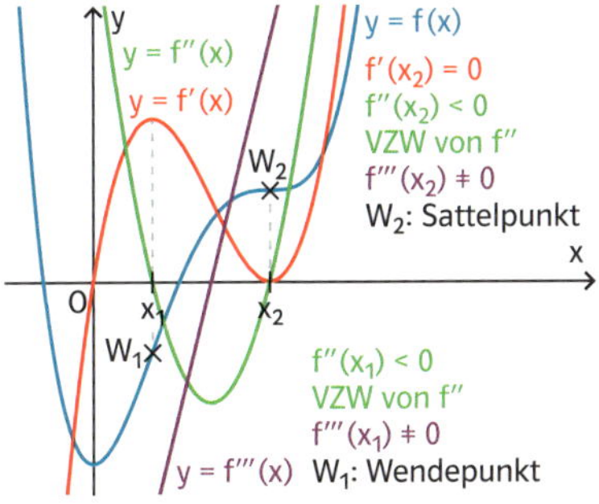


**Anwendungen der Differenzialrechnung**

Stetig differenzierbar → S. 65

Anwendungen der Differenzialrechnung

## Satz von Rolle

Wenn eine Funktion f in einem Intervall [a; b] stetig und im Intervall (a; b) differenzierbar ist und $f(a) = f(b)$ gilt, dann gibt es mindestens eine Stelle $x_0 \in (a; b)$ mit $f'(x_0) = 0$.

Die Tangente an den Graphen von f im Punkt $P_0(x_0 | f(x_0))$ hat dann also die Steigung null.

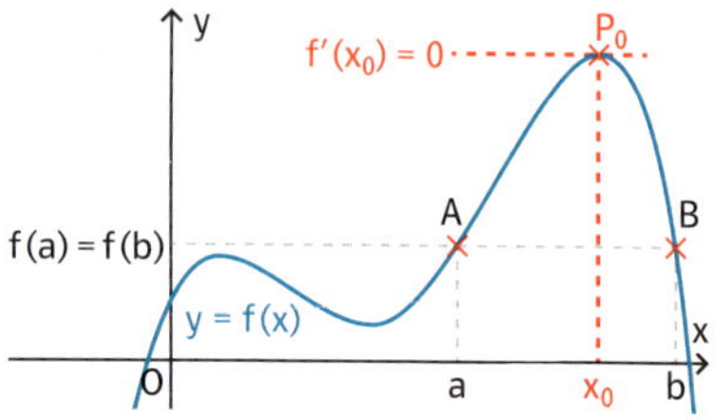


## Mittelwertsatz der Differenzialrechnung

Wenn eine Funktion f in einem Intervall [a; b] stetig und im Intervall (a; b) differenzierbar ist, dann gibt es mindestens eine Stelle $x_0 \in (a; b)$ mit

$f'(x_0) = \frac{f(b) - f(a)}{b - a}$.

Es gibt dann also mindestens eine Tangente an den Graphen von f, die parallel zur Sekante durch die Punkte $A(a | f(a))$ und $B(b | f(b))$ mit der Steigung $\frac{f(b) - f(a)}{b - a}$ ist.

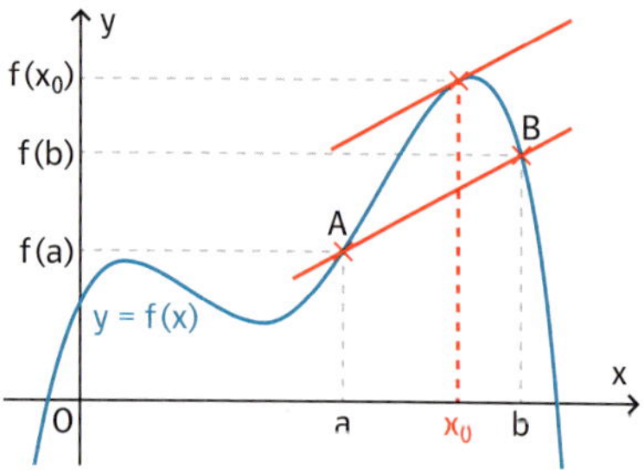


## Näherungsweise Berechnung von Nullstellen

Stetig differenzierbar → S. 65

Nullstellensatz → S. 65

### Newton-Verfahren (Tangenten-Näherungsverfahren)

Eine in einem Intervall $I = [a; b]$ stetig differenzierbare Funktion f besitze in I eine Nullstelle $x^*$. Ausgehend von einem geeigneten Startwert $x_0$ (möglichst nahe bei $x^*$) erhält man durch wiederholtes Anwenden der Rekursionsvorschrift

$x_{n+1} = x_n - \frac{f(x_n)}{f'(x_n)}$, $f'(x_n) \neq 0$, $n \in \mathbb{N}$

eine Folge $(x_n)$ von Näherungswerten für die Nullstelle $x^*$.

Für $|f''(x) \cdot f(x)| < (f'(x))^2$ in einer Umgebung von $x^*$ konvergiert die Folge $(x_n)$ gegen die Nullstelle $x^*$.

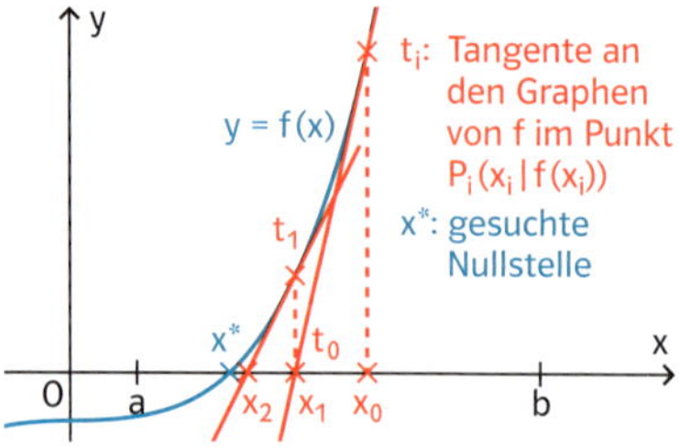


### Regula falsi

Für eine in einem Intervall $[x_0; x_1]$ stetige Funktion f gelte $f(x_0) \cdot f(x_1) < 0$. Im Intervall $(x_0; x_1)$ besitzt f nach dem Nullstellensatz also eine Nullstelle $x^*$. Ausgehend von den beiden Startwerten $x_0$ und $x_1$ erhält man durch wiederholtes Anwenden der Rekursionsvorschrift

$x_{n+1} = x_{n-1} - \frac{x_n - x_{n-1}}{f(x_n) - f(x_{n-1})} \cdot f(x_{n-1})$,

$f(x_n) \neq f(x_{n-1})$, $n \in \mathbb{N}^*$ eine Folge $(x_n)$ von Näherungswerten für die Nullstelle $x^*$.

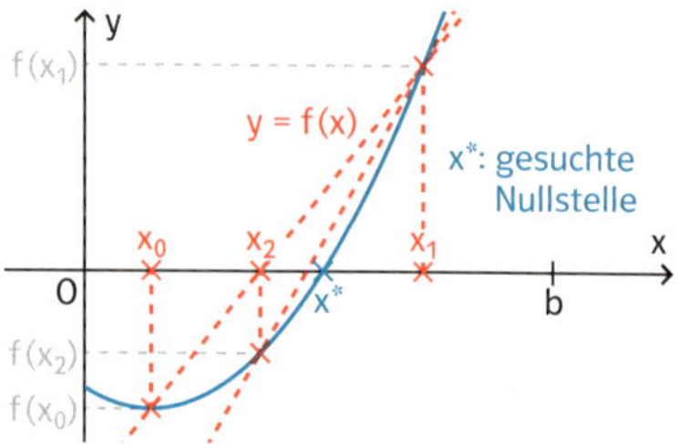

## Taylor-Reihen

### Taylor-Polynom

Ist eine Funktion f in einer Umgebung $U(x_0)$ von $x_0$ mindestens (n + 1)-mal stetig differenzierbar, dann heißt

$$T_n(x; x_0) = f(x_0) + \frac{f'(x_0)}{1!}(x - x_0) + \frac{f''(x_0)}{2!}(x - x_0)^2 + \ldots + \frac{f^{(n)}(x_0)}{n!}(x - x_0)^n = \sum_{k=0}^{n} \frac{f^{(k)}(x_0)}{k!}(x - x_0)^k$$

**n-tes Taylor-Polynom bei $x_0$.**

### Satz von Taylor

Ist eine Funktion f in einer Umgebung $U(x_0)$ von $x_0$ mindestens (n + 1)-mal stetig differenzierbar, dann gilt für alle $x \in U(x_0)$:

$$f(x) = f(x_0) + \frac{f'(x_0)}{1!}(x - x_0) + \frac{f''(x_0)}{2!}(x - x_0)^2 + \ldots + \frac{f^{(n)}(x_0)}{n!}(x - x_0)^n + R_n(x)$$

$$= \sum_{k=0}^{n} \frac{f^{(k)}(x_0)}{k!}(x - x_0)^k + R_n(x) = T_n(x; x_0) + R_n(x)$$

mit dem Lagrange'schen Restglied $R_n(x) = \frac{f^{(n+1)}(x_0 + \delta(x - x_0))}{(n+1)!}(x - x_0)^{n+1}$ $(0 < \delta < 1)$.

### Maclaurin'sche Formel

Aus dem Satz von Taylor ergibt sich für den Spezialfall $x_0 = 0$ die Maclaurin'sche Formel:

$$f(x) = f(0) + \frac{f'(0)}{1!}(x) + \frac{f''(0)}{2!}x^2 + \ldots + \frac{f^{(n)}(0)}{n!}x^n + R_n(x) = \sum_{k=0}^{n} \frac{f^{(k)}(0)}{k!}x^k + R_n(x) = T_n(x; 0) + R_n(x)$$

mit $R_n(x) = \frac{f^{(n+1)}(\delta x)}{(n+1)!}x^{n+1}$ $(0 < \delta < 1)$.

### Taylor-Reihe (Taylor-Entwicklung)

Ist eine Funktion f in einer Umgebung $U(x_0)$ von $x_0$ unendlich oft stetig differenzierbar, dann heißt die unendliche Reihe $T_f(x; x_0) = \sum_{k=0}^{\infty} \frac{f^{(k)}(x_0)}{k!}(x - x_0)^k$ **Taylor-Reihe von f bei $x_0$.**

Für den Spezialfall $x_0 = 0$ heißt die Reihe **Maclaurin'sche Reihe.**

Gilt $\lim_{n \to \infty} R_n(x) = 0$ für alle $x \in U(x_0)$, dann kann f durch die Taylor-Reihe dargestellt werden: $f(x) = \sum_{k=0}^{\infty} \frac{f^{(k)}(x_0)}{k!}(x - x_0)^k$.

### Taylor-Entwicklung einiger Funktionen ($x_0 = 0$)

$$e^x = 1 + \frac{x}{1!} + \frac{x^2}{2!} + \frac{x^3}{3!} + \ldots + \frac{x^n}{n!} + \ldots \quad (x \in \mathbb{R})$$

$$a^x = 1 + \frac{x\ln(a)}{1!} + \frac{(x\ln(a))^2}{2!} + \frac{(x\ln(a))^3}{3!} + \ldots + \frac{(x\ln(a))^n}{n!} + \ldots \quad (x \in \mathbb{R})$$

$$(1 \pm x)^k = 1 \pm kx + \frac{k(k-1)}{2!}x^2 \pm \frac{k(k-1)(k-2)}{3!}x^3 \pm \ldots + (\pm 1)^n \frac{k(k-1)\ldots(k-n+1)}{n!}x^n \pm \ldots$$

$(|x| \le 1;\ k > 0)$

$$(1 \pm x)^{-k} = 1 \mp kx + \frac{k(k+1)}{2!}x^2 \mp \frac{k(k+1)(k+2)}{3!}x^3 \mp \ldots + (\mp 1)^n \frac{k(k+1)\ldots(k+n-1)}{n!}x^n \mp \ldots$$

$(|x| < 1;\ k > 0)$

$$\sin(x) = x - \frac{1}{3!}x^3 + \frac{1}{5!}x^5 - \frac{1}{7!}x^7 \pm \ldots + \frac{(-1)^n}{(2n+1)!}x^{2n+1} \pm \ldots \quad (x \in \mathbb{R})$$

$$\cos(x) = x - \frac{1}{2!}x^2 + \frac{1}{4!}x^4 - \frac{1}{6!}x^6 \pm \ldots + \frac{(-1)^n}{(2n)!}x^{2n} \pm \ldots \quad (x \in \mathbb{R})$$

$$\arctan(x) = x - \frac{x^3}{3} + \frac{x^5}{5} - \frac{x^7}{7} \pm \ldots + (-1)^n \frac{x^{2n+1}}{2n+1} \pm \ldots \quad (|x| < 1)$$

$$\ln(1 + x) = x - \frac{1}{2}x^2 + \frac{1}{3}x^3 - \frac{1}{4}x^4 \pm \ldots + \frac{(-1)^{n+1}}{n}x^n \pm \ldots \quad (-1 < x \le 1)$$

**Anwendungen der Differenzialrechnung**

Stetig differenzierbar → S. 65

## Integralrechnung

### Stammfunktion

Eine Funktion F heißt genau dann **Stammfunktion** einer in einem Intervall $I = [a; b]$ definierten Funktion f, wenn F in I definiert sowie differenzierbar ist und wenn $F'(x) = f(x)$ für alle $x \in I$ gilt.
Ist F eine Stammfunktion von f in I, so ist auch $F(x) + C$, $C \in \mathbb{R}$ für alle $x \in I$ eine Stammfunktion von f in I.

### Unbestimmtes Integral

Das **unbestimmte Integral** $\int f(x)\,dx = F(x) + C$ ist die **Menge alle Stammfunktionen** der Funktion f. Dabei heiß f(x) **Integrand**, x **Integrationsvariable**, dx **Differenzial** und C **Integrationskonstante.**

### Grundintegrale und weitere spezielle unbestimmte Integrale

Im Folgenden wird die Integrationskonstante C weggelassen.

| | |
|---|---|
| $\int c\,dx = cx \quad (c \in \mathbb{R})$ | $\int x^n\,dx = \frac{x^{n+1}}{n+1} \quad (n \neq -1)$ |
| $\int \frac{1}{x}\,dx = \ln(\lvert x\rvert) \quad (x \neq 0)$ | $\int \frac{1}{x+a}\,dx = \ln(\lvert x+a\rvert) \quad (x \neq -a)$ |
| $\int \frac{1}{x-a}\,dx = \ln(\lvert x-a\rvert) \quad (x \neq a)$ | $\int \sqrt{x}\,dx = \frac{2}{3}\sqrt{x^3}$ |
| $\int \sin(x)\,dx = -\cos(x)$ | $\int \cos(x)\,dx = \sin(x)$ |
| $\int \tan\,dx = -\ln(\lvert\cos(x)\rvert)$ | $\int \cot(x)\,dx = \ln(\lvert\sin(x)\rvert)$ |
| $\int e^x\,dx = e^x$ | $\int a^x\,dx = \frac{a^x}{\ln(a)} \quad (a > 0;\ a \neq 1)$ |
| $\int e^{ax}\,dx = \frac{1}{a}e^{ax} \quad (a \neq 0)$ | $\int \ln(x)\,dx = x\ln(x) - x \quad (x > 0)$ |
| $\int (ax+b)^n\,dx = \frac{1}{a(n+1)}(ax+b)^{n+1}$ $(a \neq 0;\ n \neq -1)$ | $\int \frac{1}{ax+b}\,dx = \frac{1}{a}\ln(\lvert ax+b\rvert) \quad (a \neq 0)$ |
| $\int \frac{ax+b}{cx+d}\,dx = \frac{a}{c}x + \frac{bc-ad}{c^2}\ln(\lvert cx+d\rvert) \quad (c \neq 0)$ | $\int \frac{1}{(x-a)(x-b)}\,dx = \frac{1}{a-b}\ln\left(\left\lvert\frac{x-a}{x-b}\right\rvert\right) \quad (a \neq b)$ |
| $\int \frac{1}{(x+a)^2}\,dx = -\frac{1}{x+a} \quad (x \neq -a)$ | $\int \frac{1}{(x-a)^2}\,dx = -\frac{1}{x-a} \quad (x \neq a)$ |
| $\int \frac{1}{x^2-a^2}\,dx = \frac{1}{2a}\ln\left(\left\lvert\frac{x-a}{x+a}\right\rvert\right) \quad (a > 0;\ \lvert x\rvert > a)$ | $\int \frac{1}{a^2-x^2}\,dx = \frac{1}{2a}\ln\left(\frac{a+x}{a-x}\right) \quad (a > 0;\ \lvert x\rvert < a)$ |
| $\int \frac{1}{a^2+x^2}\,dx = \frac{1}{a}\arctan\left(\frac{x}{a}\right) \quad (a \neq 0)$ | $\int \frac{x}{a^2+x^2}\,dx = \frac{1}{2}\ln(a^2+x^2)$ |
| $\int \frac{1}{(ax+b)(cx+d)}\,dx = \frac{1}{bc-ad}\ln\left(\left\lvert\frac{cx+d}{ax+b}\right\rvert\right)$ $(bc \neq ad)$ | $\int \frac{x}{(ax+b)(cx+d)}\,dx$ $= \frac{1}{bc-ad}\left(\frac{b}{a}\ln(\lvert ax+b\rvert) - \frac{d}{c}\ln(\lvert cx+d\rvert)\right)$ $(bc \neq ad;\ a \neq 0;\ c \neq 0)$ |
| $\int \frac{1}{\sqrt{x}}\,dx = 2\sqrt{x}$ | $\int \frac{1}{\sqrt[3]{x}}\,dx = \frac{3}{2}\sqrt[3]{x^2}$ |
| $\int \sqrt{ax+b}\,dx = \frac{2}{3a}\sqrt{(ax+b)^3} \quad (a \neq 0)$ | $\int \frac{1}{\sqrt{ax+b}}\,dx = \frac{2}{a}\sqrt{ax+b} \quad (a \neq 0)$ |

Grundintegrale und weitere spezielle unbestimmte Integrale

| | |
|---|---|
| $\int \frac{1}{\sqrt{x^2 - a^2}}\,dx = \ln\left(\left\lvert x + \sqrt{x^2 - a^2}\right\rvert\right)$ $(a > 0;\ \lvert x\rvert > a)$ | $\int \frac{1}{\sqrt{a^2 - x^2}}\,dx = \arcsin\left(\frac{x}{a}\right)$ $(a > 0;\ \lvert x\rvert < a)$ |
| $\int x\sqrt{x^2 + a^2}\,dx = \frac{1}{3}\sqrt{(x^2 + a^2)^3}$ | $\int \frac{x}{\sqrt{x^2 + a^2}}\,dx = \sqrt{x^2 + a^2}$ |
| $\int \sin^2(x)\,dx = \frac{1}{2}(x - \sin(x)\cos(x))$ | $\int \cos^2(x)\,dx = \frac{1}{2}(x + \sin(x)\cos(x))$ |
| $\int \tan^2(x)\,dx = \tan(x) - x$ | $\int \cot^2(x)\,dx = -\cot(x) - x$ |
| $\int \frac{1}{\sin^2(x)}\,dx = -\cot(x)$ | $\int \frac{1}{\cos^2(x)}\,dx = \tan(x)$ |
| $\int \sin(ax)\cos(ax)\,dx = \frac{1}{2a}\sin^2(ax)$ $(a \neq 0)$ | $\int \frac{1}{\sin(ax)\cos(ax)}\,dx = \frac{1}{a}\ln\left(\lvert\tan(ax)\rvert\right)$ $(a \neq 0)$ |
| $\int x e^{ax}\,dx = \frac{ax - 1}{a^2}e^{ax}$ $(a \neq 0)$ | $\int x\ln(x)\,dx = x^2\left(\frac{\ln(x)}{2} - \frac{1}{4}\right)$ |
| $\int \ln^2(x)\,dx = x\ln^2(x) - 2x\ln(x) + 2x$ | $\int \frac{1}{x\ln(b)}\,dx = \log_b(x)$ $(b > 0;\ b \neq 1)$ |

## Untersumme, Obersumme und bestimmtes Integral

Die Funktion f sei in einem Intervall [a; b] definiert und stetig.
Das Intervall [a; b] wird in n Teilintervalle $[x_{k-1}; x_k]$ zerlegt **(Zerlegung Z)**:
$x_0 = a < x_1 < x_2 < \ldots < x_{n-1} < x_n = b$.
Der kleinste Funktionswert im Teilintervall $[x_{k-1}; x_k]$ ist $f(x_{k,\min})$, der größte $f(x_{k,\max})$.

**Untersumme** zur Zerlegung Z:
$s(Z)_n = \sum_{k=1}^{n} f(x_{k,\min}) \cdot (x_k - x_{k-1})$.

**Obersumme** zur Zerlegung Z:
$S(Z)_n = \sum_{k=1}^{n} f(x_{k,\max}) \cdot (x_k - x_{k-1})$.

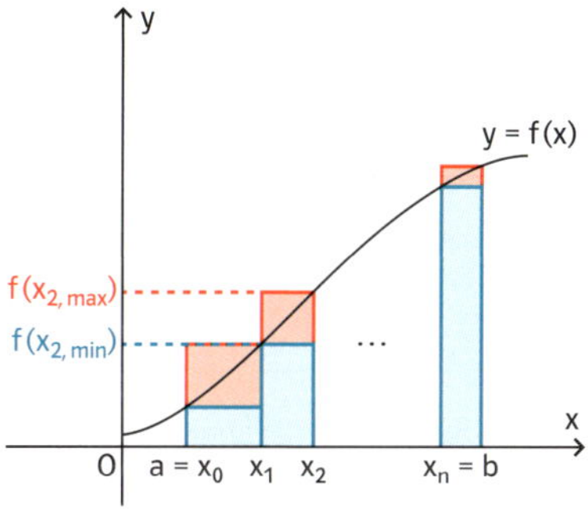


Verfeinert man die Zerlegung schrittweise, erhält man eine Folge $(s(Z)_n)$ von Untersummen und eine Folge $(S(Z)_n)$ von Obersummen. Wenn die Funktion f stetig ist, dann konvergieren beide Folgen und haben denselben Grenzwert.
Dieser Grenzwert ist für alle Zerlegungsfolgen gleich und heißt **bestimmtes Integral** der Funktion f zwischen der **unteren Grenze** a und der **oberen Grenze** b:
$\lim_{n \to \infty} s(Z)_n = \lim_{n \to \infty} S(Z)_n = \int_a^b f(x)\,dx$.

## Existenz des bestimmten Integrals und Integrierbarkeit

Das bestimmte Integral einer Funktion f, die in einem Intervall [a; b] stetig ist, existiert immer. Dies gilt auch, wenn f beschränkt ist und in [a; b] endlich viele Unstetigkeitsstellen hat. Eine solche Funktion heißt in diesem Intervall **integrierbar**.

Beschränkte Funktion → S. 65

Wenn eine Funktion differenzierbar ist, dann ist sie auch integrierbar.
Eine integrierbare Funktion muss weder differenzierbar noch stetig sein.
Es gibt integrierbare Funktionen, die keine Stammfunktion haben.
Es gibt Funktionen, die eine Stammfunktion haben, aber nicht integrierbar sind.

Differenzierbarkeit → S. 65
Stammfunktion → S. 72

Integralrechnung

## Integralfunktion

Die Funktion f sei in einem Intervall $I = [a; b]$ integrierbar und es sei $u \in I$. Dann heißt die Funktion $J_u\colon x \mapsto \int_u^x f(t)\,dt$ für $x \in I$ **Integralfunktion** von f zur unteren Grenze u.

## Hauptsatz der Differenzial- und Integralrechnung (Fundamentalsatz der Analysis)

Ist die Funktion f in einem Intervall $I = [a; b]$ stetig, dann gilt für alle $u \in I$ und $v \in I$:
(1) Die Integralfunktion $J_u$ ist in I differenzierbar und eine Stammfunktion von f:
$J_u'(x) = f(x)$ für alle $x \in I$.
(2) Ist F eine beliebige Stammfunktion von f in I, dann gilt
$\int_u^v f(x)\,dx = F(v) - F(u) = [F(x)]_u^v = F(x)|_u^v$.

Der Hauptsatz gilt nur für Funktionen, die sowohl integrierbar sind als auch eine Stammfunktion besitzen.

## Integrationsregeln

| Regel | Unbestimmtes Integral | Bestimmtes Integral |
|---|---|---|
| **Faktorregel** | $\int k\,f(x)\,dx = k\int f(x)\,dx$ $(k \in \mathbb{R})$ | $\int_a^b k\,f(x)\,dx = k\int_a^b f(x)\,dx$ $(k \in \mathbb{R})$ |
| **Summenregel** | $\int [f(x) \pm g(x)]\,dx$<br>$= \int f(x)\,dx \pm \int g(x)\,dx$ | $\int_a^b [f(x) \pm g(x)]\,dx$<br>$= \int_a^b f(x)\,dx \pm \int_a^b g(x)\,dx$ |
| **Lineare Substitution** | $\int f(mx + c)\,dx = \frac{1}{m}F(mx + c) + C$<br>F: Stammfunktion von f | $\int_a^b f(mx + c)\,dx = \frac{1}{m}[F(mx + c)]_a^b$<br>F: Stammfunktion von f |
| **Integration durch Substitution** | $\int f(g(x)) \cdot g'(x)\,dx = \int f(z)\,dz$ mit $z = g(x)$ und $g'(x)\,dx = dz$<br>Nach erfolgter Integration muss man auf der rechten Seite $z = g(x)$ setzen (Rücksubstitution).<br><br>Man kann die Formel auch von rechts nach links verwenden: Um $\int f(z)\,dz$ zu berechnen, setzt man $z = g(x)$ und $dz = g'(x)\,dx$. Nach erfolgter Integration muss man $x = g^{-1}(z)$ setzen ($g'(x) \neq 0$ in $[a; b]$). | $\int_a^b f(g(x)) \cdot g'(x)\,dx = \int_{g(a)}^{g(b)} f(z)\,dz$<br>mit $z = g(x)$ und $g'(x) = \frac{dz}{dx}$<br><br>$\int_a^b f(x)\,dx = \int_{g^{-1}(a)}^{g^{-1}(b)} f(g(z))\,g'(z)\,dz$<br>$z = g^{-1}(x)$: Umkehrfunktion von $x = g(z)$; $g'(z) = \frac{dx}{dz}$ |
| **Logarithmische Integration** | $\int \frac{f'(x)}{f(x)}\,dx = (\ln\lvert f(x)\rvert) + C$<br>$(f(x) \neq 0)$ | $\int_a^b \frac{f'(x)}{f(x)}\,dx = \left[\ln(\lvert f(x)\rvert)\right]_a^b$<br>$(f(x) \neq 0)$ |
| **Produktintegration (partielle Substitution)** | $\int f(x) \cdot g'(x)\,dx$<br>$= f(x) \cdot g(x) - \int f'(x) \cdot g(x)\,dx$ | $\int_a^b f(x) \cdot g'(x)\,dx$<br>$= [f(x) \cdot g(x)]_a^b - \int_a^b f'(x) \cdot g(x)\,dx$ |

Umkehrfunktion → S. 24

## Eigenschaften des bestimmten Integrals (Existenz der Integrale vorausgesetzt)

Integralrechnung

(1) **Gleiche Integrationsgrenzen:** $\int_a^a f(x)\,dx = 0$

(2) **Vertauschung der Integrationsgrenzen:** $\int_a^b f(x)\,dx = -\int_b^a f(x)\,dx$

(3) **Intervalladditivität:** $\int_a^c f(x)\,dx + \int_c^b f(x)\,dx = \int_a^b f(x)\,dx$

(4) **Linearität:** $\int_a^b [m\,f(x) \pm n\,g(x)]\,dx = \int_a^b m\,f(x)\,dx \pm \int_a^b n\,g(x)\,dx = m\int_a^b f(x)\,dx \pm n\int_a^b g(x)\,dx$

(5) **Monotonie:** Ist $f(x) \le g(x)$ für alle $x \in [a;\,b]$, gilt $\int_a^b f(x)\,dx \le \int_a^b g(x)\,dx$.

(6) **Abschätzbarkeit:** Ist $m \le f(x) \le M$ und $f(x) \ge 0$ für alle $x \in [a;\,b]$, gilt

$$m(b-a) \le \int_a^b f(x)\,dx \le M(b-a).$$

## Flächeninhaltsberechnungen

(1) $f(x) \ge 0$ im Intervall $[a;\,b]$

$A = \int_a^b f(x)\,dx$

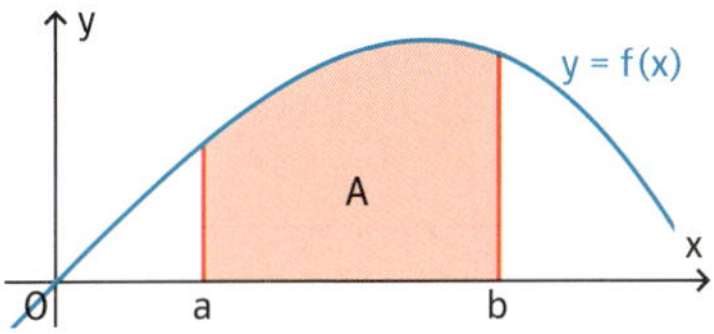


(2) $f(x) \le 0$ im Intervall $[a;\,b]$

$A = -\int_a^b f(x)\,dx = \left|\int_a^b f(x)\,dx\right|$

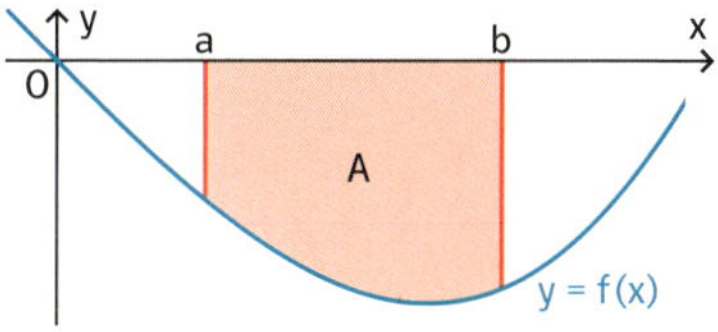


(3) $x_0$: Nullstelle der Funktion f
$f(x) \ge 0$ im Intervall $[a;\,x_0]$ und
$f(x) \le 0$ im Intervall $[x_0;\,b]$

$A = A_1 + A_2 = \int_a^{x_0} f(x)\,dx - \int_{x_0}^b f(x)\,dx$

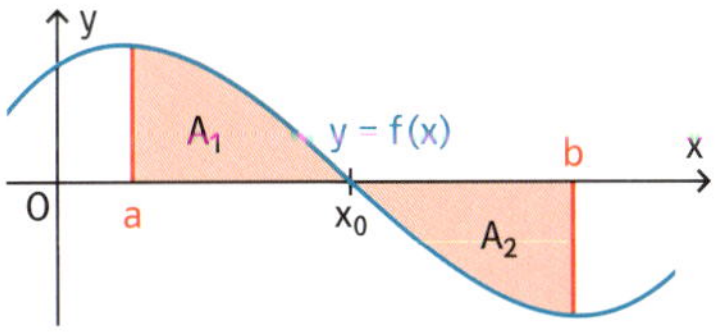


(4) $f^{-1}(y) = x$

$f^{-1}(y) \ge 0$ im Intervall $[a;\,b]$

$A = \int_a^b f^{-1}(y)\,dy$

Umkehrfunktion
→ S. 24

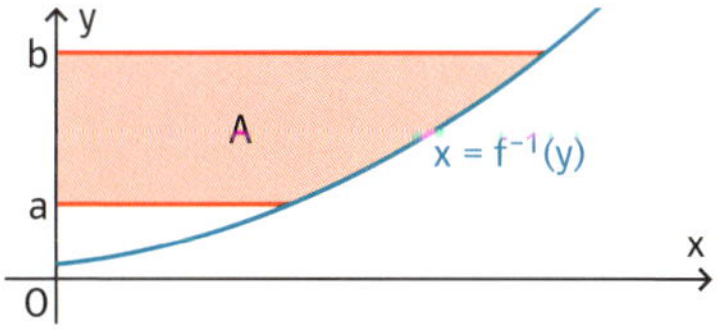


(5) Die Graphen von f und g schneiden sich nicht im Intervall $(a;\,b)$.
$f(x) \ge g(x)$ im Intervall $[a;\,b]$

$A = \int_a^b (f(x) - g(x))\,dx$

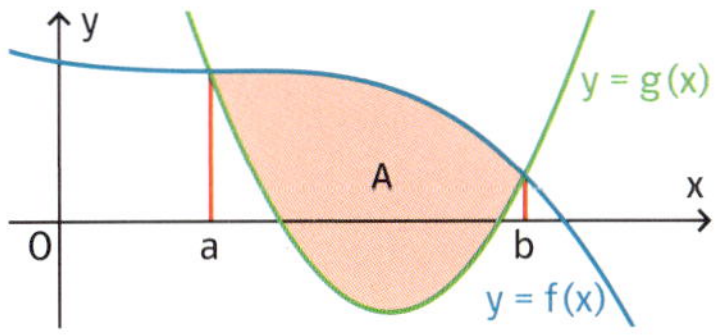


(6) $x_0$: Schnittstelle der Graphen von f und g im Intervall $(a;\,b)$

$A = A_1 + A_2$
$= \int_a^{x_0} (g(x) - f(x))\,dx + \int_{x_0}^b (f(x) - g(x))\,dx$

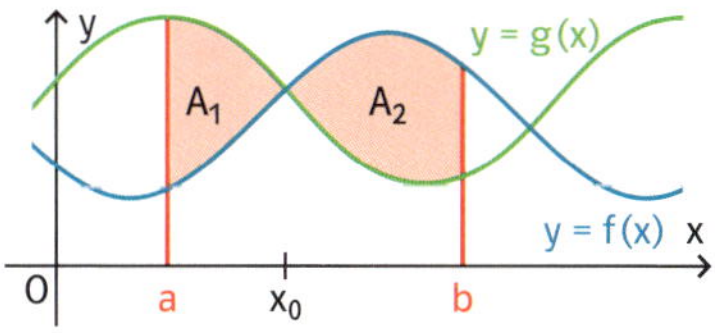

# Analysis

Integralrechnung
Guldin'sche Regeln → S. 53

## Volumina und Mantelflächeninhalte von Rotationskörpern

Rotiert eine Fläche um die x- bzw. y-Achse, entsteht ein Rotationskörper mit dem Volumen V und dem Mantelflächeninhalt M.

Strenge Monotonie → S. 26, 67
Umkehrfunktion → S. 24

**Rotation um die x-Achse**

Eine Fläche, die durch den Graphen einer Funktion f in einem Intervall [a; b], die x-Achse und die Geraden $x = a$ und $x = b$ begrenzt wird, rotiere um die x-Achse. Die Funktion f sei im Intervall [a; b] stetig.

$$V_x = \pi \int_a^b (f(x))^2\,dx$$

$$M_x = 2\pi \int_a^b f(x)\sqrt{1 + (f'(x))^2}\,dx$$

$(f(x) \geq 0$ in $[a; b])$

**Rotation um die y-Achse**

Eine Fläche, die durch den Graphen einer Funktion f im Intervall [a; b], die y-Achse und die Geraden $y = f(a)$ und $y = f(b)$ begrenzt wird, rotiere um die y-Achse. Im Intervall [a; b] sei f stetig und streng monoton, sodass die Umkehrfunktion $f^{-1}(y) = x$ existiert.

$$V_y = \pi \int_c^d (f^{-1}(y))^2\,dy = \pi \int_a^b x^2\,|f'(x)|\,dx$$

$$M_y = 2\pi \int_c^d f^{-1}(y)\sqrt{1 + \left((f^{-1}(y))'\right)^2}\,dy$$

$(f^{-1}(y) \geq 0$ in $[f(a); f(b)])$

Dabei ist c das Minimum von f(a) und f(b) und d das Maximum von f(a) und f(b).

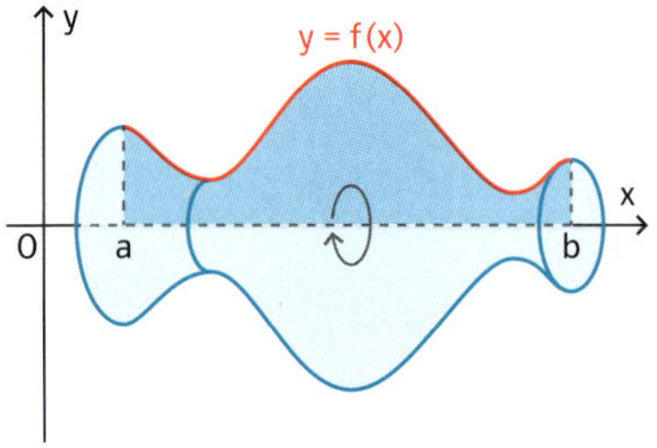


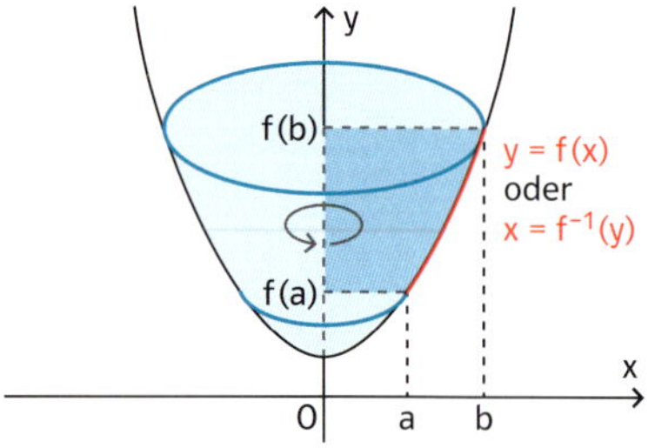


## Mittelwert einer Funktion und Mittelwertsatz der Integralrechnung

Ist f eine in einem Intervall [a; b] stetige Funktion, so heißt $\overline{m} = \frac{1}{b-a}\int_a^b f(x)\,dx$ **Mittelwert der Funktion f auf [a; b].**

**Mittelwertsatz der Integralrechnung**

Ist f eine in einem Intervall [a; b] stetige Funktion, so gibt es mindestens eine Stelle c mit $a < c < b$, sodass $f(c) = \frac{1}{b-a}\int_a^b f(x)\,dx$ bzw. $\int_a^b f(x)\,dx = (b-a)f(c)$ gilt.

Es gibt also mindestens eine Stelle c, für die der Flächeninhalt zwischen dem Graphen von f und der x-Achse im Intervall [a; b] gleich dem Flächeninhalt des Rechtecks mit den Seitenlängen (b − a) und f(c) ist.

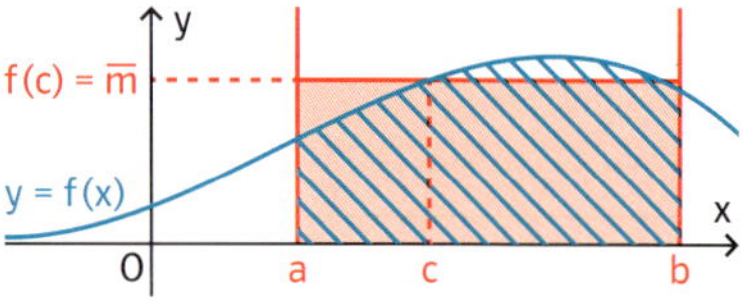


**Verallgemeinerter Mittelwertsatz der Integralrechnung**

Sind f und g zwei in einem Intervall $I = [a; b]$ stetige Funktionen und ändert g in I sein Vorzeichen nicht, so gibt es mindestens eine Stelle c mit $a < c < b$, sodass $\int_a^b f(x)\,g(x)\,dx = f(c)\int_a^b g(x)\,dx$ gilt. Für $g(x) = 1$ erhält man den Mittelwertsatz der Integralrechnung.

## Bogenlänge ebener Kurven

Ist f eine in einem Intervall $I = [a; b]$ differenzierbare Funktion, dann ist die Länge L des Bogens des Graphen im Intervall I gegeben durch

$L = \int_a^b \sqrt{1 + (f'(x))^2}\,dx$ bzw.

$L = \int_{t_1}^{t_2} \sqrt{(x'(t))^2 + (y'(t))^2}\,dt$,

wenn die Kurve in Parameterdarstellung gegeben ist $(x = x(t),\ y = y(t);\ x$ und $y$ differenzierbar).

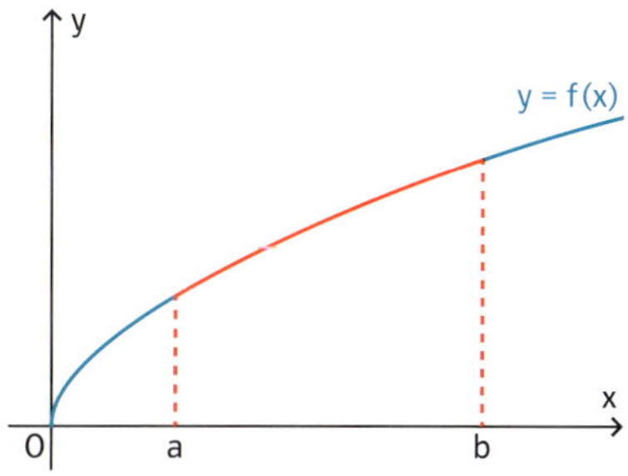


Paramaterdarstellung ebener Kurven → S. 35

## Näherungsweise Berechnung von Integralen (numerische Integration)

Zur näherungsweisen Berechnung des bestimmten Integrals $\int_a^b f(x)\,dx$ und damit des Flächeninhalts zwischen dem Graphen von f und der x-Achse im Intervall [a; b] wird das Intervall [a; b] wird in n bzw. 2n Teilintervalle der Breite $h = \frac{b-a}{n}$ bzw. $h = \frac{b-a}{2n}$ zerlegt: $x_0 = a,\ x_1 = a + h,\ x_2 = a + 2h,\ \ldots,\ x_n = b$ bzw. $x_0 = a,\ x_1 = a + h,\ x_2 = a + 2h,\ \ldots,\ x_{2n} = b$.

Bestimmtes Integral → S. 73
Unter- und Obersumme → S. 73

### Rechteckregel

Die Fläche wird durch n Rechtecke der Breite $h = \frac{b-a}{n}$ und Höhe $f(x_i)$ angenähert.

$$\int_a^b f(x)\,dx \approx h f(x_0) + h f(x_1) + \ldots + h f(x_{n-1})$$
$$= h[f(x_0) + f(x_1) + \ldots + f(x_{n-1})]$$

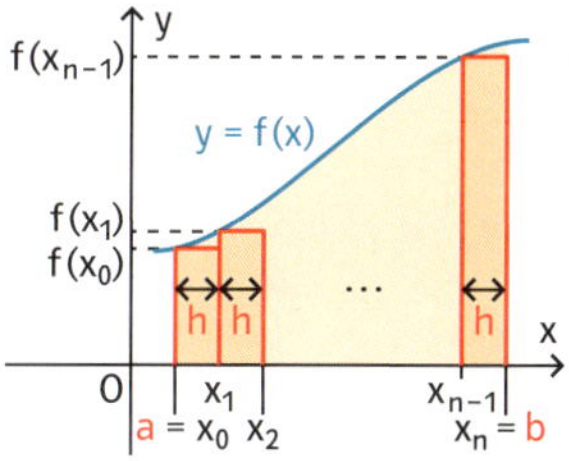


### Trapezregel

Die Fläche wird durch n Trapeze mit den Grundseiten $f(x_i)$ und $f(x_{i+1})$ sowie der Höhe $h = \frac{b-a}{n}$ angenähert.

$$\int_a^b f(x)\,dx \approx \frac{1}{2}(f(x_0) + f(x_1))h + \frac{1}{2}(f(x_1) + f(x_2))h$$
$$+ \ldots + \frac{1}{2}(f(x_{n-1}) + f(x_n))h$$
$$= \frac{1}{2}[f(x_0) + 2f(x_1) + 2f(x_2) + \ldots$$
$$+ 2f(x_{n-1}) + f(x_n)]h$$

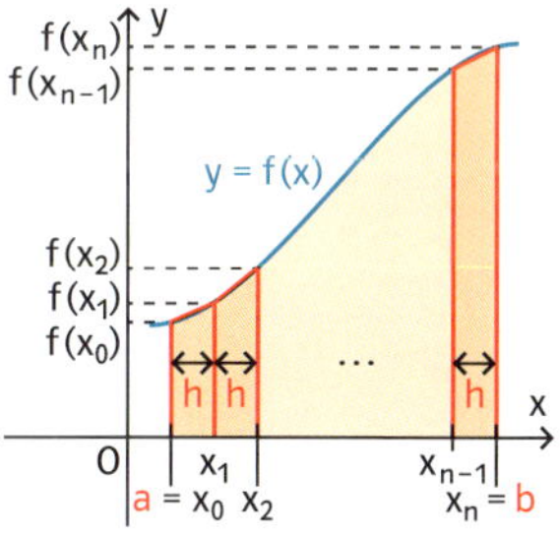


### Simpson'sche Regel

Die Fläche wird mithilfe von Parabelbögen angenähert. In jedem der 2n Teilintervalle legt man einen Parabelbogen durch die drei Punkte $(x_{i-1} | f(x_{i-1}))$, $(x_i | f(x_i))$ und $(x_{i+1} | f(x_{i+1}))$ $(i = 1, 2, \ldots, 2n - 1)$.

$$\int_a^b f(x)\,dx \approx \frac{h}{3}[f(x_0) + f(x_{2n}) + 2(f(x_2) + f(x_4) + \ldots$$
$$+ f(x_{2n-2})) + 4(f(x_1) + f(x_3) + \ldots + f(x_{2n-1}))]$$

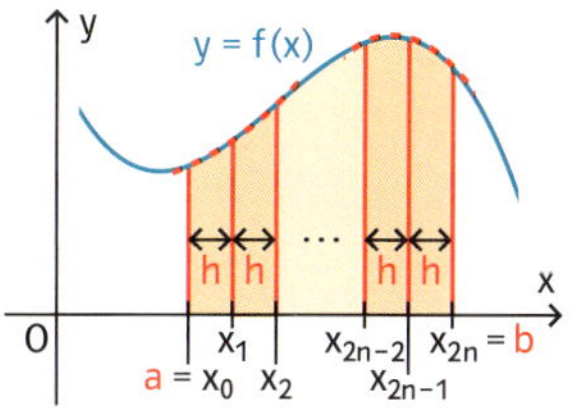

**Näherungsweise Berechnung von Integralen (numerische Integration)**

Simpson'sche Regel → S. 77

### Kepler'sche Fassregel

Die Kepler'sche Fassregel ist ein Spezialfall der Simpson'schen Regel für $n = 1$.

$$\int_a^b f(x)\,dx \approx \frac{b-a}{6}\left[f(a) + 4f\left(\frac{a+b}{2}\right) + f(b)\right]$$

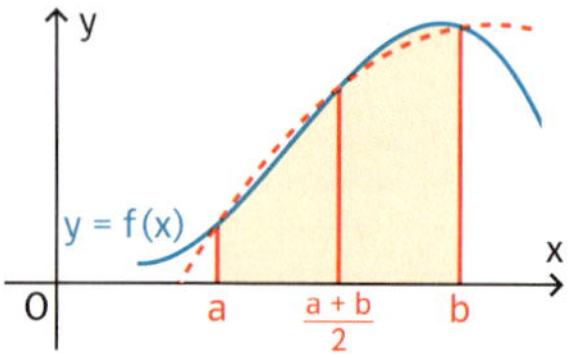


### Uneigentliche Integrale

Uneigentliche Integrale sind eine Erweiterung des Integralbegriffs auf Integrale mit einem Integrationsintervall, das nicht beschränkt ist, und auf Integrale, bei denen der Integrand am Rand der Defintionsmenge unbeschränkt ist.

#### Unbeschränktes Integrationsintervall

Die Funktion f sei in einem Intervall $[a; \infty)$ stetig und es existiere der Grenzwert $\lim\limits_{b \to \infty} \int_a^b f(x)\,dx$. Dann heißt dieser Grenzwert **uneigentliches Integral** von f über $[a; \infty)$.

Man schreibt $\lim\limits_{b \to \infty} \int_a^b f(x)\,dx = \int_a^\infty f(x)\,dx$.

Entsprechendes gilt für $(\infty; a]$.

Ist das Integrationsintervall an beiden Seiten unbeschränkt, gilt

$$\int_{-\infty}^{\infty} f(x)\,dx = \int_{-\infty}^{c} f(x)\,dx + \int_{c}^{\infty} f(x)\,dx = \lim_{u \to -\infty} \int_u^c f(x)\,dx + \lim_{v \to \infty} \int_c^v f(x)\,dx$$

unabhängig von der Wahl von c. Dabei müssen auf der rechten Seite beide Grenzwerte unabhängig voneinander existieren.

#### Unbeschränkter Integrand

Die Funktion f sei in einem Intervall $(a; b]$ stetig, es sei $\lim\limits_{x \to a+0} f(x) = \infty$ und es existiere der Grenzwert $\lim\limits_{z \to a+0} \int_z^b f(x)\,dx$. Dann heißt dieser Grenzwert **uneigentliches Integral** von f über $(a; b]$.

Man schreibt $\lim\limits_{z \to a+0} \int_z^b f(x)\,dx = \int_a^b f(x)\,dx$.

Entsprechendes gilt für $[a; b)$.

Ist der Integrand an beiden Rändern der Definitionsmenge unbeschränkt, gilt

$$\int_a^b f(x)\,dx = \int_a^c f(x)\,dx + \int_c^b f(x)\,dx = \lim_{u \to a+0} \int_u^c f(x)\,dx + \lim_{v \to b-0} \int_c^v f(x)\,dx$$

unabhängig von der Wahl von c. Dabei müssen auf der rechten Seite beide Grenzwerte unabhängig voneinander existieren.

## (Gewöhnliche) Differenzialgleichungen

Gleichungen für eine gesuchte Funktion f mit einer Variablen, in denen neben der Funktion f und der Variablen mindestens eine Ableitung der Funktion nach dieser Variablen vorkommt, heißen **(gewöhnliche) Differenzialgleichungen**.

### Ordnung einer Differenzialgleichung

Ordnung einer Ableitung → S. 66

Die Ordnung einer Differenzialgleichung ist gleich der Ordnung der höchsten darin auftretenden Ableitung.

## Lösung einer Differenzialgleichung

Eine Funktion, die mit ihren Ableitungen eine Differenzialgleichung erfüllt, heißt Lösung dieser Differenzialgleichung.
Die **allgemeine Lösung einer Differenzialgleichung** n-ter Ordnung enthält n beliebige Konstanten. Wird den Konstanten ein fester Wert zugewiesen, erhält man eine **partikuläre Lösung der Differenzialgleichung.**

## Anfangswertproblem

Bei einem Anfangswertproblem werden für die Lösung $f(x)$ einer Differenzialgleichung n-ter Ordnung für eine Stelle $x_0$ die n Werte $f(x_0), f'(x_0), \ldots, f^{(n-1)}(x_0)$ **(Anfangswerte)** vorgegeben. Dies führt zu n Gleichungen für die n Konstanten der allgemeinen Lösung.

## Wachstumsprozesse und Differenzialgleichungen

N bezeichnet den Bestand, t die Zeit.

### Lineares Wachstum

**Differenzialgleichung:** $f'(t) = k$ mit $k \in \mathbb{R}\setminus\{\{0\}$
**Allgemeine Lösung:** $f(t) = kt + c$ mit $c \in \mathbb{R}\setminus\{0\}$
Dabei ist c der Anfangsbestand $f(0)$ zur Zeit $t = 0$.
$k > 0$: lineares Wachstum
$k < 0$: linearer Zerfall

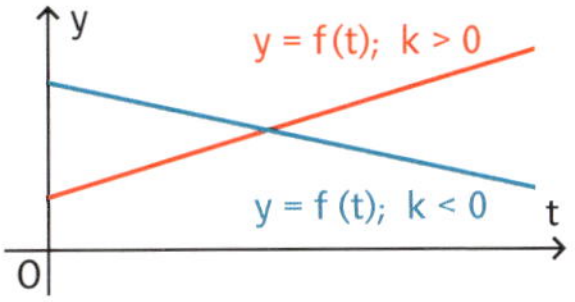


### Exponentielles Wachstum

**Differenzialgleichung:** $f'(t) = kf(t)$ mit $k \in \mathbb{R}\setminus\{0\}$
**Allgemeine Lösung:** $f(t) = ce^{kt}$ mit $c \in \mathbb{R}\setminus\{0\}$
Dabei ist c der Anfangsbestand $f(0)$ zur Zeit $t = 0$.
$k > 0$: exponentielles Wachstum (k: **Wachstumskonstante**)
$k < 0$: exponentieller Zerfall (k: **Zerfallskonstante**)
**Verdoppelungszeit:** $T_V = \frac{\ln(2)}{k}$
**Halbwertszeit:** $T_H = -\frac{\ln(2)}{k}$

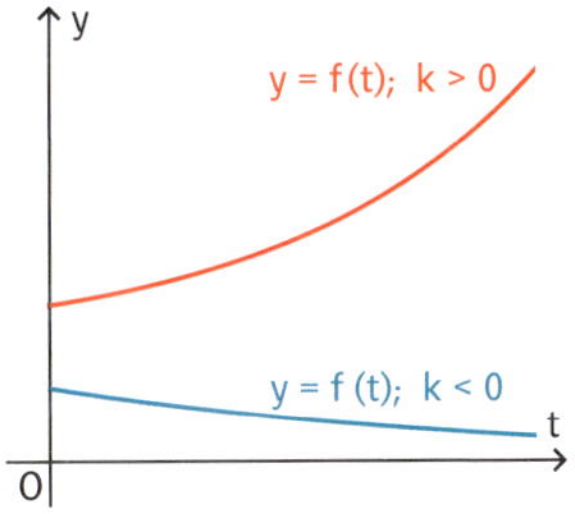


### Beschränktes Wachstum

**Differenzialgleichung:** $f'(t) = k(S - f(t))$ mit $k \in \mathbb{R},\ k > 0$ und $S \in \mathbb{R}$
**Allgemeine Lösung:** $f(t) = S - ce^{-kt}$ mit $c \in \mathbb{R}\setminus\{0\}$
Dabei ist S der Grenzwert, dem sich der Bestand für $t \to \infty$ nähert; c ergibt sich aus $c = S - f(0)$.
$c > 0$: beschränktes Wachstum
$c < 0$: beschränktes Fallen

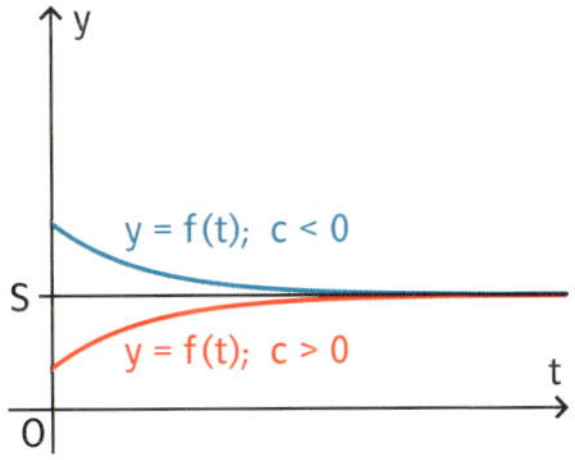


### Logistisches Wachstum

**Differenzialgleichung:** $f'(t) = kf(t)(S - f(t))$ mit $k, S \in \mathbb{R}$ und $k, S > 0$
**Allgemeine Lösung:** $f(t) = \frac{cS}{c + (S - c)e^{-Skt}}$

Dabei ist S der Grenzwert, dem sich der Bestand für $t \to \infty$ nähert, und c der Anfangsbestand $f(0)$ zur Zeit $t = 0$ mit $0 < c < S$.

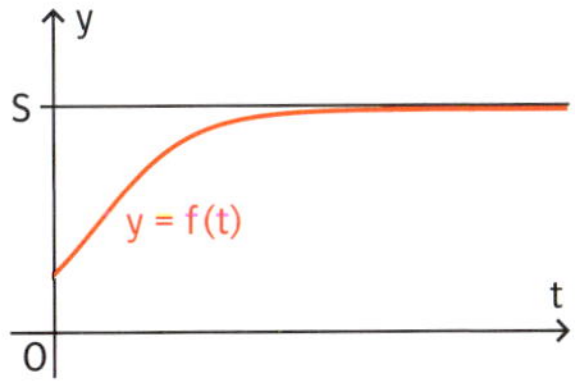

# Ebene Koordinatengeometrie

## Koordinatensysteme

### Kartesisches Koordinatensystem

| | |
|---|---|
| $x$: | x-Achse (Abszissenachse) |
| $y$: | y-Achse (Ordinatenachse) |
| $O$: | Koordinatenursprung |
| $x_P, y_P$: | Koordinaten des Punktes P |
| $x_P$: | x-Koordinate des Punktes P (Abszisse) |
| $y_P$: | y-Koordinate des Punktes P (Ordinate) |

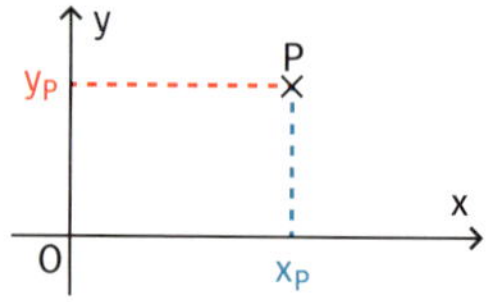


### Polarkoordinatensystem

| | |
|---|---|
| $x$: | Polarachse |
| $O$: | Anfangspunkt (Pol) |
| $r_P, \varphi_P$: | Polarkoordinaten des Punktes P |
| $r_P = \overline{OP}$: | Radius |
| $\varphi_P$: | Polarwinkel |

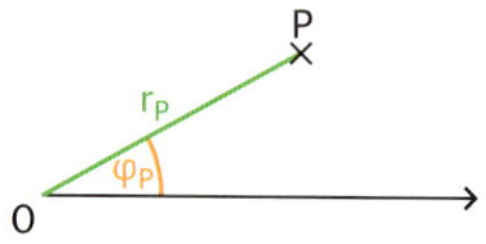


## Transformationen des Koordinatensystems

### Umrechnung von kartesischen Koordinaten in Polarkoordinaten und umgekehrt

Der Koordinatenursprung und der Pol fallen zusammen, ebenso die Abszissenachse und die Polarachse. Der Winkel $\varphi$ ist nur bis auf Vielfache von $2\pi$ eindeutig. Daher wird das Intervall $(-\pi; \pi]$ betrachtet. Ferner setzt man $\varphi = 0$ für $r = 0$.

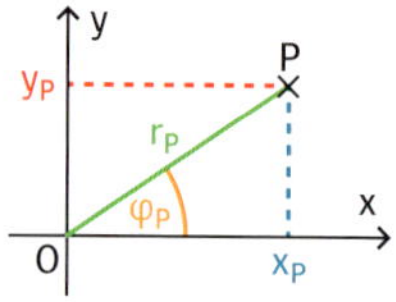


$$r = \sqrt{x^2 + y^2}$$

$$\varphi = \begin{cases} \arctan\left(\frac{y}{x}\right) & \text{für } x > 0 \\ \arctan\left(\frac{y}{x}\right) + \pi & \text{für } x < 0 \text{ und } y \geq 0 \\ \arctan\left(\frac{y}{x}\right) - \pi & \text{für } x < 0 \text{ und } y < 0 \\ \frac{\pi}{2} & \text{für } x = 0 \text{ und } y > 0 \\ -\frac{\pi}{2} & \text{für } x = 0 \text{ und } y < 0 \end{cases}$$

$$x = r\cos(\varphi)$$

$$y = r\sin(\varphi)$$

### Parallelverschiebung (Translation) eines kartesischen Koordinatensystems

Im ursprünglichen kartesischen Koordinatensystem sind x und y die Koordinatenachsen, im dazu parallel verschobenen kartesischen Koordinatensystem sind x′ und y′ die Koordinatenachsen.

$x = x' + a$ $\qquad$ $x' = x - a$

$y = y' + b$ $\qquad$ $y' = y - b$

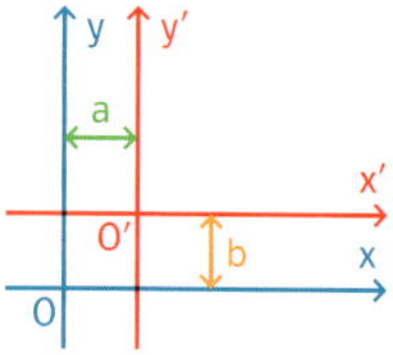

## Drehung (Rotation) eines kartesischen Koordinatensystems um den Ursprung

Transformationen des Koordinatensystems

Im ursprünglichen kartesischen Koordinatensystem sind x und y die Koordinatenachsen, im um den Winkel φ gedrehten kartesischen Koordinatensystem sind x′ und y′ die Koordinatenachsen. Der Koordinatenursprung bleibt erhalten (O = O′).

$x = x'\cos(\varphi) - y'\sin(\varphi)$ $\quad x' = x\cos(\varphi) + y\sin(\varphi)$

$y = x'\sin(\varphi) + y'\cos(\varphi)$ $\quad y' = -x\sin(\varphi) + y\cos(\varphi)$

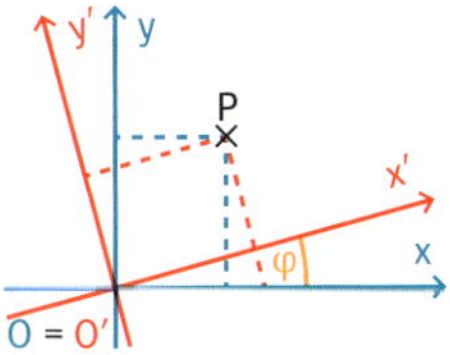


## Grundgebilde

### Strecken

Betrachtet wird eine Strecke $\overline{P_1P_2}$ mit $P_1(x_1|y_1)$ und $P_2(x_2|y_2)$.

**Länge einer Strecke**

In kartesischen Koordinaten: $|\overline{P_1P_2}| = \sqrt{(x_2 - x_1)^2 + (y_2 - y_1)^2}$

In Polarkoordinaten: $|\overline{P_1P_2}| = \sqrt{r_1^2 + r_2^2 - 2r_1r_2\cos(\varphi_2 - \varphi_1)}$

Kartesische Koordinaten und Polarkoordinaten → S. 80

**Steigung einer Strecke**

Steigung m: $m = \frac{y_2 - y_1}{x_2 - x_1}$ $(x_1 \neq x_2)$

**Teilung einer Strecke**

Teilpunkt T der Strecke $\overline{P_1P_2}$ mit $\overrightarrow{AT} = \lambda \cdot \overrightarrow{TB}$

$T\left(\frac{x_1 + \lambda x_2}{1 + \lambda} \middle| \frac{y_1 + \lambda y_2}{1 + \lambda}\right)$ $(\lambda \in \mathbb{R};\ \lambda \neq -1)$

Teilverhältnis → S. 50
Vektoren → S. 86

**Mittelpunkt einer Strecke**

Mittelpunkt der Strecke $\overline{P_1P_2}$: $M\left(\frac{x_1 + x_2}{2} \middle| \frac{y_1 + y_2}{2}\right)$

(Spezialfall der Teilung einer Strecke mit $\lambda = 1$)

### Geraden

**Zwei-Punkte-Form**

$y - y_1 = \frac{y_2 - y_1}{x_2 - x_1}(x - x_1)$

**Punkt-Steigungs-Form**

$y - y_1 = m(x - x_1)$

**Steigungswinkel:** α; $\tan(\alpha) = m$ $(\alpha \neq 90°)$

**Hauptform**

$y = mx + b$ $(m, b \in \mathbb{R};\ m \neq 0)$

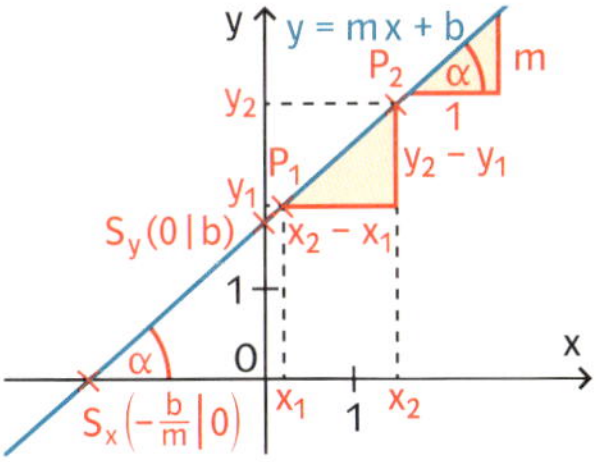


**Achsenabschnitts-Form**

Gerade schneidet die x-Achse in $S_x(a|0)$ und die y-Achse in $S_y(0|b)$: $\frac{x}{a} + \frac{y}{b} = 1$

$(a \neq 0$ und $b \neq 0)$

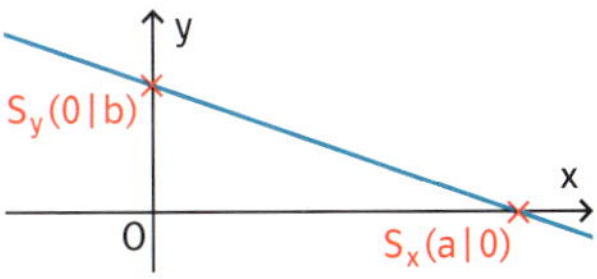


**Allgemeine Form**

$Ax + By + C = 0$ $(A, B, C \in \mathbb{R};\ A^2 + B^2 \neq 0)$

$A = 0$ und $B \neq 0$: konstante Funktion; Parallele zur x-Achse

$A \neq 0$ und $B = 0$: Parallele zur y-Achse

$A \neq 0$ und $B \neq 0$: lineare Funktion

Konstante Funktion → S. 27
Lineare Funktion → S. 27

# Ebene Koordinatengeometrie

Geraden

## Hesse'sche Normalenform

p: Abstand der Geraden g vom Koordinatenursprung
φ: Winkel zwischen der x-Achse und der Normalen vom Koordinatenursprung auf g

**Hesse'sche Normalenform der Geraden g:**

$x\cos(\varphi) + y\sin(\varphi) - p = 0$ bzw.

$\frac{Ax + By + C}{\sqrt{A^2 + B^2}} = 0$ für $C < 0$ $\quad\quad$ $\frac{Ax + By + C}{-\sqrt{A^2 + B^2}} = 0$ für $C > 0$

$(A, B, C \in \mathbb{R};\ A^2 + B^2 \neq 0)$

**Abstand des Punktes $P_1(x_1 | y_1)$ von der Geraden g:**

$$d(P_1; g) = |x_1\cos(\varphi) + y_1\sin(\varphi) - p| = \frac{|Ax_1 + By_1 + C|}{\sqrt{A^2 + B^2}}$$

## Schnittpunkt und Schnittwinkel zweier Geraden, Lagebeziehungen zweier Geraden

$g_1$: $y = m_1x + n_1$ bzw. $g_1$: $A_1x + B_1y + C_1 = 0$
$g_2$: $y = m_2x + n_2$ bzw. $g_2$: $A_2x + B_2y + C_2 = 0$

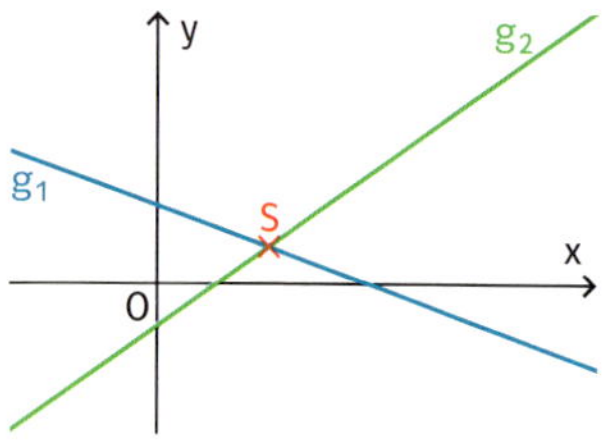


**Schnittpunkt:** $S\left(\frac{n_1 - n_2}{m_2 - m_1} \middle| \frac{m_2n_1 - m_1n_2}{m_2 - m_1}\right)$

**Schnittwinkel:** $\tan(\varphi) = \frac{m_2 - m_1}{1 + m_1m_2}$ bzw.

$\tan(\varphi) = \frac{A_1B_2 - A_2B_1}{A_1A_2 + B_1B_2}$ $(\varphi \neq 90°)$

$g_1 \perp g_2$: $m_1 = -\frac{1}{m_2}$ $(m_2 \neq 0)$ bzw. $A_1A_2 + B_1B_2 = 0$

$g_1 \parallel g_2$: $m_1 = m_2$ bzw. $\frac{A_1}{A_2} = \frac{B_1}{B_2}$

## Dreiecke

Betrachtet wird ein Dreieck $P_1P_2P_3$ mit $P_1(x_1 | y_1)$, $P_2(x_2 | y_2)$ und $P_3(x_3 | y_3)$.

### Flächeninhalt

Berechnung dreireihiger Determinanten → S. 106

$$A = \left|\frac{1}{2}\begin{vmatrix} x_1 & y_1 & 1 \\ x_2 & y_2 & 1 \\ x_3 & y_3 & 1 \end{vmatrix}\right| = \left|\frac{1}{2}[x_1(y_2 - y_3) + x_2(y_3 - y_1) + x_3(y_1 - y_2)]\right|$$

$$= \left|\frac{1}{2}[(x_1 - x_2)(y_1 + y_2) + (x_2 - x_3)(y_2 + y_3) + (x_3 - x_1)(y_3 + y_1)]\right|$$

Spezialfall $P_3 = O$: $A = \left|\frac{1}{2}(x_1y_2 - x_2y_1)\right|$

### Schwerpunkt

$$S\left(\frac{x_1 + x_2 + x_3}{3} \middle| \frac{y_1 + y_2 + y_3}{3}\right)$$

## Konvexes Vieleck

Bei einem konvexen Vieleck sind alle Innenwinkel kleiner als 180°.
Betrachtet wird ein konvexes Viereck $P_1P_2 \ldots P_n$ mit $P_1(x_1 | y_1)$, $P_2(x_2 | y_2)$, …, $P_n(x_n | y_n)$.

**Flächeninhalt:** $A = \left|\frac{1}{2}[(x_1 - x_2)(y_1 + y_2) + (x_2 - x_3)(y_2 + y_3) + \ldots + (x_n - x_1)(y_n + y_1)]\right|$

# Ebene Koordinatengeometrie



## Kreise

Grundgebilde
Kugelgleichung → S. 92

**Kreisgleichung:**
Für Kreis mit Mittelpunkt $M(a\,|\,b)$ und Radius r:
$(x - a)^2 + (y - b)^2 = r^2$
Für Kreis mit Mittelpunkt $M = 0$ und Radius r:
$x^2 + y^2 = r^2$

**Tangente in einem Kreispunkt $P_1(x_1\,|\,y_1)$:**
Für Kreis mit Mittelpunkt $M(a\,|\,b)$ und Radius r:
$(x - a)(x_1 - a) + (y - b)(y_1 - b) = r^2$
Für Kreis mit Mittelpunkt $M = 0$ und Radius r:
$x x_1 + y y_1 = r^2$

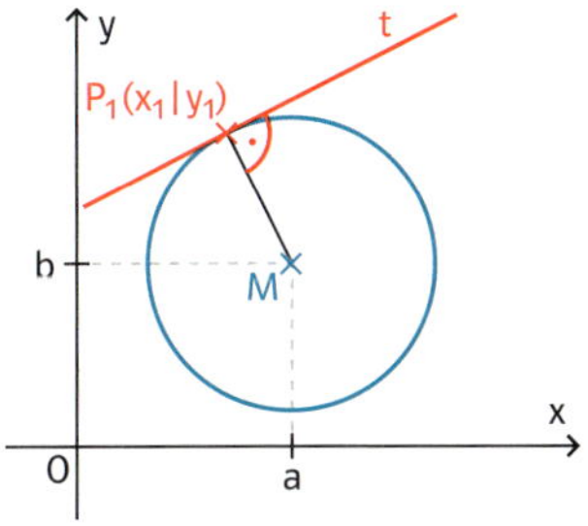


## Kegelschnitte

Kegelschnitte
Gerader Kreiskegel → S. 52

Schneidet man einen geraden Doppelkreiskegel mit einer Ebene, dann heißt die Kurve auf der Oberfläche des Doppelkegels, die die Schnittfläche begrenzt, **Kegelschnitt**.
Der Winkel $\varphi$ ist der halbe Öffnungswinkel des Doppelkegels, der Winkel $\alpha$ der Schnittwinkel zwischen der Ebene und der Achse des Doppelkegels.

$\alpha > \varphi$: **Ellipse**
Sonderfall $\alpha = 90°$: **Kreis**

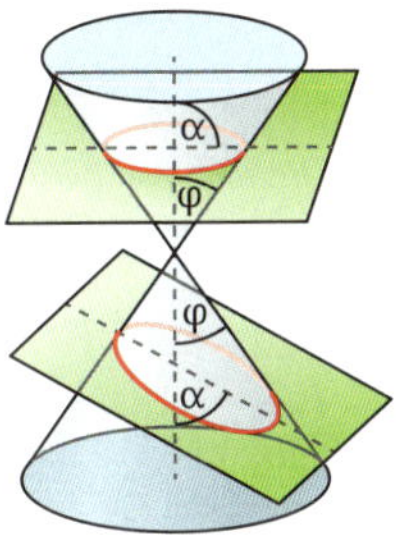


$\alpha < \varphi$: **Hyperbel**

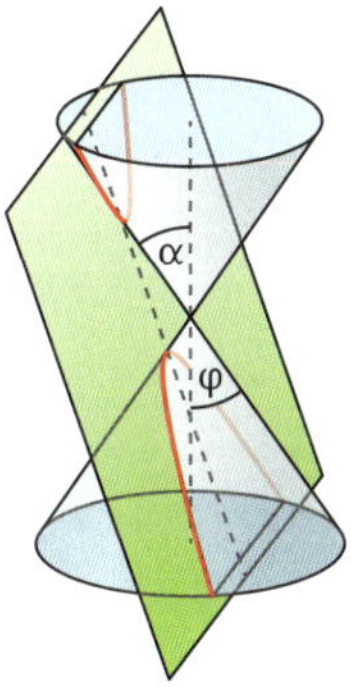


$\alpha = \varphi$: **Parabel**

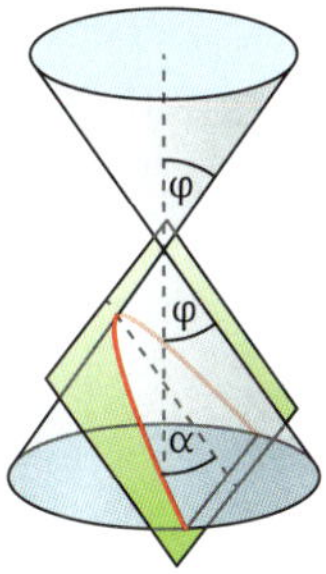


## Mittelpunktslage bzw. Scheitelpunktslage

**Ellipse**

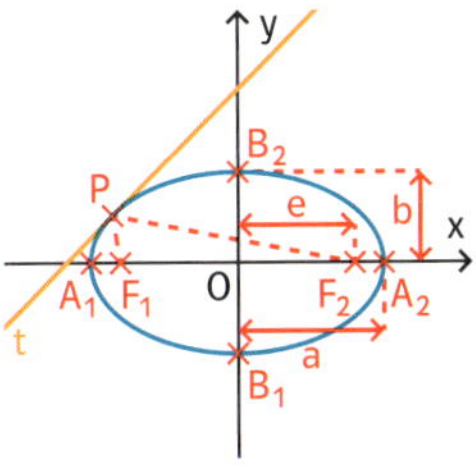


$F_1, F_2$: Brennpunkte
$A_1, A_2$: Hauptscheitel
$B_1, B_2$: Nebenscheitel

**Hyperbel**

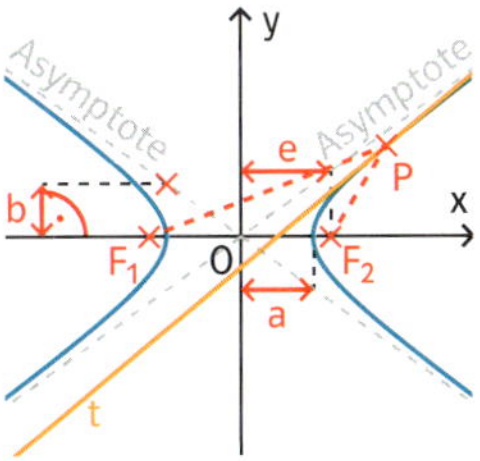


$F_1, F_2$: Brennpunkte

**Parabel**

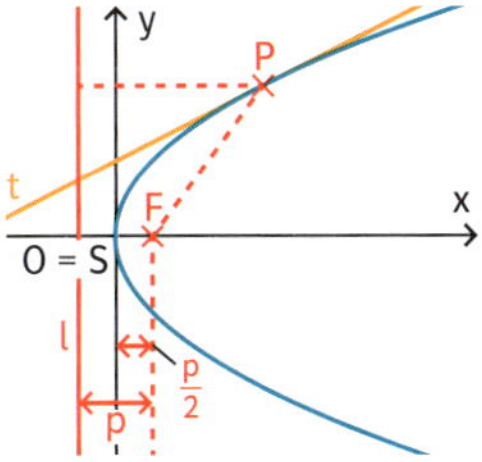


F: Brennpunkt
l: Leitgerade

# Ebene Koordinatengeometrie

Kegelschnitte

## Achsenparallele Lage

Ellipse

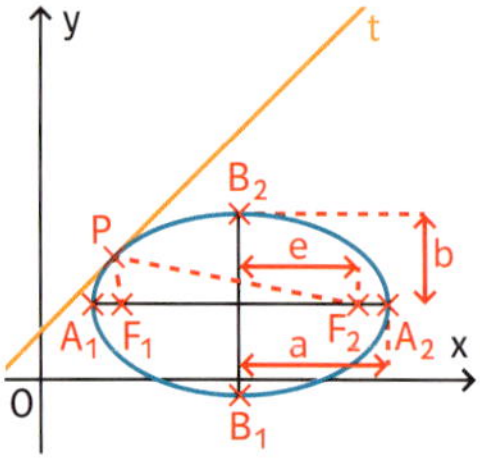


Hyperbel

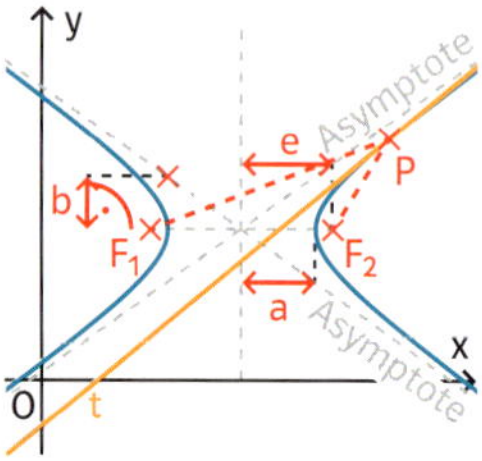


Parabel

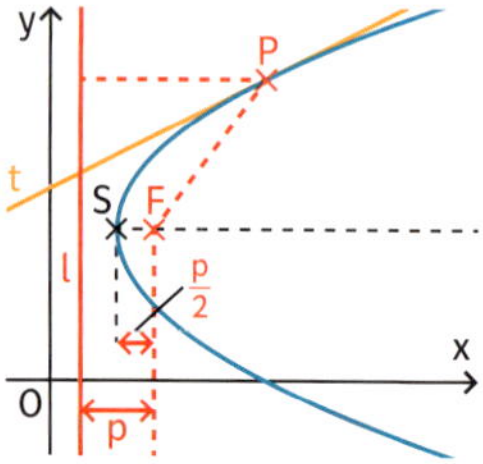


## Eigenschaften von Ellipse, Hyperbel und Parabel im Überblick

| Begriff | Ellipse<br>Brennpunkte: $F_1$, $F_2$<br>Hauptachse: 2a<br>Nebenachse: 2b | Hyperbel<br>Brennpunkte: $F_1$, $F_2$<br>Hauptachse: 2a<br>Nebenachse: 2b | Parabel<br>Brennpunkt: F<br>Scheitelpunkt: S<br>Leitgerade: l<br>Parameter: 2p |
|---|---|---|---|
| **Gleichung bei Mittelpunktslage bzw. Scheitelpunktslage** | $\frac{x^2}{a^2} + \frac{y^2}{b^2} = 1$<br>mit $M(0 \mid 0)$ | $\frac{x^2}{a^2} - \frac{y^2}{b^2} = 1$<br>mit $M(0 \mid 0)$ | $y^2 = 2px$<br>mit $S(0 \mid 0)$ |
| **Gleichung bei achsenparalleler Lage** | $\frac{(x - x_0)^2}{a^2} + \frac{(y - y_0)^2}{b^2} = 1$<br>mit $M(x_0 \mid y_0)$ | $\frac{(x - x_0)^2}{a^2} - \frac{(y - y_0)^2}{b^2} = 1$<br>mit $M(x_0 \mid y_0)$ | $(y - y_0)^2 = 2p(x - x_0)$<br>mit $S(x_0 \mid y_0)$ |
| **Tangente im Punkt $P_1(x_1 \mid y_1)$** | Für $M(0 \mid 0)$:<br>$\frac{xx_1}{a^2} + \frac{yy_1}{b^2} = 1$<br>Für $M(x_0 \mid y_0)$:<br>$\frac{(x - x_0)(x_1 - x_0)}{a^2}$<br>$+ \frac{(y - y_0)(y_1 - y_0)}{b^2} = 1$ | Für $M(0 \mid 0)$:<br>$\frac{xx_1}{a^2} - \frac{yy_1}{b^2} = 1$<br>Für $M(x_0 \mid y_0)$:<br>$\frac{(x - x_0)(x_1 - x_0)}{a^2}$<br>$- \frac{(y - y_0)(y_1 - y_0)}{b^2} = 1$ | Für $S(0 \mid 0)$:<br>$yy_1 = p(x + x_1)$<br>Für $S(x_0 \mid y_0)$:<br>$(y - y_0)(y_1 - y_0)$<br>$= p\left[(x - x_0) + (x_1 - x_0)\right]$ |
| **Asymptoten ($M(0 \mid 0)$)** | – | $y = \pm \frac{b}{a} x$ | – |
| **Lineare Exzentrizität e und numerische Exzentrizität ε** | $e = \sqrt{a^2 - b^2} < a$<br>$\varepsilon = \frac{e}{a} = \sqrt{1 - \frac{b^2}{a^2}} < 1$ | $e = \sqrt{a^2 + b^2} > a$<br>$\varepsilon = \frac{e}{a} = \sqrt{1 + \frac{b^2}{a^2}} > 1$ | –<br>$\varepsilon = 1$ |
| **Brennpunkt(e) ($M(0 \mid 0)$ bzw. $S(0 \mid 0)$)** | $F_1(-e \mid 0)$, $F_2(e \mid 0)$ | $F_1(-e \mid 0)$, $F_2(e \mid 0)$ | $F\left(\frac{p}{2} \mid 0\right)$ |
| **Leitgerade ($M(0 \mid 0)$ bzw. $S(0 \mid 0)$)** | $x = \pm \frac{a^2}{e}$ $\left(\frac{a^2}{e} > a\right)$ | $x = \pm \frac{a^2}{e}$ $\left(\frac{a^2}{e} > a\right)$ | $x = -\frac{p}{2}$ |
| **Flächeninhalt** | $A = \pi ab$ | – | – |

## Ellipse, Hyperbel und Parabel als Ortslinien

Kegelschnitte

Eine Ellipse ist der geometrische Ort aller Punkte P, für die die Summe der Abstände von zwei festen, gegebenen Punkten $F_1$ und $F_2$, den Brennpunkten, konstant ist.

Für eine Ellipse in Mittelpunktslage gilt:
$|\overline{PF_1}| + |\overline{PF_1}| = 2a$.

Eine Hyperbel ist der geometrische Ort aller Punkte P, für die der Betrag der Differenz der Abstände von zwei festen, gegebenen Punkten $F_1$ und $F_2$, den Brennpunkten, konstant ist.

Für eine Hyperbel in Mittelpunktslage gilt:
$|\overline{PF_1}| - |\overline{PF_1}| = 2a$.

Eine Parabel ist der geometrische Ort aller Punkte P, deren Abstand zu einem festen, gegebenen Punkt F, dem Brennpunkt, gleich dem Abstand zu einer festen, gegebenen Geraden, der Leitgeraden, ist.

Für eine Parabel in Scheitelpunktslage gilt:
$|\overline{PF}| = d(P; l)$.

Ellipse und Hyperbel in Mittelpunktslage sowie Parabel in Scheitelpunktslage → S. 83

## Scheitelgleichung von Kegelschnitten

Einer der Scheitelpunkte bei Ellipsen und Hyperbeln wird in den Ursprung gelegt. Der Scheitelpunkt der Parabeln liegt ebenfalls im Ursprung.

Die Gleichung $y^2 = 2px - (1 - \varepsilon^2)x^2$ mit $p > 0$, $\varepsilon \geq 0$ heißt **Scheitelgleichung** eines Kegelschnittes und beschreibt für $0 < \varepsilon < 1$ eine Ellipse ($\varepsilon = 0$: Kreis), für $\varepsilon = 1$ eine Parabel und für $\varepsilon > 1$ eine Hyperbel.

Numerische Exzentrizität ε → S. 84

## Leitgeraden-Defintion von Kegelschnitten

Gegeben sind eine Gerade l und ein Punkt F. Der geometrische Ort aller Punkte P, für die das Verhältnis $\frac{|\overline{PF}|}{d(P; l)}$ des Abstandes vom Punkt F zum Abstand von der Geraden l den festen Wert ε hat, ist für $0 < \varepsilon < 1$ eine Ellipse ($\varepsilon = 0$: Kreis), für $\varepsilon = 1$ eine Parabel und für $\varepsilon > 1$ eine Hyperbel.

## Leitkreis-Definition von Kegelschnitten

Der geometrische Ort aller Punkte, die von einem Kreis und einem Punkt innerhalb des Kreises den gleichen Abstand haben, ist eine Ellipse.

Der geometrische Ort aller Punkte, die von einem Kreis und einem Punkt außerhalb des Kreises den gleichen Abstand haben, ist eine Hyperbel.

Entartet der Kreis zu einer Geraden, so ergibt sich beide Male eine Parabel.

## Allgemeine Kegelschnittgleichung

$Ax^2 + 2Bxy + Cy^2 + 2Dx + 2Ey + F = 0$
Geht die Ebene, die den Doppelkreiskegel schneidet, durch dessen Spitze, entstehen zerfallende Kegelschnitte. Für $\Delta = ACF - B^2F + 2BDF - AE^2 - CD^2 \neq 0$ ergeben sich nicht zerfallende Kegelschnitte. Für diese gilt mit $\delta = AC - B^2$ und $S = A + C$:
$\delta > 0$ und $\Delta \cdot S < 0$: Ellipse,
$\delta > 0$, $\Delta \cdot S < 0$, $A = C$ und $B = 0$: Kreis,
$\delta < 0$: Hyperbel,
$\delta = 0$: Parabel.

M

Mathematik

# Analytische Geometrie des Raumes

## Vektoren

Lineare Algebra im n-dimensionalen Raum → S. 99

### Grundbegriffe

Die Menge (Äquivalenzklasse) aller zueinander parallelen Pfeile, die gleich lang und gleich gerichtet sind, heißt **Vektor**. Jeder Pfeil dieser Menge ist ein Repräsentant des Vektors.
Ein Vektor kann durch einen Verschiebungspfeil dargestellt werden.

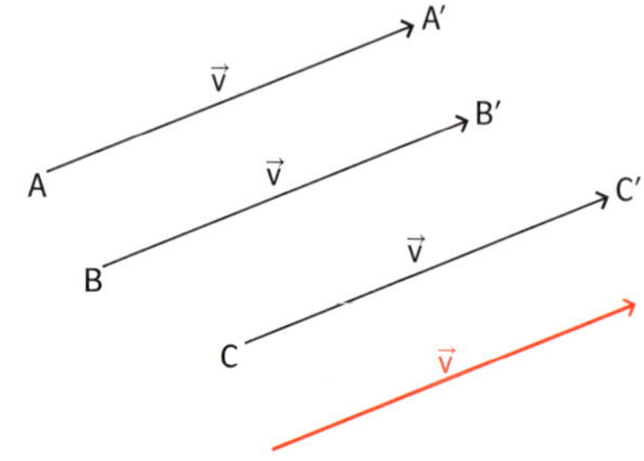


$\vec{v} = \overrightarrow{AA'} = \overrightarrow{BB'} = \overrightarrow{CC'}$

### Betrag

Der **Betrag eines Vektors** ist die Länge eines Repräsentanten des Vektors und gleich dem Abstand von Punkt und Bildpunkt: $|\vec{v}| = |\overrightarrow{AA'}|$.

### Orientierung von Vektoren

Zwei Vektoren $\vec{a}$ und $\vec{b}$ heißen **gleichgerichtet**, wenn die zugehörigen Pfeile zueinander parallel sind und in dieselbe Richtung zeigen.
Zwei Vektoren $\vec{c}$ und $\vec{d}$ heißen **entgegengerichtet**, wenn die zugehörigen Pfeile zueinander parallel sind, aber in die entgegengesetzte Richtung zeigen.

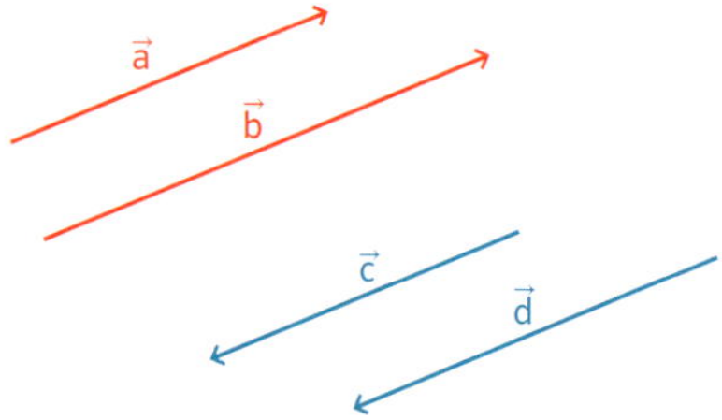


### Gleichheit von Vektoren

Zwei Vektoren $\vec{a}$ und $\vec{b}$ sind genau dann **gleich**, wenn sie den gleichen Betrag haben und gleichgerichtet sind.

### Nullvektor

Der Nullvektor $\vec{o}$ hat den Betrag 0 und keine bestimmte Richtung.
Es gilt $\vec{a} + \vec{o} = \vec{a}$, $\vec{a} + (-\vec{a}) = \vec{o}$ und $|\vec{o}| = 0$.

Addition und Subtraktion von Vektoren → S. 88

### Einheitsvektoren

Ein **Einheitsvektor** $\vec{a_0}$ hat die Länge 1.
Der Einheitsvektor $\vec{v_0}$ zu einem Vektor $\vec{v} \neq \vec{o}$ hat die Länge 1 und zeigt in dieselbe Richtung wie $\vec{v}$. Es gilt $\vec{v} = |\vec{v}|\vec{v_0}$.

### Gegenvektor

Der Vektor $\vec{b}$ heißt **Gegenvektor** zu einem Vektor $\vec{a}$, wenn die zugehörigen Pfeile zueinander parallel und gleich lang, aber einander entgegengerichtet sind. Es gilt $\vec{a} = -\vec{b}$ und $\vec{b} = -\vec{a}$ bzw. $\overrightarrow{PQ} = -\overrightarrow{QP}$ und $\overrightarrow{QP} = -\overrightarrow{PQ}$.

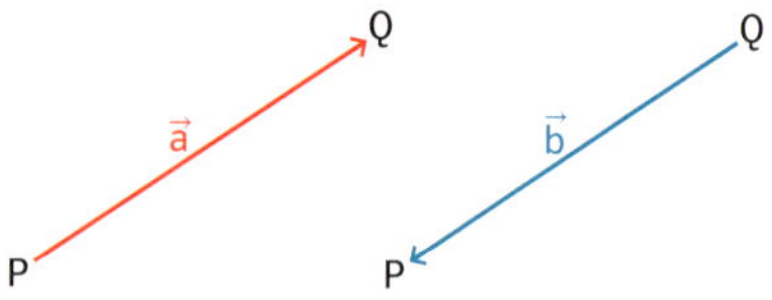


### Ortsvektor

Der Vektor $\overrightarrow{OA}$, der den Ursprung O in den Punkt A verschiebt, heißt **Ortsvektor** des Punktes A.
Man schreibt $\vec{a} = \overrightarrow{OA}$.

### Linearkombination

Ein Vektor $\vec{b}$ heißt **Linearkombination** der Vektoren $\vec{a_1}, \vec{a_2}, \ldots, \vec{a_n}$ $(n \in \mathbb{N}^*)$, wenn er sich in der Form $\vec{b} = r_1\vec{a_1} + r_2\vec{a_2} + \ldots + r_n\vec{a_n}$ mit $r_1, r_2, \ldots, r_n \in \mathbb{R}$ darstellen lässt.

### Lineare Abhängigkeit und lineare Unabhängigkeit von Vektoren

Vektoren – Grundbegriffe

Vektoren $\vec{a_1}, \vec{a_2}, \ldots, \vec{a_n}$ heißen genau dann **linear abhängig**, wenn mindestens einer dieser Vektoren als Linearkombination der anderen Vektoren darstellbar ist. Andernfalls heißen die Vektoren **linear unabhängig**.
Vektoren $\vec{a_1}, \vec{a_2}, \ldots, \vec{a_n}$ sind genau dann linear unabhängig, wenn die Gleichung $r_1\vec{a_1} + r_2\vec{a_2} + \ldots + r_n\vec{a_n} = \vec{o}$ nur die Lösung $r_1 = r_2 = \ldots = r_n = 0$ $(r_1, r_2, \ldots, r_n \in \mathbb{R})$ hat. Andernfalls sind die Vektoren linear abhängig.

Im Raum können höchstens drei Vektoren linear unabhängig sein. Jeder Vektor des Raumes lässt sich stets als Linearkombination dreier linear unabhängiger Vektoren des Raumes darstellen.

### Kollineare Vektoren

Zwei Vektoren $\vec{a}$ und $\vec{b}$ (beide $\neq \vec{o}$) heißen genau dann **kollinear**, wenn $r_1\vec{a} + r_2\vec{b} = \vec{o}$ und $r_1^2 + r_2^2 \neq 0$ gelten, wenn $\vec{a}$ und $\vec{b}$ also linear abhängig sind. Die zugehörigen Pfeile können dann auf einer Geraden liegen.

### Komplanare Vektoren

Drei Vektoren $\vec{a}$, $\vec{b}$ und $\vec{c}$ (alle $\neq \vec{o}$) heißen genau dann **komplanar**, wenn $r_1\vec{a} + r_2\vec{b} + r_3\vec{c} = \vec{o}$ und $r_1^2 + r_2^2 + r_3^2 \neq 0$ gelten, wenn $\vec{a}$, $\vec{b}$ und $\vec{c}$ also linear abhängig sind. Die zugehörigen Pfeile können dann in einer Ebene liegen.

## Vektoren im kartesischen Koordinatensystem

### Kartesisches Koordinatensystem

In einem **kartesischen (orthonormierten) Koordinatensystem** sind die drei senkrecht aufeinanderstehenden Vektoren $\vec{e_1}$, $\vec{e_2}$ und $\vec{e_3}$ Einheitsvektoren in Richtung der drei Koordinatenachsen. Die drei Vektoren $\vec{e_1}$, $\vec{e_2}$ und $\vec{e_3}$ bilden in dieser Reihenfolge ein Rechtssystem.

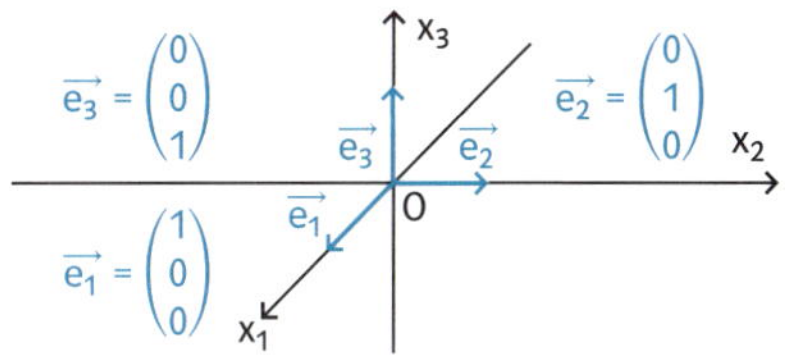


Einheitsvektor → S. 86

### Koordinatendarstellung

Koordinatendarstellung eines Ortsvektors $\vec{v}$ zum Punkt $V(v_1 | v_2 | v_3)$:

$$\vec{v} = \begin{pmatrix} v_1 \\ v_2 \\ v_3 \end{pmatrix}$$

$v_1$, $v_2$ und $v_3$: **Koordinaten** des Vektors $\vec{v}$

Für $P(p_1 | p_2 | p_3)$ und $Q(q_1 | q_2 | q_3)$ gilt:

$$\overrightarrow{PQ} = \begin{pmatrix} q_1 - p_1 \\ q_2 - p_2 \\ q_3 - p_3 \end{pmatrix}.$$

$q_1 - p_1$, $q_2 - p_2$ und $q_3 - p_3$: **Koordinaten** des Vektors $\overrightarrow{PQ}$

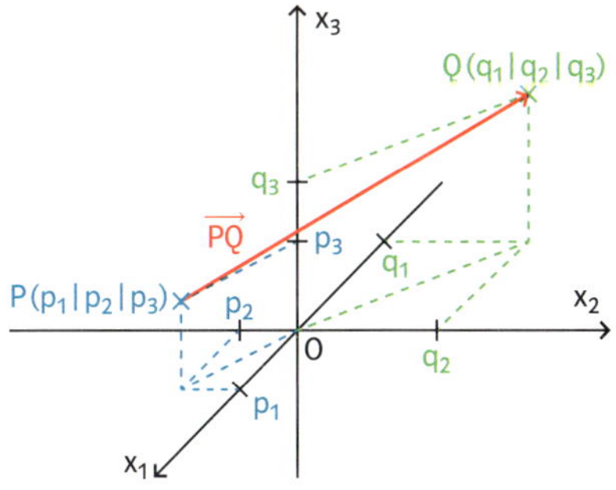


### Komponentendarstellung

Komponentendarstellung eines Ortsvektors $\vec{v}$ zum Punkt $V(v_1 | v_2 | v_3)$:
$\vec{v} = v_1\vec{e_1} + v_2\vec{e_2} + v_3\vec{e_3}$ $\quad$ $v_1\vec{e_1}$, $v_2\vec{e_2}$ und $v_3\vec{e_3}$: **Komponenten** des Vektors $\vec{v}$

Für $P(p_1 | p_2 | p_3)$ und $Q(q_1 | q_2 | q_3)$ gilt $\overrightarrow{PQ} = (q_1 - p_1)\vec{e_1} + (q_2 - p_2)\vec{e_2} + (q_3 - p_3)\vec{e_3}$.

$(q_1 - p_1)\vec{e_1}$, $(q_2 - p_2)\vec{e_2}$ und $(q_3 - p_3)\vec{e_3}$: Komponenten des Vektors $\overrightarrow{PQ}$

M

Mathematik

# Analytische Geometrie des Raumes

**Vektoren im kartesischen Koordinatensystem**

Betrag eines Vektors → S. 89

## Betrag eines Vektors bzw. Länge eines Pfeils

Betrag eines Vektors $\vec{v} = \begin{pmatrix} v_1 \\ v_2 \\ v_3 \end{pmatrix}$: $|\vec{v}| = \left|\begin{pmatrix} v_1 \\ v_2 \\ v_3 \end{pmatrix}\right| = \sqrt{\vec{v} \cdot \vec{v}} = \sqrt{v_1^2 + v_2^2 + v_3^2}$

Betrag eines Vektors $\overrightarrow{PQ} = \begin{pmatrix} q_1 - p_1 \\ q_2 - p_2 \\ q_3 - p_3 \end{pmatrix}$ bzw. Länge der Strecke $\overline{PQ}$:

$$|\overrightarrow{PQ}| = \left|\begin{pmatrix} q_1 - p_1 \\ q_2 - p_2 \\ q_3 - p_3 \end{pmatrix}\right| = |\overline{PQ}| = \sqrt{(q_1 - p_1)^2 + (q_2 - p_2)^2 + (q_3 - p_3)^2}$$

---

## Operationen mit Vektoren im kartesischen Koordinatensystem

### Addition und Subtraktion von Vektoren

$$\vec{a} + \vec{b} = \begin{pmatrix} a_1 \\ a_2 \\ a_3 \end{pmatrix} + \begin{pmatrix} b_1 \\ b_2 \\ b_3 \end{pmatrix} = \begin{pmatrix} a_1 + b_1 \\ a_2 + b_2 \\ a_3 + b_3 \end{pmatrix}$$

$$\vec{a} - \vec{b} = \vec{a} + (-\vec{b}) = \begin{pmatrix} a_1 \\ a_2 \\ a_3 \end{pmatrix} - \begin{pmatrix} b_1 \\ b_2 \\ b_3 \end{pmatrix} = \begin{pmatrix} a_1 - b_1 \\ a_2 - b_2 \\ a_3 - b_3 \end{pmatrix}$$

$\vec{a} + \vec{b} = \vec{b} + \vec{a}$ **Kommutativgesetz**

$\vec{a} + \vec{b} + \vec{c} = (\vec{a} + \vec{b}) + \vec{c} = \vec{a} + (\vec{b} + \vec{c})$ **Assoziativgesetz**

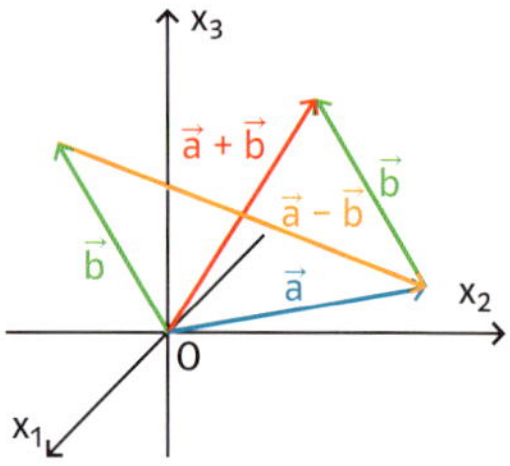


### Multiplikation eines Vektors mit einer reellen Zahl (Skalarmultiplikation)

$$r \cdot \vec{a} = r \cdot \begin{pmatrix} a_1 \\ a_2 \\ a_3 \end{pmatrix} = \begin{pmatrix} r \cdot a_1 \\ r \cdot a_2 \\ r \cdot a_3 \end{pmatrix}$$

Die zu $r \cdot \vec{a}$ gehörenden Pfeile sind parallel zu den zu $\vec{a}$ gehörenden Pfeilen ($r \neq 0$).

$r \cdot (s \cdot \vec{a}) = (r \cdot s) \cdot \vec{a}$ **Assoziativgesetz**

$r \cdot (\vec{a} + \vec{b}) = r \cdot \vec{a} + r \cdot \vec{b}$ **Distributivgesetz**

$(r + s) \cdot \vec{a} = r \cdot \vec{a} + s \cdot \vec{a}$ **Distributivgesetz**

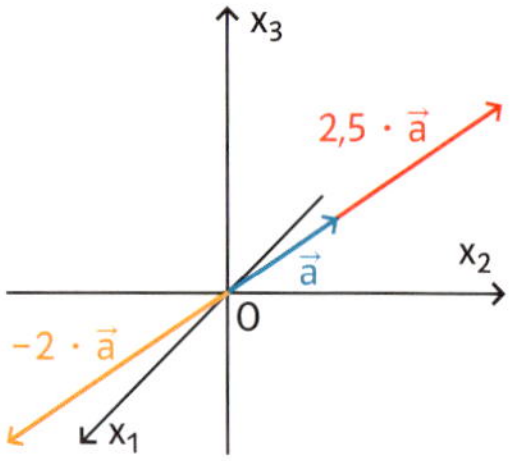


### Skalarprodukt

Das **Skalarprodukt** zweier Vektoren $\vec{a}$ und $\vec{b}$ ist die reelle Zahl $\vec{a} \cdot \vec{b} = |\vec{a}| \cdot |\vec{b}| \cdot \cos(\varphi)$, wobei $\varphi$ der Winkel zwischen den Vektoren $\vec{a}$ und $\vec{b}$ ist ($0° \leq \varphi \leq 180°$).

Für kartesische Koordinaten gilt

$\vec{a} \cdot \vec{b} = a_1 b_1 + a_2 b_2 + a_3 b_3$.

Wenn $\vec{p}$ die senkrechte Projektion des Vektors $\vec{b}$ auf den Vektor $\vec{a}$ ist, dann gilt $\vec{a} \cdot \vec{b} = |\vec{a}| \cdot |\vec{p}|$.

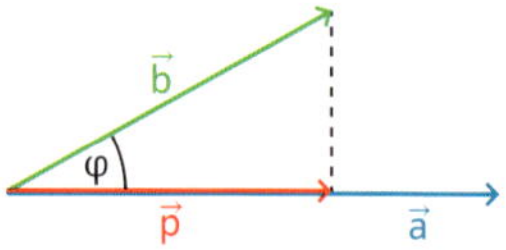


Für die Einheitsvektoren $\vec{e_1}$, $\vec{e_2}$ und $\vec{e_3}$ eines kartesischen Koordinatensystems gilt:

| | | |
|---|---|---|
| $\vec{e_1} \cdot \vec{e_1} = 1$ | $\vec{e_2} \cdot \vec{e_2} = 1$ | $\vec{e_3} \cdot \vec{e_3} = 1$ |
| $\vec{e_1} \cdot \vec{e_2} = 0$ | $\vec{e_1} \cdot \vec{e_3} = 0$ | $\vec{e_2} \cdot \vec{e_3} = 0$ |

# Analytische Geometrie des Raumes

**Operationen mit Vektoren im kartesischen Koordinatensystem**

### Betrag eines Vektors

Aus $\vec{a} \cdot \vec{a} = |\vec{a}|^2$ folgt $|\vec{a}| = \sqrt{\vec{a} \cdot \vec{a}} = \sqrt{a_1^2 + a_2^2 + a_3^2}$.

### Algebraische Eigenschaften des Skalarproduktes

Skalarprodukt → S. 88

| | |
|---|---|
| $\vec{a} \cdot \vec{b} = \vec{b} \cdot \vec{a}$ | **Kommutativgesetz** |
| $\vec{a} \cdot (\vec{b} + \vec{c}) = \vec{a} \cdot \vec{b} + \vec{a} \cdot \vec{c}$ | **Distributivgesetz** |
| $r \cdot (\vec{a} \cdot \vec{b}) = (r \cdot \vec{a}) \cdot \vec{b} = \vec{a} \cdot (r \cdot \vec{b})$ | (Multiplikation mit $r \in \mathbb{R}$) |
| $\vec{a} \cdot \vec{a} = |\vec{a}|^2 \geq 0$ | |

Es ist $\vec{a} \cdot \vec{b} = 0$ genau dann, wenn $\vec{a} \perp \vec{b}$ ist. Der Nullvektor $\vec{o}$ ist zu allen Vektoren orthogonal.

Nullvektor → S. 86

### Winkel zwischen zwei Vektoren

Ist $\varphi$ der Winkel zwischen zwei Vektoren $\vec{a}$ und $\vec{b}$, so gilt für die Größe von $\varphi$:

$$\cos(\varphi) = \frac{\vec{a} \cdot \vec{b}}{|\vec{a}| \cdot |\vec{b}|} = \frac{a_1 b_1 + a_2 b_2 + a_3 b_3}{\sqrt{a_1^2 + a_2^2 + a_3^2}\sqrt{b_1^2 + b_2^2 + b_3^2}}.$$

### Vektorprodukt (Kreuzprodukt)

Das **Vektorprodukt** zweier Vektoren $\vec{a}$ und $\vec{b}$ ist der Vektor $\vec{c}$, der sowohl auf $\vec{a}$ als auch auf $\vec{b}$ senkrecht steht, und zwar so, dass $\vec{a}$, $\vec{b}$ und $\vec{c}$ in dieser Reihenfolge ein Rechtssystem bilden, und der Vektor $\vec{c}$ den Betrag $|\vec{c}| = |\vec{a}| \cdot |\vec{b}| \cdot \sin(\varphi)$ hat, wobei $\varphi$ der Winkel zwischen den Vektoren $\vec{a}$ und $\vec{b}$ ist.

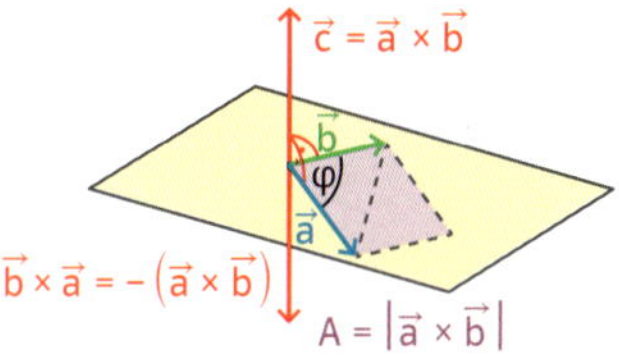


Für kartesische Koordinaten gilt

$$\vec{a} \times \vec{b} = \begin{pmatrix} a_2 b_3 - a_3 b_2 \\ a_3 b_1 - a_1 b_3 \\ a_1 b_2 - a_2 b_1 \end{pmatrix} = \begin{vmatrix} a_2 & b_2 \\ a_3 & b_3 \end{vmatrix} \vec{e_1} + \begin{vmatrix} a_3 & b_3 \\ a_1 & b_1 \end{vmatrix} \vec{e_2} + \begin{vmatrix} a_1 & b_1 \\ a_2 & b_2 \end{vmatrix} \vec{e_3}$$

$$= (a_2 b_3 - a_3 b_2)\vec{e_1} + (a_3 b_1 - a_1 b_3)\vec{e_2} + (a_1 b_2 - a_2 b_1)\vec{e_3}.$$

Berechnung zweireihiger Determinanten → S. 105

Der Flächeninhalt des von zwei Vektoren $\vec{a}$ und $\vec{b}$ aufgespannten Parallelogramms ist $|\vec{a} \times \vec{b}| = |\vec{a}| \cdot |\vec{b}| \cdot \sin(\varphi)$.

Der Flächeninhalt des von zwei Vektoren $\vec{a}$ und $\vec{b}$ aufgespannten Dreiecks ist $\frac{1}{2} \cdot |\vec{a} \times \vec{b}| = \frac{1}{2} \cdot |\vec{a}| \cdot |\vec{b}| \cdot \sin(\varphi)$.

Es ist $\vec{a} \times \vec{b} = \vec{o}$ genau dann, wenn $\vec{a}$ und $\vec{b}$ linear abhängig, also kollinear sind oder wenn $\vec{a} = \vec{o}$ oder $\vec{b} = \vec{o}$ gilt.

Lineare Abhängigkeit → S. 87
Kollineare Vektoren → S. 87

Für die Einheitsvektoren $\vec{e_1}$, $\vec{e_2}$ und $\vec{e_3}$ eines kartesischen Koordinatensystems gilt:

| | | |
|---|---|---|
| $\vec{e_1} \times \vec{e_1} = \vec{o}$ | $\vec{e_2} \times \vec{e_2} = \vec{o}$ | $\vec{e_3} \times \vec{e_3} = \vec{o}$ |
| $\vec{e_1} \times \vec{e_2} = \vec{e_3}$ | $\vec{e_2} \times \vec{e_3} = \vec{e_1}$ | $\vec{e_3} \times \vec{e_1} = \vec{e_2}$ |
| $\vec{e_2} \times \vec{e_1} = -\vec{e_3}$ | $\vec{e_3} \times \vec{e_2} = -\vec{e_1}$ | $\vec{e_1} \times \vec{e_3} = -\vec{e_2}$ |

### Algebraische Eigenschaften des Vektorproduktes

| | |
|---|---|
| $\vec{a} \times \vec{b} = -(\vec{b} \times \vec{a})$ | |
| $\vec{a} \times (\vec{b} + \vec{c}) = \vec{a} \times \vec{b} + \vec{a} \times c$ | **Distributivgesetz** |
| $r \cdot (\vec{a} \times \vec{b}) = (r \cdot \vec{a}) \times \vec{b} = \vec{a} \times (r \cdot \vec{b})$ | (Multiplikation mit $r \in \mathbb{R}$) |
| $(\vec{a} \times \vec{b}) \cdot \vec{a} = 0$ und $(\vec{a} \times \vec{b}) \cdot \vec{b} = 0$ | |

# Analytische Geometrie des Raumes

## Operationen mit Vektoren im kartesischen Koordinatensystem

Komplanare Vektoren → S. 87

### Doppeltes Vektorprodukt

Graßmann'scher Entwicklungssatz: $\vec{a} \times (\vec{b} \times \vec{c}) = (\vec{a} \cdot \vec{c}) \cdot \vec{b} - (\vec{a} \cdot \vec{b}) \cdot \vec{c}$

Der Vektor $\vec{a} \times (\vec{b} \times \vec{c})$ ist zu den Vektoren $\vec{b}$ und $\vec{c}$ komplanar.

### Lagrange'sche Identität

Für das Skalarprodukt von zwei Kreuzprodukten gilt

$(\vec{a} \times \vec{b}) \cdot (\vec{c} \times \vec{d}) = (\vec{a} \cdot \vec{c})(\vec{b} \cdot \vec{d}) - (\vec{b} \cdot \vec{c})(\vec{a} \cdot \vec{d})$.

### Spatprodukt

Lineare Unabhängigkeit → S. 87

Drei linear unabhängige Vektoren $\vec{a}, \vec{b}$ und $\vec{c}$ spannen einen Spat auf. Als **Spatprodukt** bezeichnet man die reelle Zahl $(\vec{a} \times \vec{b}) \cdot \vec{c}$.

Vektorprodukt → S. 89

Es gilt $(\vec{a} \times \vec{b}) \cdot \vec{c} = (\vec{b} \times \vec{c}) \cdot \vec{a}$
$= (\vec{c} \times \vec{a}) \cdot \vec{b} = -(\vec{b} \times \vec{a}) \cdot \vec{c}$
$= -(\vec{c} \times \vec{b}) \cdot \vec{a} = -(\vec{a} \times \vec{c}) \cdot \vec{b}$.

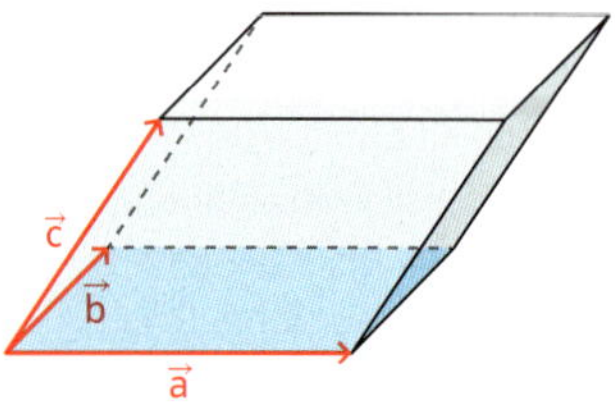


Für kartesische Koordinaten gilt

Berechnung dreireihiger Determinanten → S. 106

$$(\vec{a} \times \vec{b}) \cdot \vec{c} = \begin{pmatrix} a_2 b_3 - a_3 b_2 \\ a_3 b_1 - a_1 b_3 \\ a_1 b_2 - a_2 b_1 \end{pmatrix} \cdot \begin{pmatrix} c_1 \\ c_2 \\ c_3 \end{pmatrix} = \begin{vmatrix} a_1 & a_2 & a_3 \\ b_1 & b_2 & b_3 \\ c_1 & c_2 & c_3 \end{vmatrix} = \begin{vmatrix} a_1 & b_1 & c_1 \\ a_2 & b_2 & c_2 \\ a_3 & b_3 & c_3 \end{vmatrix}$$
$$= (a_2 b_3 - a_3 b_2) c_1 + (a_3 b_1 - a_1 b_3) c_2 + (a_1 b_2 - a_2 b_1) c_3$$
$$= a_1 b_2 c_3 + a_2 b_3 c_1 + a_3 b_1 c_2 - a_3 b_2 c_1 - a_1 b_3 c_2 - a_2 b_1 c_3.$$

Das Volumen des von den Vektoren $\vec{a}, \vec{b}$ und $\vec{c}$ aufgespannten Spats ist

$V = |(\vec{a} \times \vec{b}) \cdot \vec{c}|$.

## Teilung und Mittelpunkt einer Strecke

Teilverhältnis → S. 50

### Teilung einer Strecke

Der Teilpunkt T einer Strecke $\overline{PQ}$ mit $P(p_1 | p_2 | p_3)$, $Q(q_1 | q_2 | q_3)$ und $\overrightarrow{PT} = \lambda \cdot \overrightarrow{TQ}$ ist $T\left(\frac{p_1 + \lambda q_1}{1 + \lambda} \middle| \frac{p_2 + \lambda q_2}{1 + \lambda} \middle| \frac{p_3 + \lambda q_3}{1 + \lambda}\right)$.

### Mittelpunkt einer Strecke

Der Mittelpunkt einer Strecke $\overline{PQ}$ mit $P(p_1 | p_2 | p_3)$ und $Q(q_1 | q_2 | q_3)$ ist $M\left(\frac{p_1 + q_1}{2} \middle| \frac{p_2 + q_2}{2} \middle| \frac{p_3 + q_3}{2}\right)$. Für den Ortsvektor $\vec{m}$ von M gilt $\vec{m} = \frac{1}{2}(\vec{p} + \vec{q})$.

(Spezialfall der Teilung einer Strecke mit $\lambda = 1$)

## Schwerpunkt eines Dreiecks

Der Schwerpunkt eines Dreiecks ABC mit $A(a_1 | a_2 | a_3)$, $B(b_1 | b_2 | b_3)$ und $C(c_1 | c_2 | c_3)$ ist $S\left(\frac{a_1 + b_1 + c_1}{3} \middle| \frac{a_2 + b_2 + c_2}{3} \middle| \frac{a_3 + b_3 + c_3}{3}\right)$. Für den Ortsvektor $\vec{s}$ von S gilt $\vec{s} = \frac{1}{3}(\vec{a} + \vec{b} + \vec{c})$.

## Geraden

### Parameterform

#### Punkt-Richtungs-Form

Gerade g mit dem Richtungsvektor $\vec{u}$, die den Punkt P (Ortsvektor $\vec{p}$) enthält:

$g: \vec{x} = \vec{p} + t \cdot \vec{u}$

$\vec{p}$: Stützvektor
$\vec{u}$ $(\vec{u} \neq \vec{o})$: Richtungsvektor
$t$ $(t \in \mathbb{R})$: Parameter

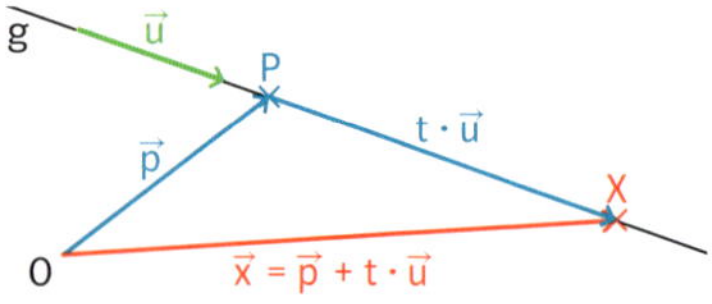

**Geraden (Parameterform)**

### Zwei-Punkte-Form

Gerade g, die die Punkte P und Q (Ortsvektoren $\vec{p}$ und $\vec{q}$) enthält:
g: $\vec{x} = \vec{p} + t \cdot (\vec{p} - \vec{q})$ $(t \in \mathbb{R})$

---

### Spurpunkte einer Geraden

Die Schnittpunkte einer Geraden mit den Koordinatenachsen heißen **Spurpunkte der Geraden**.

---

## Ebenen

### Parameterform

#### Punkt-Richtungs-Form

Lineare Unabhängigkeit → S. 87

Ebene E mit den linear unabhängigen Spannvektoren $\vec{u}$ und $\vec{v}$, die den Punkt P (Ortsvektor $\vec{p}$) enthält:
E: $\vec{x} = \vec{p} + s \cdot \vec{u} + t \cdot \vec{v}$

| | |
|---|---|
| $\vec{p}$: | Stützvektor |
| $\vec{u}, \vec{v}$ $(\vec{u}, \vec{v} \neq \vec{o})$: | Spannvektoren (Richtungsvektoren) |
| s, t $(s, t \in \mathbb{R})$: | Parameter |

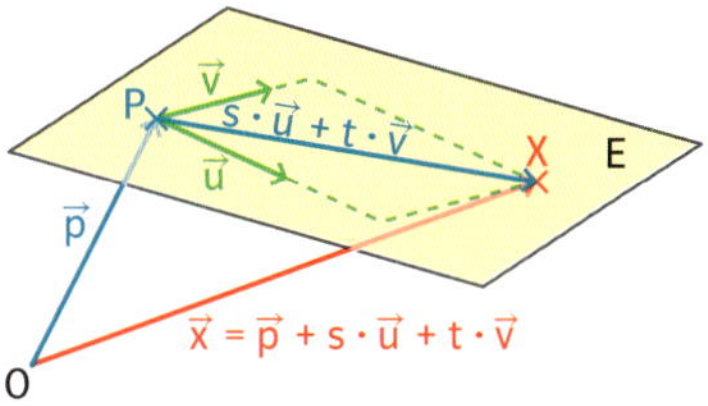


#### Drei-Punkte-Form

Ebene E, die die Punkte P, Q und R (Ortsvektoren $\vec{p}$, $\vec{q}$ und $\vec{r}$) enthält:
E: $\vec{x} = \vec{p} + s \cdot (\vec{q} - \vec{p}) + t \cdot (\vec{r} - \vec{p})$ $(s, t \in \mathbb{R})$

---

### Allgemeine Gleichung (Koordinatenform; parameterfreie Form)

E: $a x_1 + b x_2 + c x_3 = d$ $\quad$ $a, b, c, d \in \mathbb{R}$ mit $a^2 + b^2 + c^2 > 0$

---

### Normalenvektor

Ein Vektor $\vec{n}$, der senkrecht auf einer Ebene E steht, heißt **Normalenvektor** der Ebene E. Insbesondere steht $\vec{n}$ senkrecht auf den beiden Spannvektoren einer Ebene. Sind $\vec{u}$ und $\vec{v}$ die Spannvektoren von E, dann liefert jede von (0; 0; 0) verschiedene Lösung des linearen Gleichungssystems, das sich aus $\vec{n} \cdot \vec{u} = 0$ und $\vec{n} \cdot \vec{v} = 0$ ergibt, einen Normalenvektor. Man kann einen Normalenvektor auch über das Vektorprodukt bestimmen: $\vec{n} = \vec{u} \times \vec{v}$.

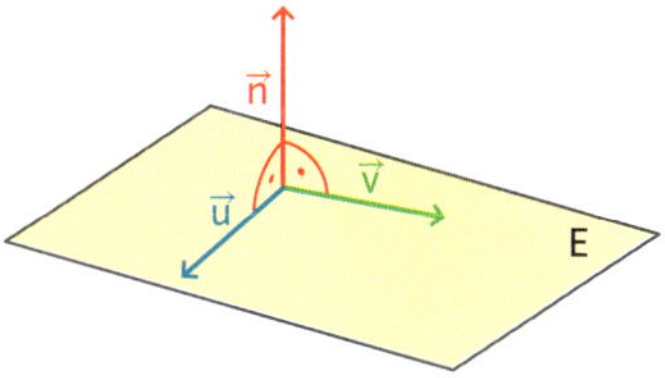


Lineares Gleichungssystem → S. 107

Vektorprodukt → S. 89

---

### Normalenform

Ebene E mit dem Normalenvektor $\vec{n}$, die den Punkt P enthält (Ortsvektor $\vec{p}$):
E: $(\vec{x} - \vec{p}) \cdot \vec{n} = 0$
Hat E die Gleichung $a x_1 + b x_2 + c x_3 = d$, dann ist $\begin{pmatrix} a \\ b \\ c \end{pmatrix}$ ein Normalenvektor von E.

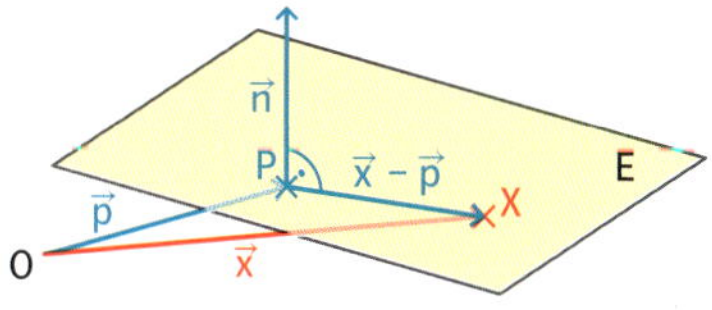

# Analytische Geometrie des Raumes

## Ebenen

### Hesse'sche Normalenform

Einheitsvektor → S. 86

Ebene E mit dem Normaleneinheitsvektor $\overrightarrow{n_0}$, die den Punkt P (Ortsvektor $\vec{p}$) enthält:
E: $(\vec{x} - \vec{p}) \cdot \overrightarrow{n_0} = 0$ bzw.

$$\frac{ax_1 + bx_2 + cx_3 - d}{\sqrt{a^2 + b^2 + c^2}} = 0 \text{ für } \vec{n} = \begin{pmatrix} a \\ b \\ c \end{pmatrix}$$

$\overrightarrow{n_0} = \frac{\vec{n}}{|\vec{n}|}$, wobei $\vec{n}$ ein Normalenvektor von E ist.

### Spurpunkte und Spurgeraden einer Ebene

Die Schnittpunkte einer Ebene mit den Koordinatenachsen heißen **Spurpunkte der Ebene**:
$S_1(s_1|0|0)$, $S_2(0|s_2|0)$ und $S_3(0|0|s_3)$.

Die Verbindungsgeraden der Spurpunkte sind die **Spurgeraden der Ebene**:
$s_{12} = S_1S_2$, $s_{13} = S_1S_3$ und $s_{23} = S_2S_3$.

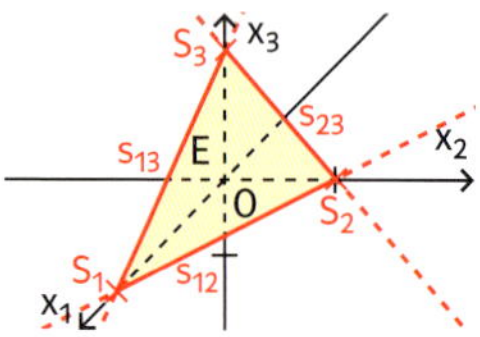


## Kugeln

### Vektorgleichung und Koordinatengleichung einer Kugel

Kreisgleichung → S. 83

Kugel mit Mittelpunkt M(0|0|0) und Radius r:
Vektorgleichung: $\vec{x}^2 = r^2$
Koordinatengleichung: $x_1^2 + x_2^2 + x_3^2 = r^2$

Kugel mit Mittelpunkt $M(m_1|m_2|m_3)$ (Ortsvektor $\vec{m}$) und Radius r:
Vektorgleichung: $(\vec{x} - \vec{m})^2 = r^2$
Koordinatengleichung: $(x_1 - m_1)^2 + (x_2 - m_2)^2 + (x_3 - m_3)^2 = r^2$

Ist P ein Punkt auf der Kugel, so gilt $(\vec{x} - \vec{m})^2 = (\vec{p} - \vec{m})^2$.

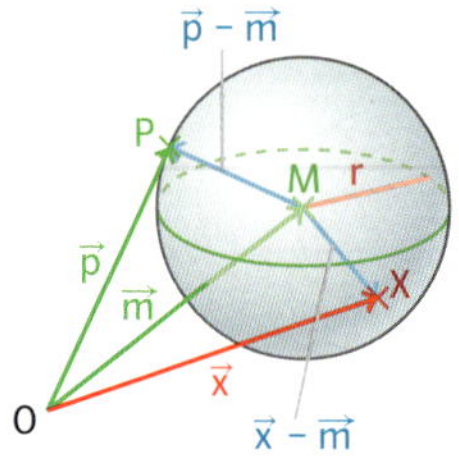


### Tangentialebenen

Eine Ebene E, die eine Kugel K in einem Punkt B berührt, heißt **Tangentialebene**. Der Vektor $\vec{b} - \vec{m}$ ist ein Normalenvektor von E.

Gleichung der Tangentialebene für K: $\vec{x}^2 = r^2$:
Vektorgleichung: $(\vec{x} - \vec{b}) \cdot \vec{b} = 0$ bzw. $\vec{x} \cdot \vec{b} = r^2$
Koordinatengleichung: $x_1b_1 + x_2b_2 + x_3b_3 = r^2$

Gleichung der Tangentialebene für K: $(\vec{x} - \vec{m})^2 = r^2$:
Vektorgleichung:
$(\vec{x} - \vec{b}) \cdot (\vec{b} - \vec{m}) = 0$ bzw. $(\vec{x} - \vec{m}) \cdot (\vec{b} - \vec{m}) = r^2$
Koordinatengleichung:
$(x_1 - b_1)(b_1 - m_1) + (x_2 - b_2)(b_2 - m_2) + (x_3 - b_3)(b_3 - m_3) = 0$
bzw.
$(x_1 - m_1)(b_1 - m_1) + (x_2 - m_2)(b_2 - m_2) + (x_3 - m_3)(b_3 - m_3) = r^2$

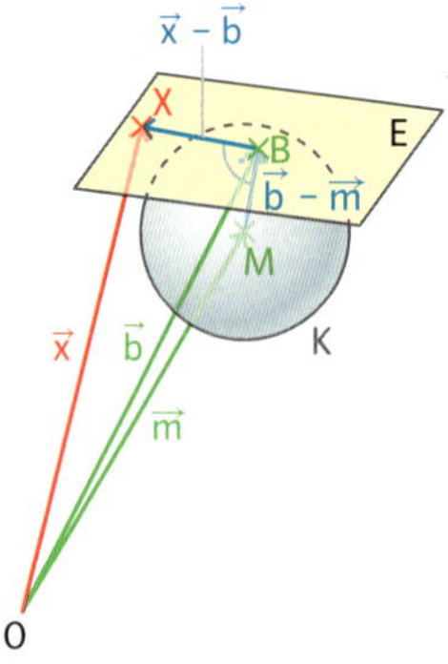

## Kugeln und Geraden – Tangentialkegel und Polarebene

Kugeln

Die Tangenten an eine Kugel K: $(\vec{x} - \vec{m})^2 = r^2$ durch einen Punkt P (Ortsvektor $\vec{p}$) außerhalb der Kugel bilden einen (doppelten) Kreiskegel, den **Tangentialkegel** von K mit der Spitze P.
Der Tangentialkegel berührt die Kugel in einem Kreis, dem Schnittkreis der Kugel K mit der Ebene E: $(\vec{x} - \vec{m}) \cdot (\vec{p} - \vec{m}) = r^2$. Die Ebene E heißt **Polarebene** zum **Pol** P bezüglich der Kugel K. Liegt P auf der Kugel, so wird der Tangentialkegel zur Tangentialebene in P.

Tangentialebene → S. 92

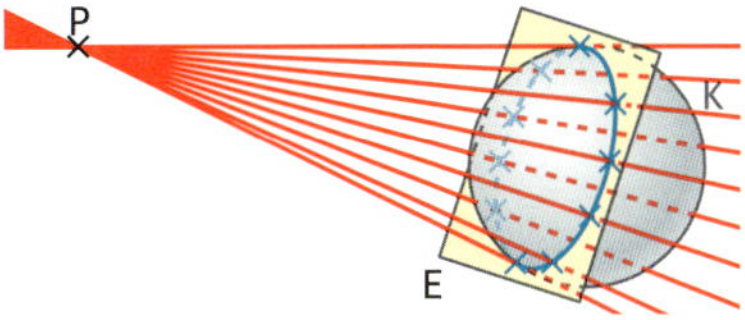


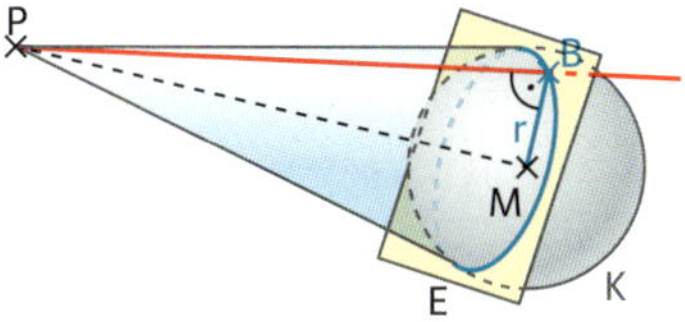


## Berechnung von Winkelgrößen

Skalarprodukt → S. 88

### Winkel zwischen zwei Vektoren

Winkel φ (0° ≤ φ ≤ 180°) zwischen zwei Vektoren $\vec{a}$ und $\vec{b}$:

$$\cos(\varphi) = \frac{\vec{a} \cdot \vec{b}}{|\vec{a}| \cdot |\vec{b}|}$$

### Schnittwinkel zweier Geraden

Schnittwinkel φ (0° ≤ φ ≤ 90°) zwischen zwei sich schneidenden Geraden g und h mit Richtungsvektoren $\vec{u}$ und $\vec{v}$:

$$\cos(\varphi) = \frac{|\vec{u} \cdot \vec{v}|}{|\vec{u}| \cdot |\vec{v}|}$$

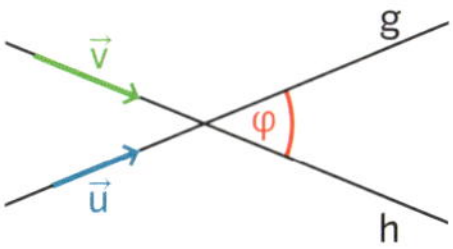


### Winkel zwischen Gerade und Ebene

Schnittwinkel φ (0° ≤ φ ≤ 90°) zwischen einer Geraden g mit einem Richtungsvektor $\vec{u}$ und einer Ebene E mit einem Normalenvektor $\vec{n}$, die von g durchstoßen wird:

$$\sin(\varphi) = \frac{|\vec{u} \cdot \vec{n}|}{|\vec{u}| \cdot |\vec{n}|}$$

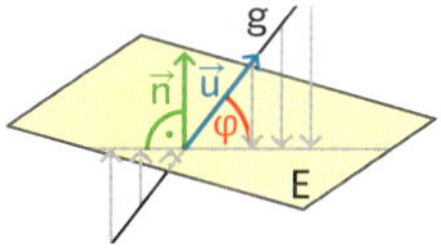


### Schnittwinkel zweier Ebenen

Schnittwinkel φ (0° ≤ φ ≤ 90°) zwischen zwei sich schneidenden Ebenen E und F mit Normalenvektoren $\vec{n_1}$ und $\vec{n_2}$:

$$\cos(\varphi) = \frac{|\vec{n_1} \cdot \vec{n_2}|}{|\vec{n_1}| \cdot |\vec{n_2}|}$$

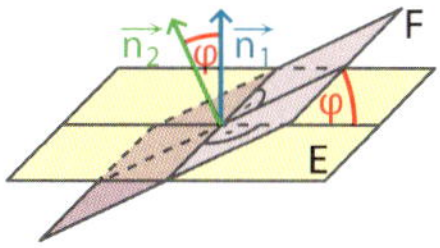


## Berechnung von Abständen

### Abstand zweier Punkte

Abstand zwischen zwei Punkten $P(p_1|p_2|p_3)$ und $Q(q_1|q_2|q_3)$:

$$d(P;Q) = |\overrightarrow{PQ}| = \left|\begin{pmatrix} q_1 - p_1 \\ q_2 - p_2 \\ q_3 - p_3 \end{pmatrix}\right| = |\overrightarrow{PQ}| = \sqrt{(q_1 - p_1)^2 + (q_2 - p_2)^2 + (q_3 - p_3)^2}$$

# Analytische Geometrie des Raumes

Berechnung von Abständen

## Abstand eines Punktes von einer Geraden

Abstand eines Punktes Q (Ortsvektor $\vec{q}$) von einer Geraden $g: \vec{x} = \vec{p} + t \cdot \vec{u}$ $(t \in \mathbb{R})$:

$$d(Q; g) = \sqrt{(\vec{q} - \vec{p})^2 - \left[(\vec{q} - \vec{p}) \cdot \frac{\vec{u}}{|\vec{u}|}\right]^2} = \frac{|(\vec{q} - \vec{p}) \times \vec{u}|}{|\vec{u}|}$$

## Abstand eines Punktes von einer Ebene

Abstand eines Punktes Q (Ortsvektor $\vec{q}$) von einer Ebene $E: (\vec{x} - \vec{p}) \cdot \vec{n_0} = 0$ bzw.

$$E: \frac{a_1x_1 + a_2x_2 + a_3x_3 - a_4}{\sqrt{a_1^2 + a_2^2 + a_3^2}} = 0:$$

$$d(Q; E) = \left|(\vec{q} - \vec{p}) \cdot \vec{n_0}\right| = \left|\frac{a_1q_1 + a_2q_2 + a_3q_3 - a_4}{\sqrt{a_1^2 + a_2^2 + a_3^2}}\right|$$

Für $(\vec{q} - \vec{p}) \cdot \vec{n_0} > 0$ liegt Q auf der Seite von E, in die $\vec{n_0}$ zeigt, für $(\vec{q} - \vec{p}) \cdot \vec{n_0} < 0$ auf der anderen Seite.

## Abstand zueinander windschiefer Geraden

Abstand zweier zueinander windschiefer Geraden $g: \vec{x} = \vec{p} + s \cdot \vec{u}$ und $h: \vec{x} = \vec{q} + t \cdot \vec{v}$ $(s, t \in \mathbb{R})$, wenn $\vec{n_0}$ ein Einheitsvektor mit $\vec{n_0} \perp \vec{u}$ und $\vec{n_0} \perp \vec{v}$ ist:

$$d(g; h) = \left|(\vec{q} - \vec{p}) \cdot \vec{n_0}\right|$$

## Abstand zweier zueinander paralleler Geraden

Abstand zweier zueinander paralleler Geraden g und h:
$d(g; h) = d(P; h)$, wobei P ein beliebiger Punkt auf g ist

## Abstand zweier zueinander paralleler Ebenen

Abstand zweier zueinander paralleler Ebenen E und F:
$d(E; F) = d(P; F)$, wobei P ein beliebiger Punkt in E ist

## Abstand einer Geraden zu einer zu ihr parallelen Ebene

Abstand einer Geraden g und einer zu ihr parallelen Ebene E:
$d(g; E) = d(P; E)$, wobei P ein beliebiger Punkt auf g ist

# Lagebeziehungen

## Punkt – Gerade

Punkt $Q(q_1|q_2|q_3)$ mit Ortsvektor $\vec{q}$
Gerade $g: \vec{x} = \vec{p} + t \cdot \vec{u}$ $(t \in \mathbb{R})$

Ob die Gerade g den Punkt Q enthält, prüft man durch eine Punktprobe:
Die Gerade g enthält genau dann den Punkt Q, wenn die Gleichung
$\vec{q} = \vec{p} + t \cdot \vec{u}$
genau eine Lösung besitzt, wenn also die Vektoren $\overrightarrow{PQ} = \vec{q} - \vec{p}$ und $\vec{u}$ linear abhängig sind.
Andernfalls liegt Q nicht auf g.

Lineare Abhängigkeit → S. 87

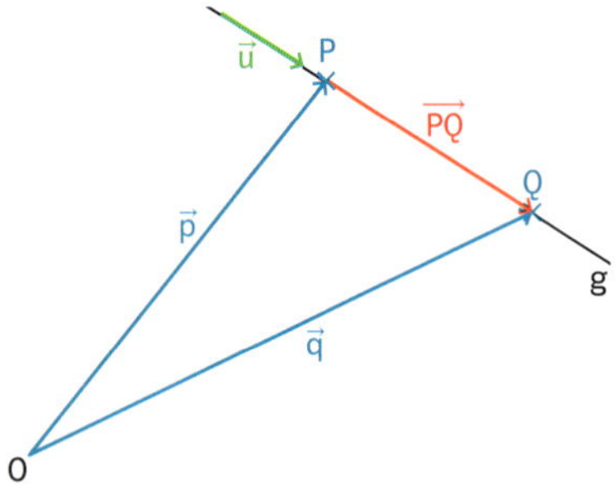

Lagebeziehungen

## Punkt – Ebene

Punkt $Q(q_1 | q_2 | q_3)$ mit Ortsvektor $\vec{q}$
Ebene $E: \vec{x} = \vec{p} + r \cdot \vec{u} + s \cdot \vec{v}$ $(r, s \in \mathbb{R})$

Ob die Ebene E den Punkt Q enthält, prüft man durch eine Punktprobe:
Die Ebene E enthält genau dann den Punkt Q, wenn die Gleichung
$\vec{q} = \vec{p} + r \cdot \vec{u} + s \cdot \vec{v}$
genau eine Lösung besitzt, wenn sich also der Vektor $\overrightarrow{PQ} = \vec{q} - \vec{p}$ als eine Linearkombination der Spannvektoren $\vec{u}$ und $\vec{v}$ darstellen lässt.
Andernfalls liegt Q nicht in E.

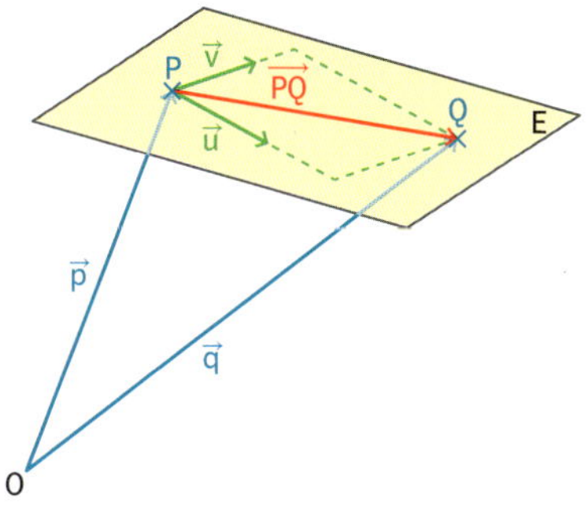


Linearkombination → S. 86
Spannvektoren → S. 91

## Gerade – Gerade

Für die gegenseitige Lage zweier Geraden $g: \vec{x} = \vec{p} + s \cdot \vec{u}$ und $h: \vec{x} = \vec{q} + t \cdot \vec{v}$ $(s, t \in \mathbb{R})$ können vier Fälle unterschieden werden:

Lineare Abhängigkeit und lineare Unabhängigkeit → S. 87

Sind die Richtungsvektoren $\vec{u}$ und $\vec{v}$ linear abhängig?

Ja. → $g \parallel h$

Liegt der Punkt P mit dem Ortsvektor $\vec{p}$ auf der Geraden h (Punktprobe)?

- Ja. → g und h sind **zueinander parallel und identisch.**
  Linear abhängig:
  $\vec{u}$ und $\vec{v}$
  $\vec{u}$ und $\vec{q} - \vec{p}$
  $\vec{v}$ und $\vec{q} - \vec{p}$
- Nein. → g und h sind **zueinander parallel und verschieden (echt parallel).**
  Linear abhängig:
  $\vec{u}$ und $\vec{v}$
  Linear unabhängig:
  $\vec{u}$ und $\vec{q} - \vec{p}$
  $\vec{v}$ und $\vec{q} - \vec{p}$

Nein. → $g \nparallel h$

Wie viele Lösungen hat $\vec{p} + s \cdot \vec{u} = \vec{q} + t \cdot \vec{v}$?

- Genau eine. → g und h **schneiden sich.**
  Linear abhängig:
  $\vec{u}, \vec{v}$ und $\vec{q} - \vec{p}$
  Linear unabhängig:
  $\vec{u}$ und $\vec{v}$
- Keine. → g und h sind **zueinander windschief.**
  Linear unabhängig:
  $\vec{u}$ und $\vec{v}$
  $\vec{u}, \vec{v}$ und $\vec{q} - \vec{p}$

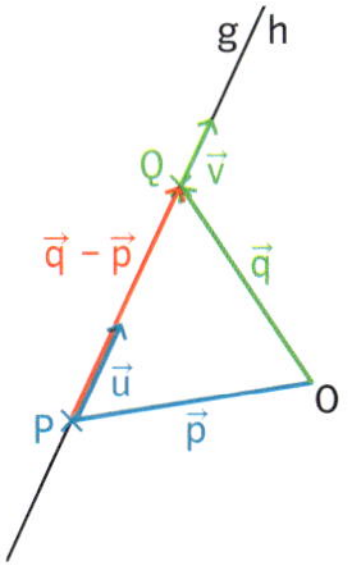


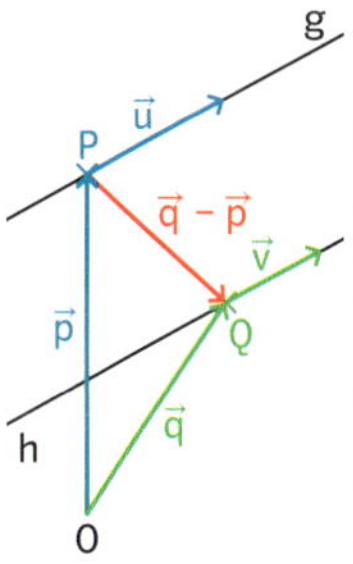


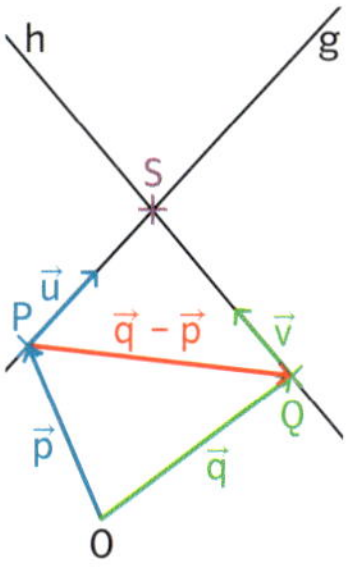


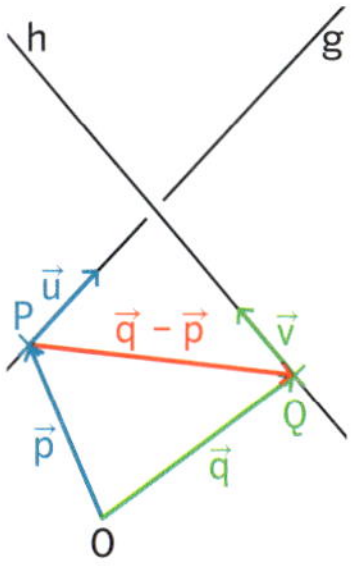

# Analytische Geometrie des Raumes

Lagebeziehungen

## Gerade – Ebene

Für die gegenseitige Lage einer Geraden $g: \vec{x} = \vec{p} + t \cdot \vec{u}$ $(t \in \mathbb{R})$ und einer Ebene $E: (\vec{x} - \vec{p}) \cdot \vec{n} = 0$ können drei Fälle unterschieden werden:

Gilt $\vec{u} \cdot \vec{n} = 0$?

↙ Ja. → $g \parallel E$

Nein. ↘ → $g \nparallel E$

Liegt der Punkt P mit dem Ortsvektor $\vec{p}$ in der Ebene E (Punktprobe)?

↙ Ja. Nein. ↘

Die Gerade g ist **parallel** zur Ebene E und **liegt in** E.

Die Gerade g ist **parallel** zur Ebene E und **liegt nicht in** E. Sie haben keine gemeinsamen Punkte.

Die Gerade g **schneidet** die Ebene E. Der Schnittpunkt heißt **Durchstoßpunkt**.

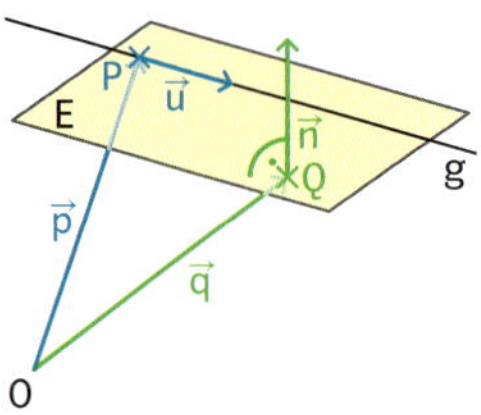


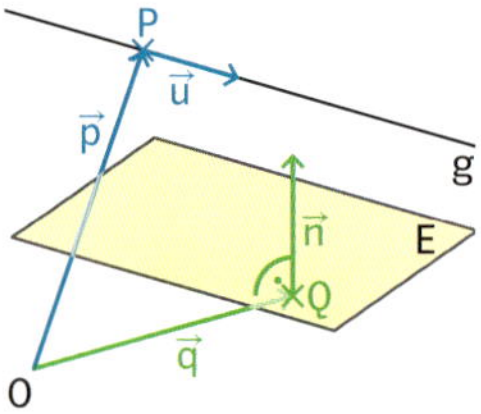


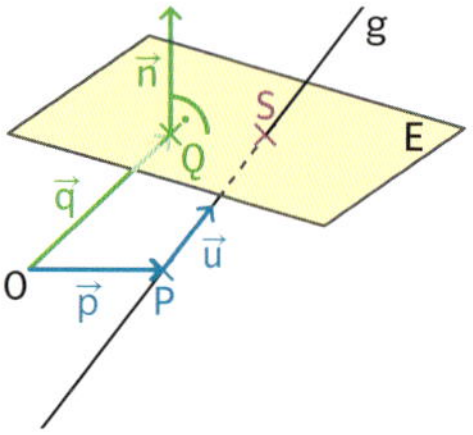


## Ebene – Ebene

Für die gegenseitige Lage zweier Ebenen $E: (\vec{x} - \vec{p}) \cdot \vec{n_1} = 0$ und $F: (\vec{x} - \vec{q}) \cdot \vec{n_2} = 0$ können drei Fälle unterschieden werden:

Lineare Abhängigkeit → S. 87

Sind die Normalenvektoren $\vec{n_1}$ und $\vec{n_2}$ linear abhängig?

↙ Ja. → $E \parallel F$

Nein. ↘ → $E \nparallel F$

Liegt der Punkt P mit dem Ortsvektor $\vec{p}$ in der Ebene F (Punktprobe)?

↙ Ja. Nein. ↘

Die Ebenen E und F sind **zueinander parallel und identisch.**

Die Ebenen E und F sind **zueinander parallel und verschieden (echt parallel).** Sie haben keine gemeinsamen Punkte.

Die Ebenen E und F **schneiden** sich in einer **Schnittgeraden.**

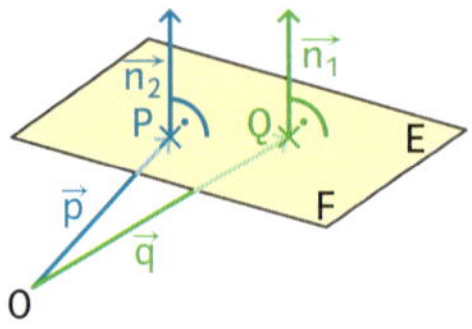


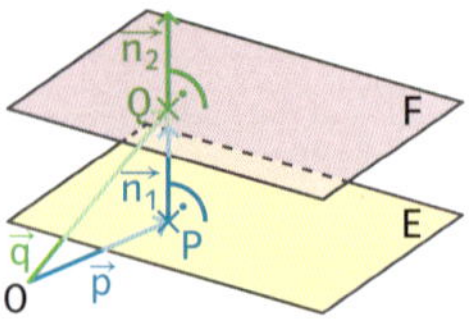


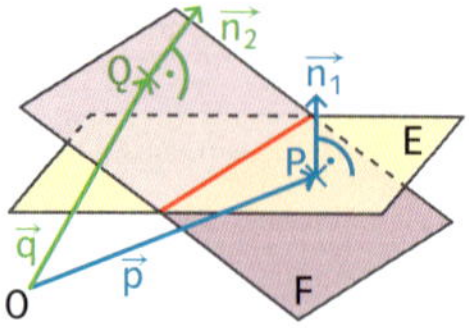

## Orthogonalität und Parallelität von Geraden und Ebenen

Zwei Geraden $g: \vec{x} = \vec{p} + s \cdot \vec{u}$ und $h: \vec{x} = \vec{q} + t \cdot \vec{v}$ $(s, t \in \mathbb{R})$ sind
- **zueinander orthogonal**, wenn $\vec{u} \cdot \vec{v} = 0$ gilt,
- **zueinander parallel**, wenn $\vec{u} \times \vec{v} = \vec{o}$ gilt.

Skalarprodukt → S. 88
Vektorprodukt → S. 89

Eine Gerade $g: \vec{x} = \vec{p} + t \cdot \vec{u}$ $(t \in \mathbb{R})$ und eine Ebene $E: (\vec{x} - \vec{p}) \cdot \vec{n} = 0$ sind
- **zueinander orthogonal**, wenn $\vec{u} \times \vec{n} = \vec{o}$ gilt,
- **zueinander parallel**, wenn $\vec{u} \cdot \vec{n} = \vec{o}$ gilt.

Zwei Ebenen $E: (\vec{x} - \vec{p}) \cdot \vec{n_1} = 0$ und $F: (\vec{x} - \vec{q}) \cdot \vec{n_2} = 0$ sind
- **zueinander orthogonal**, wenn $\vec{n_1} \cdot \vec{n_2} = 0$ gilt,
- **zueinander parallel**, wenn $\vec{n_1} \times \vec{n_2} = \vec{o}$ gilt.

## Gerade – Kugel

Für die gegenseitige Lage einer Geraden $g: \vec{x} = \vec{p} + t \cdot \vec{u}$ $(t \in \mathbb{R})$ und einer Kugel $K: (\vec{x} - \vec{m})^2 = r^2$ können drei Fälle unterschieden werden:

Vektorgleichung einer Kugel → S. 92

$(\vec{p} + t \cdot \vec{u} - \vec{m})^2 = r^2$ hat keine Lösung.
Die Gerade g schneidet die Kugel K nicht.

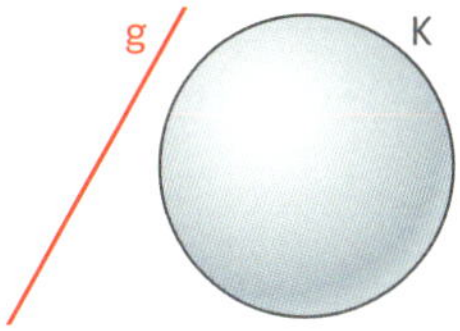


$(\vec{p} + t \cdot \vec{u} - \vec{m})^2 = r^2$ hat genau eine Lösung.
Die Gerade g berührt die Kugel K im Punkt B.

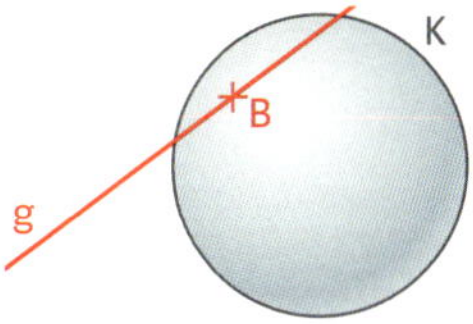


$(\vec{p} + t \cdot \vec{u} - \vec{m})^2 = r^2$ hat zwei Lösungen.
Die Gerade g schneidet die Kugel K in den beiden Punkten $S_1$ und $S_2$.

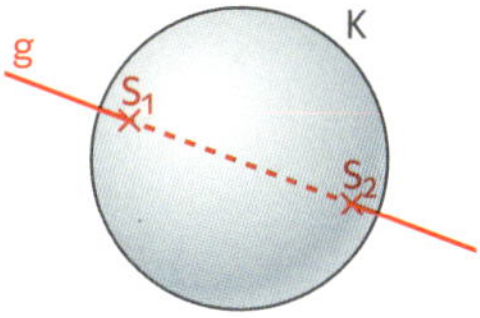


## Ebene – Kugel

Für die gegenseitige Lage einer Ebene E und einer Kugel $K: (\vec{x} - \vec{m})^2 = r^2$, deren Mittelpunkt den Abstand d zur Ebene E hat, können drei Fälle unterschieden werden:

Für $d > r$ schneidet die Ebene E die Kugel K nicht.

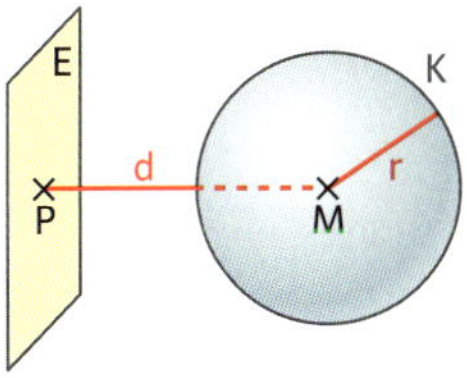


Für $d = r$ berührt die Ebene E die Kugel K in einem Punkt B. Die Ebene E ist die Tangentialebene im Punkt B.

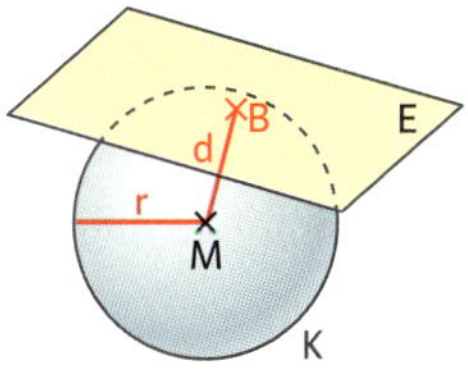


Für $d < r$ schneidet die Ebene E die Kugel K in einem Kreis.
Der Mittelpunkt M′ des Schnittkreises ist der Lotfußpunkt von M auf E. Für den Radius r′ des Schnittkreises gilt
$r' = \sqrt{r^2 - d^2}$ mit $d = |\overline{MM'}|$.

Tangentialebene → S. 92
Lotfußpunkt → S. 36

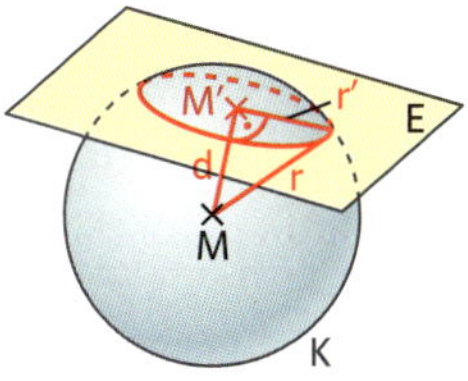

Lagebeziehungen

## Kugel – Kugel

Für die gegenseitige Lage zweier Kugeln $K_1\colon (\vec{x} - \overrightarrow{m_1})^2 = r_1^2$ und $K_2\colon (\vec{x} - \overrightarrow{m_2})^2 = r_2^2$ mit den Mittelpunkten $M_1$ und $M_2$ sowie den Radien $r_1$ und $r_2$, können drei Fälle unterschieden werden:

$d(M_1; M_2) > r_1 + r_2$ oder
$d(M_1; M_2) < |r_1 - r_2|$
Die Kugeln haben keine gemeinsamen Punkte.
Im zweiten Fall liegen sie zudem ineinander.

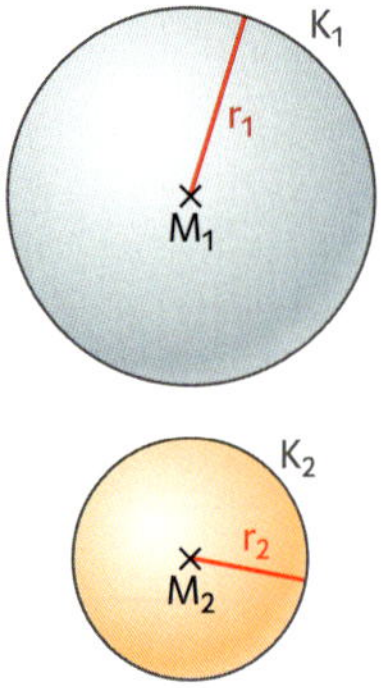


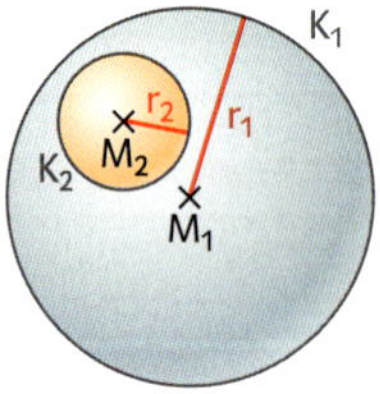


$d(M_1; M_2) = r_1 + r_2$ oder
$d(M_1; M_2) = |r_1 - r_2|$
Die Kugeln berühren sich im Punkt B.
Im ersten Fall berühren sie sich von außen, im zweiten in innen.

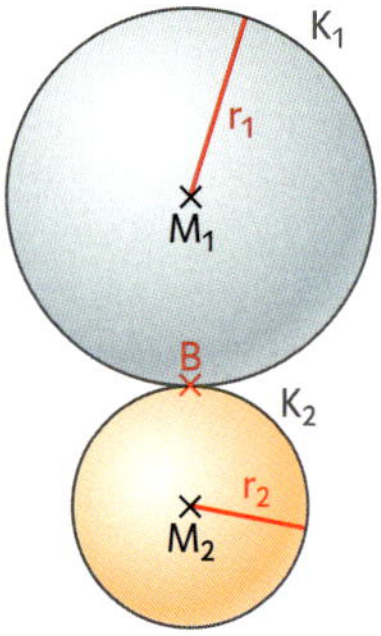


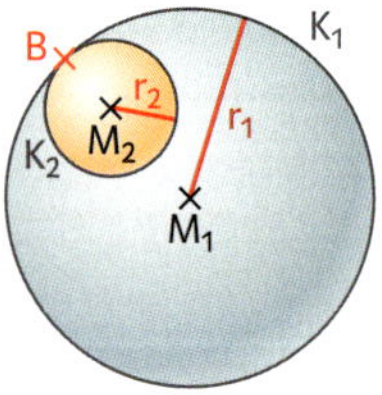


$|r_1 - r_2| < d(M_1; M_2)$
$< r_1 + r_2$
Die Kugeln schneiden sich in einem Schnittkreis.

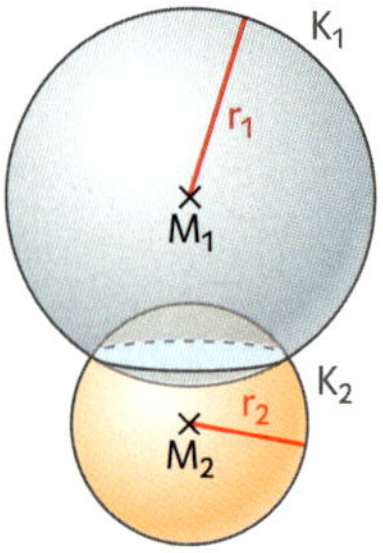

## Vektorraum

Eine nichtleere Menge V heißt **Vektorraum über $\mathbb{R}$ (reeller Vektorraum)** und ihre Elemente **Vektoren**, wenn gilt:
Es gibt eine Addition, die je zwei Elementen $\vec{a}, \vec{b} \in V$ genau ein Element $\vec{a} + \vec{b} \in V$ zuordnet. Dieses Element heißt Summe von $\vec{a}$ und $\vec{b}$. Dabei gelten die folgenden Gesetze.

(V1) Für alle $\vec{a}, \vec{b} \in V$ gilt $\vec{a} + \vec{b} = \vec{b} + \vec{a}$. **(Kommutativgesetz)**
(V2) Für alle $\vec{a}, \vec{b}, \vec{c} \in V$ gilt $(\vec{a} + \vec{b}) + \vec{c} = \vec{a} + (\vec{b} + \vec{c}) = \vec{a} + \vec{b} + \vec{c}$. **(Assoziativgesetz)**
(V3) Es gibt ein Element $\vec{o} \in V$, sodass für alle $\vec{a} \in V$ gilt: $\vec{a} + \vec{o} = \vec{a}$. **(neutrales Element)**
(V4) Für alle $\vec{a} \in V$ gibt es ein Element $-\vec{a} \in V$ mit $\vec{a} + (-\vec{a}) = \vec{o}$. **(inverse Elemente)**

Es gibt eine Multiplikation mit reellen Zahlen (**S-Multiplikation** bzw. **Skalarmultiplikation**), die jedem Element $\vec{a} \in V$ und jeder reellen Zahl $r \in \mathbb{R}$ genau ein Element $r \cdot \vec{a} \in V$ zuordnet. Dieses Element heißt das r-Fache von $\vec{a}$. Dabei gelten die folgenden Gesetze:

(V5) Für alle $\vec{a} \in V$ und alle $r, s \in \mathbb{R}$ gilt $(r \cdot s) \cdot \vec{a} = r \cdot (s \cdot \vec{a})$. **(Assoziativgesetz)**
(V6) Für alle $\vec{a}, \vec{b} \in V$ und alle $r \in \mathbb{R}$ gilt $r \cdot (\vec{a} + \vec{b}) = r \cdot \vec{a} + r \cdot \vec{b}$. **(Distributivgesetz)**
(V7) Für alle $\vec{a} \in V$ und alle $r, s \in \mathbb{R}$ gilt $(r + s) \cdot \vec{a} = r \cdot \vec{a} + s \cdot \vec{a}$. **(Distributivgesetz)**
(V8) Für alle $\vec{a} \in V$ gilt $1 \cdot \vec{a} = \vec{a}$.

(V1) bis (V8) sind die **Axiome des Vektorraums.**

Zur Vereinfachung verwendet man für die Addition von Vektoren und die S-Multiplikation die gleichen Rechenzeichen (+ und ·) wie für die Addition und Multiplikation von Zahlen. Es handelt sich aber um andere Rechenoperationen. Auch bei der S-Multiplikation wird das Rechenzeichen · oft weggelassen.

Der Vektor $\vec{o}$ heißt **Nullvektor**, der Vektor $-\vec{a}$ **Gegenvektor** zum Vektor $\vec{a}$.

In der analytischen Geometrie sind

$\mathbb{R}^2 = \left\{ \begin{pmatrix} a_1 \\ a_2 \end{pmatrix} \middle| \, a_1, a_2 \in \mathbb{R} \right\}$ (Menge aller Verschiebungen der Ebene),

$\mathbb{R}^3 = \left\{ \begin{pmatrix} a_1 \\ a_2 \\ a_3 \end{pmatrix} \middle| \, a_1, a_2, a_3 \in \mathbb{R} \right\}$ (Menge aller Verschiebungen des Raums) und

$\mathbb{R}^n = \left\{ \begin{pmatrix} a_1 \\ a_2 \\ \vdots \\ a_n \end{pmatrix} \middle| \, a_1, a_2, \ldots, a_n \in \mathbb{R} \right\}$ Vektorräume.

## Untervektorraum

Wenn V ein Vektorraum ist und U eine Teilmenge von V $(U \subseteq V)$, dann heißt U **Untervektorraum** von V, wenn auch U bezüglich der Addition und S-Multiplikation in V einen Vektorraum bildet.
Eine nichtleere Teilmenge U eines Vektorraums V ist genau dann ein Untervektorraum von V, wenn für alle $\vec{a}, \vec{b} \in U$ und für alle $r \in \mathbb{R}$ auch $\vec{a} + \vec{b} \in U$ und $r\vec{a} \in U$ gilt.

Teilmenge → S. 8

## Linearkombination

Ein Vektor $\vec{b}$ heißt **Linearkombination** der Vektoren $\vec{a_1}, \vec{a_2}, \ldots, \vec{a_n}$ $(n \in \mathbb{N}^*)$, wenn er sich in der Form $\vec{b} = r_1\vec{a_1} + r_2\vec{a_2} + \ldots + r_n\vec{a_n}$ mit $r_1, r_2, \ldots, r_n \in \mathbb{R}$ darstellen lässt.

## Lineare Hülle

Die **lineare Hülle** (auch **Aufspann** genannt) einer Teilmenge U eines Vektorraums V ist die Menge aller Linearkombinationen der Vektoren $\vec{a_1}, \vec{a_2}, \ldots, \vec{a_n} \in U$.

# Lineare Algebra

## Lineare Abhängigkeit und lineare Unabhängigkeit von Vektoren

Dimension → vgl. unten
Matrix → S. 101
n-reihige Determinante → S. 105 f.

Vektoren $\overrightarrow{a_1}, \overrightarrow{a_2}, \ldots, \overrightarrow{a_n}$ eines Vektorraums V heißen genau dann **linear abhängig**, wenn mindestens einer dieser Vektoren als Linearkombination der anderen Vektoren darstellbar ist. Andernfalls heißen die Vektoren **linear unabhängig**.
Vektoren $\overrightarrow{a_1}, \overrightarrow{a_2}, \ldots, \overrightarrow{a_n}$ sind genau dann linear unabhängig, wenn die Gleichung $r_1\overrightarrow{a_1} + r_2\overrightarrow{a_2} + \ldots + r_n\overrightarrow{a_n} = \vec{o}$ nur die Lösung $r_1 = r_2 = \ldots = r_n = 0$ $(r_1, r_2, \ldots, r_n \in \mathbb{R})$ hat. Andernfalls sind die Vektoren linear abhängig.

Sind n Vektoren eines n-dimensionalen Vektorraums V gegeben, so kann man die n Vektoren zu einer $(n \times n)$-Matrix zusammenfassen. Die n Vektoren sind genau dann linear (un)abhängig, wenn die Determinante dieser Matrix (un)gleich null ist.

Zwei (drei) lineare abhängige Vektoren heißen **kollinear (komplanar)**.

In der Ebene (im Raum) können höchstens zwei (drei) Vektoren linear unabhängig sein. Jeder Vektor der Ebene (des Raums) lässt sich stets als Linearkombination zweier (dreier) linear unabhängiger Vektoren der Ebene (des Raums) darstellen.

## Erzeugendensystem

Eine Teilmenge $\{\overrightarrow{a_1}, \overrightarrow{a_2}, \ldots, \overrightarrow{a_n}\}$ eines Vektorraums V heißt **Erzeugendensystem** von V, wenn sich jeder Vektor $\vec{x} \in V$ als Linearkombination der Vektoren $\overrightarrow{a_1}, \overrightarrow{a_2}, \ldots, \overrightarrow{a_n}$ darstellen lässt.

## Basis und Dimension

Eine Teilmenge $B = \{\overrightarrow{a_1}, \overrightarrow{a_2}, \ldots, \overrightarrow{a_n}\}$ eines Vektorraums V heißt **Basis** von V, wenn
(1) die n Vektoren $\overrightarrow{a_1}, \overrightarrow{a_2}, \ldots, \overrightarrow{a_n}$ linear unabhängig sind und
(2) $\{\overrightarrow{a_1}, \overrightarrow{a_2}, \ldots, \overrightarrow{a_n}\}$ ein Erzeugendensystem von V ist.

In einem Vektorraum V mit der Basis B kann jeder Vektor $\vec{x} \in V$ auf genau eine Weise als Linearkombination der Vektoren aus B dargestellt werden:
$\vec{x} = x_1\overrightarrow{a_1} + x_2\overrightarrow{a_2} + \ldots + x_n\overrightarrow{a_n}$ $(x_1, x_2, \ldots, x_n \in \mathbb{R})$.
Eine Basis von V ist ein minimales Erzeugendensystem von V.
Eine Basis von V ist die Teilmenge von V mit der maximalen Anzahl an linear unabhängigen Vektoren.
Jeder Vektorraum besitzt mindestens eine Basis.
Jedes Erzeugendensystem von V enthält eine Basis.
Je zwei Basen eines Vektorraums besitzen stets die gleiche Anzahl an Vektoren.

Die Anzahl n der Vektoren einer Basis eines Vektorraums V heißt **Dimension** von V: $\dim V = n$. Man sagt: Der Vektorraum V ist **n-dimensional**. Jede Basis eines n-dimensionalen Vektorraums V besteht jeweils aus n linear unabhängigen Vektoren aus V.

## Koordinaten, Komponenten und Koordinatenraum

Wenn $B = \{\overrightarrow{a_1}, \overrightarrow{a_2}, \ldots, \overrightarrow{a_n}\}$ eine Basis eines n-dimensionalen Vektorraums V ist und ein Vektor $\vec{x} \in V$ durch $\vec{x} = x_1\overrightarrow{a_1} + x_2\overrightarrow{a_2} + \ldots + x_n\overrightarrow{a_n}$ $(x_1, x_2, \ldots, x_n \in \mathbb{R})$ dargestellt wird, dann heißen die eindeutig bestimmten Vektoren $x_1\overrightarrow{a_1}, x_2\overrightarrow{a_2}, \ldots, x_n\overrightarrow{a_n}$ **Komponenten** und die eindeutig bestimmten Zahlen $x_1, x_2, \ldots, x_n$ **Koordinaten** von $\vec{x}$ bezüglich B.

$\mathbb{R}^n$ bezeichnet man als **Koordinatenraum** von V. Der Vektorraum $\mathbb{R}^n$ ist die Menge aller n-Tupel reeller Zahlen $(n \in \mathbb{N})$.
Jedes Element von $\mathbb{R}^n$ heißt **Koordinatenvektor**. Einen Koordinatenvektor kann man in Zeilen- oder Spaltenform schreiben. In Spaltenschreibweise gilt:

$$\vec{x} + \vec{y} = \begin{pmatrix} x_1 \\ x_2 \\ \vdots \\ x_n \end{pmatrix} + \begin{pmatrix} y_1 \\ y_2 \\ \vdots \\ y_n \end{pmatrix} = \begin{pmatrix} x_1 + y_1 \\ x_2 + y_2 \\ \vdots \\ x_n + y_n \end{pmatrix} \text{ und } r\vec{x} = r\begin{pmatrix} x_1 \\ x_2 \\ \vdots \\ x_n \end{pmatrix} = \begin{pmatrix} rx_1 \\ rx_2 \\ \vdots \\ rx_n \end{pmatrix} \quad (x_1, x_2, \ldots, x_n, y_1, y_2, \ldots, y_n, r \in \mathbb{R}).$$

## Standardbasis

Die „einfachste" Basis des Vektorraums $\mathbb{R}^n$ ist die **Standardbasis oder kanonische Basis** $\{\vec{e_1}, \vec{e_2}, \ldots, \vec{e_n}\}$ mit $\vec{e_1} = \begin{pmatrix} 1 \\ 0 \\ \vdots \\ 0 \end{pmatrix}, \vec{e_2} = \begin{pmatrix} 0 \\ 1 \\ \vdots \\ 0 \end{pmatrix}, \ldots, \vec{e_n} = \begin{pmatrix} 0 \\ 0 \\ \vdots \\ 1 \end{pmatrix}$. Für jeden Vektor $\vec{a} = \begin{pmatrix} a_1 \\ a_2 \\ \vdots \\ a_n \end{pmatrix}$ gilt dann $\vec{a} = a_1\vec{e_1} + a_2\vec{e_2} + \ldots + a_n\vec{e_n}$. Bezüglich der Standardbasis stimmen die Koordinaten eines Vektors $\vec{a} = \overrightarrow{OA}$ mit den Koordinaten des Punktes A überein.

## Skalarprodukt und euklidischer Vektorraum

Gegeben ist ein Vektorraum V. Eine Funktion, die je zwei Vektoren aus V eine reelle Zahl zuordnet, heißt **Skalarprodukt** auf V, wenn für $\vec{x}, \vec{y}, \vec{z} \in V$ gilt:

(1) $\vec{x} \cdot \vec{y} = \vec{y} \cdot \vec{x}$ **(Kommutativgesetz)**,
(2) $\vec{x} \cdot (\vec{y} + \vec{z}) = \vec{x} \cdot \vec{y} + \vec{x} \cdot \vec{z}$ **(Distributivgesetz)**,
(3) $r \cdot (\vec{x} \cdot \vec{y}) = (r \cdot \vec{x}) \cdot \vec{y} = \vec{x} \cdot (r \cdot \vec{y})$ $(r \in \mathbb{R})$ **(Assoziativgesetz)**,
(4) $\vec{x} \cdot \vec{x} = \vec{x}^2 > 0$ für alle $\vec{x} \neq o$ und $\vec{x} \cdot \vec{x} = 0$ für $\vec{x} = \vec{o}$ **(positive Definitheit)**.

Ein Vektorraum, in dem ein Skalarprodukt definiert ist, heißt **euklidischer Vektorraum**.

Das **Standardskalarprodukt**, wie es auch in der analytischen Geometrie verwendet wird, ist in einem n-dimensionalen euklidischen Vektorraum definiert als

$$\vec{x} \cdot \vec{y} = x_1y_1 + x_2y_2 + \ldots + x_ny_n = \sum_{i=1}^{n} x_iy_i.$$

Skalarprodukt in der analytischen Geometrie → S. 88
Dimension → S. 100

## Matrizen

### Grundbegriffe

**Matrix**

Eine rechteckige Anordnung von $m \cdot n$ Zahlen (Elementen) $a_{ik}$ in m Zeilen und n Spalten heißt **(m × n)-Matrix** oder **Matrix vom Typ (m × n).**

$$A = A_{(m,n)} = (a_{ik}) = \begin{pmatrix} a_{11} & a_{12} & \cdots & a_{1n} \\ a_{21} & a_{22} & \cdots & a_{2n} \\ \vdots & \vdots & \ddots & \vdots \\ a_{m1} & a_{m2} & \cdots & a_{mn} \end{pmatrix}$$

Das Element $a_{ik}$ steht in der i-ten Zeile und der k-ten Spalte.

**Gleichheit von Matrizen**

Zwei Matrizen $A = (a_{ik})$ und $B = (b_{ik})$ sind genau dann gleich, wenn sie vom gleichen Typ sind, also gleich viele Zeilen und gleich viele Spalten haben, und wenn die einander entsprechenden Elemente gleich sind: $a_{ik} = b_{ik}$ für $i = 1, 2, \ldots, m$ und $k = 1, 2, \ldots, n$.

**Zeilen- und Spaltenvektoren**

Die Elemente der i-ten Zeile bilden den i-ten **Zeilenvektor** $(a_{i1}, a_{i2}, \ldots, a_{in})$. Ein Zeilenvektor ist eine (1 × n)-Matrix.

Die Elemente der k-ten Spalte bilden den k-ten **Spaltenvektor** $\begin{pmatrix} a_{1k} \\ a_{2k} \\ \vdots \\ a_{mk} \end{pmatrix}$. Ein Spaltenvektor ist eine (m × 1)-Matrix.

(2 × 1)-Matrizen entsprechen den Vektoren der Ebene, (3 × 1)-Matrizen entsprechen den Vektoren des Raums.

**Rang einer Matrix**

Die maximale Anzahl linear unabhängiger Zeilenvektoren einer Matrix ist gleich der maximalen Anzahl linear unabhängiger Spaltenvektoren. Diese Zahl heißt **Rang** der Matrix. Ist der Rang einer Matrix A gleich r, schreibt man $\text{rg}\,A = r$.
Der Rang einer (m × n)-Matrix kann höchstens gleich der kleineren der beiden Zahlen m und n sein.

Lineare Unabhängigkeit → S. 100

# Lineare Algebra

Matrizen – Grundbegriffe

## Transponierte Matrix

Die zu einer Matrix $A = (a_{ik})$ **transponierte Matrix** $A^T = (a_{ki})$ erhält man, indem man in A Zeilen und Spalten vertauscht. Ist A vom Typ $(m \times n)$, so ist $A^T$ vom Typ $(n \times m)$.

$$A = A_{(m,n)} = (a_{ik}) = \begin{pmatrix} a_{11} & a_{12} & \cdots & a_{1n} \\ a_{21} & a_{22} & \cdots & a_{2n} \\ \vdots & \vdots & \ddots & \vdots \\ a_{m1} & a_{m2} & \cdots & a_{mn} \end{pmatrix} \qquad A^T = A^T_{(m,n)} = (a_{ki}) = \begin{pmatrix} a_{11} & a_{21} & \cdots & a_{m1} \\ a_{12} & a_{22} & \cdots & a_{m2} \\ \vdots & \vdots & \ddots & \vdots \\ a_{1n} & a_{2n} & \cdots & a_{mn} \end{pmatrix}$$

Es gilt $(A^T)^T = A$.

## Nullmatrix

Eine Matrix, bei der alle Elemente gleich null sind, heißt **Nullmatrix**.

$$O = \begin{pmatrix} 0 & 0 & \cdots & 0 \\ 0 & 0 & \cdots & 0 \\ \vdots & \vdots & \ddots & \vdots \\ 0 & 0 & \cdots & 0 \end{pmatrix}$$

## Quadratische Matrix

Eine Matrix, die gleich viele Zeilen wie Spalten hat $(m = n)$, heißt **quadratische Matrix**. Eine quadratische Matrix mit jeweils n Zeilen und Spalten heißt **n-reihige quadratische Matrix**.

$$A = A_{(n,n)} = (a_{ik}) = \begin{pmatrix} a_{11} & a_{12} & \cdots & a_{1n} \\ a_{21} & a_{22} & \cdots & a_{2n} \\ \vdots & \vdots & \ddots & \vdots \\ a_{n1} & a_{n2} & \cdots & a_{nn} \end{pmatrix}$$

## Hauptdiagonale

Die Elemente der **Hauptdiagonalen** einer $(m \times n)$-Matrix sind $a_{11}, a_{22}, \ldots, a_{kk}$, wobei k das Minimum der beiden Zahlen m und n ist.

---

# Quadratische Matrizen $(m = n)$

## Hauptdiagonale und Spur

Die Elemente der **Hauptdiagonalen** einer quadratischen Matrix A sind $a_{11}, a_{22}, \ldots, a_{nn}$.

Ihre Summe nennt man **Spur** der Matrix: $\text{Spur}(A) = a_{11} + a_{22} + \ldots + a_{nn} = \sum_{i=1}^{n} a_{ii}$.

## Dreiecksmatrix

Eine **obere Dreiecksmatrix** ist eine quadratische Matrix, bei der alle Elemente unterhalb der Hauptdiagonalen gleich null sind ($a_{ik} = 0$ für $i > k$).

$$A = A_{(n,n)} = (a_{ik}) = \begin{pmatrix} a_{11} & a_{12} & \cdots & a_{1n} \\ 0 & a_{22} & \cdots & a_{2n} \\ \vdots & \vdots & \ddots & \vdots \\ 0 & 0 & \cdots & a_{nn} \end{pmatrix}$$

Eine **untere Dreiecksmatrix** ist eine quadratische Matrix, bei der alle Elemente oberhalb der Hauptdiagonalen gleich null sind ($a_{ik} = 0$ für $i < k$).

$$A = A_{(n,n)} = (a_{ik}) = \begin{pmatrix} a_{11} & 0 & \cdots & 0 \\ a_{21} & a_{22} & \cdots & 0 \\ \vdots & \vdots & \ddots & \vdots \\ a_{n1} & a_{n2} & \cdots & a_{nn} \end{pmatrix}$$

## Diagonalmatrix

Eine **Diagonalmatrix** ist eine quadratische Matrix, bei der alle Elemente außerhalb der Hauptdiagonalen gleich null sind ($a_{ik} = 0$ für $i \neq k$).

$$A = A_{(n,n)} = (a_{ik}) = \begin{pmatrix} a_{11} & 0 & \cdots & 0 \\ 0 & a_{22} & \cdots & 0 \\ \vdots & \vdots & \ddots & \vdots \\ 0 & 0 & \cdots & a_{nn} \end{pmatrix}$$

## Einheitsmatrix

Die Einheitsmatrix ist eine Diagonalmatrix, bei der alle Einträge auf der Hauptdiagonalen gleich 1 sind ($a_{ik} = 1$ für $i = k$ und $a_{ik} = 0$ für $i \neq k$).

$$E = E_{(n,n)} = (e_{ik}) = \begin{pmatrix} 1 & 0 & \cdots & 0 \\ 0 & 1 & \cdots & 0 \\ \vdots & \vdots & \ddots & \vdots \\ 0 & 0 & \cdots & 1 \end{pmatrix}$$

### Inverse Matrix

Die Matrix $A^{-1}$ heißt die zu einer quadratischen Matrix A **inverse Matrix**, wenn $AA^{-1} = A^{-1}A = E$ gilt.
$A^{-1}$ existiert genau dann, wenn $\det A \neq 0$ ist. Die Matrix A heißt dann **regulär** oder **nichtsingulär** oder **invertierbar**, andernfalls **singulär**.
Es gilt außerdem $(A^{-1})^{-1} = A$ und $(A^{-1})^T = (A^T)^{-1}$.

Für eine $(2 \times 2)$-Matrix $A = \begin{pmatrix} a_{11} & a_{12} \\ a_{21} & a_{22} \end{pmatrix}$ gilt

$$A^{-1} = \frac{1}{a_{11}a_{22} - a_{12}a_{21}} \begin{pmatrix} a_{22} & -a_{12} \\ -a_{21} & a_{11} \end{pmatrix} = \frac{1}{\det A} \begin{pmatrix} a_{22} & -a_{12} \\ -a_{21} & a_{11} \end{pmatrix}.$$

Quadratische Matrizen $(m = n)$
Multiplizieren von Matrizen → S. 104
Determinante einer Matrix → S. 105

### Symmetrische und schiefsymmetrische (antisymmetrische) Matrizen

Eine quadratische Matrix A heißt **symmetrische Matrix**, wenn alle Elemente, die spiegelbildlich zur Hauptdiagonalen liegen, übereinstimmen ($a_{ik} = a_{ki}$; $i, j = 1, 2, \ldots, n$). Es gilt also $A = A^T$.
Jede Diagonalmatrix (insbesondere auch die Einheitsmatrix) ist symmetrisch.

$$A = (a_{ik}) = \begin{pmatrix} a_{11} & a_{12} & \cdots & a_{1n} \\ a_{12} & a_{22} & \cdots & a_{2n} \\ \vdots & \vdots & \ddots & \vdots \\ a_{1n} & a_{2n} & \cdots & a_{nn} \end{pmatrix}$$

Eine quadratische Matrix A heißt **schiefsymmetrische (antisymmetrische) Matrix**, wenn alle Elemente, die spiegelbildlich zur Hauptdiagonalen liegen, Gegenzahlen voneinander sind, und die Elemente auf der Hauptdiagonalen alle null sind ($a_{ik} = -a_{ki}$ und damit $a_{ii} = 0$; $i, j = 1, 2, \ldots, n$). Es gilt also $A = -A^T$.

$$A = (a_{ik}) = \begin{pmatrix} 0 & a_{12} & \cdots & a_{1n} \\ -a_{12} & 0 & \cdots & a_{2n} \\ \vdots & \vdots & \ddots & \vdots \\ -a_{1n} & -a_{2n} & \cdots & 0 \end{pmatrix}$$

Transponierte Matrix → S. 102
Diagonalmatrix → S. 102
Einheitsmatrix → S. 102

Gegenzahl → S. 13

Jede quadratische Matrix A lässt sich eindeutig als Summe einer symmetrischen Matrix B und einer schiefsymmetrischen Matrix C schreiben:

$A = B + C$ mit $B = \frac{1}{2}(A + A^T)$ und $C = \frac{1}{2}(A - A^T)$.

## Rechnen mit Matrizen

### Addieren und Subtrahieren von Matrizen

Matrizen kann man nur dann addieren und subtrahieren, wenn sie vom gleichen Typ sind.
Es werden jeweils die einander entsprechenden Elemente addiert bzw. subtrahiert.

Typ einer Matrix → S. 101

$$A \pm B = A_{(m,n)} + B_{(m,n)} = (a_{ik}) \pm (b_{ik})$$

$$= \begin{pmatrix} a_{11} & a_{12} & \cdots & a_{1n} \\ a_{21} & a_{22} & \cdots & a_{2n} \\ \vdots & \vdots & \ddots & \vdots \\ a_{m1} & a_{m2} & \cdots & a_{mn} \end{pmatrix} \pm \begin{pmatrix} b_{11} & b_{12} & \cdots & b_{1n} \\ b_{21} & b_{22} & \cdots & b_{2n} \\ \vdots & \vdots & \ddots & \vdots \\ b_{m1} & b_{m2} & \cdots & b_{mn} \end{pmatrix}$$

$$= \begin{pmatrix} a_{11} \pm b_{11} & a_{12} \pm b_{12} & \cdots & a_{1n} \pm b_{1n} \\ a_{21} \pm b_{21} & a_{22} \pm b_{22} & \cdots & a_{2n} \pm b_{2n} \\ \vdots & \vdots & \ddots & \vdots \\ a_{m1} \pm b_{m1} & a_{m2} \pm b_{m2} & \cdots & a_{mn} \pm b_{mn} \end{pmatrix}$$

$$= (a_{ik} \pm b_{ik})$$

# Lineare Algebra

Rechnen mit Matrizen

## Multiplizieren einer Matrix mit einer reellen Zahl

Man multipliziert eine Matrix mit einer reellen Zahl, indem man jedes Element der Matrix mit dieser Zahl multipliziert.

$$r \cdot A = r \cdot (a_{ik}) = (r \cdot a_{ik}) = \begin{pmatrix} r \cdot a_{11} & r \cdot a_{12} & \cdots & r \cdot a_{1n} \\ r \cdot a_{21} & r \cdot a_{22} & \cdots & r \cdot a_{2n} \\ \vdots & \vdots & \ddots & \vdots \\ r \cdot a_{m1} & r \cdot a_{m2} & \cdots & r \cdot a_{mn} \end{pmatrix}$$

Die Division einer Matrix durch eine reelle Zahl $r \neq 0$ entspricht einer Multiplikation der Matrix mit $\frac{1}{r}$.

## Multiplizieren von Matrizen

Zwei Matrizen A und B kann man nur dann miteinander multiplizieren $(A \cdot B)$, wenn die Spaltenanzahl von A mit der Zeilenanzahl von B übereinstimmt. Wenn A eine Matrix vom Typ $(m \times n)$ ist, dann muss B eine Matrix vom Typ $(n \times p)$ sein. Das Produkt $A \cdot B = C$ ist dann eine Matrix vom Typ $(m \times p)$.

Typ einer Matrix → S. 101

$$A \cdot B = A_{(m,n)} \cdot B_{(n,p)}$$

$$= \begin{pmatrix} a_{11} & a_{12} & \cdots & a_{1k} & \cdots & a_{1n} \\ a_{21} & a_{22} & \cdots & a_{2k} & \cdots & a_{2n} \\ \vdots & \vdots & \ddots & \vdots & \ddots & \vdots \\ a_{i1} & a_{i2} & \cdots & a_{ik} & \cdots & a_{in} \\ \vdots & \vdots & \ddots & \vdots & \ddots & \vdots \\ a_{m1} & a_{m2} & \cdots & a_{mk} & \cdots & a_{mn} \end{pmatrix} \cdot \begin{pmatrix} b_{11} & b_{12} & \cdots & b_{1k} & \cdots & b_{1p} \\ b_{21} & b_{22} & \cdots & b_{2k} & \cdots & b_{2p} \\ \vdots & \vdots & \ddots & \vdots & \ddots & \vdots \\ b_{i1} & b_{i2} & \cdots & b_{ik} & \cdots & b_{ip} \\ \vdots & \vdots & \ddots & \vdots & \ddots & \vdots \\ b_{n1} & b_{n2} & \cdots & b_{nk} & \cdots & b_{np} \end{pmatrix}$$

$$= \begin{pmatrix} c_{11} & c_{12} & \cdots & c_{1k} & \cdots & c_{1p} \\ c_{21} & c_{22} & \cdots & c_{2k} & \cdots & c_{2p} \\ \vdots & \vdots & \ddots & \vdots & \ddots & \vdots \\ c_{i1} & c_{i2} & \cdots & c_{ik} & \cdots & c_{ip} \\ \vdots & \vdots & \ddots & \vdots & \ddots & \vdots \\ c_{m1} & c_{m2} & \cdots & c_{mk} & \cdots & c_{mp} \end{pmatrix} = (c_{ik}) = C_{(m,p)} = C$$

Skalarprodukt → S. 101
Zeilen- und Spaltenvektor → S. 101

Das Element $c_{ik}$ erhält man, indem man das Skalarprodukt des i-ten Zeilenvektors von A mit dem k-ten Spaltenvektor von B bildet:

$$c_{ik} = (a_{i1}, a_{i2}, \ldots, a_{in}) \cdot \begin{pmatrix} b_{1k} \\ b_{2k} \\ \vdots \\ b_{nk} \end{pmatrix} = a_{i1} \cdot b_{1k} + a_{i2} \cdot b_{2k} + \ldots + a_{ik} \cdot b_{ik} + \ldots + a_{in} \cdot b_{nk} = \sum_{j=1}^{n} a_{ij} \cdot b_{jk}.$$

Wenn man eine $(m \times n)$-Matrix A von links mit einem Zeilenvektor der Länge m multipliziert, erhält man einen Zeilenvektor der Länge n.
Wenn man eine $(m \times n)$-Matrix A von rechts mit einem Spaltenvektor der Länge n multipliziert, erhält man einen Spaltenvektor der Länge m.

Quadratische Matrix → S. 102
Potenzieren von quadratischen Matrizen → S. 105

Eine quadratische Matrix A kann mit sich selbst multipliziert werden: $A \cdot A = A^2$.
Weiterhin gilt $A \cdot A \cdot A = A^3, \ldots, A^n = \underbrace{A \cdot A \cdot \ldots \cdot A}_{n \text{ Faktoren}}$ (**n-te Potenz** von A; $n \in \mathbb{N}$).

## Regeln für das Rechnen mit Matrizen

### Addieren und Subtrahieren von Matrizen gleichen Typs

$A \pm B = B \pm A$ **(Kommutativgesetz)**
$(A + B) + C = A + (B + C) = A + B + C$ **(Assoziativgesetz)**
$A + O = O + A = A$
$(A \pm B)^T = A^T \pm B^T$

Nullmatrix → S. 102

### Multiplizieren einer Matrix mit einer reellen Zahl ($r, s \in \mathbb{R}$)

Regeln für das Rechnen mit Matrizen

Es wird vorausgesetzt, dass die Addition und Multiplikation der Matrizen möglich ist.

$r \cdot A = A \cdot r$ **(Kommutativgesetz)**
$(r \cdot s) \cdot A = r \cdot (s \cdot A)$ **(Assoziativgesetz)**
$r \cdot (A + B) = r \cdot A + r \cdot B$ **(Distributivgesetz)**
$(r + s) \cdot A = r \cdot A + s \cdot A$ **(Distributivgesetz)**
$r \cdot (A \cdot B) = (r \cdot A) \cdot B = A \cdot (r \cdot B)$
$1 \cdot A = A$
$0 \cdot A = 0$
$(r \cdot A)^T = r \cdot A^T$

Transponierte Matrix → S. 102

### Multiplizieren von Matrizen

Es wird vorausgesetzt, dass die Addition und Multiplikation der Matrizen möglich ist.

$(A \cdot B) \cdot C = A \cdot (B \cdot C) = A \cdot B \cdot C$ **(Assoziativgesetz)**
$(A + B) \cdot C = A \cdot C + B \cdot C$ **(Distributivgesetz)**
$A \cdot (B + C) = A \cdot B + A \cdot C$ **(Distributivgesetz)**
$E \cdot A = A \cdot E = A$
$A \cdot 0 = 0 \cdot A = 0$
$(A \cdot B)^T = B^T \cdot A^T$
$(A \cdot B \cdot \ldots \cdot Z)^{-1} = Z^{-1} \cdot \ldots \cdot B^{-1} \cdot A^{-1}$

Einheitsmatrix und Nullmatrix → S. 102

Die Matrizenmultiplikation ist im Allgemeinen nicht kommutativ. Im Allgemeinen gilt $A \cdot B \neq B \cdot A$.

### Potenzieren von quadratischen Matrizen

$A^0 = E$
Ist eine quadratische Matrix A invertierbar ($\det A \neq 0$), dann gilt $A^{-n} = (A^{-1})^n$ ($n \in \mathbb{N}$).
$A^{m+n} = A^m \cdot A^n$ ($m, n \in \mathbb{N}$ bzw. $m, n \in \mathbb{Z}$ für $\det A \neq 0$)
$A^{m \cdot n} = (A^m)^n$ ($m, n \in \mathbb{N}$ bzw. $m, n \in \mathbb{Z}$ für $\det A \neq 0$)

Inverse Matrix → S. 103
Determinante → vgl. unten

## Determinanten

### Determinante

Jeder n-reihigen quadratischen Matrix $A = A_{(n,n)} = (a_{ik})$ ist eindeutig eine reelle Zahl zugeordnet, die man **(n-reihige) Determinante** von A oder **Determinante n-ter Ordnung** von A nennt.

n-reihige quadratische Matrix → S. 102

Schreibweise: $D = \det A = \det(a_{ik}) = |A| = \begin{vmatrix} a_{11} & a_{12} & \cdots & a_{1n} \\ a_{21} & a_{22} & \cdots & a_{2n} \\ \vdots & \vdots & \ddots & \vdots \\ a_{n1} & a_{n2} & \cdots & a_{nn} \end{vmatrix}$

### Unterdeterminante

Die **Unterdeterminante** $\det A_{ik}$ (n – 1)-ter Ordnung des Elements $a_{ik}$ einer n-reihigen quadratischen Matrix $A = A_{(n,n)} = (a_{ik})$ ist die Determinante der Matrix, die man erhält, indem man in der Matrix A die i-te Zeile und die k-te Spalte streicht.

Laplace'scher Entwicklungssatz → S. 106

### Zweireihige Determinanten

$$\begin{vmatrix} a_{11} & a_{12} \\ a_{21} & a_{22} \end{vmatrix} = a_{11} \cdot a_{22} - a_{12} \cdot a_{21}$$

**Determinanten**

Laplace'scher Entwicklungssatz → vgl. unten
Unterdeterminante → S. 105

## Dreireihige Determinanten

Berechnung mithilfe von Unterdeterminanten (Entwicklung nach der 1. Zeile):

$$\begin{vmatrix} a_{11} & a_{12} & a_{13} \\ a_{21} & a_{22} & a_{23} \\ a_{31} & a_{32} & a_{33} \end{vmatrix} = a_{11}\begin{vmatrix} a_{22} & a_{23} \\ a_{32} & a_{33} \end{vmatrix} - a_{12}\begin{vmatrix} a_{21} & a_{23} \\ a_{31} & a_{33} \end{vmatrix} + a_{13}\begin{vmatrix} a_{21} & a_{22} \\ a_{31} & a_{32} \end{vmatrix}$$

Berechnung mithilfe der **Regel von Sarrus** (gilt nur für dreireihige Determinanten):

$$\begin{vmatrix} a_{11} & a_{12} & a_{13} \\ a_{21} & a_{22} & a_{23} \\ a_{31} & a_{32} & a_{33} \end{vmatrix}\begin{matrix} a_{11} & a_{12} \\ a_{21} & a_{22} \\ a_{31} & a_{32} \end{matrix}$$
$$- \quad - \quad - \quad + \quad + \quad +$$

$$\begin{vmatrix} a_{11} & a_{12} & a_{13} \\ a_{21} & a_{22} & a_{23} \\ a_{31} & a_{32} & a_{33} \end{vmatrix} = a_{11}a_{22}a_{33} + a_{12}a_{23}a_{31} + a_{13}a_{21}a_{32} - a_{13}a_{22}a_{31} - a_{11}a_{23}a_{32} - a_{12}a_{21}a_{33}$$

## n-reihige Determinanten (Laplace'scher Entwicklungssatz)

n-reihige quadratische Matrix → S. 102

Die Berechnung der Determinante einer n-reihigen quadratischen Matrix kann man auf die Berechnung zweireihiger Determinanten zurückführen, indem man schrittweise die Dimension der zu berechnenden Determinanten um 1 verringert. Man kann nach einer Zeile oder nach einer Spalte entwickeln. Der Wert der Determinante ist unabhängig davon, nach welcher Zeile oder Spalte man entwickelt.
Mit $\det A_{ik}$ bezeichnet man die Unterdeterminante (n − 1)-ter Ordnung des Elements $a_{ik}$ von A.

**Entwickeln nach der i-ten Zeile:**

$$\det A = \det(a_{ik}) = \sum_{k=1}^{n} (-1)^{i+k} a_{ik} \det A_{ik}$$

**Entwickeln nach der k-ten Spalte:**

$$\det A = \det(a_{ik}) = \sum_{i=1}^{n} (-1)^{i+k} a_{ik} \det A_{ik}$$

**Entwickeln nach der 1. Zeile:**

$$\det A = \sum_{k=1}^{n} (-1)^{1+k} a_{1k} \det A_{1k}$$

**Entwickeln nach der 1. Spalte:**

$$\det A = \sum_{i=1}^{n} (-1)^{i+1} a_{i1} \det A_{i1}$$

## Regeln für das Rechnen mit Determinanten

Hauptdiagonale und transponierte Matrix → S. 102

Der Wert einer Determinante ändert sich nicht, wenn man
- die Zeilen mit den Spalten vertauscht (Spiegelung an der Hauptdiagonalen),
- zu einer Zeile (Spalte) ein Vielfaches einer anderen Zeile (Spalte) addiert,
- zu einer Zeile (Spalte) eine Linearkombination anderer Zeilen (Spalten) addiert.

Vertauscht man zwei Zeilen (zwei Spalten), so ändert sich nur das Vorzeichen der Determinante.

Man multipliziert eine Determinante mit einer reellen Zahl r, indem man jedes Element einer einzigen beliebigen Zeile (Spalte) mit r multipliziert. Ein gemeinsamer Faktor r aller Elemente einer einzigen beliebigen Zeile (Spalte) kann man also vor die Determinante ziehen.

$$\det\begin{pmatrix} a_{11} & a_{12} & \cdots & a_{1n} \\ a_{21} & a_{22} & \cdots & a_{2n} \\ \vdots & \vdots & \ddots & \vdots \\ r\cdot a_{i1} & r\cdot a_{i2} & \cdots & r\cdot a_{in} \\ \vdots & \vdots & \ddots & \vdots \\ a_{n1} & a_{n2} & \cdots & a_{nn} \end{pmatrix} = r \cdot \det A$$

Der Wert einer Determinante ist null, wenn
- alle Elemente einer Zeile (Spalte) gleich null sind oder
- zwei Zeilen (Spalten) gleich sind oder
- eine Zeile (Spalte) ein Vielfaches einer anderen Zeile (Spalte) ist oder
- eine Zeile (Spalte) eine Linearkombination der restlichen Zeilen (Spalten) ist.

Sind A, B und C $(n \times n)$-Matrizen, so gilt:

$\det(A \cdot B) = \det A \cdot \det B$

$\det(A^n) = (\det A)^n \quad (n \in \mathbb{N})$ und $\det(A^n) = (\det A)^n \quad (n \in \mathbb{Z};\ \det A \neq 0$ (A invertierbar))

$\det(A^T) = \det A$

$\det(A \cdot B) = \det(A \cdot B^T) = \det(A^T \cdot B) = \det(A^T \cdot B^T)$

$\det(A^{-1}) = \frac{1}{\det A}$ ($\det A \neq 0$ (A invertierbar))

$\det(C^{-1} \cdot A \cdot C) = \det A$ ($\det C \neq 0$ (C invertierbar))

$\det(r \cdot A) = r^n \det A \quad (r \in \mathbb{R})$

**Regeln für das Rechnen mit Determinanten**

Inverse Matrix → S. 103
Transponierte Matrix → S. 102

## Lineares Gleichungssystem aus m Gleichungen mit n Variablen

**Lineare Gleichungssysteme**

Lineare Gleichung → S. 20
Elementare Zeilenumformungen für lineare Gleichungssysteme (Äquivalenzumformungen) → S. 108

Ein System aus m linearen Gleichungen mit n Variablen $x_1, x_2, \ldots, x_n$ heißt **lineares Gleichungssystem (LGS) mit m Gleichungen und n Variablen ((m, n)-LGS)**. Durch elementare Zeilenumformungen (Äquivalenzumformungen) kann man ein solches System immer in die folgende Form bringen:

**Koordinatenschreibweise** ($a_{ik}, b_i \in \mathbb{R}$):

$$\begin{aligned} a_{11}x_1 + a_{12}x_2 + \ldots + a_{1n}x_n &= b_1 \\ a_{21}x_1 + a_{22}x_2 + \ldots + a_{2n}x_n &= b_2 \\ \ldots \\ a_{m1}x_1 + a_{m2}x_2 + \ldots + a_{mn}x_n &= b_m \end{aligned}$$

Die Zahlen $a_{ik}$ heißen **Koeffizienten** des LGS, die Zahlen $b_i$ heißen **Absolutglieder** des LGS.

**Vektorschreibweise:**

$$x_1\vec{a_1} + x_2\vec{a_2} + \ldots + x_n\vec{a_n} = \vec{b} \text{ mit } \vec{a_1} = \begin{pmatrix} a_{11} \\ a_{21} \\ \vdots \\ a_{m1} \end{pmatrix}, \vec{a_2} = \begin{pmatrix} a_{12} \\ a_{22} \\ \vdots \\ a_{m2} \end{pmatrix}, \ldots, \vec{a_n} = \begin{pmatrix} a_{1n} \\ a_{2n} \\ \vdots \\ a_{mn} \end{pmatrix}, \vec{b} = \begin{pmatrix} b_1 \\ b_2 \\ \vdots \\ b_m \end{pmatrix}$$

**Matrixschreibweise:**

$$A \cdot \vec{x} = \vec{b} \text{ mit } A = \begin{pmatrix} a_{11} & a_{12} & \cdots & a_{1n} \\ a_{21} & a_{22} & \cdots & a_{2n} \\ \vdots & \vdots & \ddots & \vdots \\ a_{m1} & a_{m2} & \cdots & a_{mn} \end{pmatrix}, \vec{x} = \begin{pmatrix} x_1 \\ x_2 \\ \vdots \\ x_n \end{pmatrix} \text{ und } \vec{b} = \begin{pmatrix} b_1 \\ b_2 \\ \vdots \\ b_m \end{pmatrix}$$

Die Matrix $A = (a_{ik})$ heißt **Koeffizientenmatrix** des LGS

**Schreibweise mit der erweiterte Koeffizientenmatrix des LGS:**

$$\left(\begin{array}{cccc|c} a_{11} & a_{12} & \cdots & a_{1n} & b_1 \\ a_{21} & a_{22} & \cdots & a_{2n} & b_2 \\ \vdots & \vdots & \ddots & \vdots & \vdots \\ a_{m1} & a_{m2} & \cdots & a_{mn} & b_m \end{array}\right) = (A, \vec{b})$$

Jedes LGS hat entweder keine, genau eine oder unendlich viele Lösungen.

## Homogenes, inhomogenes und quadratisches lineares Gleichungssystem

Ein LGS, bei dem alle Absolutglieder $b_i$ gleich null sind, heißt **homogen**.
Ist mindestens ein Absolutglied $b_i$ ungleich null, so heißt das LGS **inhomogen**.
Ist die Anzahl m an Gleichungen gleich der Anzahl n an Variablen, so spricht man von einem **quadratischen** LGS.

# Lineare Algebra

Lineare Gleichungssysteme

## Elementare Zeilenumformungen für lineare Gleichungssysteme (Äquivalenzumformungen)

Durch die folgenden elementaren Zeilenumformungen wird die Lösungsmenge eines LGS nicht verändert. Die Umformungen (2) und (3) kann man kombinieren.
(1) Man vertauscht zwei Gleichungen (Zeilen) miteinander.
(2) Man multipliziert eine Gleichung (Zeile) mit einer Zahl ungleich null.
(3) Man ersetzt eine Gleichung (Zeile) durch die Summe von ihr und einer anderen Gleichung (Zeile).

## Lösen eines linearen Gleichungssystems mithilfe des Gauß'schen Eliminationsverfahrens

Beim **Gauß'schen Eliminationsverfahren** formt man ein LGS durch elementare Zeilenumformungen so um, dass es in **Stufenform** vorliegt, d.h., mindestens eine Variable einer Gleichung des LGS kommt in allen folgenden Gleichung nicht mehr vor. Man kann dann den Wert von $x_n$ bestimmen und durch Rückwärtseinsetzen nacheinander die Werte für $x_{n-1}, x_{n-2}, \ldots, x_2$ und $x_1$.

LGS mit drei Gleichungen und drei Variablen:

**Koordinatenschreibweise:**

$$\begin{aligned} 6x_1 - 3x_2 + 2x_3 &= 5 \\ 2x_2 - x_3 &= 2 \\ 3x_3 &= 12 \end{aligned}$$

**Matrixschreibweise:**

$$\begin{pmatrix} 6 & -3 & 2 \\ 0 & 2 & -1 \\ 0 & 0 & 3 \end{pmatrix} \cdot \begin{pmatrix} x_1 \\ x_2 \\ x_3 \end{pmatrix} = \begin{pmatrix} 5 \\ 2 \\ 12 \end{pmatrix}$$

**Schreibweise mit der erweiterten Koeffizientenmatrix:**

$$\left(\begin{array}{ccc|c} 6 & -3 & 2 & 5 \\ 0 & 2 & -1 & 2 \\ 0 & 0 & 3 & 12 \end{array}\right)$$

Aus der letzten Zeile liest man $x_3 = 4$ ab. Dies setzt man in die zweite Zeile ein und erhält $x_2 = 3$. Durch Einsetzen in die erste Zeile erhält man $x_1 = 1$.

Beim **Gauß-Jordan-Verfahren** formt man ein LGS durch elementare Zeilenumformungen so um, dass es in **reduzierter Stufenform** vorliegt. Diese ist ein Spezialfall der Stufenform, bei dem die jeweils erste Variable einer Gleichung des LGS nur in dieser vorkommt und den Koeffizienten 1 hat. Jedes LGS hat genau eine reduzierte Stufenform.

LGS mit drei Gleichungen und drei Variablen:

**Koordinatenschreibweise:**

$$\begin{aligned} x_1 \qquad\qquad &= 1 \\ x_2 \qquad &= 3 \\ x_3 &= 4 \end{aligned}$$

**Matrixschreibweise:**

$$\begin{pmatrix} 1 & 0 & 0 \\ 0 & 1 & 0 \\ 0 & 0 & 1 \end{pmatrix} \cdot \begin{pmatrix} x_1 \\ x_2 \\ x_3 \end{pmatrix} = \begin{pmatrix} 1 \\ 3 \\ 4 \end{pmatrix}$$

**Schreibweise mit der erweiterten Koeffizientenmatrix:**

$$\left(\begin{array}{ccc|c} 1 & 0 & 0 & 1 \\ 0 & 1 & 0 & 3 \\ 0 & 0 & 1 & 4 \end{array}\right)$$

Quadratisches LGS → S. 107

## Lösen eines quadratischen linearen Gleichungssystems mithilfe von Determinanten (Cramer'sche Regel)

Inverse Matrix → S. 103

**Cramer'sche Regel:**
Ist die Koeffizientenmatrix A eines quadratischen (n, n)-LGS $A \cdot \vec{x} = \vec{b}$ invertierbar (regulär), d.h. $\det A \neq 0$, so ist das LGS eindeutig lösbar und für $x_i$ gilt $x_i = \frac{D_i}{D}$ $(i = 1, 2, \ldots, n)$.
Dabei ist $D_i$ die Determinante der Matrix, die man erhält, indem man in der Matrix A die i-te Spalte durch die Absolutglieder $b_i$ ersetzt.

**Lösen eines quadratischen linearen Gleichungssystems mithilfe von Determinanten (Cramer'sche Regel)**

Für ein LGS mit $n = 2$ gilt $x_1 = \frac{\begin{vmatrix} b_1 & a_{12} \\ b_2 & a_{22} \end{vmatrix}}{\begin{vmatrix} a_{11} & a_{12} \\ a_{21} & a_{22} \end{vmatrix}}$ und $x_2 = \frac{\begin{vmatrix} a_{11} & b_1 \\ a_{21} & b_2 \end{vmatrix}}{\begin{vmatrix} a_{11} & a_{12} \\ a_{21} & a_{22} \end{vmatrix}}$.

Für ein LGS mit $n = 3$ gilt $x_1 = \frac{D_1}{D}$, $x_2 = \frac{D_2}{D}$ und $x_3 = \frac{D_3}{D}$

mit $D = \begin{vmatrix} a_{11} & a_{12} & a_{13} \\ a_{21} & a_{22} & a_{23} \\ a_{31} & a_{32} & a_{33} \end{vmatrix}$, $D_1 = \begin{vmatrix} b_1 & a_{12} & a_{13} \\ b_2 & a_{22} & a_{23} \\ b_3 & a_{32} & a_{33} \end{vmatrix}$, $D_2 = \begin{vmatrix} a_{11} & b_1 & a_{13} \\ a_{21} & b_2 & a_{23} \\ a_{31} & b_3 & a_{33} \end{vmatrix}$ und $D_3 = \begin{vmatrix} a_{11} & a_{12} & b_1 \\ a_{21} & a_{22} & b_2 \\ a_{13} & a_{32} & b_3 \end{vmatrix}$.

## Struktur der Lösungsmenge linearer Gleichungssysteme mit m Gleichungen und n Variablen

### Homogenes lineares Gleichungssystem

Ein homogenes LGS besitzt immer mindestens eine Lösung, die **triviale Lösung** $x_1 = x_2 = \ldots = x_n = 0$. Da die Lösungsmenge eines homogenen LGS ein Vektorraum ist, gilt: Bei einem homogenen LGS ist jedes Vielfache einer Lösung wieder eine Lösung. Auch die Summe zweier Lösungen ist wieder eine Lösung. Damit ist jede Linearkombination von Lösungen eines homogenen LGS wieder eine Lösung des homogenen LGS.

Homogenes lineares Gleichungssystem → S. 107
Vektorraum → S. 99
Linearkombination → S. 99

### Inhomogenes lineares Gleichungssystem

Man erhält alle Lösungen eines inhomogenen LGS, indem man zu jeder Lösung des zugehörigen homogenen LGS eine **partikuläre** (spezielle) **Lösung** des inhomogenen LGS addiert. Ein inhomogenes LGS besitzt also insbesondere genau dann höchstens eine Lösung, wenn das zugehörige homogene LGS nur die triviale Lösung besitzt.

Inhomogenes lineares Gleichungssystem → S. 107

## Lösbarkeitskriterien für lineare Gleichungssysteme mit m Gleichungen und n Variablen

Gegeben sind ein inhomogenes (m, n)-LGS $A \cdot \vec{x} = \vec{b}$ und das zugehörige homogene LGS $A \cdot \vec{x} = \vec{o}$.

$$A = \begin{pmatrix} a_{11} & a_{12} & \cdots & a_{1n} \\ a_{21} & a_{22} & \cdots & a_{2n} \\ \vdots & \vdots & \ddots & \vdots \\ a_{m1} & a_{m2} & \cdots & a_{mn} \end{pmatrix}, \quad \vec{x} = \begin{pmatrix} x_1 \\ x_2 \\ \vdots \\ x_n \end{pmatrix}, \quad \vec{b} = \begin{pmatrix} b_1 \\ b_2 \\ \vdots \\ b_m \end{pmatrix}$$

**Lösbarkeitskriterien für das homogene LGS:**
- $\operatorname{rg} A = n$: eindeutig lösbar (triviale Lösung)
- $\operatorname{rg} A < n$: unendlich viele Lösungen

Rang einer Matrix → S. 101

**Lösbarkeitskriterien für das inhomogene LGS:**
- $\operatorname{rg} A = \operatorname{rg}(A, \vec{b})$: lösbar
- $\operatorname{rg} A = \operatorname{rg}(A, \vec{b}) = n$: eindeutig lösbar
- $\operatorname{rg} A = \operatorname{rg}(A, \vec{b}) < n$: unendlich viele Lösungen
- $\operatorname{rg} A < \operatorname{rg}(A, \vec{b})$: keine Lösung

Dabei bezeichnet $(A, \vec{b})$ die erweiterte Koeffizientenmatrix.

Erweiterte Koeffizientenmatrix → S. 107

Für quadratische LGS $(m = n)$:

**Lösbarkeitskriterien für das homogene LGS:**
- $\det A \neq 0$: eindeutig lösbar (triviale Lösung)
- $\det A = 0$: unendlich viele Lösungen

**Lösbarkeitskriterien für das inhomogene LGS** $(i = 1, 2, \ldots, n)$:
- $\det A \neq 0$: eindeutig lösbar (Cramer'sche Regel)
- $\det A = 0$ und $D_i = 0$ für alle i: unendlich viele Lösungen
- $\det A = 0$ und $D_i \neq 0$ für mindestens ein i: keine Lösung

Cramer'sche Regel → S. 108

Dabei ist $D_i$ die Determinante der Matrix, die man erhält, indem man in der Matrix A die i-te Spalte durch die Absolutglieder $b_i$ ersetzt.

## Mehrstufige Prozesse

### Einstufige Produktionsprozesse

Die Herstellung von Endprodukten aus Rohstoffen kann als **einstufiger Prozess** aufgefasst werden.
Den Bedarf $a_{ij}$ in Mengeneinheiten an den Rohstoffen $R_i$ $(i = 1, 2, \ldots, m)$ für eine Mengeneinheit eines Endproduktes $E_j$ $(j = 1, 2, \ldots, n)$ kann man mit einer Tabelle, einem **Verflechtungsdiagramm**, auch **Gozintograph** genannt, oder einer **Bedarfsmatrix** bzw. **Prozessmatrix** darstellen.

Tabelle:

| | $E_1$ | $E_2$ |
|---|---|---|
| $R_1$ | $a_{11}$ | $a_{12}$ |
| $R_2$ | $a_{21}$ | $a_{22}$ |
| $R_3$ | $a_{31}$ | $a_{32}$ |

Verflechtungsdiagramm (Gozintograph):

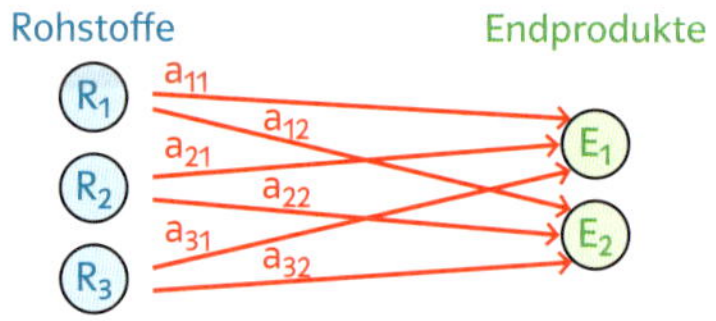


Bedarfsmatrix:

$$A = \begin{pmatrix} a_{11} & a_{12} \\ a_{21} & a_{22} \\ a_{31} & a_{32} \end{pmatrix}$$

Sollen $e_1$ Mengeneinheiten von $E_1$ und $e_2$ Mengeneinheiten von $E_2$ produziert werden, gilt für die dafür benötigten Mengeneinheiten $r_1$, $r_2$ und $r_3$ an Rohstoffen $R_1$, $R_2$ und $R_3$:

$$\vec{r} = A \cdot \vec{e} \text{ mit } \vec{r} = \begin{pmatrix} r_1 \\ r_2 \\ r_3 \end{pmatrix} \text{ und } \vec{e} = \begin{pmatrix} e_1 \\ e_2 \end{pmatrix}.$$

### Mehrstufige Produktionsprozesse

Werden aus Rohstoffen über eine Zwischenstufe mit Zwischenprodukten Endprodukte hergestellt, so kann man dies als einen **zweistufigen Prozess** auffassen. Bei mehreren Zwischenstufen spricht man von einem **mehrstufigen Prozess**. Wie bei einstufigen Prozessen kann man mit Tabellen, Diagrammen und Matrizen arbeiten.

Zweistufiger Prozess:
Der Bedarf in Mengeneinheiten an den Rohstoffen $R_i$ $(i = 1, 2, \ldots, m)$ für eine Mengeneinheit eines Zwischenproduktes $Z_j$ $(j = 1, 2, \ldots, n)$ sei $a_{ij}$, der Bedarf in Mengeneinheiten an diesen Zwischenprodukten $Z_j$ für eine Mengeneinheit eines Endproduktes $E_k$ $(k = 1, 2, \ldots, p)$ sei $b_{jk}$.

Tabelle:

| | $Z_1$ | $Z_2$ |
|---|---|---|
| $R_1$ | $a_{11}$ | $a_{12}$ |
| $R_2$ | $a_{21}$ | $a_{22}$ |
| $R_3$ | $a_{31}$ | $a_{32}$ |

| | $E_1$ | $E_2$ |
|---|---|---|
| $Z_1$ | $b_{11}$ | $b_{12}$ |
| $Z_2$ | $b_{21}$ | $b_{22}$ |

Verflechtungsdiagramm (Gozintograph):

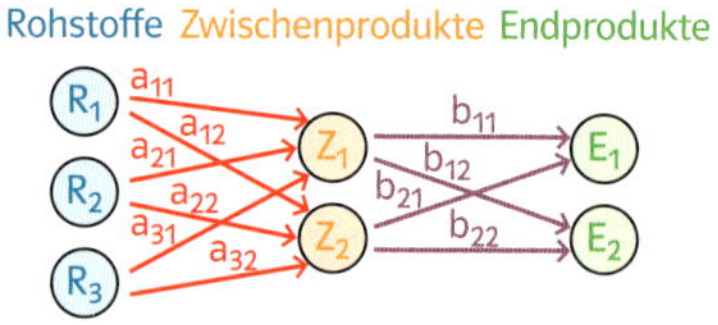


Bedarfsmatrizen: $A = \begin{pmatrix} a_{11} & a_{12} \\ a_{21} & a_{22} \\ a_{31} & a_{32} \end{pmatrix}$ und $B = \begin{pmatrix} b_{11} & b_{12} \\ b_{21} & b_{22} \end{pmatrix}$

Multiplizieren von Matrizen → S. 104

Die Anzahl an Mengeneinheiten der Rohstoffe, die zur Produktion je einer Mengeneinheit der Endprodukte benötigt wird, erhält man aus der Matrix $C = A \cdot B$. Sollen $e_1$ Mengeneinheiten von $E_1$ und $e_2$ Mengeneinheiten von $E_2$ produziert werden und sind $r_1$, $r_2$ und $r_3$ die dafür benötigten Mengeneinheiten an Rohstoffen $R_1$, $R_2$ und $R_3$ sowie $z_1$ und $z_2$ die benötigten Mengeneinheiten an Zwischenprodukten $Z_1$ und $Z_2$, so gilt:

$$\vec{r} = A \cdot \vec{z},\ \vec{z} = B \cdot \vec{e},\ \vec{r} = C \cdot \vec{e} \text{ mit } \vec{r} = \begin{pmatrix} r_1 \\ r_2 \\ r_3 \end{pmatrix},\ C = A \cdot B,\ \vec{z} = \begin{pmatrix} z_1 \\ z_2 \end{pmatrix} \text{ und } \vec{e} = \begin{pmatrix} e_1 \\ e_2 \end{pmatrix}.$$

## Austauschprozesse (stochastische Prozesse)

Mehrstufige Prozesse

### Austauschprozesse

Prozesse, bei denen sich ein bestehender Zustand ändert, heißen **Austauschprozesse (stochastische Prozesse).** Hierbei ändert sich nur die Verteilung von Individuen auf einzelne Zustände, nicht jedoch die Gesamtanzahl der Individuen.

Es seien drei Zustände $Z_1$, $Z_2$ und $Z_3$ in Abhängigkeit von der Zeit gegeben. Der Zustand $Z_1$ gehe in einer Zeiteinheit mit der Wahrscheinlichkeit $p_{11}$ in den Zustand $Z_1$ über, mit der Wahrscheinlichkeit $p_{12}$ in den Zustand $Z_2$ und mit der Wahrscheinlichkeit $p_{13}$ in den Zustand $Z_3$. Analoges gelte für die Zustände $Z_2$ und $Z_3$.

Übergangsgraph:

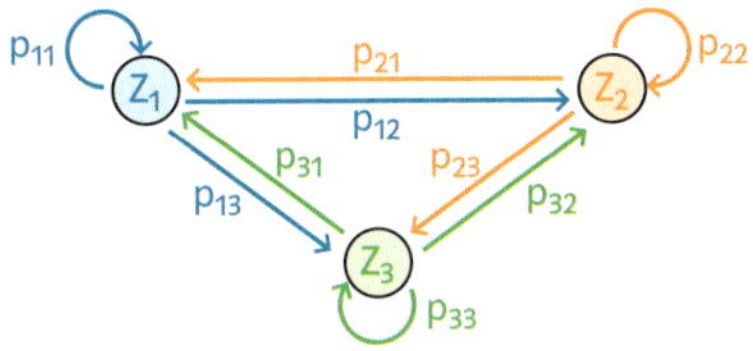


Sind zu einem bestimmten Zeitpunkt die Anzahlen an Individuen in den drei Zuständen durch $x_1$, $x_2$ und $x_3$ gegeben, dann gilt für die Anzahlen $y_1$, $y_2$ und $y_3$ an Individuen in den drei Zuständen nach einer Zeiteinheit

$$\vec{y} = P \cdot \vec{x} \quad \text{mit} \quad \vec{y} = \begin{pmatrix} y_1 \\ y_2 \\ y_3 \end{pmatrix}, \quad P = \begin{pmatrix} p_{11} & p_{12} & p_{13} \\ p_{21} & p_{22} & p_{23} \\ p_{31} & p_{32} & p_{33} \end{pmatrix} \quad \text{und} \quad \vec{x} = \begin{pmatrix} x_1 \\ x_2 \\ x_3 \end{pmatrix}.$$

Die quadratische Matrix P heißt **Übergangsmatrix**.

Quadratische Matrix → S. 102

### Stochastische Matrizen

Statt Übergangsmatrix sagt man auch **stochastische Matrix**.

Eine Matrix $P = (p_{ik})$ heißt stochastische Matrix, wenn folgende Bedingungen gelten:

(1) P ist quadratisch.

(2) Für jedes Element $p_{ik}$ gilt $0 \leq p_{ik} \leq 1$.

(3) Die Summe aller Elemente einer Spalte beträgt 1.

### Markow-Ketten

Mithilfe einer Anfangsverteilung $\vec{x_0}$ kann man die Verteilung der Individuen nach n Zeiteinheiten durch $P^n \cdot \vec{x_0}$ bestimmen (P: stochastische Matrix). Man spricht von **Markow-Ketten** bzw. **Markow-Prozessen**.

n-te Potenz einer Matrix → S. 104

### Grenzmatrix

Gegeben ist eine stochastische Matrix P. Wenn es unter den Matrizen P, $P^2$, $P^3$ … eine Matrix gibt, in der in mindestens einer Zeile alle Elemente positiv sind, dann gibt es eine **stabile Grenzverteilung $\vec{g}$ (Gleichgewichtsverteilung)** und eine **Grenzmatrix** G, bei der alle Spalten gleich sind. Man spricht auch von einer **stationären Verteilung**.

Für $k \to \infty$ wird die Matrix $P^k$ zur Grenzmatrix G. Für jeden Vektor $\vec{x}$ gilt $\vec{g} = G \cdot \vec{x}$.

Der Vektor $\vec{g}$ ist ein Fixvektor zu P, d.h., es gilt $P \cdot \vec{g} = \vec{g}$.

Man erhält die Grenzverteilung $\vec{g}$, indem man das LGS $P \cdot \vec{g} = \vec{g}$ löst unter der Nebenbedingung, dass die Summe der Elemente von $\vec{g}$ die Gesamtanzahl an Individuen ergibt.

LGS → S. 107

Die Grenzmatrix erhält man, indem man einen Fixvektor berechnet, bei dem die Summe seiner Elemente 1 ergibt. Die Elemente dieses Fixvektors entsprechen den Elementen in jeder Spalte der Grenzmatrix G.

# Lineare Algebra

Mehrstufige Prozesse

## Populationsprozesse

Übergangsmatrix → S. 111
n-te Potenz einer Matrix → S. 104
Einheitsmatrix → S. 102

Ein mehrstufiger **Prozess** heißt **zyklisch**, wenn es ein $n \in \mathbb{N}$ gib, sodass für die zugehörige Übergangsmatrix $P^n = E$ gilt. Für jeden beliebigen Zustand $\vec{x}$ gilt dann $P^n \cdot \vec{x} = \vec{x}$.

Ein Populationsprozess hat eine Übergangsmatrix P der Form $P = \begin{pmatrix} 0 & 0 & v \\ a & 0 & 0 \\ 0 & b & 0 \end{pmatrix}$.

Dabei sind v mit $v > 0$ die Vermehrungsrate und a sowie b mit $0 < a \leq 1$ und $0 < b \leq 1$ Überlebensraten.
Für $a \cdot b \cdot v < 1$ stirbt die Population aus.
Für $a \cdot b \cdot v = 1$ entwickelt sich die Population zyklisch.
Für $a \cdot b \cdot v > 1$ nimmt die Population zu.

# Affine Abbildungen der Ebene

## Geometrische Abbildungen der Ebene

Eine **geometrische Abbildung** der Ebene ordnet jedem Originalpunkt P einen Bildpunkt P′ zu. Den Zusammenhang zwischen den Koordinaten von Originalpunkt und Bildpunkt kann man häufig durch **Abbildungsgleichungen** beschreiben.

## Affine Abbildungen

Eine geradentreue und umkehrbare geometrische Abbildung der Ebene auf sich selbst nennt man **affine Abbildung** oder **Affinität**.
Affine Abbildungen werden meist mit $\alpha, \beta \ldots$ bezeichnet.

## Eigenschaften affiner Abbildungen

Eine affine Abbildung ist **parallelentreu**, d.h., die Bilder zueinander paralleler Geraden sind wieder zueinander parallel.

Teilverhältnis → S. 50

Eine affine Abbildung ist **teilverhältnistreu**, d.h., wenn der Punkt T auf der Strecke $\overline{AB}$ liegt und A′, B′ und T′ die Bildpunkte von A, B und T sind, dann gilt $\overrightarrow{PT} = \lambda \cdot \overrightarrow{TQ}$ und $\overrightarrow{P'T'} = \lambda \cdot \overrightarrow{T'Q'}$.

Es gilt also: Geraden bleiben Geraden, Parallelen bleiben Parallelen und Mittelpunkte bleiben Mittelpunkte.
Im Allgemeinen sind affine Abbildungen nicht längentreu und nicht winkeltreu.

Eine affine Abbildung ist durch Angabe der Eckpunkte eines Dreiecks und der Bildpunkte der Eckpunkte eindeutig festgelegt.

Darstellungen affiner Abbildungen → S. 113

Eine affine Abbildung ist durch eine (Abbildungs-)Matrix und einen (Verschiebungs-) Vektor festgelegt.

## Darstellungen affiner Abbildungen

*Affine Abbildungen der Ebene*

Es ist $\vec{x}$ der Ortsvektor eines Originalpunktes X und $\vec{x}'$ der Ortsvektor des Bildpunktes X'.

**Koordinatendarstellung:** $\begin{cases} x_1' = a_1x_1 + b_1x_2 + c_1 \\ x_2' = a_2x_1 + b_2x_2 + c_2 \end{cases}$

**Vektordarstellung:** $\vec{x}' = x_1\vec{a} + x_2\vec{b} + \vec{c}$ bzw. $\begin{pmatrix} x_1' \\ x_2' \end{pmatrix} = x_1\begin{pmatrix} a_1 \\ a_2 \end{pmatrix} + x_2\begin{pmatrix} b_1 \\ b_2 \end{pmatrix} + \begin{pmatrix} c_1 \\ c_2 \end{pmatrix}$

**Matrixdarstellung:** $\vec{x}' = A \cdot \vec{x} + \vec{c}$ bzw. $\begin{pmatrix} x_1' \\ x_2' \end{pmatrix} = \begin{pmatrix} a_1 & b_1 \\ a_2 & b_2 \end{pmatrix} \cdot \begin{pmatrix} x_1 \\ x_2 \end{pmatrix} + \begin{pmatrix} c_1 \\ c_2 \end{pmatrix}$

Schreibweisen: $\alpha(\vec{x}) = \vec{x}'$ bzw. $\alpha\colon \vec{x}' = A \cdot \vec{x} + \vec{c}$.

Für eine affine Abbildung gilt $\det A = a_1b_2 - a_2b_1 \neq 0$. Dies ist genau dann der Fall, wenn die Vektoren $\begin{pmatrix} a_1 \\ a_2 \end{pmatrix}$ und $\begin{pmatrix} b_1 \\ b_2 \end{pmatrix}$ linear unabhängig sind.

Zweireihige Determinanten → S. 105
Lineare Unabhängigkeit → S. 100

## Flächeninhalte

Ist eine Matrix $A = \begin{pmatrix} a_1 & b_1 \\ a_2 & b_2 \end{pmatrix}$ gegeben, dann ist $|\det A| = |a_1b_2 - a_2b_1|$ der **Flächeninhalt** des Parallelogramms, das von den Spaltenvektoren $\begin{pmatrix} a_1 \\ a_2 \end{pmatrix}$ und $\begin{pmatrix} b_1 \\ b_2 \end{pmatrix}$ der Matrix A aufgespannt wird.

Eine Figur mit dem Flächeninhalt F wird bei einer affinen Abbildung mit der Matrix A auf eine Figur mit dem Flächeninhalt $F' = |\det A| \cdot F = |a_1b_2 - a_2b_1| \cdot F$ abgebildet. Der Betrag von det A gibt das Verhältnis der Flächeninhalte von Bildfigur und Urbildfigur an. Ist $|\det A = 1|$, so ist die affine Abbildung **flächeninhaltstreu**.

## Umkehren affiner Abbildungen

Die Umkehrabbildung $\alpha^{-1}$ einer affinen Abbildung $\alpha$ ist wieder eine affine Abbildung. Die Umkehrabbildung der affinen Abbildung $\alpha\colon \vec{x}' = A \cdot \vec{x} + \vec{c}$ ist
$\alpha^{-1}\colon \vec{x}' = A^{-1} \cdot \vec{x} - A^{-1} \cdot \vec{c}$.

Dabei ist $A^{-1} = \frac{1}{D}\begin{pmatrix} b_2 & -b_1 \\ -a_2 & a_1 \end{pmatrix}$ die zu $A = \begin{pmatrix} a_1 & b_1 \\ a_2 & b_2 \end{pmatrix}$ inverse Matrix und
$D = \det A = a_1b_2 - a_2b_1 \neq 0$ die Determinante von A.

Inverse Matrix → S. 103

## Verketten affiner Abbildungen

Sind zwei affine Abbildungen $\alpha\colon \vec{x}' = A \cdot \vec{x} + \vec{c}$ und $\beta\colon \vec{x}' = B \cdot \vec{x} + \vec{d}$ gegeben, so gilt für die Verkettung $\alpha \circ \beta$ („$\alpha$ nach $\beta$"):

$\alpha \circ \beta\colon \vec{x}' = A \cdot B \cdot \vec{x} + A \cdot \vec{d} + \vec{c}$.

Das Verketten von affinen Abbildungen ist nicht kommutativ, aber assoziativ.

Multiplizieren von Matrizen → S. 104

# Lineare Algebra

Affine Abbildungen der Ebene

## Die zu einer affinen Abbildung gehörende lineare Abbildung (Vektorabbildung)

Gegeben seien zwei Vektorräume V und W. Eine Abbildung $\varphi: V \to W$ heißt genau dann **lineare Abbildung**, wenn für alle Vektoren $\vec{x}, \vec{y} \in V$ und alle $r \in \mathbb{R}$ gilt:
(1) $\varphi(\vec{x} + \vec{y}) = \varphi(\vec{x}) + \varphi(\vec{y})$ **(Additivität)**,
(2) $\varphi(r \cdot \vec{x}) = r \cdot \varphi(\vec{x})$ **(Homogenität)**.

Werden den Ortsvektoren $\vec{p}$ und $\vec{q}$ zweier Punkte P und Q durch eine affine Abbildung $\alpha$ die Ortsvektoren $\vec{p}'$ und $\vec{q}'$ der Bildpunkte P' und Q' zugeordnet, so gilt wegen $\vec{p}' = A \cdot \vec{p} + \vec{c}$ und $\vec{q}' = A \cdot \vec{q} + \vec{c}$:
$\overrightarrow{P'Q'} = \vec{q}' - \vec{p}' = A \cdot \vec{q} - A \cdot \vec{p} = A \cdot (\vec{q} - \vec{p}) = A \cdot \overrightarrow{PQ}$. Es ist also $\overrightarrow{P'Q'} = A \cdot \overrightarrow{PQ} = \varphi(\overrightarrow{PQ})$.

Ist $\alpha: \vec{x}' = A \cdot \vec{x} + \vec{c}$ eine affine Abbildung der Ebene, so ist $\varphi: \vec{v}' = A \cdot \vec{v}$ eine lineare Abbildung des zugehörigen Vektorraums V bzw. die von der affinen Abbildung **induzierte lineare Abbildung**. Man spricht auch von der **induzierten Vektorabbildung**.

Jede affine Abbildung der Ebene $\alpha(\vec{x}) = \vec{x}'$ kann man in der Form $\alpha(\vec{x}) = \varphi(x) + \vec{c}$ darstellen, wobei $\varphi$ die von $\alpha$ induzierte lineare Abbildung des zugehörigen Vektorraums V ist und $\vec{c}$ ein Vektor aus V.

Fixpunkt → S. 115

Jede affine Abbildung der Ebene mit Fixpunkt O ist eine lineare Abbildung und in der Form $\alpha: \vec{x}' = A \cdot \vec{x}$ darstellbar.

Man kann jede affine Abbildung der Ebene erhalten, indem man zuerst eine affine Abbildung mit Fixpunkt O ausführt und anschließende eine Verschiebung.

## Eigenwerte und Eigenvektoren

Gegeben ist eine lineare Abbildung $\varphi: \vec{v}' = A \cdot \vec{v}$ mit $A = \begin{pmatrix} a_1 & b_1 \\ a_2 & b_2 \end{pmatrix}$. Wenn es einen Vektor $\vec{v} \neq \vec{o}$ gibt, sodass für eine reelle Zahl $\lambda$ gilt: $\varphi(\vec{v}) = \lambda \cdot \vec{v}$, d.h. $A \cdot \vec{v} = \lambda \cdot \vec{v}$, so heißt $\lambda$ **Eigenwert von $\varphi$ bzw. der Matrix A zum Eigenvektor $\vec{v}$**.

Zweireihige Determinanten → S. 105

Die quadratische Gleichung
$$\begin{vmatrix} a_1 - \lambda & b_1 \\ a_2 & b_2 - \lambda \end{vmatrix} = \lambda^2 - (a_1 + b_2)\lambda + (a_1 b_2 - a_2 b_1) = \lambda^2 - (a_1 + b_2)\lambda + \det A = 0$$
heißt **charakteristische Gleichung** von $\varphi$.
Die Lösungen der charakteristischen Gleichung sind die Eigenwerte von $\varphi$ bzw. der Matrix A.

Untervektorraum → S. 99

Die Eigenvektoren einer linearen Abbildung bzw. der Matrix A zum Eigenwert $\lambda$ bilden zusammen mit dem Nullvektor einen Untervektorraum des $\mathbb{R}^2$, den **Eigenraum** von $\lambda$.

Sind $\vec{u}$ und $\vec{v}$ Eigenvektoren zum Eigenwert $\lambda$, so gilt dies auch für $\vec{u} + \vec{v}$ und $r\vec{u}$ $(r \in \mathbb{R}\backslash\{0\})$:
$A \cdot (\vec{u} + \vec{v}) = \lambda(\vec{u} + \vec{v})$ und $A \cdot (r\vec{u}) = r(\lambda\vec{u})$.

Lineare Unabhängigkeit → S. 100

Wenn eine Vektorabbildung $\varphi: \vec{v}' = A \cdot \vec{v}$ zwei verschiedene Eigenwerte hat, dann sind die Eigenvektoren zu verschiedenen Eigenwerten linear unabhängig.

## Fixpunkte, Fixpunktgeraden und Fixgeraden

Gegeben sind eine affine Abbildung $\alpha: \vec{x}' = A \cdot \vec{x} + \vec{c}$ und die von ihr induzierte lineare Abbildung $\varphi: \vec{v}' = A \cdot \vec{v}$. Punkte, die bei der affinen Abbildung $\alpha$ auf sich selbst abgebildet werden, heißen **Fixpunkte** von $\alpha$.
Der Punkt P ist genau dann ein Fixpunkt von $\alpha$, wenn $\alpha(\vec{p}) = \vec{p}$, also $A \cdot \vec{p} + \vec{c} = \vec{p}$ gilt.

Eine Gerade, die ausschließlich aus Fixpunkten von $\alpha$ besteht, heißt **Fixpunktgerade** von $\alpha$. Die Gerade g mit $\vec{x} = \vec{p} + t \cdot \vec{u}$ ist genau dann eine Fixpunktgerade von $\alpha$, wenn der zum Ortsvektor $\vec{p}$ gehörende Punkt P ein Fixpunkt von $\alpha$ und $\vec{u}$ ein Eigenvektor zum Eigenwert 1 von $\varphi$ ist.

Eine Gerade, die bei der affinen Abbildung $\alpha$ auf sich selbst abgebildet wird, heißt **Fixgerade** von $\alpha$. Die Gerade g mit $\vec{x} = \vec{p} + t \cdot \vec{u}$ ist genau dann eine Fixgerade von $\alpha$, wenn $\vec{u}$ ein Eigenvektor von $\varphi$ ist und $A \cdot \vec{p} + \vec{c} - \vec{p} = k\vec{u}$ $(k \in \mathbb{R})$ gilt.
Wenn der zum Ortsvektor $\vec{p}$ gehörende Punkt P ein Fixpunkt von $\alpha$ ist $(A \cdot \vec{p} + \vec{c} = \vec{p})$, dann ist die Gerade g mit $\vec{x} = \vec{p} + t \cdot \vec{u}$ genau dann eine Fixgerade von $\alpha$, wenn $\vec{u}$ ein Eigenvektor von $\varphi$ ist.

Jede Fixpunktgerade ist auch eine Fixgerade, aber umgekehrt ist nicht jede Fixgerade auch eine Fixpunktgerade.
Eine affine Abbildung, die von der identischen Abbildung verschieden ist, hat entweder keinen Fixpunkt, genau einen Fixpunkt oder genau eine Fixpunktgerade.
Eine affine Abbildung $\alpha$ besitzt genau dann keinen Fixpunkt oder genau eine Fixpunktgerade, wenn $\varphi$ den Eigenwert 1 hat.

## Klassifizierung affiner Abbildungen

Man kann immer ein Koordinatensystem finden, sodass jede der folgenden affinen Abbildungen die angegebene Normalform hat.

Fixpunktgerade → vgl. oben

| **Affine Abbildungen mit genau einer Fixpunktgeraden (Achsenaffinitäten)** | | | |
|---|---|---|---|
| **Name** | **Fixelemente** | **Eigenwerte der zugehörigen linearen Abbildung** | **Normalform** |
| Scherung | Mindestens ein Fixpunkt und eine Schar von Fixgeraden parallel zur Fixpunktgeraden. Richtungsvektoren der Fixpunktgeraden sind die Eigenvektoren zum Eigenwert $\lambda = 1$. | Es gibt nur einen Eigenwert $\lambda = 1$. Der Eigenraum ist eindimensional. | $\vec{x}' = \begin{pmatrix} 1 & a \\ 0 & 1 \end{pmatrix} \cdot \vec{x}$ mit $a \in \mathbb{R}\setminus\{0\}$ |
| Parallelstreckung | Mindestens ein Fixpunkt und eine Schar von Fixgeraden, die die Fixpunktgerade schneiden. Richtungsvektoren der Fixpunktgeraden sind die Eigenvektoren zum Eigenwert 1. | $\lambda_1 = 1$ und $\lambda_2 \in \mathbb{R}\setminus\{0; 1\}$. Zwei verschiedene Eigenräume. | $\vec{x}' = \begin{pmatrix} 1 & 0 \\ 0 & \lambda_2 \end{pmatrix} \cdot \vec{x}$ |

**Klassifizierung affiner Abbildungen**
Fixpunkt → S. 115

| Affine Abbildungen mit genau einem Fixpunkt | | | |
|---|---|---|---|
| **Name** | **Eigenschaften** | **Eigenwerte der zugehörigen linearen Abbildung** | **Normalform** |
| Euler-Affinität | Genau zwei Fixgeraden, die durch den Fixpunkt verlaufen und als Richtungsvektoren die Eigenvektoren zu den Eigenwerten $\lambda_1$ und $\lambda_2$ haben. | $\lambda_1, \lambda_2 \in \mathbb{R}\setminus\{0; 1\}$ und $\lambda_1 \neq \lambda_2$. Zwei verschiedene Eigenräume. | $\vec{x}' = \begin{pmatrix} \lambda_1 & 0 \\ 0 & \lambda_2 \end{pmatrix} \cdot x$ |
| Zentrische Streckung | Alle Geraden durch den Fixpunkt sind Fixgeraden. | Es gibt nur einen Eigenwert $\lambda \in \mathbb{R}\setminus\{0; 1\}$. Der Eigenraum ist zweidimensional. | $\vec{x}' = \begin{pmatrix} \lambda & 0 \\ 0 & \lambda \end{pmatrix} \cdot \vec{x}$ |
| Scherstreckung | Genau eine Fixgerade. Jeder Eigenvektor zum Eigenwert $\lambda$ ist ein Richtungsvektor der Fixgeraden. | Es gibt nur einen Eigenwert $\lambda \in \mathbb{R}\setminus\{0; 1\}$. Der Eigenraum ist eindimensional. | $\vec{x}' = \begin{pmatrix} \lambda & a \\ 0 & \lambda \end{pmatrix} \cdot \vec{x}$ mit $a \in \mathbb{R}\setminus\{0\}$ |
| Affine Drehstreckung | Keine Fixgeraden. | Keine Eigenwerte. | $\vec{x}' = \begin{pmatrix} a & -b \\ b & a \end{pmatrix} \cdot \vec{x}$ mit $a, b \in \mathbb{R}$ und $b \neq 0$ |

| Affine Abbildungen ohne Fixpunkt | | | |
|---|---|---|---|
| **Name** | **Eigenschaften** | **Eigenwerte der zugehörigen linearen Abbildung** | **Normalform** |
| Translation (Parallelverschiebung) | Schar paralleler Fixgeraden (gleiche Richtung wie Verschiebungsvektor). | Es gibt nur einen Eigenwert $\lambda = 1$. Der Eigenraum ist zweidimensional. | $\vec{x}' = \begin{pmatrix} 1 & 0 \\ 0 & 1 \end{pmatrix} \cdot \vec{x} + \begin{pmatrix} 1 \\ 0 \end{pmatrix}$ |
| Schubparallelstreckung | Genau eine Fixgerade. | $\lambda_1 = 1$ und $\lambda_2 \in \mathbb{R}\setminus\{1\}$. Zwei verschiedene Eigenräume. | $\vec{x}' = \begin{pmatrix} 1 & 0 \\ 0 & \lambda_2 \end{pmatrix} \cdot \vec{x} + \begin{pmatrix} 1 \\ 0 \end{pmatrix}$ |
| Schubscherung | Keine Fixgerade. | Es gibt nur einen Eigenwert $\lambda = 1$. Der Eigenraum ist eindimensional. | $\vec{x}' = \begin{pmatrix} 1 & 1 \\ 0 & 1 \end{pmatrix} \cdot \vec{x} + \begin{pmatrix} 0 \\ 1 \end{pmatrix}$ |

## Kongruenzabbildungen und Ähnlichkeitsabbildungen

Jede längentreue affine Abbildung ist eine Kongruenzabbildung. Solche Abbildungen sind auch winkeltreu.
Jede winkeltreue affine Abbildung ist eine Ähnlichkeitsabbildung.

**Affine Abbildungen der Ebene**

Kongruenzabbildung → S. 48
Ähnlichkeitsabbildung → S. 49
Fixpunkt → S. 115

**Kongruenzabbildungen mit Fixpunkt**

| Name | Eigenwerte der zugehörigen linearen Abbildung | Normalform |
|---|---|---|
| Orthogonale Achsenspiegelung | Zwei verschiedene Eigenwerte (1 und −1). Zwei orthogonale Eigenräume. | $\vec{x}' = \begin{pmatrix} 1 & 0 \\ 0 & -1 \end{pmatrix} \cdot \vec{x}$ |
| Identische Abbildung | Genau ein Eigenwert (1). Der Eigenraum ist zweidimensional. | $\vec{x}' = k\begin{pmatrix} 1 & 0 \\ 0 & 1 \end{pmatrix} \cdot \vec{x}$ |
| Punktspiegelung | Genau ein Eigenwert (−1). Der Eigenraum ist zweidimensional. | $\vec{x}' = k\begin{pmatrix} -1 & 0 \\ 0 & -1 \end{pmatrix} \cdot \vec{x}$ |
| Drehung | Kein Eigenwert. | $\vec{x}' = \begin{pmatrix} \cos(\varphi) & -\sin(\varphi) \\ \sin(\varphi) & \cos(\varphi) \end{pmatrix} \cdot \vec{x}$ |

**Kongruenzabbildungen ohne Fixpunkt**

| Name | Eigenwerte der zugehörigen linearen Abbildung | Normalform |
|---|---|---|
| Translation (Parallelverschiebung) | Genau ein Eigenwert (1). Der Eigenraum ist zweidimensional. | $\vec{x}' = \begin{pmatrix} 1 & 0 \\ 0 & 1 \end{pmatrix} \cdot \vec{x} + \begin{pmatrix} 1 \\ 0 \end{pmatrix}$ |
| Schubspiegelung | Zwei verschiedene Eigenwerte (1 und −1). Zwei orthogonale Eigenräume. | $\vec{x}' = \begin{pmatrix} 1 & 0 \\ 0 & -1 \end{pmatrix} \cdot \vec{x} + \begin{pmatrix} 1 \\ 0 \end{pmatrix}$ |

**Ähnlichkeitsabbildungen mit Fixpunkt**

| Name | Eigenwerte der zugehörigen linearen Abbildung | Normalform | Sonderfall (Kongruenzabbildung) |
|---|---|---|---|
| Spiegelstreckung | Zwei verschiedene Eigenwerte (−k, k). Zwei orthogonale Eigenräume. | $\vec{x}' = k\begin{pmatrix} 1 & 0 \\ 0 & -1 \end{pmatrix} \cdot \vec{x}$ | k = 1: Spiegelung an der $x_1$-Achse |
| Zentrische Streckung | Genau ein Eigenwert (k). Der Eigenraum ist zweidimensional. | $\vec{x}' = k\begin{pmatrix} 1 & 0 \\ 0 & 1 \end{pmatrix} \cdot \vec{x}$ | k = 1: identische Abbildung<br>k = −1: Punktspiegelung |
| Drehstreckung | Kein Eigenwert. | $\vec{x}' = k\begin{pmatrix} \cos(\varphi) & -\sin(\varphi) \\ \sin(\varphi) & \cos(\varphi) \end{pmatrix} \cdot \vec{x}$ | k = 1: Drehung |

# Beschreibende Statistik

## Grundbegriffe

### Beschreibende Statistik

Statistische Erhebung → vgl. unten

In der **beschreibenden Statistik** plant man statistische Erhebungen, führt diese durch und stellt die erhobenen Daten geeignet dar.

### Grundgesamtheit

Eine Menge von Elementen, in der statistische Untersuchungen durchgeführt werden, die man also auf bestimmte Merkmale untersucht, heißt **Grundgesamtheit**.

### Stichprobe

Teilmenge → S. 8

Eine **Stichprobe** ist eine **Teilmenge** der Grundgesamtheit vom Umfang n mit $n \le N$, wenn N die Anzahl an Elementen der Grundgesamtheit ist.

Wenn jedes Element einer Stichprobe zufällig aus der Grundgesamtheit ausgewählt wird, liegt eine **zufällige Stichprobe** vor.

Eine Erhebung vom Umfang $n \le N$ ist eine **Stichprobenerhebung**. Für $n = N$ spricht man von einer **Vollerhebung**.

Beurteilende Statistik → S. 143 ff.
Wahrscheinlichkeitsrechnung → S. 129 ff.

Mit einer Stichprobenerhebung in der beschreibenden Statistik erhält man zunächst nur Aussagen über diese Teilgesamtheit.
Eine Grundaufgabe in der beurteilenden Statistik ist es, mithilfe der Wahrscheinlichkeitsrechnung von einer Stichprobe auf die Grundgesamtheit zu schließen.

### Statistische Erhebung, Merkmale, Merkmalsträger und Merkmalsausprägungen

Bei einer **statistischen Erhebung** beobachtet man an den Elementen der Grundgesamtheit (den **Merkmalsträgern**) das interessierende **Merkmal** in bestimmten **Merkmalsausprägungen**.

Beispiel:
Grundgesamtheit: Einwohner einer Stadt
Merkmalsträger: Personen
Merkmale: Größe einer Person
Merkmalsausprägungen: 169 cm, 179 cm

Arten von Merkmalen → vgl. unten

Dabei sind Merkmalsausprägungen die verschiedenen Werte bzw. Kategorien eines Merkmals.

Man bezeichnet die **Menge von Merkmalsausprägungen** bei statistischen Erhebungen mit S und die Elemente von S mit $a_1, a_2, \ldots, a_k$. Es ist $S = \{a_1, a_2, \ldots, a_k\}$.

### Merkmalsarten und Skalierungen

Es gibt **qualitative Merkmale**, für die es verschiedene Kategorien gibt, und **quantitative Merkmale**, die verschiedene Werte annehmen können.

Beispiel:
Qualitatives Merkmal: Geschlecht einer Person
Quantitatives Merkmal: Größe einer Person

Für die Beschreibung der Merkmalsausprägungen gibt es verschiedene **Skalierungen**. Qualitative Merkmale beschreibt man mit einer **Nominalskala** oder **Ordinalskala**, quantitative Merkmale mit einer **metrischen Skala (Kardinalskala)**.

**Merkmalsarten und Skalierungen**

Merkmalsausprägung → S. 118
Qualitatives Merkmal → S. 118
Quantitatives Merkmal → S. 118

Bei einem **nominalskalierten Merkmal** dienen die Merkmalsausprägungen nur der Unterscheidung, man kann sie aber nicht sinnvoll ordnen (etwa die Merkmalsausprägungen „weiblich" und „männlich" des Merkmals „Geschlecht einer Person").

Bei einem **ordinalskalierten Merkmal** kann man die Merkmalsausprägungen zusätzlich sinnvoll ordnen (etwa die Merkmalsausprägungen „1", „2", …, „6" des Merkmals „Note"). Es ist eine Rangfolge möglich.

Bei einem **metrischskalierten Merkmal** kann man die Merkmalsausprägungen nicht nur sinnvoll ordnen, sondern zusätzlich noch Differenzen und Verhältnisse bilden, also z. B. angeben, wie stark sich zwei Merkmalsausprägungen voneinander unterschieden, (etwa die Merkmalsausprägungen des Merkmals „Größe einer Person").

Wenn die Merkmalsausprägungen eines quantitativen Merkmals nur bestimmte Zahlenwerte annehmen können, spricht man von **diskreten Merkmalen**.
Wenn die Merkmalsausprägungen eines quantitativen Merkmals alle Zahlenwerte aus einem Intervall annehmen können, spricht man von **stetigen Merkmalen**.

Intervall → S. 9

## Urliste

In einer **Urliste** werden die Beobachtungs- oder Messwerte einer statistischen Erhebung in der Reihenfolge, wie sie auftreten, notiert (ungeordnet). Die beobachteten n **Stichprobenwerte** bezeichnet man mit $x_1, x_2, \dots, x_n$.

Statistische Erhebung → S. 118

Beobachtet man bei einer Stichprobe vom Umfang n ein Merkmal X mit den Merkmalsausprägungen $a_1, a_2, \dots, a_k$ und den Stichprobenwerten $x_1, x_2, \dots, x_n$ $(k \le n)$, so ist das n-Tupel $(x_1, x_2, \dots, x_n)$ die Urliste.

Jeder Stichprobenwert $x_i$ $(i = 1, 2, \dots, n)$ ist eine der Merkmalsausprägungen $a_j$ $(j = 1, 2, \dots, k)$. Die Merkmalsausprägungen sind alle voneinander verschieden, während Stichprobenwerte die gleichen Werte haben können.

Beispiel:
Merkmal: Alter einer Person (in Jahren)
Umfang der Stichprobe (Anzahl an Stichprobenwerten): $n = 8$
Anzahl an Merkmalsausprägungen: $k = 4$
Merkmalsausprägungen:
$a_1 = 39$, $a_2 = 40$, $a_3 = 41$ und $a_4 = 42$
Stichprobenwerte:
$x_1 = 42$, $x_2 = 39$, $x_3 = 41$, $x_4 = 41$, $x_5 = 39$, $x_6 = 40$, $x_7 = 42$ und $x_8 = 40$
Urliste: $(42, 39, 41, 41, 39, 40, 42, 40)$

Stichprobe → S. 118
Merkmal → S. 118

## Strichliste

In einer **Strichliste** werden die bei einer statistischen Erhebung beobachteten Merkmalsausprägungen $a_j$ $(1 \le j \le k)$ sortiert notiert. Dabei wird jeder beobachtete Stichprobenwert $x_i$ $(1 \le i \le n;\ n \ge k)$ mit einem Strich notiert.

# Beschreibende Statistik

Grundbegriffe

## Absolute und relative Häufigkeit

Merkmalsausprägung → S. 118
Urliste → S. 119
Stichprobenwert → S. 119

Die **absolute Häufigkeit H$(a_j)$** gibt an, wie oft eine Merkmalsausprägung $a_j$ $(1 \le j \le k)$ in der Urliste vorkommt.

Enthält die Urliste n Stichprobenwerte, so heißt $h(a_j) = \frac{H(a_j)}{n}$ **relative Häufigkeit.**

## Häufigkeitstabelle

In einer **Häufigkeitstabelle** wird für jede Merkmalsausprägung ihre absolute und relative Häufigkeit notiert.

## Klasseneinteilung (Klassierung)

Metrische Skala → S. 119

Bei einer **Klasseneinteilung (Klassierung)** der n Stichprobenwerte $x_1, x_2, \ldots, x_n$ eines metrischskalierten Merkmals werden die einzelnen Merkmalsausprägungen zu einer neuen Ausprägung, einer **Klasse** $k_j$ $(j = 1, 2, \ldots, r)$ zusammengefasst.

Intervall → S. 9

Klassen können als Intervall $k_j = (a_j; b_j]$ oder $k_j = [a_j; b_j)$ angegeben werden. Die einzelnen, nicht überlappenden Intervalle können von unterschiedlicher Länge (**Klassenbreite**, also Differenz aus oberer und unterer Klassengrenze) sein. Die **untere Klassengrenze** ist a, die **obere Klassengrenze** b. Die obere Klassengrenze der j-ten Klasse ist gleich der unteren Klassengrenze der (j + 1)-ten Klasse: $b_j = a_j + 1$ $(j = 1, 2, \ldots, r - 1)$.

Ein Stichprobenwert $x_i$ gehört zur Klasse j, wenn $a_j < x_i \le b_j$ oder $a_j \le x_i < b_j$ gilt.

Arithmetisches Mittel (Mittelwert) → S. 122

Die **Klassenmitten** $m_1, m_2, \ldots, m_r$ können als arithmetische Mittel aus unterer und oberer Klassengrenze gewählt werden: $m_j = \frac{a_j + b_j}{2}$.

Eine Klasseneinteilung ist insbesondere dann sinnvoll, wenn die Urliste sehr viele Stichprobenwerte umfasst.

Damit die Klasseneinteilung überschaubar bleibt, sollten nicht zu viele Klassen gewählt werden. Es sollten auch nicht zu wenig Klassen sein, da durch die Klasseneinteilung Informationen der Urliste verloren gehen.
Richtwert für die Anzahl an Klassen: $r \approx \sqrt{n}$ für $n \le 100$ (n: Anzahl der Stichprobenwerte).

Als **Klassenhäufigkeiten** bezeichnet man die Häufigkeiten, mit denen die Stichprobenwerte in den jeweiligen Klassen auftreten.
Die **absolute Klassenhäufigkeit** H$(k_j)$ gibt an, wie viele Stichprobenwerte in der Klasse $k_j$ liegen.
Die **relative Klassenhäufigkeit** $h(k_j) = \frac{H(k_j)}{n}$ gibt den Anteil der Stichprobenwerte in der Klasse $k_j$ an der Gesamtanzahl n der Stichprobenwerte an.

## Diagramme

### Kreisdiagramm und Säulendiagramm

Liegen nur wenige Merkmalsausprägungen vor, so eignen sich **Kreis- und Säulendiagramme** meist gut zur grafischen Darstellung der jeweiligen Häufigkeiten.

Bei einem Kreisdiagramm stehen die Größen der Mittelpunktswinkel bzw. die Flächeninhalte der Kreisausschnitte für die jeweiligen Häufigkeiten, bei einem Säulendiagramm die Höhen der Säulen. Kreisdiagramme eignen sich besonders zur Darstellung relativer Häufigkeiten.

Ordnet man die Säulen übereinander an statt aufrecht nebeneinander, spricht man von einem **Balkendiagramm**.

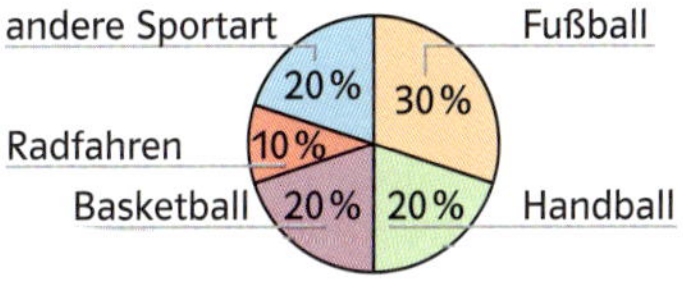


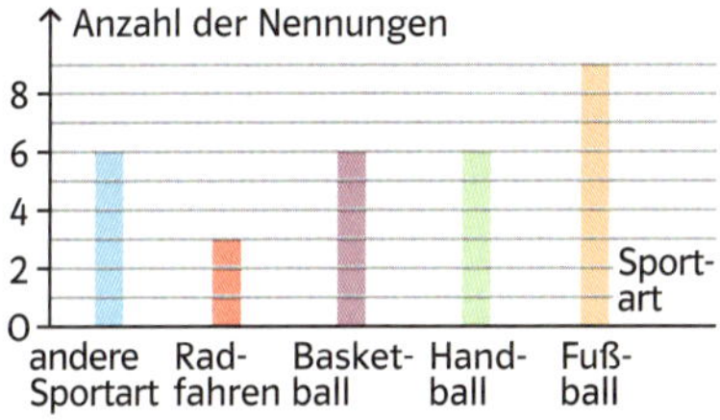


Merkmalsausprägung → S. 118
Absolute und relative Häufigkeit → S. 120

Mittelpunktswinkel → S. 45
Kreisausschnitt → S. 46

### Histogramm

Mit einem **Histogramm** kann man für metrischskalierte Merkmale (absolute oder relative) Häufigkeitsverteilungen bei Klasseneinteilungen darstellen.
Dabei stehen die Flächeninhalte der Rechtecke für (absolute oder relative) Klassenhäufigkeiten. Die Höhe der Rechtecke steht für die (absolute oder relative) Häufigkeitsdichte und ergibt sich aus dem Quotienten aus (absoluter oder relativer) Häufigkeit und Breite der jeweiligen Klasse. Die Breiten der Klassen können unterschiedlich sein.

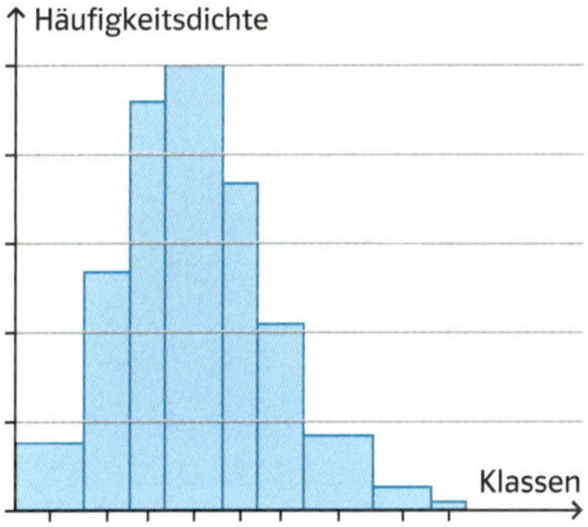


Metrische Skala → S. 119
Klasseneinteilung → S. 120
Klassenhäufigkeit → S. 120
Klassenbreite → S. 120

### Boxplot (Box-Whisker-Plot)

Mithilfe eines **Boxplots** (Box-Whisker-Plots) kann man die Verteilung eines mindestens ordinalskalierten Merkmals grafisch darstellen.
Es werden der Zentralwert (Median) $x_{med}$, das obere Quartil $Q_{0,75}$ und das untere Quartil $Q_{0,25}$ sowie der minimale Wert $x_{min}$ und der maximale Wert $x_{max}$ dargestellt.

Innerhalb der Box liegt die Hälfte aller Werte, im Bereich einer jeden Antenne ungefähr je ein Viertel.

Die Länge der Box ist der Interquartilsabstand.

Je kürzer die Box ist, desto weniger sind die Werte um den Zentralwert verstreut.

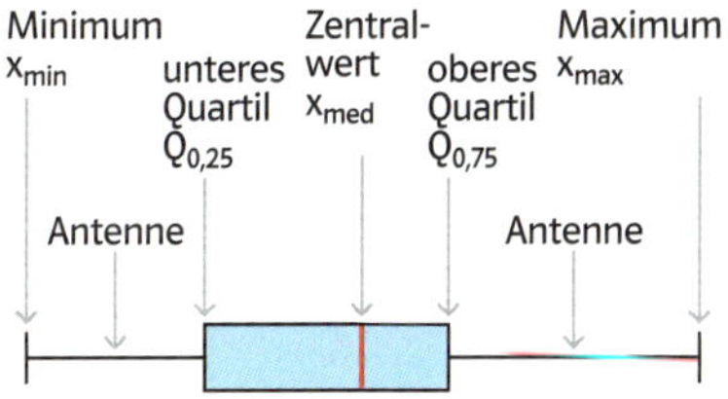


Ordinalskala → S. 119
Zentralwert → S. 122
Oberes und unteres Quartil → S. 123
Interquartilsabstand → S. 125

# Beschreibende Statistik

## Lagemaße

Urliste → S. 119
Nominalskala → S. 119
Absolute Häufigkeit → S. 120
Merkmalsausprägung → S. 118

### Modalwert (Modus)

Gegeben ist die Urliste $(x_1, x_2, \ldots, x_n)$ eines nominalskalierten Merkmals mit den Merkmalsausprägungen $a_1, a_2, \ldots, a_k$ $(k \leq n)$ und den absoluten Häufigkeiten $H(a_1)$, $H(a_2), \ldots, H(a_k)$. Dann heißt jede Merkmalsausprägung $a_m$ **Modalwert (Modus)** $x_{mod}$ von $x_1, x_2, \ldots, x_n$, wenn $H(a_m) \geq H(a_i)$ für alle $i = 1, 2, \ldots, k$ gilt.
Ein Modalwert ist also eine Merkmalsausprägung mit der größten Häufigkeit.

Wenn die größte Häufigkeit für mehrere Merkmalsausprägungen auftritt, ist der Modalwert nicht eindeutig. Liegt nur ein Modalwert vor, spricht man von einer **unimodalen (eingipfligen) Häufigkeitsverteilung**, bei zwei Modalwerten von einer **bimodalen (zweigipfligen) Häufigkeitsverteilung** und bei mehreren Modalwerten (maximal n Stück) von einer **multimodalen (mehrgipfligen) Häufigkeitsverteilung**.

Für nur nominalskalierte Merkmale ist der Modalwert das einzige Lagemaß, das man bilden kann.

### Zentralwert (Median)

Ordinalskala → S. 119
Stichprobenwert → S. 119

Gegeben ist die Urliste $(x_1, x_2, \ldots, x_n)$ eines mindestens ordinalskalierten Merkmals. Dann heißt jede Zahl $x_{med}$ **Zentralwert (Median)** von $x_1, x_2, \ldots, x_n$, für die mindestens die Hälfte alle Stichprobenwerte kleiner oder gleich $x_{med}$ und mindestens die Hälfte alle Stichprobenwerte größer oder gleich $x_{med}$ ist.
Ein Zentralwert ist also ein Wert in der Mitte der der Größe nach geordneten Stichprobenwerte der Urliste.

Im Gegensatz zum Modalwert muss ein Zentralwert mit keinem beobachteten Wert übereinstimmen.

Um einen Zentralwert zu bestimmen, ordnet man die Stichprobenwerte der Urliste der Größe nach: $x_1^* \leq x_2^* \leq \ldots \leq x_n^*$. Wenn n gerade ist, gilt $x_{med} = \frac{x^*_{\frac{n}{2}} + x^*_{\frac{n}{2}+1}}{2}$. Wenn n ungerade ist, gilt $x_{med} = x^*_{\frac{n+1}{2}}$.

### Arithmetisches Mittel (Mittelwert)

Metrische Skala → S. 119

Gegeben ist die Urliste $(x_1, x_2, \ldots, x_n)$ eines metrischskalierten Merkmals. Dann heißt $\overline{x} = \frac{x_1 + x_2 + \ldots + x_n}{n} = \frac{1}{n} \sum_{i=1}^{n} x_i$ **arithmetisches Mittel (Mittelwert)** von $x_1, x_2, \ldots, x_n$.

Im Gegensatz zum Modalwert muss das arithmetische Mittel mit keinem beobachteten Wert übereinstimmen.

Relative Häufigkeit → S. 120

Treten bei einer Stichprobe vom Umfang n mit den Stichprobenwerten $x_1, x_2, \ldots, x_n$ eines metrischskalierten Merkmals die Merkmalsausprägungen $a_1, a_2, \ldots, a_k$ mit den absoluten Häufigkeiten $H(a_1), H(a_2), \ldots, H(a_k)$ und den relativen Häufigkeiten $h(a_1)$, $h(a_2), \ldots, h(a_k)$ auf $(k \leq n)$, dann gilt

$$\overline{x} = \frac{H(a_1) \cdot a_1 + H(a_2) \cdot a_2 + \ldots + H(a_k) \cdot a_k}{n} = \frac{1}{n} \sum_{i=1}^{k} H(a_i) \cdot a_i$$

$$= h(a_1) \cdot a_1 + h(a_2) \cdot a_2 + \ldots + h(a_k) \cdot a_k = \sum_{i=1}^{k} h(a_i) \cdot a_i.$$

Arithmetisches Mittel (Mittelwert)

Stichprobe → S. 118
Stichprobenwert → S. 119
Metrische Skala → S. 119
Klasseneinteilung → S. 120

Sind bei einer Stichprobe vom Umfang n die Stichprobenwerte $x_1, x_2, \ldots, x_n$ eines metrischskalierten Merkmals in r Klassen $k_1, k_2, \ldots, k_r$ mit den Klassenmitten $m_1, m_2, \ldots, m_r$ eingeteilt, so gilt

$$\bar{x} \approx \frac{H(k_1) \cdot m_1 + H(k_2) \cdot m_2 + \ldots + H(k_r) \cdot m_r}{n} = \frac{1}{n} \sum_{i=1}^{r} H(k_i) \cdot m_i$$

$$= h(k_1) \cdot m_1 + h(k_2) \cdot m_2 + \ldots + h(k_r) \cdot m_r = \sum_{i=1}^{r} h(k_i) \cdot m_i$$

mit den absoluten Klassenhäufigkeiten $H(k_i)$ und relativen Klassenhäufigkeiten $h(k_i)$.

## Geometrisches Mittel

Urliste → S. 119

Gegeben ist die Urliste $(x_1, x_2, \ldots, x_n)$ eines metrischskalierten Merkmals. Dann heißt

$$x_g = \sqrt[n]{x_1 \cdot x_2 \cdot \ldots \cdot x_n} = \sqrt[n]{\prod_{i=1}^{n} x_i}$$

**geometrisches Mittel.**

## Harmonisches Mittel

Gegeben ist die Urliste $(x_1, x_2, \ldots, x_n)$ eines metrischskalierten Merkmals mit $x_i \neq 0$, $1 \leq i \leq n$. Dann heißt

$$x_h = \frac{1}{\frac{1}{n}\left(\frac{1}{x_1} + \frac{1}{x_2} + \ldots + \frac{1}{x_n}\right)} = \frac{1}{\frac{1}{n}\sum_{i=1}^{n}\frac{1}{x_i}} \quad (x_i \neq 0)$$

**harmonisches Mittel.**

## Quantil

Ordinalskala → S. 119

Gegeben sind die Urliste $(x_1, x_2, \ldots, x_n)$ eines mindestens ordinalskalierten Merkmals sowie eine Zahl $p \in \mathbb{R}$ mit $0 < p < 1$. Dann heißt jede Zahl $x_p$, für die der Anteil der Werte, die kleiner als $x_p$ sind, mindestens p beträgt und für die der Anteil der Werte, die größer als $x_p$ sind, mindestens $1 - p$ beträgt, **p-Quantil.**
Statt $x_p$ schreibt man auch $Q_p$.

Median → S. 122

Der Median **(mittleres Quartil)** ist das 0,5-Quantil ($Q_{0,5}$). Das **untere Quartil** ist das 0,25-Quantil ($Q_{0,25}$), das **obere Quartil** das 0,75-Quantil ($Q_{0,75}$).

Wenn die Urliste geordnet und $n \cdot p$ ganzzahlig ist, gilt $Q_p = \frac{x_{n \cdot p} + x_{n \cdot p + 1}}{2}$.

Ist die Urliste geordnet und $n \cdot p$ nicht ganzzahlig ist, gilt $Q_p = x_{[np]+1}$, wobei die **Gauß-Klammer** [x] die größte ganze Zahl liefert, die kleiner oder gleich x ist.

# Beschreibende Statistik

## Streumaße

Stichprobe → S. 118
Metrische Skala → S. 119
Stichprobenwert → S. 119
Mittelwert (arithmetisches Mittel) → S. 122
Zentralwert (Median) → S. 122

Im Folgenden werden nur Stichproben vom Umfang n mit den metrischskalierten Stichprobenwerten $x_1, x_2, \ldots, x_n$ betrachtet.

### Mittlere absolute Abweichung

Die **mittlere absolute Abweichung vom Mittelwert** $\bar{x}$ ist

$$d_{\bar{x}} = \frac{|x_1 - \bar{x}| + |x_2 - \bar{x}| + \ldots + |x_n - \bar{x}|}{n} = \frac{1}{n}\sum_{i=1}^{n}|x_i - \bar{x}|.$$

Die **mittlere absolute Abweichung vom Zentralwert** $x_{med}$ ist

$$d_{x_{med}} = \frac{|x_1 - x_{med}| + |x_2 - x_{med}| + \ldots + |x_n - x_{med}|}{n} = \frac{1}{n}\sum_{i=1}^{n}|x_i - x_{med}|.$$

Merkmalsausprägung → S. 118
Absolute und relative Häufigkeit → S. 120

Treten die Merkmalsausprägungen $a_1, a_2, \ldots, a_k$ mit den absoluten Häufigkeiten $H(a_1), H(a_2), \ldots, H(a_k)$ und den relativen Häufigkeiten $h(a_1), h(a_2), \ldots, h(a_k)$ auf $(k \le n)$, dann gilt

$$d_{\bar{x}} = \frac{H(a_1)\cdot|a_1 - \bar{x}| + H(a_2)\cdot|a_2 - \bar{x}| + \ldots + H(a_k)\cdot|a_k - \bar{x}|}{n} = \frac{1}{n}\sum_{i=1}^{k}H(a_i)\cdot|a_i - \bar{x}|$$

$$= h(a_1)\cdot|a_1 - \bar{x}| + h(a_2)\cdot|a_2 - \bar{x}| + \ldots + h(a_k)\cdot|a_k - \bar{x}| = \sum_{i=1}^{k}h(a_i)\cdot|a_i - \bar{x}|$$

und

$$d_{x_{med}} = \frac{H(a_1)\cdot|a_1 - x_{med}| + H(a_2)\cdot|a_2 - x_{med}| + \ldots + H(a_k)\cdot|a_k - x_{med}|}{n} = \frac{1}{n}\sum_{i=1}^{k}H(a_i)\cdot|a_i - x_{med}|$$

$$= h(a_1)\cdot|a_1 - x_{med}| + h(a_2)\cdot|a_2 - x_{med}| + \ldots + h(a_k)\cdot|a_k - x_{med}|$$

$$= \sum_{i=1}^{k}h(a_i)\cdot|a_i - x_{med}|.$$

### Empirische Varianz (mittlere quadratische Abweichung)

Die Zahl $\bar{s}^2 = \frac{(x_1 - \bar{x})^2 + (x_2 - \bar{x})^2 + \ldots + (x_n - \bar{x})^2}{n} = \frac{1}{n}\sum_{i=1}^{n}(x_i - \bar{x})^2$ heißt **empirische Varianz** von $x_1, x_2, \ldots, x_n$ und ist ein Maß für die Streuung dieser Werte um den Mittelwert $\bar{x}$.

Treten die Merkmalsausprägungen $a_1, a_2, \ldots, a_k$ mit den absoluten Häufigkeiten $H(a_1), H(a_2), \ldots, H(a_k)$ und den relativen Häufigkeiten $h(a_1), h(a_2), \ldots, h(a_k)$ auf $(k \le n)$, dann gilt

$$\bar{s}^2 = \frac{H(a_1)\cdot(a_1 - \bar{x})^2 + H(a_2)\cdot(a_2 - \bar{x})^2 + \ldots + H(a_k)\cdot(a_k - \bar{x})^2}{n} = \frac{1}{n}\sum_{i=1}^{k}H(a_i)\cdot(a_i - \bar{x})^2$$

$$= h(a_1)\cdot(a_1 - \bar{x})^2 + h(a_2)\cdot(a_2 - \bar{x})^2 + \ldots + h(a_k)\cdot(a_k - \bar{x})^2 = \sum_{i=1}^{k}h(a_i)\cdot(a_i - \bar{x})^2.$$

Wegen $\bar{x} = \frac{1}{n}\sum_{i=1}^{n}x_i$ gilt

$$\bar{s}^2 = \frac{1}{n}\left[\sum_{i=1}^{n}x_i^2 - \frac{1}{n}\left(\sum_{i=1}^{n}x_i\right)^2\right] \text{ bzw.}$$

$$\bar{s}^2 = \frac{1}{n}\left[\sum_{i=1}^{k}H(a_i)\cdot a_i^2 - \frac{1}{n}\left(\sum_{i=1}^{k}H(a_i)\cdot x_i\right)^2\right] = \sum_{i=1}^{k}h(a_i)\cdot a_i^2 - \left(\sum_{i=1}^{k}h(a_i)\cdot x_i\right)^2.$$

Klassenmitte → S. 120

Sind die n Stichprobenwerte $x_1, x_2, \ldots, x_n$ in r Klassen $k_1, k_2, \ldots, k_r$ mit den Klassenmitten $m_1, m_2, \ldots, m_r$ eingeteilt, so gilt

$$\bar{s}^2 \approx \frac{H(k_1)\cdot(m_1 - \bar{x})^2 + H(k_2)\cdot(m_2 - \bar{x})^2 + \ldots + H(k_r)\cdot(m_r - \bar{x})^2}{n} = \frac{1}{n}\cdot\sum_{i=1}^{r}H(k_i)\cdot(m_i - \bar{x})^2$$

$$= h(k_1)\cdot(m_1 - \bar{x})^2 + h(k_2)\cdot(m_2 - \bar{x})^2 + \ldots + h(k_r)\cdot(m_r - \bar{x})^2 = \sum_{i=1}^{r}h(k_i)\cdot(m_i - \bar{x})^2$$

Klassenhäufigkeit → S. 120

mit den absoluten Klassenhäufigkeiten $H(k_i)$ und relativen Klassenhäufigkeiten $h(k_i)$.

## Standardabweichung

Für die Standardabweichung $\bar{s}$ gilt

$$\bar{s} = \sqrt{\bar{s}^2} = \sqrt{\frac{(x_1 - \bar{x})^2 + (x_2 - \bar{x})^2 + \ldots + (x_n - \bar{x})^2}{n}} = \sqrt{\frac{1}{n}\sum_{i=1}^{n}(x_i - \bar{x})^2}.$$

**Streumaße**

Empirische Varianz $\bar{s}^2$ → S. 124

## Spannweite

Die Spannweite R ist die Differenz zwischen dem größten und dem kleinsten beobachteten Stichprobenwert: $R = x_{max} - x_{min}$.

Stichprobenwert → S. 119

## Quantilsabstand

Der **Quantilsabstand** $QA_p$ ist die Differenz zwischen dem p-Quantil und dem (1 − p)-Quantil: $QA_p = Q_{1-p} - Q_p$ mit $p \in [0; 0{,}5)$.
Der Quantilsabstand gibt die Länge des Intervalls an, in dem der Anteil $1 - 2p$ der beobachteten Werte liegt.

Quantil → S. 123

## Interquartilsabstand (Halbweite)

Der **Interquartilsabstand** IQR ist die Differenz zwischen dem oberen und dem unteren Quartil, also die Spannweite des oberen und unteren Quartils: $IQR = Q_{0,75} - Q_{0,25}$.
Der Interquartilsabstand ist der Quantilsabstand für $p = 0{,}25$.
Der Interquartilsabstand gibt die Länge des Intervalls an, in dem 50 % der beobachteten Werte liegen.

Oberes und unteres Quartil → S. 123

## Korrelationskoeffizient

**Korrelationskoeffizient und Regressionsgerade**

Der **Korrelationskoeffizient** $r_{xy}$ ist ein Maß für die lineare Abhängigkeit zweier metrischskalierter Merkmale X und Y.
Wenn für X und Y die n Wertepaare $(x_1; y_1), (x_2; y_2), \ldots, (x_n; y_n)$ vorliegen, dann gilt

$$r_{xy} = \frac{(x_1 - \bar{x})(y_1 - \bar{y}) + (x_2 - \bar{x})(y_2 - \bar{y}) + \ldots + (x_n - \bar{x})(y_n - \bar{y})}{\sqrt{\left((x_1 - \bar{x})^2 + (x_2 - \bar{x})^2 + \ldots + (x_n - \bar{x})^2\right) \cdot \left((y_1 - \bar{y})^2 + (y_2 - \bar{y})^2 + \ldots + (y_n - \bar{y})^2\right)}}$$

$$= \frac{\sum_{i=1}^{n}(x_i - \bar{x})(y_i - \bar{y})}{\sqrt{\sum_{i=1}^{n}(x_i - \bar{x})^2 \cdot \sum_{i=1}^{n}(y_i - \bar{y})^2}} \quad (-1 \le r_{xy} \le 1),$$

wobei $\bar{x}$ bzw. $\bar{y}$ die arithmetischen Mittel von $x_1, x_2, \ldots, x_n$ bzw. $y_1, y_2, \ldots, y_n$ sind.

Metrische Skala → S. 119

Arithmetisches Mittel (Mittelwert) → S. 122

## Regressionsgerade

Zu zwei metrischskalierten Merkmalen X und Y liegen die n Wertepaare $(x_1; y_1), (x_2; y_2), \ldots, (x_n; y_n)$ vor. Für die **Regressionsgerade** (Ausgleichsgerade) zu diesen Wertepaaren gilt

$$y(x) = \frac{r_{xy}\bar{s}_y}{\bar{s}_x}(x - \bar{x}) + \bar{y},$$

wobei $\bar{x}$ bzw. $\bar{y}$ die arithmetischen Mittel von $x_1, x_2, \ldots, x_n$ bzw. $y_1, y_2, \ldots, y_n$ sind, $r_{xy}$ der Korrelationskoeffizient und $\bar{s}_x$ bzw. $\bar{s}_y$ die Standardabweichungen von $x_1, x_2, \ldots, x_n$ bzw. $y_1, y_2, \ldots, y_n$.

Korrelationskoeffizient → vgl. oben
Standardabweichung → vgl. oben

# Kombinatorik

## Grundbegriffe

### Fakultät

Für alle $n \in \mathbb{N}^*$ gilt $n! = 1 \cdot 2 \cdot 3 \cdot \ldots \cdot n = \prod_{k=1}^{n} k$ bzw. $n! = n \cdot (n-1)!$ **(„n Fakultät“).**
Man definiert $0! = 1$.

### Binomialkoeffizienten

$\binom{n}{k} = \frac{n!}{k! \cdot (n-k)!} = \frac{n \cdot (n-1) \cdot (n-2) \cdot \ldots \cdot (n-k+1)}{k!}$ heißt **Binomialkoeffizient** („n über k“)
$(n, k \in \mathbb{N}^*;\ k \leq n)$. Für $n \in \mathbb{N}$ gilt $\binom{n}{0} = 1$, für $n < k$ gilt $\binom{n}{k} = 0$.

Formeln zur Berechnung von Binomialkoeffizienten:

$$\binom{n}{k} = \binom{n}{n-k} \qquad \binom{n}{1} = n$$

$$\binom{n}{n-1} = n \qquad \binom{n}{n} = 1$$

$$\binom{n}{k} = \binom{n-1}{k-1} + \binom{n-1}{k}$$

$$\binom{n+1}{k+1} = \binom{n}{k} + \binom{n-1}{k} + \binom{n-2}{k} + \ldots + \binom{k+1}{k} + \binom{k}{k}$$

Für $r \in \mathbb{R}$ und $k \in \mathbb{N}^*$ gilt $\binom{r}{k} = \frac{r \cdot (r-1) \cdot (r-2) \cdot \ldots \cdot (r-k+1)}{k!}$ sowie $\binom{r}{0} = 1$.

### Binomischer Lehrsatz $(a, b \in \mathbb{R};\ n \in \mathbb{N})$

$$(a+b)^n = a^n b^0 + \binom{n}{1} a^{n-1} b^1 + \binom{n}{2} a^{n-2} b^2 + \ldots + \binom{n}{n-1} a^1 b^{n-1} + \binom{n}{n} a^0 b^n$$
$$= \sum_{k=0}^{n} \binom{n}{k} a^{n-k} b^k$$

Terme der Form $(a+b)^n$ kann man mithilfe des Pascal'schen Dreiecks umformen:

| | Pascal'sches Dreieck | |
|---|---|---|
| $n = 0$ | 1 | $(a+b)^0 = 1$ |
| $n = 1$ | 1 1 | $(a+b)^1 = a + b$ |
| $n = 2$ | 1 2 1 | $(a+b)^2 = a^2 + 2ab + b^2$ |
| $n = 3$ | 1 3 3 1 | $(a+b)^3 = a^3 + 3a^2b + 3ab^2 + b^3$ |
| $n = 4$ | 1 4 6 4 1 | $(a+b)^4 = a^4 + 4a^3b + 6a^2b^2 + 4ab^3 + b^4$ |
| $n = 5$ | 1 5 10 10 5 1 | $(a+b)^5 = a^5 + 5a^4b + 10a^3b^2 + 10a^2b^3 + 5ab^4 + b^5$ |
| … | … | … |

Das Pascal'sche Dreieck lässt sich auch mithilfe der Binomialkoeffizienten schreiben.

$$\binom{0}{0}$$
$$\binom{1}{0} \quad \binom{1}{1}$$
$$\binom{2}{0} \quad \binom{2}{1} \quad \binom{2}{2}$$
$$\binom{3}{0} \quad \binom{3}{1} \quad \binom{3}{2} \quad \binom{3}{3}$$
$$\binom{4}{0} \quad \binom{4}{1} \quad \binom{4}{2} \quad \binom{4}{3} \quad \binom{4}{4}$$
$$\binom{5}{0} \quad \binom{5}{1} \quad \binom{5}{2} \quad \binom{5}{3} \quad \binom{5}{4} \quad \binom{5}{5}$$
$$\ldots$$

## Permutationen

Jede Anordnung von n Elementen in einer bestimmten Reihenfolge, wobei alle n Elemente verwendet werden, heißt **Permutation** dieser Elemente.

### Permutation ohne Wiederholung ($n \in \mathbb{N}^*$)

Anzahl an Permutationen von n verschiedenen Elementen:

$P_n = n!$

Fakultät → S. 126

### Permutation mit Wiederholung ($k, n \in \mathbb{N}^*$)

Anzahl an Permutationen von n Elementen, wobei k Elemente gleich sind:

$P_n^W = \frac{n!}{k!}$ ($k \leq n$)

Anzahl an Permutationen von n Elementen, wobei es m Gruppen mit jeweils $k_1, k_2, \ldots, k_m$ ($k_i \geq 1$) gleichen Elementen gibt ($k_1 + k_2 + \ldots + k_m = n$):

$P_n^W = \frac{n!}{k_1! \cdot k_2! \cdot \ldots \cdot k_m!}$ ($k \leq n$)

## Variationen

Jede Auswahl von k Elementen aus einer Menge von n verschiedenen Elementen unter Berücksichtigung der Reihenfolge heißt **Variation** dieser Elemente oder Variation von n Elementen zur k-ten Klasse.

### Variation ohne Wiederholung ($k, n \in \mathbb{N}^*$)

Anzahl an Möglichkeiten, aus n verschiedenen Elementen k Elemente unter Berücksichtigung der Reihenfolge auszuwählen, wobei jedes Element nur einmal auftreten darf:

$V_n = \frac{n!}{(n-k)!} = \binom{n}{k} \cdot k! = n \cdot (n-1) \cdot (n-2) \cdot \ldots \cdot (n-k+1)$ ($k \leq n$)

Binomialkoeffizient → S. 126

Im Urnenmodell zieht man k-mal aus n verschiedenen Kugeln unter Beachtung der Reihenfolge und ohne Zurücklegen und bestimmt die Anzahl verschiedener Anordnungen.

### Variation mit Wiederholung ($k, n \in \mathbb{N}^*$)

Anzahl an Möglichkeiten, aus n verschiedenen Elementen k Elemente unter Berücksichtigung der Reihenfolge auszuwählen, wobei einzelne Elemente auch mehrfach auftreten dürfen:

$V_n^W = n^k$ ($k \leq n$)

Im Urnenmodell zieht man k-mal aus n verschiedenen Kugeln unter Beachtung der Reihenfolge und mit Zurücklegen und bestimmt die Anzahl verschiedener Anordnungen.

## Kombinationen

Jede Auswahl von k Elementen aus einer Menge von n verschiedenen Elementen ohne Berücksichtigung der Reihenfolge heißt **Kombination** dieser Elemente oder Kombination von n Elementen zur k-ten Klasse.

### Kombination ohne Wiederholung ($k, n \in \mathbb{N}^*$)

Anzahl an Möglichkeiten, aus n verschiedenen Elementen k Elemente ohne Berücksichtigung der Reihenfolge auszuwählen, wobei jedes Element nur einmal auftreten darf:

$C_n = \frac{n!}{k! \cdot (n-k)!} = \binom{n}{k} = \binom{n}{n-k} = \frac{n \cdot (n-1) \cdot (n-2) \cdot \ldots \cdot (n-k+1)}{k!}$ ($k \leq n$)

Im Urnenmodell zieht man k-mal aus n verschiedenen Kugeln ohne Beachtung der Reihenfolge und ohne Zurücklegen und bestimmt die Anzahl verschiedener Anordnungen.

Kombinationen

### Kombination mit Wiederholung $(k, n \in \mathbb{N}^*)$

Anzahl an Möglichkeiten, aus n verschiedenen Elementen k Elemente ohne Berücksichtigung der Reihenfolge auszuwählen, wobei einzelne Elemente auch mehrfach auftreten dürfen:

Fakultät und Binomialkoeffizient → S. 126

$$C_n^W = \frac{(n+k-1)!}{k! \cdot (n-1)!} = \binom{n+k-1}{k} \quad (k \le n)$$

Im Urnenmodell zieht man k-mal aus n verschiedenen Kugeln ohne Beachtung der Reihenfolge und mit Zurücklegen und bestimmt die Anzahl verschiedener Anordnungen.

## Übersicht Permutation – Variation – Kombination

$(k, n \in \mathbb{N}^*;\ k \le n)$

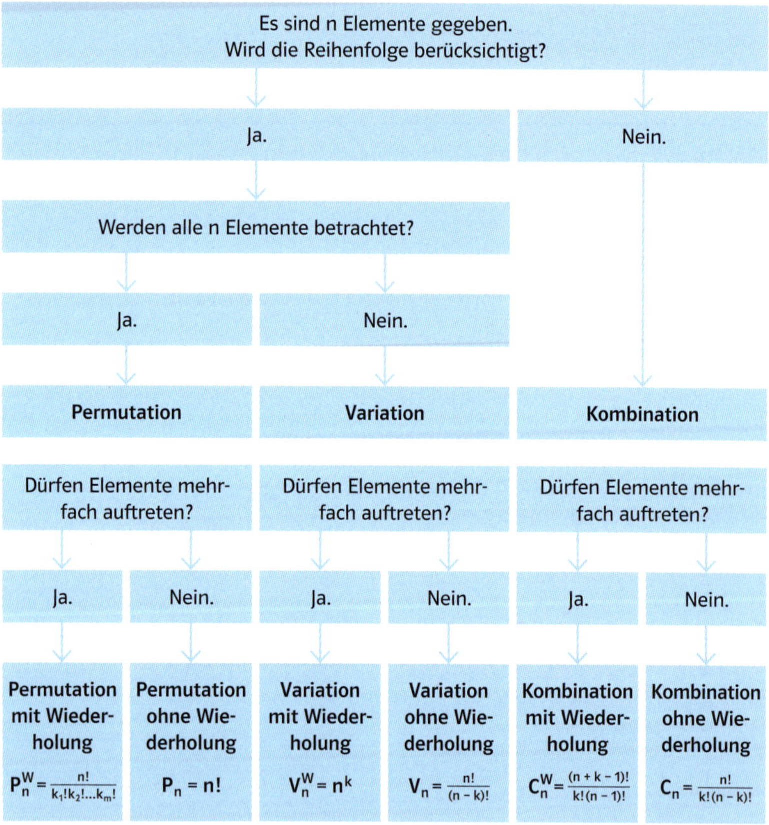


Wenn man aus n verschiedenen Elementen k Elemente $(k \le n)$ auswählt, gilt für die möglichen Anzahlen:

| | Ziehen mit Zurücklegen | Ziehen ohne Zurücklegen |
|---|---|---|
| **Mit Beachtung der Reihenfolge** | $V_n^W = n^k$ | $V_n = \frac{n!}{(n-k)!} = \binom{n}{k} \cdot k!$ |
| **Ohne Beachtung der Reihenfolge** | $C_n^W = \frac{(n+k-1)!}{k! \cdot (n-1)!} = \binom{n+k-1}{k}$ | $C_n = \frac{n!}{k! \cdot (n-k)!} = \binom{n}{k}$ |

## Grundbegriffe

### Zufallsexperiment (Zufallsversuch), Ergebnis und Ergebnismenge

Führt man ein Zufallsexperiment durch, tritt genau eines der **Ergebnisse** $e_1, e_2, \ldots, e_k$ aus der **Ergebnismenge** $S = \{e_1, e_2, \ldots, e_k\}$ $(k \in \mathbb{N}^*)$ ein. Manchmal schreibt man auch Ω statt S. Die Ergebnismenge nennt man auch **Stichprobenraum** oder **Ergebnisraum**. Statt Ergebnis sagt man auch **Ausgang**.
Welches der möglichen Ergebnisse auftreten wird, lässt sich nicht vorhersagen.
Unter gleichen Bedingungen lässt sich ein Zufallsexperiment beliebig oft wiederholen.

### Ereignis und Ereignisraum

Jede Teilmenge E der Ergebnismenge S heißt **Ereignis** über S: $E \subseteq S$.
Ein Ereignis E ist eingetreten, wenn $e_i$ ein Ergebnis des Zufallsexperiments ist und $e_i \in E$ gilt $(i = 1, 2, \ldots, k;\ k \in \mathbb{N}^*)$.
Der **Ereignisraum** des Zufallsexperiments ist die Potenzmenge $P(S) = \{E \mid E \subseteq S\}$, also die Menge aller Teilmengen von S bzw. die Menge aller Ereignisse, die zum Zufallsexperiment gehören. Der Ereignisraum enthält $2^k$ Elemente, also $2^k$ Ereignisse.

Teilmenge → S. 8
Potenzmenge → S. 8

### Spezielle Ereignisse

Das Ereignis $E = \emptyset = \{\ \}$ heißt **unmögliches Ereignis**. Es tritt nie ein.
Das Ereignis $E = S$ heißt **sicheres Ereignis**. Es tritt immer ein.
Ein **Elementarereignis** $E_i = \{e_i\}$ $(i = 1, 2, \ldots, k;\ k \in \mathbb{N}^*)$ ist eine einelementige Teilmenge von S. Es enthält also nur ein Element aus S.

Leere Menge → S. 8

### Absolute Häufigkeit und relative Häufigkeit

Die **absolute Häufigkeit** $H_n(e_i)$ eines Ergebnisses $e_i$ gibt an, wie oft das Ergebnis bei n Durchführungen eines Zufallsexperiments eintritt.
Die **relative Häufigkeit** $h_n(e_i)$ eines Ergebnisses $e_i$ ist der Quotient aus der absoluten Häufigkeit und der Anzahl der Durchführungen: $h_n(e_i) = \frac{H_n(e_i)}{n}$.
Die **absolute Häufigkeit** $H_n(E)$ eines Ereignisses E gibt an, wie oft das Ereignis bei n Durchführungen des Zufallsexperiments eintritt.
Die **relative Häufigkeit** $h_n(E)$ eines Ereignisses E ist der Quotient aus der absoluten Häufigkeit und der Anzahl der Durchführungen: $h_n(E) = \frac{H_n(E)}{n}$.

### Eigenschaften der relativen Häufigkeit

(1) Für jedes Ereignis E gilt $0 \leq h_n(E) \leq 1$.
(2) Für das sichere Ereignis gilt $h_n(S) = 1$, für das unmögliche Ereignis $h_n(\emptyset) = 0$.
(3) Für ein beliebiges Ereignis E, also eine beliebige Teilmenge der Ergebnismenge S mit den Elementen $e_1, e_2, \ldots, e_r$, ist die relative Häufigkeit von E gleich der Summe der relativen Häufigkeiten der Elementarereignisse, aus denen sich E zusammensetzt: $h_n(E) = h_n(\{e_1\}) + h_n(\{e_2\}) + \ldots + h_n(\{e_r\}) = \sum_{i=1}^{r} h_n(\{e_i\})$.
(4) Für zwei Ereignisse A und B gilt $h_n(A \cup B) = h_n(A) + h_n(B) - h_n(A \cap B)$.
Sind A und B unvereinbar $(A \cap B = \emptyset)$, gilt $h_n(A \cup B) = h_n(A) + h_n(B)$.
(5) Für ein Ereignis A und sein Gegenereignis $\overline{A}$ gilt
$h_n(A \cup \overline{A}) = h_n(A) + h_n(\overline{A}) = h_n(S) = 1$.

Mengenverknüpfungen → S. 8
Unvereinbare Ereignisse → S. 130
Gegenereignis → S. 130

# Wahrscheinlichkeitsrechnung

Grundbegriffe

## Empirisches Gesetz der großen Zahlen

Relative Häufigkeit, Ereignis und Ergebnis → S. 129
Axiomatische Definition der Wahrscheinlichkeit → S. 131

Wenn man ein Zufallsexperiment hinreichend oft wiederholt, dann ist die ermittelte relative Häufigkeit für das Eintreten eines Ereignisses E ein Schätzwert für die **Wahrscheinlichkeit** P(E) des Ereignisses. Für große Werte von n gilt $P(E) \approx h_n(E)$.

## Bernoulli-Experiment

Ein Zufallsexperiment mit genau zwei Ergebnissen (meist Treffer und Niete bzw. Erfolg und Misserfolg genannt) heißt **Bernoulli-Experiment**.

# Rechnen mit Ereignissen

## Verknüpfen von Ereignissen

### Teilereignis

Teilmenge → S. 8

Ein Ereignis B ist eine Teilmenge eines Ereignisses A genau dann, wenn $B \subseteq A$ gilt. Das Ereignis B ist ein **Teilereignis** von A.
Wenn das Ereignis B eintritt, dann tritt auch das Ereignis A ein.

### Durchschnitt von Ereignissen

Schnittmenge → S. 8

Ein Ereignis C heißt **Durchschnitt** zweier Ereignisse A und B genau dann, wenn $A \cap B$ gilt. C ist die Schnittmenge der Ereignisse A und B.
Das Ereignis $C = A \cap B$ („A und B") tritt genau dann ein, wenn sowohl A als auch B eintritt.

### Vereinigung von Ereignissen

Vereinigungsmenge → S. 8

Ein Ereignis C heißt **Vereinigung** zweier Ereignisse A und B genau dann, wenn $A \cup B$ gilt. C ist die Vereinigungsmenge der Ereignisse A und B.
Das Ereignis $C = A \cup B$ („A oder B") tritt genau dann ein, wenn mindestens eines der Ereignisse A, B eintritt.

### Gegenereignis (komplementäres Ereignis)

Ergebnismenge → S. 129
Komplementmenge → S. 8

Das Ereignis $\overline{E}$ heißt **Gegenereignis (komplementäres Ereignis)** zu einem Ereignis E genau dann, wenn $\overline{E} \cup E = S$ und $\overline{E} \cap E = \varnothing$ gelten (S: Ergebnismenge).
$\overline{E}$ ist die Komplementmenge zu E.
Das **Gegenereignis** $\overline{E}$ zum Ereignis E tritt genau dann ein, wenn E nicht eintritt.

### Unvereinbare Ereignisse bzw. einander ausschließende Ereignisse

Zwei Ereignisse A und B heißen **unvereinbar** genau dann, wenn $A \cap B = \varnothing$ gilt.
Die Ereignisse A und B können nicht gleichzeitig eintreten.

## Rechenregeln für Ereignisse (Ereignisalgebra)

Gegeben seien beliebige Ereignisse A, B und C sowie eine Ergebnismenge S. Es gilt:

| | | |
|---|---|---|
| **Kommutativgesetze:** | $A \cup B = B \cup A$ | $A \cap B = B \cap A$ |
| **Assoziativgesetze:** | $(A \cup B) \cup C = A \cup (B \cup C)$ | $(A \cap B) \cap C = A \cap (B \cap C)$ |
| **Distributivgesetze:** | $A \cup (B \cap C) = (A \cup B) \cap (A \cup C)$ | $A \cap (B \cup C) = (A \cap B) \cup (A \cap C)$ |
| **Idempotenzgesetze:** | $A \cup A = A$ | $A \cap A = A$ |
| **Absorptionsgesetze:** | $A \cup (A \cap B) = A$ | $A \cap (A \cup B) = A$ |
| **De-Morgan-Gesetze:** | $\overline{A \cup B} = \overline{A} \cap \overline{B}$ | $\overline{A \cap B} = \overline{A} \cup \overline{B}$ |
| **Neutrale Elemente:** | $A \cup \varnothing = A$ | $A \cap S = A$ |
| **Dominante Elemente:** | $A \cup S = S$ | $A \cap \varnothing = \varnothing$ |
| **Komplemente:** | $A \cup \overline{A} = S$ | $A \cap \overline{A} = \varnothing$ |
| | $\overline{\varnothing} = S$, $\overline{S} = \varnothing$, $\overline{\overline{A}} = A$ | |

## Wahrscheinlichkeit und Wahrscheinlichkeitsverteilung

Ergebnismenge → S. 129
Elementarereignis → S. 129
Ereignis → S. 129

**Axiomatische Definition der Wahrscheinlichkeit nach Kolmogorow**

Ein Zufallsexperiment habe die Ergebnismenge $S = \{e_1, e_2, \ldots, e_k\}$ $(k \in \mathbb{N}^*)$.
Ist jedem Elementarereignis $E_i = \{e_i\}$ $(i = 1, 2, \ldots, k)$ eine reelle Zahl $P(E_i)$ so zugeordnet, dass

(1) $0 \leq P(E_i)$ für $i = 1, 2, \ldots, k$ (Nichtnegativität) und

(2) $P(E_1) + P(E_2) + \ldots + P(E_k) = 1$ (Normiertheit)

gilt, dann heißt $P(E_i)$ die **Wahrscheinlichkeit des Elementarereignisses $E_i$**.
Eine Funktion P, die jedem Elementarereignis $E_i$ eine Wahrscheinlichkeit zuordnet, heißt **Wahrscheinlichkeitsverteilung**.
Ist $E = \{e_1, e_2, \ldots, e_r\} \subseteq S$ mit $1 \leq r \leq k$ ein Ereignis aus S und P eine Wahrscheinlichkeitsfunktion, dann gilt

(3) $P(E) = P(E_1) + P(E_1) + \ldots + P(E_r)$ (Additivität).

Für $A = \varnothing$ setzt man $P(A) = 0$.
$P(A)$ heißt die **Wahrscheinlichkeit des Ereignisses A**.

## Rechnen mit Wahrscheinlichkeiten

Unvereinbare Ereignisse → S. 130

### Folgerungen aus der Definition der Wahrscheinlichkeit

$0 \leq P(A) \leq 1$ $P(\overline{A}) = 1 - P(A)$

Sind A und B zwei unvereinbare Ereignisse $(A \cap B = \varnothing)$, so gilt $P(A \cup B) = P(A) + P(B)$.
Für $A \subseteq B$ gilt $P(A) \leq P(B)$.

### Additionssatz

Für zwei Ereignisse A und B: $P(A \cup B) = P(A) + P(B) - P(A \cap B)$

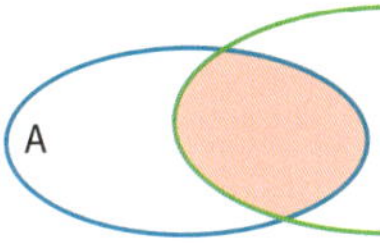


$A \cap B$

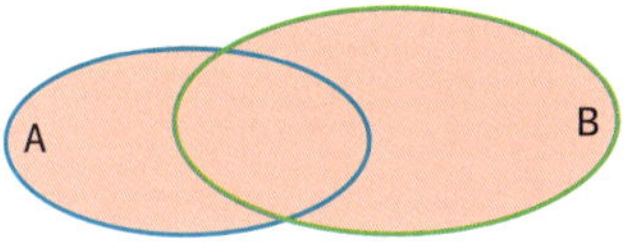


$A \cup B$

Für drei Ereignisse A, B und C: $P(A \cup B \cup C) = P(A) + P(B) + P(C)$
$- P(A \cap B) - P(A \cap C) - P(B \cap C)$
$+ P(A \cap B \cap C)$

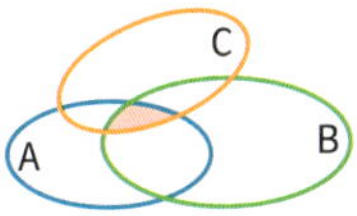


$A \cap B \cap C$

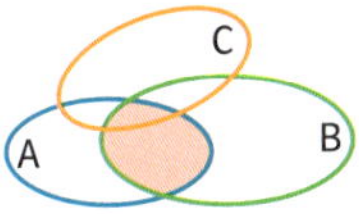


$A \cap B$

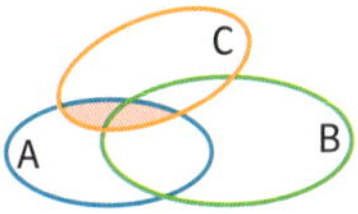


$A \cap C$

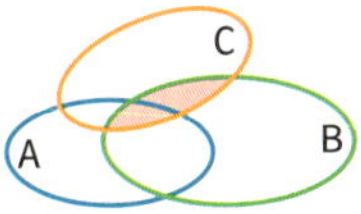


$B \cap C$

### Laplace-Experiment und Gleichverteilung

Ein **Laplace-Experiment** ist ein Zufallsexperiment, bei dem man eine Ergebnismenge so angeben kann, dass alle Ergebnisse gleich wahrscheinlich sind.
Bei einem Laplace-Experiment haben alle Elementarereignisse $E_i = \{e_i\}$ $(i = 1, 2, \ldots, k;$ $k \in \mathbb{N}^*)$ die gleiche Wahrscheinlichkeit $P(E_i) = \frac{1}{k}$. Eine solche Wahrscheinlichkeitsverteilung heißt **Gleichverteilung**.
Für ein Ereignis $E = \{e_1, e_2, \ldots, e_r\} \subseteq S$ mit $1 \leq r \leq k$ gilt dann $P(E) = \frac{r}{k}$.
Bei einem Laplace-Experiment gilt für die Wahrscheinlichkeit eines Ereignisses E:

$$P(E) = \frac{\text{Anzahl der für E günstigen Ergebnisse}}{\text{Anzahl aller möglichen Ergebnisse}}.$$

# Wahrscheinlichkeitsrechnung

## Mehrstufige Zufallsexperimente

### n-stufiges Zufallsexperiment

Bei einem **n-stufigen Zufallsexperiment** fasst man n unabhängige Zufallsexperimente, die nacheinander ablaufen, zu einem einzigen Zufallsexperiment zusammen.

### Baumdiagramm und Pfadregeln

#### Baumdiagramm

Ergebnismenge → S. 129

Die Ergebnismenge eines mehrstufigen Zufallsexperiments kann man mit **Baumdiagrammen** darstellen.

Ergebnis → S. 129

Jeder **Pfad** in einem Baumdiagramm entspricht genau einem möglichen Ergebnis des Zufallsexperiments.

Ereignis → S. 129

Zu einem Ereignis gehören alle Pfade derjenigen Ergebnisse, die zum betrachteten Ereignis gehören.

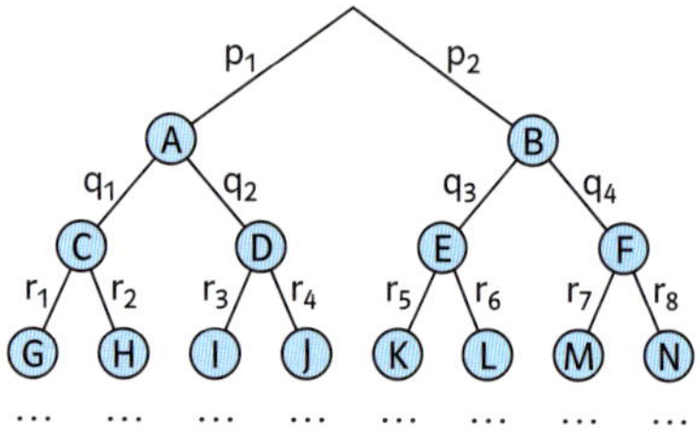


#### 1. Pfadregel (Produktregel)

Elementarereignis → S. 129

Die Wahrscheinlichkeit für ein Ergebnis (Elementarereignis) eines mehrstufigen Zufallsexperiments erhält man durch Multiplizieren der Wahrscheinlichkeiten längs des entsprechenden Pfades im Baumdiagramm.

$P(\{(A;\ D;\ I)\}) = p_1 \cdot q_2 \cdot r_3$

$P(\{(B;\ E;\ K)\}) = p_2 \cdot q_3 \cdot r_5$

#### 2. Pfadregel (Summenregel)

Die Wahrscheinlichkeit für ein (zusammengesetztes) Ereignis eines mehrstufigen Zufallsexperiments erhält man durch Addieren der Wahrscheinlichkeiten der zugehörigen Pfade im Baumdiagramm.

Ereignis T: $T = \{(A;\ C;\ H);\ (A;\ D;\ J);\ (B;\ F;\ N)\}$

$P(T) = p_1 \cdot q_1 \cdot r_2 + p_1 \cdot q_2 \cdot r_4 + p_2 \cdot q_4 \cdot r_8$

### Bernoulli-Kette

Bernoulli-Experiment → S. 130

Wenn man ein Bernoulli-Experiment n-mal unabhängig voneinander durchführt, so liegt eine **Bernoulli-Kette** der Länge n vor.

### Formel von Bernoulli

Gegeben sei eine Bernoulli-Kette der Länge n. Die Wahrscheinlichkeit für einen Treffer bei dem einzelnen Bernoulli-Experiment sei p. Die Wahrscheinlichkeit für genau k Treffer bei der Durchführung der Bernoulli-Kette ist

Binomialkoeffizient → S. 126

$P(\text{genau k Treffer}) = \binom{n}{k} \cdot p^k \cdot (1 - p)^{n-k} \quad (k = 0, 1, 2, \ldots, n).$

## Bedingte Wahrscheinlichkeit

Ergebnismenge S → S. 129

### Bedingte Wahrscheinlichkeit

A und B seien zwei beliebige Ereignisse mit $A \subseteq S$, $B \subseteq S$ und $P(A) > 0$. Die Wahrscheinlichkeit, dass B eintritt unter der Bedingung, dass A bereits eingetreten ist, heißt **durch A bedingte Wahrscheinlichkeit von B**. Man schreibt dafür $P_A(B)$ oder $P(B \mid A)$. Es gilt

$P_A(B) = \frac{P(A \cap B)}{P(A)}.$

## Unabhängigkeit von Ereignissen (A, B ⊆ S)

Zwei Ereignisse A und B mit $P(A) > 0$ und $P(B) > 0$ heißen voneinander **unabhängig**, wenn für die bedingten Wahrscheinlichkeiten $P_A(B)$ und $P_B(A)$ gilt: $P_A(B) = P(B)$ und $P_B(A) = P(A)$. Andernfalls heißen sie voneinander **abhängig**.
Zwei Ereignisse A und B sind genau dann voneinander **unabhängig**, wenn $P(A \cap B) = P(A) \cdot P(B)$ gilt.
Das Eintreten des einen Ereignisses beeinflusst nicht die Wahrscheinlichkeit für das Eintreten des anderen Ereignisses.

Wenn A und B voneinander unabhängig sind, dann sind auch A und $\overline{B}$, $\overline{A}$ und B sowie $\overline{A}$ und $\overline{B}$ voneinander unabhängig.

Mehr als zwei Ereignisse heißen genau dann voneinander unabhängig, wenn sie paarweise voneinander unabhängig sind und jedes der Ereignisse unabhängig von allen Schnitten ist, die man aus den restlichen Ereignissen bilden kann.

**Bedingte Wahrscheinlichkeit**
Ergebnismenge S → S. 129
Bedingte Wahrscheinlichkeit → S. 132
Gegenereignis → S. 130

## Vierfeldertafel (A, B ⊆ S)

Trägt man Wahrscheinlichkeiten in eine **Vierfeldertafel** ein, kann man daraus bedingte Wahrscheinlichkeiten berechnen und Ereignisse auf Unabhängigkeit untersuchen.

| | A | $\overline{A}$ | |
|---|---|---|---|
| B | $P(A \cap B)$ | $P(\overline{A} \cap B)$ | $P(B) = P(A \cap B) + P(\overline{A} \cap B)$ |
| $\overline{B}$ | $P(A \cap \overline{B})$ | $P(\overline{A} \cap \overline{B})$ | $P(\overline{B}) = P(A \cap \overline{B}) + P(\overline{A} \cap \overline{B})$ |
| | $P(A) = P(A \cap B) + P(A \cap \overline{B})$ | $P(\overline{A}) = P(\overline{A} \cap B) + P(\overline{A} \cap \overline{B})$ | 1 |

Aus den Werten einer Vierfeldertafel kann man bedingte Wahrscheinlichkeiten wie $P_A(B) = \frac{P(A \cap B)}{P(A)}$ berechnen. Mithilfe einer Vierfeldertafel kann man auch prüfen, ob zwei Ereignisse voneinander unabhängig sind. So sind z. B. die Ereignisse A und B voneinander unabhängig, wenn $P(A \cap B) = P(A) \cdot P(B)$ gilt.

Voneinander unabhängige Ereignisse → vgl. oben

## Der allgemeine Multiplikationssatz ($A, B, A_1, A_2, \ldots, A_n \subseteq S$)

Ist $P(A) > 0$ und $P(B) > 0$, so gilt für die Wahrscheinlichkeit, dass sowohl das Ereignis A als auch das Ereignis B eintritt: $P(A \cap B) = P(A) \cdot P_A(B) = P(B) \cdot P_B(A)$.

Für n Ereignisse $A_1, A_2, \ldots, A_n$ mit $P(A_1 \cap A_2 \cap \ldots \cap A_{n-1}) \neq 0$ gilt
$P(A_1 \cap A_2 \cap \ldots \cap A_n) = P(A_1) \cdot P_{A_1}(A_2) \cdot P_{A_1 \cap A_2}(A_3) \cdot \ldots \cdot P_{A_1 \cap \ldots \cap A_{n-1}}(A_n)$.

## Der spezielle Multiplikationssatz ($A, B, A_1, A_2, \ldots, A_n \subseteq S$)

Sind die Ereignisse A und B voneinander unabhängig, dann gilt für die Wahrscheinlichkeit, dass sowohl A als auch B eintritt: $P(A \cap B) = P(A) \cdot P(B)$.

Sind n Ereignisse $A_1, A_2, \ldots, A_n$ voneinander unabhängig, dann gilt
$P(A_1 \cap A_2 \cap \ldots \cap A_n) = P(A_1) \cdot P(A_2) \cdot \ldots \cdot P(A_n)$.

# Wahrscheinlichkeitsrechnung

**Bedingte Wahrscheinlichkeit**

Ergebnismenge → S. 129
Ereignis → S. 129

### Satz von der totalen Wahrscheinlichkeit ($A_1, A_2, \ldots, A_n \subseteq S$)

Die Ergebnismenge S sei in die Ereignisse $A_1, A_2, \ldots, A_n$ zerlegt, d.h., es gelte $A_1 \cup A_2 \cup \ldots \cup A_n = S$ und $A_i \cap A_j = \emptyset$ für $i \neq j$ $(i, j = 1, 2, \ldots, n)$.
Ist $P(A_i) > 0$ für $i = 1, 2, \ldots, n$, dann gilt für ein beliebiges Ereignis $B \subseteq S$:

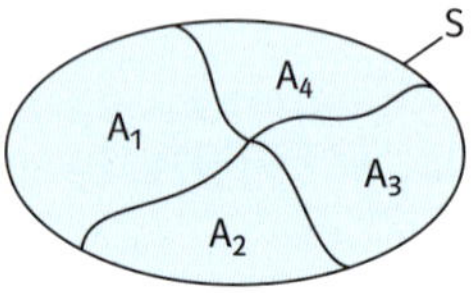


$$P(B) = P(A_1) \cdot P_{A_1}(B) + P(A_2) \cdot P_{A_2}(B) + \ldots + P(A_n) \cdot P_{A_n}(B) = \sum_{i=1}^{n} P(A_i) \cdot P_{A_i}(B).$$

Für die spezielle Zerlegung $S = A \cup \overline{A}$ gilt für $P(A) > 0$ und $P(\overline{A}) > 0$:
$P(B) = P(A) \cdot P_A(B) + P(\overline{A}) \cdot P_{\overline{A}}(B)$.

### Satz von Bayes ($A_1, A_2, \ldots, A_n, B \subseteq S$)

Die Ergebnismenge S sei in die Ereignisse $A_1, A_2, \ldots, A_n$ zerlegt, d.h., es gelte $A_1 \cup A_2 \cup \ldots \cup A_n = S$ und $A_i \cap A_j = \emptyset$ für $i \neq j$ $(i, j = 1, 2, \ldots, n)$.
Ist $P(A_i) > 0$ für $i = 1, 2, \ldots, n$, dann gilt für ein beliebiges Ereignis B mit $P(B) > 0$:

$$P_B(A_i) = \frac{P(A_i) \cdot P_{A_i}(B)}{P(A_1) \cdot P_{A_1}(B) + P(A_2) \cdot P_{A_2}(B) + \ldots + P(A_n) \cdot P_{A_n}(B)} = \frac{P(A_i) \cdot P_{A_i}(B)}{\sum_{j=1}^{n} P(A_j) \cdot P_{A_j}(B)}.$$

Für die spezielle Zerlegung $S = A \cup \overline{A}$ gilt für $P(A) > 0$, $P(\overline{A}) > 0$ und $P(B) > 0$:

$$P_B(A) = \frac{P(A) \cdot P_A(B)}{P(A) \cdot P_A(B) + P(\overline{A}) \cdot P_{\overline{A}}(B)}.$$

## Gauß'sche Glockenfunktionen

### Gauß'sche Glockenfunktionen

Funktionen $\varphi_{\mu;\sigma}$ mit $\varphi_{\mu;\sigma}(x) = \frac{1}{\sigma\sqrt{2\pi}} \cdot e^{-\frac{1}{2}\left(\frac{x-\mu}{\sigma}\right)^2}$ $(x \in \mathbb{R})$ heißen **Gauß'sche Glockenfunktionen** mit den Parametern $\mu$ und $\sigma$.

### Gauß-Funktion und Gauß'sche Summenfunktion

Euler'sche Zahl → S. 6

Die Funktion $\varphi$ mit
$\varphi(x) = \varphi_{0;1}(x) = \frac{1}{\sqrt{2\pi}} \cdot e^{-\frac{1}{2}x^2}$ $(x \in \mathbb{R})$
heißt **Gauß-Funktion** oder **Standard-Glockenfunktion**, wobei e die Euler'sche Zahl ist. Der Graph der Gauß-Funktion heißt Gauß-Kurve oder **Gauß'sche Glockenkurve**.

Die Funktion $\Phi$ mit
$\Phi(x) = \int_{-\infty}^{x} \varphi(t)\,dt = \frac{1}{\sqrt{2\pi}} \int_{-\infty}^{x} e^{-\frac{1}{2}t^2}\,dt$ $(x \in \mathbb{R})$
heißt **Gauß'sche Summenfunktion**, wobei $\varphi$ die Gauß-Funktion ist. Der Graph der Gauß'schen Summenfunktion heißt **Gauß'sche Summenkurve**. Es gilt
$\int_{a}^{b} \varphi(x)\,dx = \Phi(b) - \Phi(a)$, $\int_{-\infty}^{\infty} \varphi(x)\,dx = 1$,
$\Phi(0) = 0{,}5$ und $\Phi(-x) = 1 - \Phi(x)$.

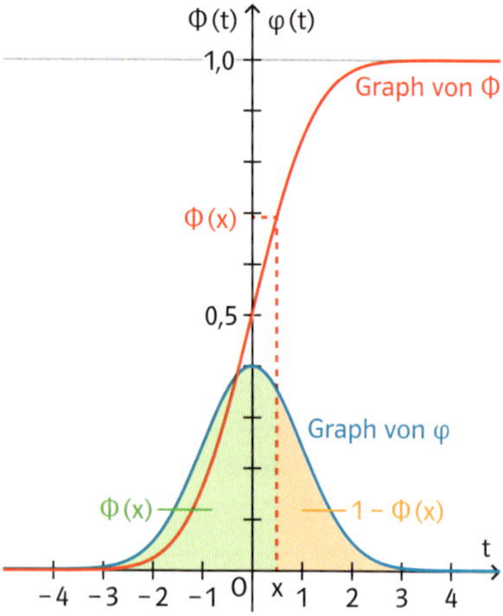

Für eine Stammfunktion zur Gauß-Funktion kann kein geschlossener Funktionsterm angegeben werden. Zur numerischen Integration benutzt man Tabellen oder Taschenrechner mit entsprechenden Funktionen.

**Gauß-Funktion und Gauß'sche Summenfunktion**

Stammfunktion → S. 72
Tabelle zur Gauß'schen Summenfunktion → S. 155
Gauß'sche Glockenfunktion → S. 134
Achsensymmetrie → S. 25
Hoch- und Wendepunkte → S. 68

### Eigenschaften der Gauß'schen Glockenfunktionen und ihrer Graphen

Die Gauß'schen Glockenfunktionen $\varphi_{\mu;\sigma}$ haben an der Stelle $x = \mu$ ein Maximum. Die Stellen $x = \mu \pm \sigma$ sind Wendestellen. Die Graphen der Gauß'schen Glockenfunktionen $\varphi_{\mu;\sigma}$ sind achsensymmetrisch.

Für den Hochpunkt gilt $H\left(\mu \,\middle|\, \frac{1}{\sigma\sqrt{2\pi}}\right)$, für die Wendepunkte $W_1\left(\mu - \sigma \,\middle|\, \frac{1}{\sigma\sqrt{2\pi}} \cdot e^{-\frac{1}{2}}\right)$ und $W_2\left(\mu + \sigma \,\middle|\, \frac{1}{\sigma\sqrt{2\pi}} \cdot e^{-\frac{1}{2}}\right)$.

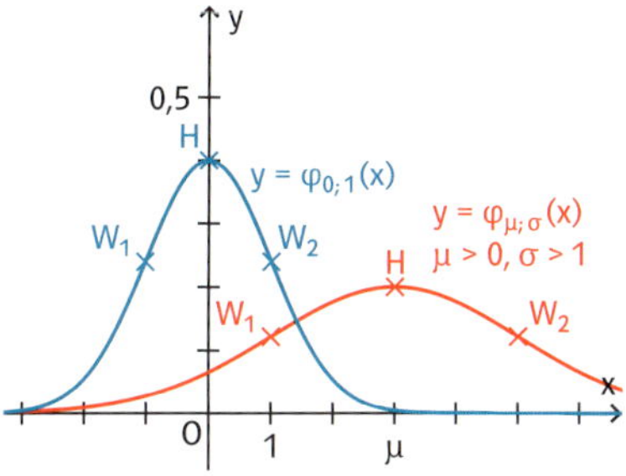


Die Graphen der Gauß'schen Glockenfunktionen $\varphi_{\mu;\sigma}$ entstehen aus dem Graphen der Gauß-Funktion (Standard-Glockenfunktion) $\varphi = \varphi_{0;1}$ durch
- Strecken in x-Richtung mit dem Faktor $\sigma$,
- Strecken in y-Richtung mit dem Faktor $\frac{1}{\sigma}$ und
- Verschieben um $\mu$ in x-Richtung.

Gauß-Funktion → S. 134
Verschieben und Strecken von Graphen → S. 26

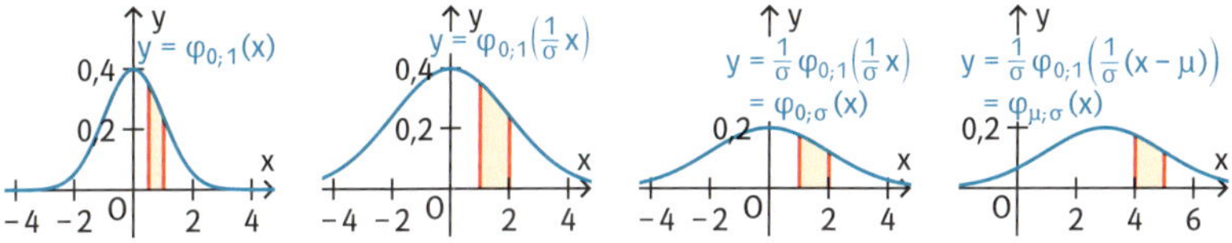


Die Fläche unter dem Graphen von $\varphi_{\mu;\sigma}$ im Intervall $[a; b]$ ist gleich der Fläche unter dem Graphen von $\varphi = \varphi_{0;1}$ im Intervall $\left[\frac{a-\mu}{\sigma}; \frac{b-\mu}{\sigma}\right]$. Es gilt also

$\int_a^b \varphi_{\mu;\sigma}(x)\,dx = \int_{\frac{a-\mu}{\sigma}}^{\frac{b-\mu}{\sigma}} \varphi(x)\,dx$. Außerdem gilt:

$$\int_a^b \varphi_{\mu;\sigma}(x)\,dx = \int_{\frac{a-\mu}{\sigma}}^{\frac{b-\mu}{\sigma}} \varphi(x)\,dx = \Phi\left(\frac{b-\mu}{\sigma}\right) - \Phi\left(\frac{a-\mu}{\sigma}\right), \quad \int_{-\infty}^{x} \varphi_{\mu;\sigma}(t)\,dt = \Phi\left(\frac{x-\mu}{\sigma}\right),$$

$$\int_x^{\infty} \varphi_{\mu;\sigma}(t)\,dt = 1 - \Phi\left(\frac{x-\mu}{\sigma}\right) \quad \text{und} \quad \int_{-\infty}^{\infty} \varphi_{\mu;\sigma}(x)\,dx = 1.$$

## Zufallsgrößen und ihre Verteilung

### Zufallsgröße X

Eine Funktion $X\colon S \to \mathbb{R}$, die jedem Ergebnis eines Zufallsexperiments eine reelle Zahl zuordnet, heißt **Zufallsgröße** (oder **Zufallsvariable**).
Die Zufallsgröße X heißt **diskret**, wenn die Wertemenge endlich oder abzählbar ist, ansonsten **stetig**.

Wertemenge → S. 24

# Wahrscheinlichkeitsrechnung

**Zufallsgrößen und ihre Verteilung**
Ergebnismenge → S. 129
Wahrscheinlichkeitsverteilung → S. 131
Diskrete und stetige Zufallsgrößen → S. 135
Abszisse → S. 24

## Wahrscheinlichkeitsfunktion, Dichtefunktion und Verteilungsfunktion

Über der Ergebnismenge S eines Zufallsexperiments mit der Wahrscheinlichkeitsverteilung P sei eine diskrete Zufallsgröße X definiert, die die Werte $x_1, x_2, \ldots, x_n$ annehmen kann. Dann heißt die Funktion $x_i \mapsto P(X = x_i)$, die jedem Wert $x_i$ seine Wahrscheinlichkeit $P(X = x_i)$ zuordnet, **Wahrscheinlichkeitsfunktion** der Zufallsgröße X.
Im Falle einer stetigen Zufallsgröße betrachtet man eine **Dichtefunktion**. Ihre Funktionswerte können auch größer als eins sein. Sie können nicht als Wahrscheinlichkeiten interpretiert werden und heißen **Wahrscheinlichkeitsdichten**. Die Fläche zwischen der Abszissenachse und dem Graphen der Dichtefunktion in einem Intervall entspricht der Wahrscheinlichkeit, dass X einen Wert aus diesem Intervall annimmt.

### Diskrete Zufallsgrößen

**Wahrscheinlichkeitsfunktion** f:

$f(x_i) = P(X = x_i) = p_i$ mit $f(x_i) \geq 0$
und $\sum_{i=1}^{n} f(x_i) = 1$

**Verteilungsfunktion** F:

$F(x) = P(X \leq x) = \sum_{x_i \leq x} f(x_i)$

Es gilt
$P(a < X \leq b) = F(b) - F(a)$ und
$P(X > a) = 1 - P(X \leq a) = 1 - F(a)$.

### Stetige Zufallsgrößen

**Dichtefunktion** f:

$\int_{-\infty}^{\infty} f(x)\,dx = 1$ und $f(x) \geq 0$ für alle $x \in \mathbb{R}$

**Verteilungsfunktion** F:

$F(x) = P(X \leq x) = \int_{-\infty}^{x} f(t)\,dt = P(X < x)$

Es gilt
$P(a < X \leq b) = P(a \leq X < b) = P(a \leq X \leq b)$
$= P(a < X < b) = F(b) - F(a) = \int_{a}^{b} f(t)\,dt$ und
$P(X > a) = 1 - P(X \leq a) = 1 - F(a)$.

Bei einer stetigen Zufallsgröße gilt $P(X = c) = 0$ für $c \in \mathbb{R}$, obwohl $X = c$ nicht das unmögliche Ereignis ist. Die Wahrscheinlichkeit, dass X einen Wert aus einem Intervall annimmt, z. B. $P(c - 0{,}5 \leq X \leq c + 0{,}5)$, ist ungleich null.

## Maßzahlen von Wahrscheinlichkeitsverteilungen

Dichtefunktion → vgl. oben

**Diskrete Zufallsgrößen:**
Eine diskrete Zufallsgröße X nehme die Werte $x_1, x_2, \ldots, x_n$ mit den Wahrscheinlichkeiten $P(X = x_i) = p_i$ $(i = 1, 2, \ldots, n)$ an.

### Erwartungswert von X

$$E(X) = \mu = x_1 \cdot p_1 + x_2 \cdot p_2 + \ldots + x_n \cdot p_n = \sum_{i=1}^{n} x_i \cdot p_i$$

### Varianz von X

$$V(X) = (x_1 - \mu)^2 \cdot p_1 + (x_2 - \mu)^2 \cdot p_2 + \ldots + (x_n - \mu)^2 \cdot p_n = \sum_{i=1}^{n} (x_i - \mu)^2 \cdot p_i = E\left((X - \mu)^2\right) = E(X^2) - (E(X))^2 = E(X^2) - \mu^2$$

### Standardabweichung von X

$\sigma(X) = \sqrt{V(X)}$

**Stetige Zufallsgrößen:**
Eine stetige Zufallsgröße X habe die Dichtefunktion f(x).

### Erwartungswert von X

$$E(X) = \mu = \int_{-\infty}^{\infty} x \cdot f(x)\,dx$$

### Varianz von X

$$V(X) = \int_{-\infty}^{\infty} (x - \mu)^2 \cdot f(x)\,dx = E\left((X - \mu)^2\right) = E(X^2) - (E(X))^2 = E(X^2) - \mu^2$$

### Standardabweichung von X

$\sigma(X) = \sqrt{V(X)}$

## Standardisierte Zufallsgröße

Wenn X eine Zufallsgröße mit dem Erwartungswert $E(X) = \mu$ und der Varianz $V(X) = \sigma^2$ ($\sigma$: Standardabweichung) ist, dann ergibt sich die zu X gehörende **standardisierte Zufallsgröße** Z durch $Z = \frac{X - \mu}{\sigma}$. Für Z gilt $E(Z) = 0$ und $V(Z) = 1$.

**Zufallsgrößen und ihre Verteilung**

Zufallsgröße → S. 135
Erwartungswert, Varianz und Standardabweichung → S. 136

## Tschebyscheff'sche Ungleichung

Ist $E(X) = \mu$ der Erwartungswert, $V(X) = \sigma^2$ die Varianz und $\sigma(X)$ die Standardabweichung einer Zufallsgröße X, dann gilt für jede positive reelle Zahl c die **Tschebyscheff'sche Ungleichung** $P(|X - \mu| \geq c) \leq \frac{\sigma^2}{c^2}$.

Für $c = k \cdot \sigma$ erhält man $P(|X - \mu| \geq k \cdot \sigma) \leq \frac{1}{k^2}$.

## Gemeinsame Wahrscheinlichkeitsverteilung, Unabhängigkeit von Zufallsgrößen

Wenn über der Ergebnismenge S eines Zufallsexperiments mit der Wahrscheinlichkeitsverteilung P die Zufallsgrößen X und Y definiert sind, die die Werte $x_1, x_2, \ldots, x_n$ bzw. $y_1, y_2, \ldots, y_m$ annehmen, dann heißt die Funktion $P(X = x_j; Y = y_k)$ die **gemeinsame Wahrscheinlichkeitsverteilung** von X und Y.

Die beiden Zufallsgrößen X und Y heißen genau dann voneinander **unabhängig**, wenn für alle Paare $(x_j; y_k)$ gilt: $P(X = x_j; Y = y_k) = P(X = x_j) \cdot P(Y = y_k)$, andernfalls voneinander **abhängig**. Entsprechendes gilt für n Zufallsgrößen.

Ergebnismenge → S. 129
Wahrscheinlichkeitsverteilung → S. 131

# Spezielle Verteilungen

Diskrete Zufallsgröße → S. 135
Bernoulli-Kette → S. 132
Wahrscheinlichkeitsfunktion → S. 136
Binomialkoeffizient → S. 126
Verteilungsfunktion → S. 136

## Diskrete Verteilungen

### Binomialverteilung

Eine diskrete Zufallsgröße X ordne bei einer Bernoulli-Kette der Länge n und der Trefferwahrscheinlichkeit p jedem Ergebnis die Anzahl k an Treffern zu ($k = 0, 1, 2, \ldots, n$). Dann ist X **binomialverteilt** mit den Parametern n und p. Für die Wahrscheinlichkeitsfunktion gilt

$$f_B(k; n; p) = P(X = k) = \binom{n}{k} \cdot p^k \cdot (1 - p)^{n-k} \text{ mit } k = 0, 1, 2, \ldots, n.$$

Rekursive Berechnung: $f_B(k + 1; n; p) = \frac{p}{1 - p} \cdot \frac{n - k}{k + 1} \cdot f_B(k; n; p)$; $f_B(0; n; p) = (1 - p)^n$

Verteilungsfunktion: $F_B(k; n; p) = P(X \leq k) = \sum_{i=0}^{k} f_B(i; n; p) = \sum_{i=0}^{k} \binom{n}{i} \cdot p^i \cdot (1 - p)^{n-i}$

Erwartungswert: $E(X) = \mu = n \cdot p$

Varianz: $V(X) = n \cdot p \cdot (1 - p)$ Standardabweichung: $\sigma(X) = \sqrt{n \cdot p \cdot (1 - p)}$

**Zusammenhänge:**

$P(X = k) = F_B(k; n; p) - F_B(k - 1; n; p)$ $F_B(n; n; p) = 1$

$P(X \geq k) = 1 - F_B(k - 1; n; p)$ $P(X > k) = 1 - F_B(k; n; p)$

$P(k_1 \leq X \leq k_2) = F_B(k_2; n; p) - F_B(k_1 - 1; n; p)$

$P(k_1 < X \leq k_2) = F_B(k_2; n; p) - F_B(k_1; n; p)$

**Zusammenhang mit dem Urnenmodell:**

Eine Urne enthalte Kugeln mit den Farben $f_1$ und $f_2$. Der Anteil der Kugeln der Farbe $f_1$ betrage p. Es werden n Kugeln mit Zurücklegen gezogen. Wenn die Zufallsgröße X die Anzahl an gezogenen Kugeln mit Farbe $f_1$ angibt, dann gilt

$$P(X = k) = \binom{n}{k} \cdot p^k \cdot (1 - p)^{n-k}.$$

Binomialverteilung

Poisson-Verteilung → vgl. unten

**Näherungsformel von Poisson**

Bei einer Binomialverteilung nehme n große Werte an und p kleine Werte. Wenn $n \cdot p$ weder null noch unendlich ist, kann die Binomialverteilung durch eine Poisson-Verteilung angenähert werden:

$$P(X = k) = f_B(k; n; p) = \binom{n}{k} \cdot p^k \cdot (1-p)^{n-k}$$

$$\approx f_P(k; \mu) = \frac{\mu^k}{k!} \cdot e^{-\mu} = F_P(k; \mu) - F_P(k-1; \mu) \text{ mit } \lambda = \mu = n \cdot p.$$

Faustregel: Diese Näherung ist für $n \geq 50$ und $p \leq 0{,}05$ brauchbar.

Binomialverteilung → S. 137
Normalverteilung → S. 140

**Näherungsformeln von de Moivre und Laplace**

Eine Binomialverteilung kann für große Werte von n durch eine Normalverteilung mit dem Erwartungswert $\mu = n \cdot p$ und der Varianz $\sigma^2 = n \cdot p \cdot (1-p)$ angenähert werden. Für $\sigma^2 > 9$ **(Laplace-Bedingung)** ist eine solche Approximation brauchbar. Es gilt dann

$$P(X = k) \approx \frac{1}{\sigma} \cdot \varphi\left(\frac{k-\mu}{\sigma}\right) \text{ mit } \varphi(z) = \frac{1}{\sqrt{2\pi}} \cdot e^{-\frac{1}{2}z^2}$$ (lokale Näherungsformel),

$$P(X \leq k) \approx \Phi\left(\frac{k+0{,}5-\mu}{\sigma}\right)$$ (globale Näherungsformel) und

$$P(k_1 \leq X \leq k_2) \approx \Phi\left(\frac{k_2+0{,}5-\mu}{\sigma}\right) - \Phi\left(\frac{k_1-0{,}5-\mu}{\sigma}\right)$$ (globale Näherungsformel).

Gauß-Funktion und Gauß'sche Summenfunktion → S. 134

Dabei ist $\varphi(z) = \frac{1}{\sqrt{2\pi}} \cdot e^{-\frac{1}{2}z^2}$ die Gauß-Funktion und $\Phi(z) = \int_{-\infty}^{z} \varphi(t)\,dt$ die Gauß'sche Summenfunktion.

Glockenkurven → S. 134

Ist die Laplace-Bedingung erfüllt, können die Histogramme einer Binomialverteilung durch Glockenkurven approximiert werden.

Für hinreichend große Werte von n gilt

$$P(X \leq k) \approx \Phi\left(\frac{k-\mu}{\sigma}\right) \quad \text{und} \quad P(k_1 \leq X \leq k_2) \approx \Phi\left(\frac{k_2-\mu}{\sigma}\right) - \Phi\left(\frac{k_1-\mu}{\sigma}\right).$$

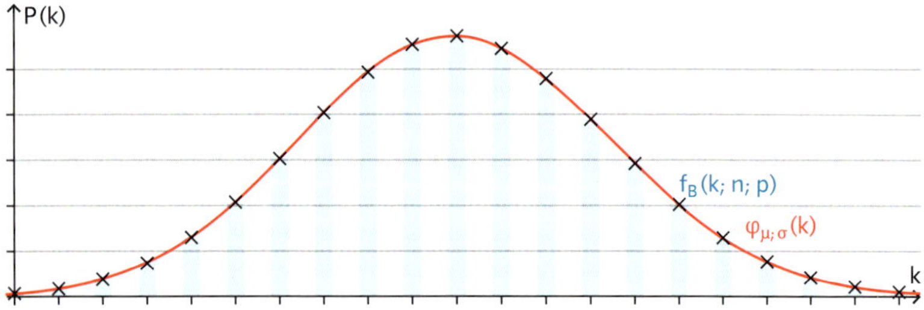


Diskrete Zufallsgröße → S. 135
Wahrscheinlichkeitsfunktion, Verteilungsfunktion, Erwartungswert, Varianz und Standardabweichung → S. 136

## Poisson-Verteilung

Eine diskrete Zufallsgröße X nehme die Werte $k = 0, 1, 2, \ldots$ an. Wenn X eine Wahrscheinlichkeitsfunktion der Form

$$f_P(k; \lambda) = P(X = k) = \frac{\lambda^k}{k!} \cdot e^{-\lambda} \text{ mit } \lambda \in \mathbb{R},\ \lambda > 0$$

hat, dann liegt eine **Poisson-Verteilung** mit dem Parameter λ vor.

Rekursive Berechnung: $f_P(k+1; \lambda) = \frac{\lambda}{k+1} \cdot f_P(k; \lambda)$; $f_P(0; \lambda) = e^{-\lambda}$

Verteilungsfunktion: $F_P(k; \lambda) = P(X \leq k) = \sum_{i=0}^{k} f_P(i; \lambda) = \sum_{i=0}^{k} \frac{\lambda^i}{i!} \cdot e^{-\lambda}$

Erwartungswert: $E(X) = \mu = \lambda$

Varianz: $V(X) = \lambda$

Standardabweichung: $\sigma(X) = \sqrt{\lambda}$

## Diskrete Gleichverteilung

Für eine diskrete Zufallsgröße X gelte, dass sie n verschiedene Werte $x_1, x_2, \ldots, x_n$ mit gleicher Wahrscheinlichkeit annehmen kann. Wenn X eine Wahrscheinlichkeitsfunktion der Form

$$f_{DG}(x_k) = P(X = x) = \begin{cases} \frac{1}{n} & \text{für } x = x_i,\ i = 1, 2, \ldots, n \\ 0 & \text{sonst} \end{cases}$$

hat, dann liegt eine **diskrete Gleichverteilung** vor.

Verteilungsfunktion: $F_{DG}(x_k) = P(X \le x) = \frac{|\{i \mid x_i \le x\}|}{n}$
(Die Betragsstriche bedeuten hier, dass man die Anzahl aller Ausprägungen $x_i$ bestimmt, die kleiner oder gleich $x_k$ sind.)

| | Allgemeiner Fall | Spezialfall: $x_1 = 1,\ x_2 = 2,\ \ldots,\ x_n = n$ |
|---|---|---|
| Erwartungswert: | $E(X) = \mu = \frac{1}{n}\sum_{i=1}^{n} x_i$ | $E(X) = \mu = \frac{n+1}{2}$ |
| Varianz: | $V(X) = \frac{1}{n}\left(\sum_{i=1}^{n} x_i^2 - \frac{1}{n}\left(\sum_{i=1}^{n} x_i\right)^2\right)$ | $V(X) = \frac{n^2-1}{12}$ |
| Standardabweichung: | $\sigma(X) = \sqrt{V(X)}$ | $\sigma(X) = \frac{n^2-1}{2\sqrt{3}}$ |

## Hypergeometrische Verteilung

Eine diskrete Zufallsgröße X nehme die Werte $k = 0, 1, 2, \ldots, n$ an. Wenn X eine Wahrscheinlichkeitsfunktion der Form

$$f_H(k; N; M; n) = P(X = k) = \frac{\binom{M}{k} \cdot \binom{N-M}{n-k}}{\binom{N}{n}} \quad \text{mit } 0 \le k \le n \le N,\ k \le M \le N \text{ und } n - k \le N - M$$

hat, dann liegt eine **hypergeometrische Verteilung** mit den Parametern N, M und n vor. Dabei ist n der Stichprobenumfang, N die Anzahl der Elemente der Grundgesamtheit und M die Anzahl an Elementen in der Grundgesamtheit mit einer bestimmten Eigenschaft.

Rekursive Berechnung: $f_H(k+1; N; M; n) = \frac{(n-k)\cdot(M-k)}{(k+1)\cdot(N-M-n+k+1)} \cdot f_H(k; N; M; n)$;

$f_H(0; N; M; n) = \frac{\binom{N-M}{n}}{\binom{N}{n}}$

Verteilungsfunktion: $F_H(k; N; M; n) = P(X \le k) = \sum_{i=0}^{k} f_H(i; N; M; n) = \sum_{i=0}^{k} \frac{\binom{M}{i} \cdot \binom{N-M}{n-i}}{\binom{N}{n}}$

Erwartungswert: $E(X) = \mu = n \cdot \frac{M}{N}$

Varianz: $V(X) = n \cdot \frac{M}{N} \cdot \left(1 - \frac{M}{N}\right) \cdot \frac{N-n}{N-1}$

Standardabweichung: $\sigma(X) = \sqrt{n \cdot \frac{M}{N} \cdot \left(1 - \frac{M}{N}\right) \cdot \frac{N-n}{N-1}}$

**Zusammenhang mit dem Urnenmodell:**
Eine Urne enthalte insgesamt N Kugeln zweier Sorten (M Stück von Sorte 1 und (N − M) Stück von Sorte 2). Es werden n Kugeln ohne Zurücklegen gezogen. Wenn die Zufallsgröße X die Anzahl an gezogenen Kugeln der Sorte 1 angibt, dann gilt

$$P(X = k) = \frac{\binom{M}{k} \cdot \binom{N-M}{n-k}}{\binom{N}{n}}.$$

**Diskrete Verteilungen**

Diskrete Zufallsgröße → S. 135
Wahrscheinlichkeitsfunktion, Verteilungsfunktion, Erwartungswert, Varianz und Standardabweichung → S. 136

Stichprobe → S. 118
Grundgesamtheit → S. 118

# Wahrscheinlichkeitsrechnung

Spezielle Verteilungen

## Stetige Verteilungen

Stetige Zufallsgröße → S. 135
Erwartungswert, Varianz, Dichtefunktion, Verteilungsfunktion und Standardabweichung → S. 136
Gauß'sche Glockenfunktionen $\varphi_{\mu;\sigma}$, Gauß-Funktion $\varphi$ und Gauß'sche Summenfunktion $\Phi$ → S. 134

### Normalverteilung (Gauß-Verteilung)

Eine stetige Zufallsgröße X besitzt eine **Normalverteilung (Gauß-Verteilung)** mit dem Erwartungswert $\mu$ und der Varianz $\sigma^2$, wenn für ihre Dichtefunktion gilt:

$f_N(x) = \frac{1}{\sigma\sqrt{2\pi}} \cdot e^{-\frac{1}{2}\left(\frac{x-\mu}{\sigma}\right)^2} = \varphi_{\mu;\sigma}(x) = \frac{1}{\sigma}\varphi\left(\frac{x-\mu}{\sigma}\right)$, $x \in \mathbb{R}$. Die Zufallsgröße X ist dann **normalverteilt** mit den Parametern $\mu$ und $\sigma^2$ bzw. **N($\mu$; $\sigma^2$)-verteilt.**

Verteilungsfunktion: $F_N(x) = P(X \le x) = \int_{-\infty}^{x} f_N(t)\,dt = \frac{1}{\sigma}\int_{-\infty}^{x} \varphi\left(\frac{t-\mu}{\sigma}\right) dt$

$$= \int_{-\infty}^{\frac{x-\mu}{\sigma}} \varphi(u)\,du = \Phi\left(\frac{x-\mu}{\sigma}\right)$$

Erwartungswert: $E(X) = \mu = \int_{-\infty}^{\infty} x \cdot f_N(x)\,dx = \frac{1}{\sigma\sqrt{2\pi}}\int_{-\infty}^{\infty} x \cdot e^{-\frac{1}{2}\left(\frac{x-\mu}{\sigma}\right)^2} dx$

Varianz: $V(X) = \sigma^2 = \frac{1}{\sigma\sqrt{2\pi}}\int_{-\infty}^{\infty} (x-\mu)^2 \cdot e^{-\frac{1}{2}\left(\frac{x-\mu}{\sigma}\right)^2} dx$

Standardabweichung: $\sigma(X) = \sqrt{\frac{1}{\sigma\sqrt{2\pi}}\int_{-\infty}^{\infty} (x-\mu)^2 \cdot e^{-\frac{1}{2}\left(\frac{x-\mu}{\sigma}\right)^2} dx}$

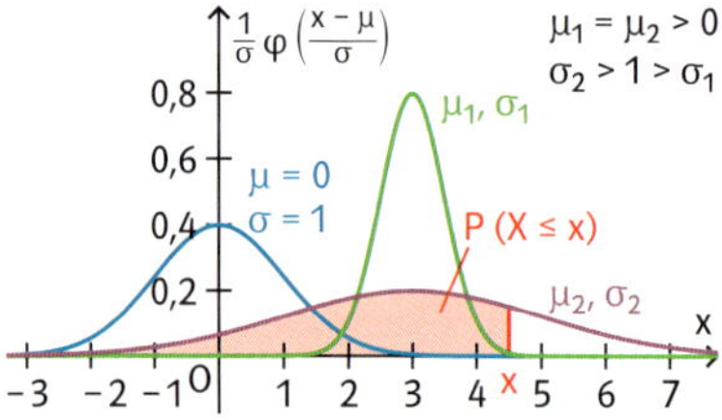


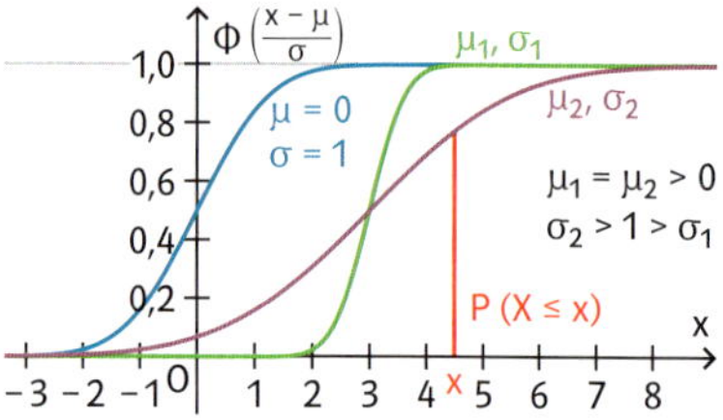


Es gilt

$P(X < x) = P(X \le x) = \Phi\left(\frac{x-\mu}{\sigma}\right)$, $P(x_1 < X \le x_2) = \Phi\left(\frac{x_2-\mu}{\sigma}\right) - \Phi\left(\frac{x_1-\mu}{\sigma}\right) = P(x_1 \le X \le x_2)$,

$P(X > x) = 1 - P(X \le x) = 1 - \Phi\left(\frac{x-\mu}{\sigma}\right)$, $P(|X-\mu| \le c) = 2\Phi\left(\frac{c}{\sigma}\right) - 1$ und

$P(|X-\mu| > c) = 2\left[1 - \Phi\left(\frac{c}{\sigma}\right)\right]$.

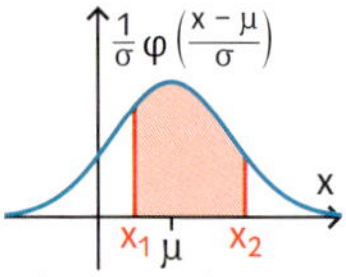


$P(x_1 \le X \le x_2)$

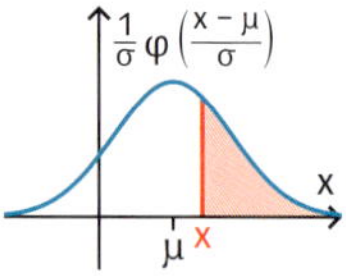


$P(X > x)$

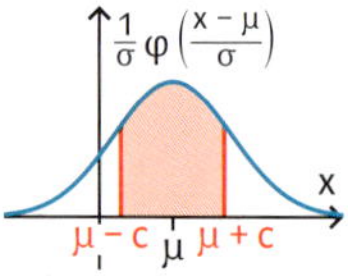


$P(|X-\mu| \le c)$

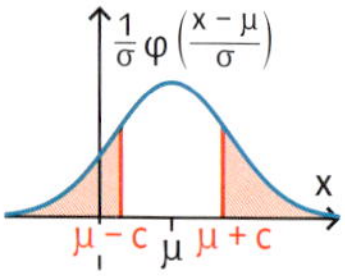


$P(|X-\mu| > c)$

### Standardnormalverteilung

Standardisierte Zufallsgröße → S. 137

Ersetzt man die Zufallsgröße X durch die standardisierte Zufallsgröße $Z = \frac{X-\mu}{\sigma}$, so ergibt sich eine Normalverteilung mit $\mu = 0$ und $\sigma^2 = 1$, die **Standardnormalverteilung** oder **N(0; 1)-Verteilung**.

Ihre Dichtefunktion

$f_{SN}(z) = \varphi(z) = \frac{1}{\sqrt{2\pi}} \cdot e^{-\frac{1}{2}z^2}$ ist die Gauß-Funktion, ihre Verteilungsfunktion

$F_{SN}(z) = P(Z \le z) = \frac{1}{\sqrt{2\pi}}\int_{-\infty}^{z} e^{-\frac{1}{2}t^2} dt = \Phi(z)$

die Gauß'sche Summenfunktion.

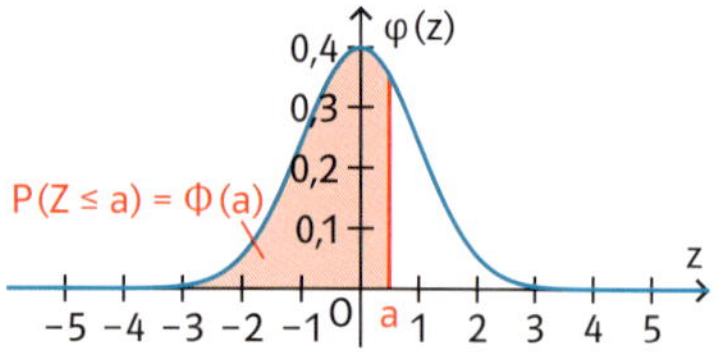

## Exponentialverteilung

Eine stetige Zufallsgröße X besitzt eine **Exponentialverteilung** mit dem Parameter $\lambda \in \mathbb{R}$ $(\lambda > 0)$, wenn für ihre Dichtefunktion gilt: $f_E(x) = \begin{cases} \lambda \cdot e^{-\lambda x} & \text{für } x \geq 0 \\ 0 & \text{sonst} \end{cases}$.

Verteilungsfunktion: $F_E(x) = P(X \leq x) = \begin{cases} 1 - e^{-\lambda x} & \text{für } x \geq 0 \\ 0 & \text{sonst} \end{cases}$

Erwartungswert: $E(X) = \mu = \frac{1}{\lambda}$

Varianz: $V(X) = \frac{1}{\lambda^2}$

Standardabweichung: $\sigma(X) = \frac{1}{\lambda}$

Es gilt
$P(X > x) = 1 - P(X \leq x) = e^{-\lambda x}$ und
$P(x_1 < X \leq x_2) = F_E(x_2) - F_E(x_1) = \lambda \int_{x_1}^{x_2} e^{-\lambda t} dt = [-e^{-\lambda t}]_{x_1}^{x_2} = e^{-\lambda x_1} - e^{-\lambda x_2}$.

Stetige Verteilungen
Stetige Zufallsgröße → S. 135
Dichtefunktion, Verteilungsfunktion, Erwartungswert, Varianz und Standardabweichung → S. 136

## Stetige Gleichverteilung

Eine stetige Zufallsgröße X besitzt auf einem Intervall [a; b] eine **stetige Gleichverteilung**, wenn für ihre Dichtefunktion gilt: $f_{SG}(x) = \begin{cases} \frac{1}{b-a} & \text{für } a \leq x \leq b \\ 0 & \text{sonst} \end{cases}$.

Verteilungsfunktion: $F_{SG}(x) = P(X \leq x) = \int_{-\infty}^{x} f_{SG}(t)\,dt = \begin{cases} 0 & \text{für } x \leq a \\ \frac{x-a}{b-a} & \text{für } a < x < b \\ 1 & \text{für } x \geq b \end{cases}$

Erwartungswert: $E(X) = \mu = \frac{a+b}{2}$

Varianz: $V(X) = \frac{(b-a)^2}{12}$

Standardabweichung: $\sigma(X) = \frac{b-a}{2\sqrt{3}}$

## Zentraler Grenzwertsatz

Die Zufallsgröße X sei die Summe von n unabhängigen Zufallsgrößen $X_1, X_2, \ldots, X_n$, die alle dieselbe Wahrscheinlichkeitsverteilung haben (man sagt, die $X_i$ sind unabhängig und identisch verteilt). Die $X_i$ haben alle denselben Erwartungswert $\mu^*$ und dieselbe Standardabweichung $\sigma^* > 0$. Dann hat $X = X_1 + X_2 + \ldots + X_n$ den Erwartungswert $E(X) = \mu = n \cdot \mu^*$ sowie die Standardabweichung $\sigma = \sqrt{n} \cdot \sigma^*$ und ist für hinreichend große Werte von n (n > 50) näherungsweise $N\left(n \cdot \mu^*; n \cdot \sigma^{*2}\right)$-verteilt bzw. $N(\mu; \sigma^2)$-verteilt:

$P(X \leq x) \approx \Phi\left(\frac{x-\mu}{\sigma}\right) = \Phi\left(\frac{x - n \cdot \mu^*}{\sqrt{n} \cdot \sigma^*}\right)$.

Je größer n ist, umso besser ist die Näherung.

Voneinander unabhängige Zufallsgrößen → S. 137
Normalverteilung → S. 140

# Wahrscheinlichkeitsrechnung

Spezielle Verteilungen
Normalverteilung → S. 140

## Sigma-Regeln

### Normalverteilung

Aus $P(|X - \mu| \le c) = 2\Phi\left(\frac{c}{\sigma}\right) - 1$ erhält man für $c = k\sigma$:
$P(\mu - k\sigma \le X \le \mu + k\sigma) = 2\Phi(k) - 1$.
Für eine $N(\mu; \sigma^2)$-verteilte Zufallsgröße mit dem Erwartungswert $\mu$ und der Standardabweichung $\sigma$ gilt

$P(\mu - \sigma \le X \le \mu + \sigma) = 68{,}2689\ldots\% \approx 68{,}3\%$,
$P(\mu - 2\sigma \le X \le \mu + 2\sigma) = 95{,}4499\ldots\% \approx 95{,}4\%$,
$P(\mu - 3\sigma \le X \le \mu + 3\sigma) = 99{,}7300\ldots\% \approx 99{,}7\%$,

$P(\mu - 1{,}64\sigma \le X \le \mu + 1{,}64\sigma) \approx 90\%$,
$P(\mu - 1{,}96\sigma \le X \le \mu + 1{,}96\sigma) \approx 95\%$,
$P(\mu - 2{,}58\sigma \le X \le \mu + 2{,}58\sigma) \approx 99\%$.

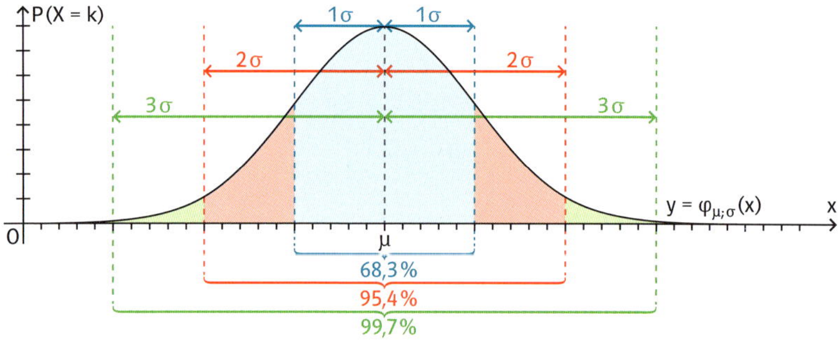


Binomialverteilung → S. 137

Näherungsformeln von de Moivre und Laplace → S. 138

### Binomialverteilung

Gilt für eine binomialverteilte Zufallsgröße die Laplace-Bedingung $\sigma^2 > 9$, so kann die Binomialverteilung durch eine $N(\mu; \sigma^2)$-Verteilung angenähert werden. Wenn n hinreichend groß ist, erhält man mithilfe der Näherungsformeln von de Moivre und Laplace $P(\mu - k\sigma \le X \le \mu + k\sigma) \approx \Phi(k) - \Phi(-k) = 2\Phi(k) - 1$ und damit

$P(\mu - \sigma \le X \le \mu + \sigma) \approx 68{,}3\%$,
$P(\mu - 2\sigma \le X \le \mu + 2\sigma) \approx 95{,}4\%$,
$P(\mu - 3\sigma \le X \le \mu + 3\sigma) \approx 99{,}7\%$,

$P(\mu - 1{,}64\sigma \le X \le \mu + 1{,}64\sigma) \approx 90\%$,
$P(\mu - 1{,}96\sigma \le X \le \mu + 1{,}96\sigma) \approx 95\%$,
$P(\mu - 2{,}58\sigma \le X \le \mu + 2{,}58\sigma) \approx 99\%$.

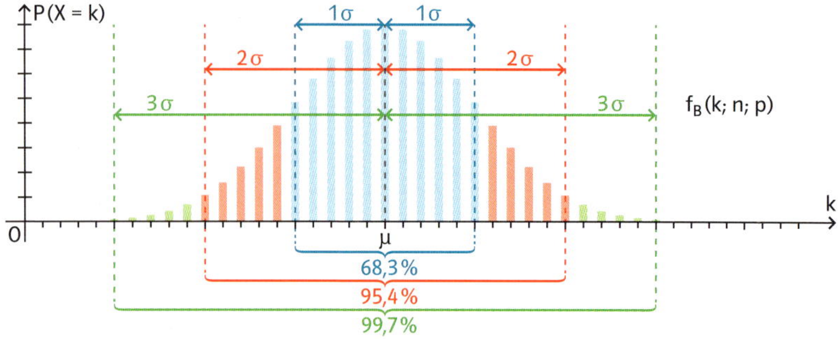

## Grundbegriffe

### Testen von Hypothesen

#### Beurteilende Statistik

Die Grundaufgabe in der beurteilenden Statistik besteht darin, aus den Ergebnissen, die beim mehrmaligen Durchführen eines Zufallsexperiments auftreten, auf die dem Zufallsexperiment zugrunde liegende Wahrscheinlichkeitsverteilung zu schließen. Durch das mehrmalige Durchführen des Zufallsexperiments erhält man eine Stichprobe.

Wahrscheinlichkeitsverteilung → S. 131
Stichprobe → S. 118

#### Hypothese

Eine **Hypothese** ist eine Vermutung, die auf der Grundlage empirischer Daten geprüft wird.

#### Nullhypothese $H_0$

Die zu überprüfende Hypothese über eine Wahrscheinlichkeitsverteilung heißt **Nullhypothese** und wird mit $H_0$ abgekürzt.
Die Nullhypothese wird so gewählt, dass ihre Verwerfung auf kleinem Signifikanzniveau die gegenteilige Hypothese stützt.
Ist $H_0$ von der Form $p = p_0$, so spricht man von einer **einfachen Hypothese**, andernfalls von einer **zusammengesetzten Hypothese** (z. B. $p \neq p_0$).

Signifikanzniveau → vgl. unten

#### Gegenhypothese $H_1$

Die Alternative zur Nullhypothese $H_0$ heißt **Gegenhypothese** bzw. **Alternativhypothese** und wird mit $H_1$ abgekürzt.

#### Irrtumswahrscheinlichkeit $\alpha^*$

Die Wahrscheinlichkeit dafür, die Nullhypothese zu verwerfen, obwohl sie zutrifft, heißt **Irrtumswahrscheinlichkeit** und wird mit $\alpha^*$ abgekürzt. Sie ist gleich der Wahrscheinlichkeit für den Fehler 1. Art.

Fehler 1. Art → S. 144

#### Statistische Sicherheit

Als **statistische Sicherheit** bezeichnet man $1 - \alpha^*$.

#### Prüfgröße

Um zu prüfen, ob die Nullhypothese $H_0$ verworfen wird, führt man eine geeignete Zufallsgröße X ein, die man **Prüfgröße** nennt.

Zufallsgröße → S. 135

#### Verwerfungsbereich V

Die Menge der Werte der Prüfgröße, bei deren Eintreten die Nullhypothese $H_0$ verworfen (abgelehnt) wird, heißt **Verwerfungsbereich** V bzw. **Ablehnungsbereich**.

#### Entscheidungsregel

Eine **Entscheidungsregel** ist eine Vorschrift, die angibt, wann die Nullhypothese $H_0$ verworfen und die Gegenhypothese $H_1$ angenommen wird.
Liegt der durch eine Stichprobe gewonnene Wert für die Prüfgröße im Verwerfungsbereich V, so wird $H_0$ verworfen und $H_1$ angenommen.

#### Hypothesentest

Ein **Hypothesentest** ist ein Test mit dem Ziel, aufgrund einer Stichprobe zu entscheiden, ob die Nullhypothese $H_0$ verworfen, also nicht beibehalten wird.

#### Signifikanztest

Ein Hypothesentest mit einer oberen Grenze für die Irrtumswahrscheinlichkeit $\alpha^*$ heißt **Signifikanztest**. Die oberen Grenze heißt **Signifikanzniveau** $\alpha$.

M

Mathematik

# Beurteilende Statistik

**Grundbegriffe**

Signifikanztest, Nullhypothese, Gegenhypothese und zusammengesetzte Hypothese → S. 143

### Einseitiger Signifikanztest

Bei einem **einseitigen Signifikanztest** sind sowohl die Nullhypothese $H_0$ als auch die Gegenhypothese $H_1$ zusammengesetzt. Ein einseitiger Signifikanztest ist entweder linksseitig oder rechtsseitig.
Bei einem **linksseitigen Signifikanztest** ist die Nullhypothese $H_0: p \geq p_0$ und die Gegenhypothese $H_1: p < p_0$.
Bei einem **rechtsseitigen Signifikanztest** ist die Nullhypothese $H_0: p \leq p_0$ und die Gegenhypothese $H_1: p > p_0$.

Einfache Hypothese → S. 143

### Zweiseitiger Signifikanztest

Bei einem **zweiseitigen Signifikanztest** ist die Nullhypothese $H_0: p = p_0$ einfach und die Gegenhypothese $H_1: p \neq p_0$ zusammengesetzt.

### Alternativtest

Wenn bei einem Signifikanztest sowohl die Nullhypothese $H_0$ als auch die Gegenhypothese $H_1$ einfache Hypothesen sind, spricht man von einem **Alternativtest**.

## Vorgehen bei einem Signifikanztest

Signifikanzniveau → S. 143
Zufallsgröße → S. 135
Verwerfungsbereich und Entscheidungsregel → S. 143

1. Man stellt die Nullhypothese $H_0$ und die Gegenhypothese $H_1$ auf. Dabei wird $H_0$ so gewählt, dass $H_1$ durch das Verwerfen von $H_0$ gestützt wird.
2. Der Stichprobenumfang n und das Signifikanzniveau $\alpha$ werden festgelegt.
3. Es wird eine geeignete Zufallsgröße X mit bekannter Wahrscheinlichkeitsverteilung als Prüfgröße festgelegt.
4. Es wird der Verwerfungsbereich V festgelegt.
5. Man wendet eine Entscheidungsregel an.

## Fehler bei Signifikanztests

Ob bei einem Signifikanztest die Nullhypothese verworfen wird, entscheidet man aufgrund der Ergebnisse eines Zufallsexperiments. Daher können bei Signifikanztests Fehler auftreten.

### Fehler 1. Art

Die Nullhypothese $H_0$ wird verworfen, da die Prüfgröße einen Wert aus dem Verwerfungsbereich V annimmt, obwohl $H_0$ wahr ist. Die Wahrscheinlichkeit für den Fehler 1. Art ist die Irrtumswahrscheinlichkeit $\alpha^*$ und heißt **Risiko 1. Art**.

Irrtumswahrscheinlichkeit → S. 143

### Fehler 2. Art

Die Nullhypothese $H_0$ wird beibehalten, also nicht verworfen, da die Prüfgröße keinen Wert aus dem Verwerfungsbereich V annimmt, obwohl $H_0$ falsch ist. Die Wahrscheinlichkeit $\beta$ für den Fehler 2. Art heißt **Risiko 2. Art**.

Bedingte Wahrscheinlichkeit → S. 132

Bei den Wahrscheinlichkeiten für Fehler 1. und 2. Art handelt es sich um bedingte Wahrscheinlichkeiten.

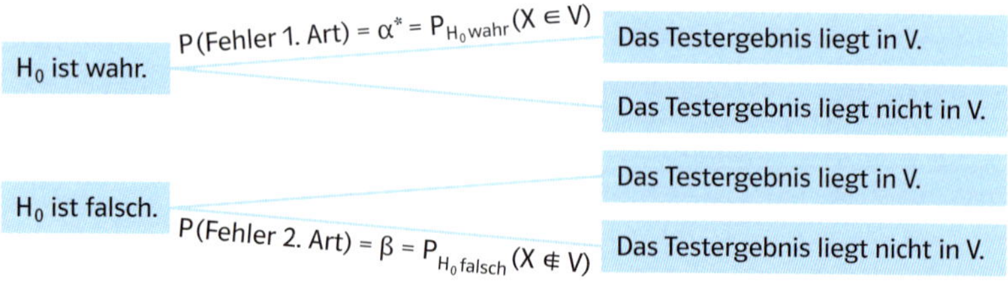

## Signifikanztest bei binomialverteilten Zufallsgrößen

Zufallsgröße → S. 135
Binomialverteilung → S. 137
Verwerfungsbereich → S. 143
Normalverteilung → S. 140
Näherungsformeln von de Moivre und Laplace → S. 138
Nullhypothese und Gegenhypothese → S. 143
Signifikanzniveau α → S. 143
Fehler 1. und 2. Art → S. 144

Die Zufallsgröße X ist binomialverteilt mit den Parametern n und p. Ist die Laplace-Bedingung $\sigma^2 = n \cdot p \cdot (1 - p) > 9$ erfüllt, so kann man den Verwerfungsbereich näherungsweise mithilfe der zugehörigen Normalverteilung berechnen.

### Zweiseitiger Signifikanztest

Nullhypothese $H_0$: $p = p_0$
Gegenhypothese $H_1$: $p \neq p_0$
Verwerfungsbereich für $H_0$:
$V = \{0, 1, \ldots, m_l\} \cup \{m_r, m_{r+1}, \ldots, n\}$
$m_l$: linke Signifikanzgrenze
$m_r$: rechte Signifikanzgrenze

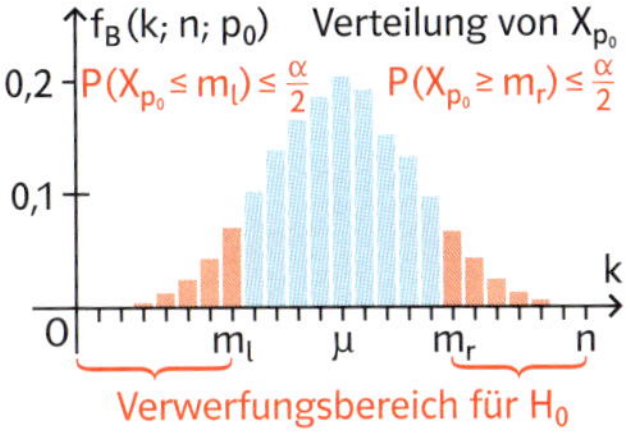


Dabei ist $m_l$ die größte natürliche Zahl und $m_r$ die kleinste natürliche Zahl mit
$P(X_{p_0} \leq m_l) = F_B(m_l; n; p_0) \leq \frac{\alpha}{2}$,
$P(X_{p_0} \geq m_r) = 1 - P(X_{p_0} < m_r) = 1 - F_B(m_r - 1; n; p_0) \leq \frac{\alpha}{2}$.

Wahrscheinlichkeit für den Fehler 1. Art:
$\alpha^*_{p_0} = P(X_{p_0} \in V) = F_B(V; n; p_0) = 1 - F_B(\overline{V}; n; p_0) \leq \alpha$
Die Wahrscheinlichkeit $\beta_p$ für den Fehler 2. Art kann nur in Abhängigkeit von $p \neq p_0$ berechnet werden.

### Einseitiger Signifikanztest

#### Linksseitiger Signifikanztest

Nullhypothese $H_0$: $p \geq p_0$
Gegenhypothese $H_1$: $p < p_0$
Verwerfungsbereich für $H_0$: $V = \{0, 1, \ldots, m\}$

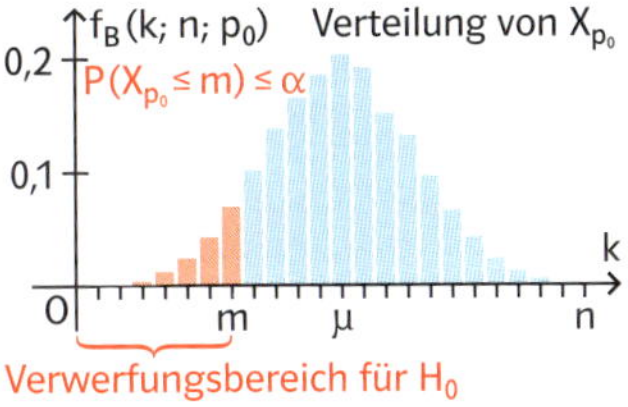


Dabei ist m die größte natürliche Zahl mit
$P(X_p \leq m) \leq P(X_{p_0} \leq m) = F_B(m; n; p_0) \leq \alpha$
für $p \geq p_0$.

Die Wahrscheinlichkeit $\alpha^*_p$ für den Fehler 1. Art ist nicht berechenbar. Ist $H_0$ wahr, dann gilt $\alpha^*_p = P(x_p \in V) \leq P(x_{p_0} \in V) = \alpha^*_{p_0} = F_B(V; n; p_0) = 1 - F_B(\overline{V}; n; p_0) \leq \alpha$.
Die Wahrscheinlichkeit $\beta_p$ für den Fehler 2. Art kann nur in Abhängigkeit von $p < p_0$ berechnet werden.

#### Rechtsseitiger Signifikanztest

Nullhypothese $H_0$: $p \leq p_0$
Gegenhypothese $H_1$: $p > p_0$
Verwerfungsbereich für $H_0$: $V = \{m, m + 1, \ldots, n\}$

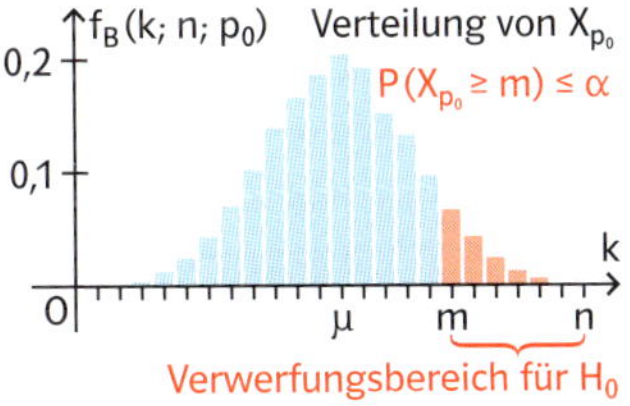


Dabei ist m die kleinste natürliche Zahl mit
$P(X_p \geq m) \leq P(X_{p_0} \geq m) = 1 - P(X_{p_0} < m)$
$= 1 - F_B(m - 1; n; p_0) \leq \alpha$ für $p \leq p_0$.

Die Wahrscheinlichkeit $\alpha^*_p$ für den Fehler 1. Art ist nicht berechenbar. Ist $H_0$ wahr, dann gilt $\alpha^*_p = P(x_p \in V) \leq P(x_{p_0} \in V) = \alpha^*_{p_0} = F_B(V; n; p_0) = 1 - F_B(\overline{V}; n; p_0) \leq \alpha$.
Die Wahrscheinlichkeit $\beta_p$ für den Fehler 2. Art kann nur in Abhängigkeit von $p > p_0$ berechnet werden.

# Beurteilende Statistik

## Alternativtest

Nullhypothese, Gegenhypothese, Verwerfungsbereich und Signifikanzniveau $\alpha$ → S. 143
Fehler 1. und 2. Art → S. 144

Nullhypothese $H_0$: $p = p_0$
Gegenhypothese $H_1$: $p = p_1$

Linksseitiger Verwerfungsbereich für $H_0$
für $p_0 > p_1$: $V = \{0, 1, \ldots, m\}$
Dabei ist m die größte natürliche Zahl mit
$P(X_{p_0} \le m) = F_B(m; n; p_0) \le \alpha$.

Rechtsseitiger Verwerfungsbereich für $H_0$
für $p_0 < p_1$: $V = \{m, m+1, \ldots, n\}$
Dabei ist m die kleinste natürliche Zahl mit
$P(X_{p_0} \ge m) = 1 - P(X_{p_0} < m)$
$= 1 - F_B(m - 1; n; p_0) \le \alpha$.

Komplementmenge → S. 8

Wahrscheinlichkeit für den Fehler 1. Art:
$\alpha^*_{p_0} = F_B(V; n; p_0) = 1 - F_B(\overline{V}; n; p_0)$
Wahrscheinlichkeit für den Fehler 2. Art:
$\beta_{p_1} = F_B(\overline{V}; n; p_1) = 1 - F_B(V; n; p_1)$

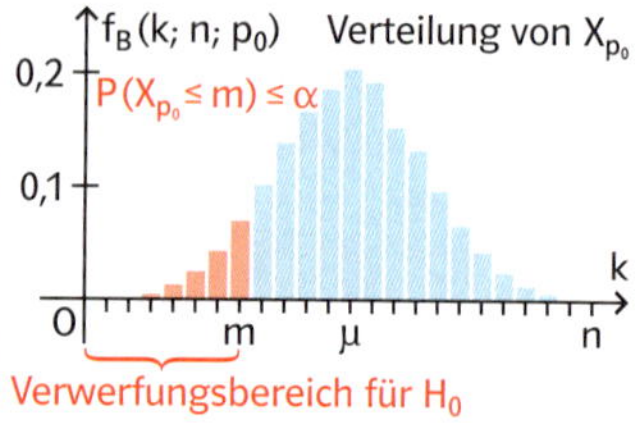


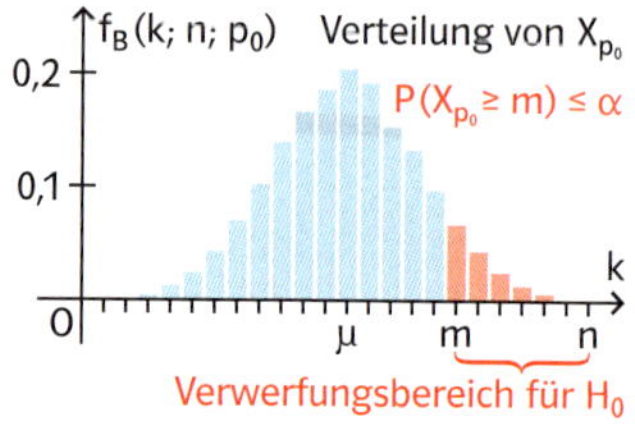


## Konfidenzintervalle (Vertrauensintervalle)

### Konfidenzintervalle

Führt man einen Test durch, so erhält man ein Testergebnis. Von einer beobachteten relativen Häufigkeit möchte man auf die unbekannte Wahrscheinlichkeit p schließen.

Ein **Konfidenzintervall** oder **Vertrauensintervall** enthält all diejenigen Wahrscheinlichkeiten, die mit einem beobachteten Testergebnis verträglich sind. Verträglich bedeutet dabei: Das Stichprobenergebnis ist mit einer Wahrscheinlichkeit $p_0$ verträglich, wenn die Hypothese $H: p = p_0$ bei dem beobachteten Testergebnis nicht verworfen wird. Gleichwertig hierzu ist, dass das Testergebnis nicht zum Verwerfen der Hypothese H führt bzw. dass das Testergebnis im Annahmebereich der Hypothese H liegt.

Die Wahrscheinlichkeit $\gamma = 1 - \alpha$ heißt **Vertrauensniveau** oder **Vertrauenszahl**.
Für z. B. $\gamma = 95\,\%$ spricht man von einem 95 %-Konfidenzintervall.

Binomialverteilung → S. 137
Relative Häufigkeit → S. 120

Ist bei einer binomialverteilten Zufallsgröße n hinreichend groß, die Laplace-Bedingung $\sigma^2 = n \cdot p \cdot (1 - p) > 9$ erfüllt und h die beobachtete relative Häufigkeit, so erhält man das Konfidenzintervall $I = [p_1; p_2]$ zu einem Vertrauensniveau $\gamma$ durch

$$I \approx \left[\frac{\frac{c^2}{2n} + h - c\sqrt{\frac{c^2}{4n^2} + \frac{h(1-h)}{n}}}{\frac{c^2}{n} + 1}; \frac{\frac{c^2}{2n} + h + c\sqrt{\frac{c^2}{4n^2} + \frac{h(1-h)}{n}}}{\frac{c^2}{n} + 1}\right].$$

Für sehr große Werte von n erhält man durch nochmalige Näherung $I \approx \left[h - c\sqrt{\frac{h(1-h)}{n}}; h + c\sqrt{\frac{h(1-h)}{n}}\right]$.

Gauß'sche Summenfunktion $\Phi$ → S. 134

Der Wert von c ergibt sich bei vorgegebenem Vertrauensniveau $\gamma$ aus $\Phi(c) = \frac{1+\gamma}{2}$.
Übliche Werte zeigt die Tabelle.

| $\gamma$ | 90 % | 95 % | 99 % |
|---|---|---|---|
| c | ≈ 1,64 | ≈ 1,96 | ≈ 2,58 |

### Mindestgröße des Stichprobenumfangs

Vertrauensniveau $\gamma$ → vgl. oben

Ein Konfidenzintervall für eine unbekannte Wahrscheinlichkeit p hat höchstens die Länge d, wenn für den Stichprobenumfang n die Ungleichung $n \ge \frac{c^2}{d^2}$ gilt.
Dabei ergibt sich der Wert von c aus $\gamma = 2\Phi(c) - 1$, wobei $\gamma$ das Vertrauensniveau ist.

## Fakultäten

Fakultät → S. 126

| n | n! |
|---|---|
| 0 | 1 |
| 1 | 1 |
| 2 | 2 |
| 3 | 6 |
| 4 | 24 |
| 5 | 120 |
| 6 | 720 |
| 7 | 5040 |
| 8 | 40 320 |
| 9 | 362 880 |
| 10 | 3 628 800 |
| 11 | 39 916 800 |
| 12 | 479 001 600 |
| 13 | 6 227 020 800 |
| 14 | 87 178 291 200 |
| 15 | 1 307 674 368 000 |
| 16 | 20 922 789 888 000 |
| 17 | 355 687 428 096 000 |
| 18 | 6 402 373 705 728 000 |
| 19 | 121 645 100 408 832 000 |
| 20 | 2 432 902 008 176 640 000 |

## Binomialkoeffizienten

Binomialkoeffizient → S. 126

Es gilt $\binom{n}{k} = \binom{n}{n-k}$.

| n \ k | 0 | 1 | 2 | 3 | 4 | 5 | 6 | 7 | 8 | 9 | 10 |
|---|---|---|---|---|---|---|---|---|---|---|---|
| **0** | 1 | | | | | | | | | | |
| **1** | 1 | 1 | | | | | | | | | |
| **2** | 1 | 2 | 1 | | | | | | | | |
| **3** | 1 | 3 | 3 | 1 | | | | | | | |
| **4** | 1 | 4 | 6 | 4 | 1 | | | | | | |
| **5** | 1 | 5 | 10 | 10 | 5 | 1 | | | | | |
| **6** | 1 | 6 | 15 | 20 | 15 | 6 | 1 | | | | |
| **7** | 1 | 7 | 21 | 35 | 35 | 21 | 7 | 1 | | | |
| **8** | 1 | 8 | 28 | 56 | 70 | 56 | 28 | 8 | 1 | | |
| **9** | 1 | 9 | 36 | 84 | 126 | 126 | 84 | 36 | 9 | 1 | |
| **10** | 1 | 10 | 45 | 120 | 210 | 252 | 210 | 120 | 45 | 10 | 1 |
| **11** | 1 | 11 | 55 | 165 | 330 | 462 | 462 | 330 | 165 | 55 | 11 |
| **12** | 1 | 12 | 66 | 220 | 495 | 792 | 924 | 792 | 495 | 220 | 66 |
| **13** | 1 | 13 | 78 | 286 | 715 | 1287 | 1716 | 1716 | 1287 | 715 | 286 |
| **14** | 1 | 14 | 91 | 364 | 1001 | 2002 | 3003 | 3432 | 3003 | 2002 | 1001 |
| **15** | 1 | 15 | 105 | 455 | 1365 | 3003 | 5005 | 6435 | 6435 | 5005 | 3003 |
| **16** | 1 | 16 | 120 | 560 | 1820 | 4368 | 8008 | 11 440 | 12 870 | 11 440 | 8808 |
| **17** | 1 | 17 | 136 | 680 | 2380 | 6188 | 12 376 | 19 448 | 24 310 | 24 310 | 19 448 |
| **18** | 1 | 18 | 153 | 816 | 3060 | 8568 | 18 564 | 31 824 | 43 758 | 48 620 | 43 758 |
| **19** | 1 | 19 | 171 | 969 | 3876 | 11 628 | 27 132 | 50 388 | 75 582 | 92 378 | 92 378 |
| **20** | 1 | 20 | 190 | 1140 | 4845 | 15 504 | 38 760 | 77 520 | 125 970 | 167 960 | 184 756 |

Beispiele: $\binom{9}{4} = 126$ und $\binom{20}{13} = \binom{20}{7} = 77\,520$.

# Anhang: Tabellen

Binomialverteilung → S. 137

## Binomialverteilung – Wahrscheinlichkeitsfunktion

$$f_B(k;\, n;\, p) = P(X = k) = \binom{n}{k} \cdot p^k \cdot (1-p)^{n-k}$$

| | | p | | | | | | | | | | | | |
|---|---|---|---|---|---|---|---|---|---|---|---|---|---|---|
| n | k | 0,02 | 0,03 | 0,04 | 0,05 | 0,10 | 1/6 | 0,20 | 0,30 | 1/3 | 0,40 | 0,50 | k | n |
| 2 | 0 | 0,9604 | 9409 | 9216 | 9025 | 8100 | 6944 | 6400 | 4900 | 4444 | 3600 | 2500 | 2 | 2 |
| | 1 | 0392 | 0582 | 0768 | 0950 | 1800 | 2778 | 3200 | 4200 | 4444 | 4800 | 5000 | 1 | |
| | 2 | 0004 | 0009 | 0016 | 0025 | 0100 | 0278 | 0400 | 0900 | 1111 | 1600 | 2500 | 0 | |
| 3 | 0 | 0,9412 | 9127 | 8847 | 8574 | 7290 | 5787 | 5120 | 3430 | 2963 | 2160 | 1250 | 3 | 3 |
| | 1 | 0576 | 0847 | 1106 | 1354 | 2430 | 3472 | 3840 | 4410 | 4444 | 4320 | 3750 | 2 | |
| | 2 | 0012 | 0026 | 0046 | 0071 | 0270 | 0694 | 0960 | 1890 | 2222 | 2880 | 3750 | 1 | |
| | 3 | | | 0001 | 0001 | 0010 | 0046 | 0080 | 0270 | 0370 | 0640 | 1250 | 0 | |
| 4 | 0 | 0,9224 | 8853 | 8493 | 8145 | 6561 | 4823 | 4096 | 2401 | 1975 | 1296 | 0625 | 4 | 4 |
| | 1 | 0753 | 1095 | 1416 | 1715 | 2916 | 3858 | 4096 | 4116 | 3951 | 3456 | 2500 | 3 | |
| | 2 | 0023 | 0051 | 0088 | 0135 | 0486 | 1157 | 1536 | 2646 | 2963 | 3456 | 3750 | 2 | |
| | 3 | | 0001 | 0002 | 0005 | 0036 | 0154 | 0256 | 0756 | 0988 | 1536 | 2500 | 1 | |
| | 4 | | | | | 0001 | 0008 | 0016 | 0081 | 0123 | 0256 | 0625 | 0 | |
| 5 | 0 | 0,9039 | 8587 | 8154 | 7738 | 5905 | 4019 | 3277 | 1681 | 1317 | 0778 | 0313 | 5 | 5 |
| | 1 | 0922 | 1328 | 1699 | 2036 | 3281 | 4019 | 4096 | 3602 | 3292 | 2592 | 1563 | 4 | |
| | 2 | 0038 | 0082 | 0142 | 0214 | 0729 | 1608 | 2048 | 3087 | 3292 | 3456 | 3125 | 3 | |
| | 3 | 0001 | 0003 | 0006 | 0011 | 0081 | 0322 | 0512 | 1323 | 1646 | 2304 | 3125 | 2 | |
| | 4 | | | | | 0005 | 0032 | 0064 | 0284 | 0412 | 0768 | 1563 | 1 | |
| | 5 | | | | | | 0001 | 0003 | 0024 | 0041 | 0102 | 0313 | 0 | |
| 6 | 0 | 0,8858 | 8330 | 7828 | 7351 | 5314 | 3349 | 2621 | 1176 | 0878 | 0467 | 0156 | 6 | 6 |
| | 1 | 1085 | 1546 | 1957 | 2321 | 3543 | 4019 | 3932 | 3025 | 2634 | 1866 | 0938 | 5 | |
| | 2 | 0055 | 0120 | 0204 | 0305 | 0984 | 2009 | 2458 | 3241 | 3292 | 3110 | 2344 | 4 | |
| | 3 | 0002 | 0005 | 0011 | 0021 | 0146 | 0536 | 0819 | 1852 | 2195 | 2765 | 3125 | 3 | |
| | 4 | | | | 0001 | 0012 | 0080 | 0154 | 0595 | 0823 | 1382 | 2344 | 2 | |
| | 5 | | | | | 0001 | 0006 | 0015 | 0102 | 0165 | 0369 | 0938 | 1 | |
| | 6 | | | | | | | 0001 | 0007 | 0014 | 0041 | 0156 | 0 | |
| 7 | 0 | 0,8681 | 8080 | 7514 | 6983 | 4783 | 2791 | 2097 | 0824 | 0585 | 0280 | 0078 | 7 | 7 |
| | 1 | 1240 | 1749 | 2192 | 2573 | 3720 | 3907 | 3670 | 2471 | 2048 | 1306 | 0547 | 6 | |
| | 2 | 0076 | 0162 | 0274 | 0406 | 1240 | 2344 | 2753 | 3177 | 3073 | 2613 | 1641 | 5 | |
| | 3 | 0003 | 0008 | 0019 | 0036 | 0230 | 0781 | 1147 | 2269 | 2561 | 2903 | 2734 | 4 | |
| | 4 | | | 0001 | 0002 | 0026 | 0156 | 0287 | 0972 | 1280 | 1935 | 2734 | 3 | |
| | 5 | | | | | 0002 | 0019 | 0043 | 0250 | 0384 | 0774 | 1641 | 2 | |
| | 6 | | | | | | 0001 | 0004 | 0036 | 0064 | 0172 | 0547 | 1 | |
| | 7 | | | | | | | | 0002 | 0005 | 0016 | 0078 | 0 | |
| 8 | 0 | 0,8508 | 7837 | 7214 | 6634 | 4305 | 2326 | 1678 | 0576 | 0390 | 0168 | 0039 | 8 | 8 |
| | 1 | 1389 | 1939 | 2405 | 2793 | 3826 | 3721 | 3355 | 1977 | 1561 | 0896 | 0313 | 7 | |
| | 2 | 0099 | 0210 | 0351 | 0515 | 1488 | 2605 | 2936 | 2965 | 2731 | 2090 | 1094 | 6 | |
| | 3 | 0004 | 0013 | 0029 | 0054 | 0331 | 1042 | 1468 | 2541 | 2731 | 2787 | 2188 | 5 | |
| | 4 | | 0001 | 0002 | 0004 | 0046 | 0260 | 0459 | 1361 | 1707 | 2322 | 2734 | 4 | |
| | 5 | | | | | 0004 | 0042 | 0092 | 0467 | 0683 | 1239 | 2188 | 3 | |
| | 6 | | | | | | 0004 | 0011 | 0100 | 0171 | 0413 | 1094 | 2 | |
| | 7 | | | | | | | 0001 | 0012 | 0024 | 0079 | 0313 | 1 | |
| | 8 | | | | | | | | 0001 | 0002 | 0007 | 0039 | 0 | |
| 9 | 0 | 0,8337 | 7602 | 6925 | 6302 | 3874 | 1938 | 1342 | 0404 | 0260 | 0101 | 0020 | 9 | 9 |
| | 1 | 1531 | 2116 | 2597 | 2985 | 3874 | 3489 | 3020 | 1556 | 1171 | 0605 | 0176 | 8 | |
| | 2 | 0125 | 0262 | 0433 | 0629 | 1722 | 2791 | 3020 | 2668 | 2341 | 1612 | 0703 | 7 | |
| | 3 | 0006 | 0019 | 0042 | 0077 | 0446 | 1302 | 1762 | 2668 | 2731 | 2508 | 1641 | 6 | |
| | 4 | | 0001 | 0003 | 0006 | 0074 | 0391 | 0661 | 1715 | 2048 | 2508 | 2461 | 5 | |
| | 5 | | | | | 0008 | 0078 | 0165 | 0735 | 1024 | 1672 | 2461 | 4 | |
| | 6 | | | | | 0001 | 0010 | 0028 | 0210 | 0341 | 0743 | 1641 | 3 | |
| | 7 | | | | | | 0001 | 0003 | 0039 | 0073 | 0212 | 0703 | 2 | |
| | 8 | | | | | | | | 0004 | 0009 | 0035 | 0176 | 1 | |
| | 9 | Nicht aufgeführte Werte sind auf 4 Dezimalen gerundet 0,0000. | | | | | | | | 0001 | 0003 | 0020 | 0 | |
| n | k | 0,98 | 0,97 | 0,96 | 0,95 | 0,90 | 5/6 | 0,80 | 0,70 | 2/3 | 0,60 | 0,50 | k | n |
| | | p | | | | | | | | | | | | |

Beispiele: $f_B(3;\, 8;\, 0{,}05) = 0{,}0054$ und $f_B(5;\, 7;\, 0{,}80) = 0{,}2753$.

Binomialverteilung
→ S. 137

## Binomialverteilung – Wahrscheinlichkeitsfunktion

$$f_B(k; n; p) = P(X = k) \binom{n}{k} \cdot p^k \cdot (1 - p)^{n-k}$$

| | | p | | | | | | | | | | | | |
|---|---|---|---|---|---|---|---|---|---|---|---|---|---|---|
| **n** | **k** | **0,02** | **0,03** | **0,04** | **0,05** | **0,10** | **1/6** | **0,20** | **0,30** | **1/3** | **0,40** | **0,50** | **k** | **n** |
| 10 | 0 | 0,8171 | 7374 | 6648 | 5987 | 3487 | 1615 | 1074 | 0282 | 0173 | 0060 | 0010 | 10 | 10 |
| | 1 | 1667 | 2281 | 2770 | 3151 | 3874 | 3230 | 2684 | 1211 | 0867 | 0403 | 0098 | 9 | |
| | 2 | 0153 | 0317 | 0519 | 0746 | 1937 | 2907 | 3020 | 2335 | 1951 | 1209 | 0439 | 8 | |
| | 3 | 0008 | 0026 | 0058 | 0105 | 0574 | 1550 | 2013 | 2668 | 2601 | 2150 | 1172 | 7 | |
| | 4 | | 0001 | 0004 | 0010 | 0112 | 0543 | 0881 | 2001 | 2276 | 2508 | 2051 | 6 | |
| | 5 | | | | 0001 | 0015 | 0130 | 0264 | 1029 | 1366 | 2007 | 2461 | 5 | |
| | 6 | | | | | 0001 | 0022 | 0055 | 0368 | 0569 | 1115 | 2051 | 4 | |
| | 7 | | | | | | 0002 | 0008 | 0090 | 0163 | 0425 | 1172 | 3 | |
| | 8 | | | | | | | 0001 | 0014 | 0030 | 0106 | 0439 | 2 | |
| | 9 | | | | | | | | 0001 | 0003 | 0016 | 0098 | 1 | |
| | 10 | | | | | | | | | | 0001 | 0010 | 0 | |
| 15 | 0 | 0,7386 | 6333 | 5421 | 4633 | 2059 | 0649 | 0352 | 0047 | 0023 | 0005 | 0000 | 15 | 15 |
| | 1 | 2261 | 2938 | 3388 | 3658 | 3432 | 1947 | 1319 | 0305 | 0171 | 0047 | 0005 | 14 | |
| | 2 | 0323 | 0636 | 0988 | 1348 | 2669 | 2726 | 2309 | 0916 | 0599 | 0219 | 0032 | 13 | |
| | 3 | 0029 | 0085 | 0178 | 0307 | 1285 | 2363 | 2501 | 1700 | 1299 | 0634 | 0139 | 12 | |
| | 4 | 0002 | 0008 | 0022 | 0049 | 0428 | 1418 | 1876 | 2186 | 1948 | 1268 | 0417 | 11 | |
| | 5 | | 0001 | 0002 | 0006 | 0105 | 0624 | 1032 | 2061 | 2143 | 1859 | 0916 | 10 | |
| | 6 | | | | | 0019 | 0208 | 0430 | 1472 | 1786 | 2066 | 1527 | 9 | |
| | 7 | | | | | 0003 | 0053 | 0138 | 0811 | 1148 | 1771 | 1964 | 8 | |
| | 8 | | | | | | 0011 | 0035 | 0348 | 0574 | 1181 | 1964 | 7 | |
| | 9 | | | | | | 0002 | 0007 | 0116 | 0223 | 0612 | 1527 | 6 | |
| | 10 | | | | | | | 0001 | 0030 | 0067 | 0245 | 0916 | 5 | |
| | 11 | | | | | | | | 0006 | 0015 | 0074 | 0417 | 4 | |
| | 12 | | | | | | | | 0001 | 0003 | 0016 | 0139 | 3 | |
| | 13 | | | | | | | | | | 0003 | 0032 | 2 | |
| | 14 | | | | | | | | | | | 0005 | 1 | |
| | 15 | | | | | | | | | | | | 0 | |
| 20 | 0 | 0,6676 | 5438 | 4420 | 3585 | 1216 | 0261 | 0115 | 0008 | 0003 | 0000 | 0000 | 20 | 20 |
| | 1 | 2725 | 3364 | 3683 | 3774 | 2702 | 1043 | 0576 | 0068 | 0030 | 0005 | 0000 | 19 | |
| | 2 | 0528 | 0988 | 1458 | 1887 | 2852 | 1982 | 1369 | 0278 | 0143 | 0031 | 0002 | 18 | |
| | 3 | 0065 | 0183 | 0364 | 0596 | 1901 | 2379 | 2054 | 0716 | 0429 | 0123 | 0011 | 17 | |
| | 4 | 0006 | 0024 | 0065 | 0133 | 0898 | 2022 | 2182 | 1304 | 0911 | 0350 | 0046 | 16 | |
| | 5 | | 0002 | 0009 | 0022 | 0319 | 1294 | 1746 | 1789 | 1457 | 0746 | 0148 | 15 | |
| | 6 | | | 0001 | 0003 | 0089 | 0647 | 1091 | 1916 | 1821 | 1244 | 0370 | 14 | |
| | 7 | | | | | 0020 | 0259 | 0545 | 1643 | 1821 | 1659 | 0739 | 13 | |
| | 8 | | | | | 0004 | 0084 | 0222 | 1144 | 1480 | 1797 | 1201 | 12 | |
| | 9 | | | | | 0001 | 0022 | 0074 | 0654 | 0987 | 1597 | 1602 | 11 | |
| | 10 | | | | | | 0005 | 0020 | 0308 | 0543 | 1171 | 1762 | 10 | |
| | 11 | | | | | | 0001 | 0005 | 0120 | 0247 | 0710 | 1602 | 9 | |
| | 12 | | | | | | | 0001 | 0039 | 0092 | 0355 | 1201 | 8 | |
| | 13 | | | | | | | | 0010 | 0028 | 0146 | 0739 | 7 | |
| | 14 | | | | | | | | 0002 | 0007 | 0049 | 0370 | 6 | |
| | 15 | | | | | | | | | 0001 | 0013 | 0148 | 5 | |
| | 16 | | | | | | | | | | 0003 | 0046 | 4 | |
| | 17 | | | | | | | | | | | 0011 | 3 | |
| | 18 | | | | | | | | | | | 0002 | 2 | |
| | 19 | Nicht aufgeführte Werte sind auf 4 Dezimalen gerundet 0,0000. | | | | | | | | | | | 1 | |
| **n** | **k** | **0,98** | **0,97** | **0,96** | **0,95** | **0,90** | **5/6** | **0,80** | **0,70** | **2/3** | **0,60** | **0,50** | **k** | **n** |
| | | p | | | | | | | | | | | | |

Beispiele: $f_B(7; 15; 0{,}30) = 0{,}0811$ und $f_B(15; 20; 0{,}96) = 0{,}0009$.

# Anhang: Tabellen

Binomialverteilung
→ S. 137

## Binomialverteilung – Verteilungsfunktion

$$F_B(k; n; p) = P(X \leq k) = \sum_{i=0}^{k} f_B(i; n; p) = \sum_{i=0}^{k} \binom{n}{i} \cdot p^i \cdot (1-p)^{n-i}$$

| | | p | | | | | | | | | | | | |
|---|---|---|---|---|---|---|---|---|---|---|---|---|---|---|
| n | k | 0,02 | 0,03 | 0,04 | 0,05 | 0,10 | 1/6 | 0,20 | 0,30 | 1/3 | 0,40 | 0,50 | k | n |
| 2 | 0 | 0,9604 | 9409 | 9216 | 9025 | 8100 | 6944 | 6400 | 4900 | 4444 | 3600 | 2500 | 1 | 2 |
| | 1 | 9996 | 9991 | 9984 | 9975 | 9900 | 9722 | 9600 | 9100 | 8889 | 8400 | 7500 | 0 | |
| 3 | 0 | 0,9412 | 9127 | 8847 | 8574 | 7290 | 5787 | 5120 | 3430 | 2963 | 2160 | 1250 | 2 | 3 |
| | 1 | 9988 | 9974 | 9953 | 9928 | 9720 | 9259 | 8960 | 7840 | 7407 | 6480 | 5000 | 1 | |
| | 2 | | | 9999 | 9999 | 9990 | 9954 | 9920 | 9730 | 9630 | 9360 | 8750 | 0 | |
| 4 | 0 | 0,9224 | 8853 | 8493 | 8145 | 6561 | 4823 | 4096 | 2401 | 1975 | 1296 | 0625 | 3 | 4 |
| | 1 | 9977 | 9948 | 9909 | 9860 | 9477 | 8681 | 8192 | 6517 | 5926 | 4752 | 3125 | 2 | |
| | 2 | | 9999 | 9998 | 9995 | 9963 | 9838 | 9728 | 9163 | 8889 | 8208 | 6875 | 1 | |
| | 3 | | | | | 9999 | 9992 | 9984 | 9919 | 9877 | 9744 | 9375 | 0 | |
| 5 | 0 | 0,9039 | 8587 | 8154 | 7738 | 5905 | 4019 | 3277 | 1681 | 1317 | 0778 | 0313 | 4 | 5 |
| | 1 | 9962 | 9915 | 9852 | 9774 | 9185 | 8038 | 7373 | 5282 | 4609 | 3370 | 1875 | 3 | |
| | 2 | 9999 | 9997 | 9994 | 9988 | 9914 | 9645 | 9421 | 8369 | 7901 | 6826 | 5000 | 2 | |
| | 3 | | | | | 9995 | 9967 | 9933 | 9692 | 9547 | 9130 | 8125 | 1 | |
| | 4 | | | | | | 9999 | 9997 | 9976 | 9959 | 9898 | 9688 | 0 | |
| 6 | 0 | 0,8858 | 8330 | 7828 | 7351 | 5314 | 3349 | 2621 | 1176 | 0878 | 0467 | 0156 | 5 | 6 |
| | 1 | 9943 | 9875 | 9784 | 9672 | 8857 | 7368 | 6554 | 4202 | 3512 | 2333 | 1094 | 4 | |
| | 2 | 9998 | 9995 | 9988 | 9978 | 9842 | 9377 | 9011 | 7443 | 6804 | 5443 | 3438 | 3 | |
| | 3 | | | | 9999 | 9987 | 9913 | 9830 | 9295 | 8999 | 8208 | 6563 | 2 | |
| | 4 | | | | | 9999 | 9993 | 9984 | 9891 | 9822 | 9590 | 8906 | 1 | |
| | 5 | | | | | | | 9999 | 9993 | 9986 | 9959 | 9844 | 0 | |
| 7 | 0 | 0,8681 | 8080 | 7514 | 6983 | 4783 | 2791 | 2097 | 0824 | 0585 | 0280 | 0078 | 6 | 7 |
| | 1 | 9921 | 9829 | 9706 | 9556 | 8503 | 6698 | 5767 | 3294 | 2634 | 1586 | 0625 | 5 | |
| | 2 | 9997 | 9991 | 9980 | 9962 | 9743 | 9042 | 8520 | 6471 | 5706 | 4199 | 2266 | 4 | |
| | 3 | | | 9999 | 9998 | 9973 | 9824 | 9667 | 8740 | 8267 | 7102 | 5000 | 3 | |
| | 4 | | | | | 9998 | 9980 | 9953 | 9712 | 9547 | 9037 | 7734 | 2 | |
| | 5 | | | | | | 9999 | 9996 | 9962 | 9931 | 9812 | 9375 | 1 | |
| | 6 | | | | | | | | 9998 | 9995 | 9984 | 9922 | 0 | |
| 8 | 0 | 0,8508 | 7837 | 7214 | 6634 | 4305 | 2326 | 1678 | 0576 | 0390 | 0168 | 0039 | 7 | 8 |
| | 1 | 9897 | 9777 | 9619 | 9428 | 8131 | 6047 | 5033 | 2553 | 1951 | 1064 | 0352 | 6 | |
| | 2 | 9996 | 9987 | 9969 | 9942 | 9619 | 8652 | 7969 | 5518 | 4682 | 3154 | 1445 | 5 | |
| | 3 | | 9999 | 9998 | 9996 | 9950 | 9693 | 9437 | 8059 | 7414 | 5941 | 3633 | 4 | |
| | 4 | | | | | 9996 | 9954 | 9896 | 9420 | 9121 | 8263 | 6367 | 3 | |
| | 5 | | | | | | 9996 | 9988 | 9887 | 9803 | 9502 | 8555 | 2 | |
| | 6 | | | | | | | 9999 | 9987 | 9974 | 9915 | 9648 | 1 | |
| | 7 | | | | | | | | 9999 | 9998 | 9993 | 9961 | 0 | |
| 9 | 0 | 0,8337 | 7602 | 6925 | 6302 | 3874 | 1938 | 1342 | 0404 | 0260 | 0101 | 0020 | 8 | 9 |
| | 1 | 9869 | 9718 | 9222 | 9288 | 7748 | 5427 | 4362 | 1960 | 1431 | 0705 | 0195 | 7 | |
| | 2 | 9994 | 9980 | 9955 | 9916 | 9470 | 8217 | 7382 | 4628 | 3772 | 2318 | 0898 | 6 | |
| | 3 | | 9999 | 9997 | 9994 | 9917 | 9520 | 9144 | 7297 | 6503 | 4826 | 2539 | 5 | |
| | 4 | | | | | 9991 | 9911 | 9804 | 9012 | 8552 | 7334 | 5000 | 4 | |
| | 5 | | | | | 9999 | 9989 | 9969 | 9747 | 9576 | 9006 | 7461 | 3 | |
| | 6 | | | | | | 9999 | 9997 | 9957 | 9917 | 9750 | 9102 | 2 | |
| | 7 | | | | | | | | 9996 | 9990 | 9962 | 9805 | 1 | |
| | 8 | Nicht aufgeführte Werte sind auf 4 Dezimalen gerundet 1,0000. | | | | | | | | 9999 | 9997 | 9980 | 0 | |
| n | k | 0,98 | 0,97 | 0,96 | 0,95 | 0,90 | 5/6 | 0,80 | 0,70 | 2/3 | 0,60 | 0,50 | k | n |
| | | p | | | | | | | | | | | | |

Für die dunkelblau unterlegten Werte ($p \geq 0{,}5$) gilt $F_B(k; n; p) = 1 -$ abgelesener Wert.

Beispiele: $F_B(3; 8; 0{,}20) = 0{,}9437$ und $f_B(7; 9; 0{,}97) = 1 - 0{,}9718 = 0{,}0282$.

## Binomialverteilung – Verteilungsfunktion

Binomialverteilung
→ S. 137

$$F_B(k; n; p) = P(X \le k) = \sum_{i=0}^{k} f_B(i; n; p) = \sum_{i=0}^{k} \binom{n}{i} \cdot p^i \cdot (1-p)^{n-i}$$

| n | k | 0,02 | 0,03 | 0,04 | 0,05 | 0,10 | 1/6 | 0,20 | 0,30 | 1/3 | 0,40 | 0,50 | k | n |
|---|---|---|---|---|---|---|---|---|---|---|---|---|---|---|
| 10 | 0 | 0,8171 | 7374 | 6648 | 5987 | 3487 | 1615 | 1074 | 0282 | 0173 | 0060 | 0010 | 9 | 10 |
| | 1 | 9838 | 9655 | 9418 | 9139 | 7361 | 4845 | 3758 | 1493 | 1040 | 0464 | 0107 | 8 | |
| | 2 | 9991 | 9972 | 9938 | 9885 | 9298 | 7752 | 6778 | 3828 | 2991 | 1673 | 0547 | 7 | |
| | 3 | | 9999 | 9996 | 9990 | 9872 | 9303 | 8791 | 6496 | 5593 | 3823 | 1719 | 6 | |
| | 4 | | | | 9999 | 9984 | 9845 | 9672 | 8497 | 7869 | 6331 | 3770 | 5 | |
| | 5 | | | | | 9999 | 9976 | 9936 | 9527 | 9234 | 8338 | 6230 | 4 | |
| | 6 | | | | | | 9997 | 9991 | 9894 | 9803 | 9452 | 8281 | 3 | |
| | 7 | | | | | | | 9999 | 9984 | 9966 | 9877 | 9453 | 2 | |
| | 8 | | | | | | | | 9999 | 9996 | 9983 | 9893 | 1 | |
| | 9 | | | | | | | | | | 9999 | 9990 | 0 | |
| 15 | 0 | 0,7386 | 6333 | 5421 | 4633 | 2059 | 0649 | 0352 | 0047 | 0023 | 0005 | 0000 | 14 | 15 |
| | 1 | 9647 | 9270 | 8809 | 8290 | 5490 | 2596 | 1671 | 0353 | 0194 | 0052 | 0005 | 13 | |
| | 2 | 9970 | 9906 | 9797 | 9638 | 8159 | 5322 | 3980 | 1268 | 0794 | 0271 | 0037 | 12 | |
| | 3 | 9998 | 9992 | 9976 | 9945 | 9444 | 7685 | 6482 | 2969 | 2092 | 0905 | 0176 | 11 | |
| | 4 | | 9999 | 9998 | 9994 | 9873 | 9102 | 8358 | 5155 | 4041 | 2173 | 0592 | 10 | |
| | 5 | | | | 9999 | 9978 | 9726 | 9389 | 7216 | 6184 | 4032 | 1509 | 9 | |
| | 6 | | | | | 9997 | 9934 | 9819 | 8689 | 7970 | 6098 | 3036 | 8 | |
| | 7 | | | | | | 9987 | 9958 | 9500 | 9118 | 7869 | 5000 | 7 | |
| | 8 | | | | | | 9998 | 9992 | 9848 | 9692 | 9050 | 6964 | 6 | |
| | 9 | | | | | | | 9999 | 9963 | 9915 | 9662 | 8491 | 5 | |
| | 10 | | | | | | | | 9993 | 9982 | 9907 | 9408 | 4 | |
| | 11 | | | | | | | | 9999 | 9997 | 9981 | 9824 | 3 | |
| | 12 | | | | | | | | | | 9997 | 9963 | 2 | |
| | 13 | | | | | | | | | | | 9995 | 1 | |
| | 14 | | | | | | | | | | | | 0 | |
| 20 | 0 | 0,6676 | 5438 | 4420 | 3585 | 1216 | 0261 | 0115 | 0008 | 0003 | 0000 | 0000 | 19 | 20 |
| | 1 | 9401 | 8802 | 8103 | 7358 | 3917 | 1304 | 0692 | 0076 | 0033 | 0005 | 0000 | 18 | |
| | 2 | 9929 | 9790 | 9561 | 9245 | 6769 | 3287 | 2061 | 0355 | 0176 | 0036 | 0002 | 17 | |
| | 3 | 9994 | 9973 | 9926 | 9841 | 8670 | 5665 | 4114 | 1071 | 0604 | 0160 | 0013 | 16 | |
| | 4 | | 9997 | 9990 | 9974 | 9568 | 7687 | 6296 | 2375 | 1515 | 0510 | 0059 | 15 | |
| | 5 | | | 9999 | 9997 | 9887 | 8982 | 8042 | 4164 | 2972 | 1256 | 0207 | 14 | |
| | 6 | | | | | 9976 | 9629 | 9133 | 6080 | 4793 | 2500 | 0577 | 13 | |
| | 7 | | | | | 9996 | 9887 | 9679 | 7723 | 6615 | 4159 | 1316 | 12 | |
| | 8 | | | | | 9999 | 9972 | 9900 | 8867 | 8095 | 5956 | 2517 | 11 | |
| | 9 | | | | | | 9994 | 9974 | 9520 | 9081 | 7553 | 4119 | 10 | |
| | 10 | | | | | | 9999 | 9994 | 9829 | 9624 | 8725 | 5881 | 9 | |
| | 11 | | | | | | | 9999 | 9949 | 9870 | 9435 | 7483 | 8 | |
| | 12 | | | | | | | | 9987 | 9963 | 9790 | 8684 | 7 | |
| | 13 | | | | | | | | 9997 | 9991 | 9935 | 9423 | 6 | |
| | 14 | | | | | | | | | 9998 | 9984 | 9793 | 5 | |
| | 15 | | | | | | | | | | 9997 | 9941 | 4 | |
| | 16 | | | | | | | | | | | 9987 | 3 | |
| | 17 | Nicht aufgeführte Werte sind auf 4 Dezimalen gerundet 1,0000. | | | | | | | | | | 9998 | 2 | |
| n | k | 0,98 | 0,97 | 0,96 | 0,95 | 0,90 | 5/6 | 0,80 | 0,70 | 2/3 | 0,60 | 0,50 | k | n |

p (oben und unten)

Für die dunkelblau unterlegten Werte $(p \ge 0{,}5)$ gilt $F_B(k; n; p) = 1 -$ abgelesener Wert.

Beispiele: $F_B(4; 10; 0{,}40) = 0{,}6331$ und $f_B(8; 20; 0{,}70) = 1 - 0{,}9949 = 0{,}0051$.

Binomialverteilung
→ S. 137
Beispiele zum Gebrauch der Tabelle
→ S. 151

## Binomialverteilung – Verteilungsfunktion

$$F_B(k; n; p) = P(X \leq k) = \sum_{i=0}^{k} f_B(i; n; p) = \sum_{i=0}^{k} \binom{n}{i} \cdot p^i \cdot (1-p)^{n-i}$$

| | | p | | | | | | | | | | | | |
|---|---|---|---|---|---|---|---|---|---|---|---|---|---|---|
| **n** | **k** | **0,02** | **0,03** | **0,04** | **0,05** | **0,10** | **1/6** | **0,20** | **0,30** | **1/3** | **0,40** | **0,50** | **k** | **n** |
| | 0 | 0,3642 | 2181 | 1299 | 0769 | 0052 | 0001 | 0000 | 0000 | 0000 | 0000 | 0000 | 49 | |
| | 1 | 7358 | 5553 | 4005 | 2794 | 0338 | 0012 | 0002 | 0000 | 0000 | 0000 | 0000 | 48 | |
| | 2 | 9216 | 8108 | 6767 | 5405 | 1117 | 0066 | 0013 | 0000 | 0000 | 0000 | 0000 | 47 | |
| | 3 | 9822 | 9372 | 8609 | 7604 | 2503 | 0238 | 0057 | 0000 | 0000 | 0000 | 0000 | 46 | |
| | 4 | 9968 | 9832 | 9510 | 8964 | 4312 | 0643 | 0185 | 0002 | 0000 | 0000 | 0000 | 45 | |
| | 5 | 9995 | 9963 | 9856 | 9622 | 6161 | 1388 | 0480 | 0007 | 0001 | 0000 | 0000 | 44 | |
| | 6 | 9999 | 9993 | 9964 | 9882 | 7702 | 2506 | 1034 | 0025 | 0005 | 0000 | 0000 | 43 | |
| | 7 | | 9999 | 9992 | 9968 | 8779 | 3911 | 1904 | 0073 | 0017 | 0000 | 0000 | 42 | |
| | 8 | | | 9999 | 9992 | 9421 | 5421 | 3073 | 0183 | 0050 | 0002 | 0000 | 41 | |
| | 9 | | | | 9998 | 9755 | 6830 | 4437 | 0402 | 0127 | 0008 | 0000 | 40 | |
| | 10 | | | | | 9906 | 7986 | 5836 | 0789 | 0284 | 0022 | 0000 | 39 | |
| | 11 | | | | | 9968 | 8827 | 7107 | 1390 | 0570 | 0057 | 0000 | 38 | |
| | 12 | | | | | 9990 | 9373 | 8139 | 2229 | 1035 | 0133 | 0002 | 37 | |
| | 13 | | | | | 9997 | 9693 | 8894 | 3279 | 1715 | 0280 | 0005 | 36 | |
| | 14 | | | | | 9999 | 9862 | 9393 | 4468 | 2612 | 0540 | 0013 | 35 | |
| | 15 | | | | | | 9943 | 9692 | 5692 | 3690 | 0955 | 0033 | 34 | |
| | 16 | | | | | | 9978 | 9856 | 6839 | 4868 | 1561 | 0077 | 33 | |
| | 17 | | | | | | 9992 | 9937 | 7822 | 6046 | 2369 | 0164 | 32 | |
| 50 | 18 | | | | | | 9998 | 9975 | 8594 | 7126 | 3356 | 0325 | 31 | 50 |
| | 19 | | | | | | 9999 | 9991 | 9152 | 8036 | 4465 | 0595 | 30 | |
| | 20 | | | | | | | 9997 | 9522 | 8741 | 5610 | 1013 | 29 | |
| | 21 | | | | | | | 9999 | 9749 | 9244 | 6701 | 1611 | 28 | |
| | 22 | | | | | | | | 9877 | 9576 | 7660 | 2399 | 27 | |
| | 23 | | | | | | | | 9944 | 9778 | 8438 | 3359 | 26 | |
| | 24 | | | | | | | | 9976 | 9892 | 9022 | 4439 | 25 | |
| | 25 | | | | | | | | 9991 | 9951 | 9427 | 5561 | 24 | |
| | 26 | | | | | | | | 9997 | 9979 | 9686 | 6641 | 23 | |
| | 27 | | | | | | | | 9999 | 9992 | 9840 | 7601 | 22 | |
| | 28 | | | | | | | | | 9997 | 9924 | 8389 | 21 | |
| | 29 | | | | | | | | | 9999 | 9960 | 8987 | 20 | |
| | 30 | | | | | | | | | | 9986 | 9405 | 19 | |
| | 31 | | | | | | | | | | 9995 | 9675 | 18 | |
| | 32 | | | | | | | | | | 9998 | 9836 | 17 | |
| | 33 | | | | | | | | | | 9999 | 9923 | 16 | |
| | 34 | | | | | | | | | | | 9967 | 15 | |
| | 35 | | | | | | | | | | | 9987 | 14 | |
| | 36 | | | | | | | | | | | 9995 | 13 | |
| | 37 | Nicht aufgeführte Werte sind auf 4 Dezimalen gerundet 1,0000. | | | | | | | | | | 9998 | 12 | |
| | 0 | 0,1326 | 0476 | 0169 | 0059 | 0000 | 0000 | 0000 | 0000 | 0000 | 0000 | 0000 | 99 | |
| | 1 | 4033 | 1946 | 0872 | 0371 | 0003 | 0000 | 0000 | 0000 | 0000 | 0000 | 0000 | 98 | |
| | 2 | 6767 | 4198 | 2321 | 1183 | 0019 | 0000 | 0000 | 0000 | 0000 | 0000 | 0000 | 97 | |
| | 3 | 8590 | 6472 | 4295 | 2578 | 0078 | 0000 | 0000 | 0000 | 0000 | 0000 | 0000 | 96 | |
| | 4 | 9492 | 8179 | 6289 | 4360 | 0237 | 0001 | 0000 | 0000 | 0000 | 0000 | 0000 | 95 | |
| | 5 | 9845 | 9192 | 7884 | 6160 | 0576 | 0004 | 0000 | 0000 | 0000 | 0000 | 0000 | 94 | |
| 100 | 6 | 9959 | 9688 | 8936 | 7660 | 1172 | 0013 | 0001 | 0000 | 0000 | 0000 | 0000 | 93 | 100 |
| | 7 | 9991 | 9894 | 9525 | 8720 | 2061 | 0038 | 0003 | 0000 | 0000 | 0000 | 0000 | 92 | |
| | 8 | 9998 | 9968 | 9810 | 9369 | 3209 | 0095 | 0009 | 0000 | 0000 | 0000 | 0000 | 91 | |
| | 9 | | 9991 | 9932 | 9718 | 4513 | 0213 | 0023 | 0000 | 0000 | 0000 | 0000 | 90 | |
| | 10 | | 9998 | 9978 | 9885 | 5832 | 0427 | 0057 | 0000 | 0000 | 0000 | 0000 | 89 | |
| | 11 | | | 9993 | 9957 | 7030 | 0777 | 0126 | 0000 | 0000 | 0000 | 0000 | 88 | |
| | 12 | | | 9998 | 9985 | 8018 | 1297 | 0253 | 0000 | 0000 | 0000 | 0000 | 87 | |
| | 13 | | | | 9995 | 8761 | 2000 | 0469 | 0001 | 0000 | 0000 | 0000 | 86 | |
| **n** | **k** | **0,98** | **0,97** | **0,96** | **0,95** | **0,90** | **5/6** | **0,80** | **0,70** | **2/3** | **0,60** | **0,50** | **k** | **n** |
| | | p | | | | | | | | | | | | |

Für die dunkelblau unterlegten Werte $(p \geq 0{,}5)$ gilt $F_B(k; n; p) = 1 -$ abgelesener Wert.

## Binomialverteilung – Verteilungsfunktion

Binomialverteilung → S. 137
Beispiele zum Gebrauch der Tabelle → S. 151

$$F_B(k;\,n;\,p) = P(X \le k) = \sum_{i=0}^{k} f_B(i;\,n;\,p) = \sum_{i=0}^{k} \binom{n}{i} \cdot p^i \cdot (1-p)^{n-i}$$

| | | p | | | | | | | | | | | | |
|---|---|---|---|---|---|---|---|---|---|---|---|---|---|---|
| n | k | 0,02 | 0,03 | 0,04 | 0,05 | 0,10 | 1/6 | 0,20 | 0,30 | 1/3 | 0,40 | 0,50 | k | n |
| | 14 | | | | 0,9999 | 9274 | 2874 | 0804 | 0002 | 0000 | 0000 | 0000 | 85 | |
| | 15 | | | | | 9601 | 3877 | 1285 | 0004 | 0000 | 0000 | 0000 | 84 | |
| | 16 | | | | | 9794 | 4942 | 1923 | 0010 | 0001 | 0000 | 0000 | 83 | |
| | 17 | | | | | 9900 | 5994 | 2712 | 0022 | 0002 | 0000 | 0000 | 82 | |
| | 18 | | | | | 9954 | 6965 | 3621 | 0045 | 0005 | 0000 | 0000 | 81 | |
| | 19 | | | | | 9980 | 7803 | 4602 | 0089 | 0011 | 0000 | 0000 | 80 | |
| | 20 | | | | | 9992 | 8481 | 5595 | 0165 | 0024 | 0000 | 0000 | 79 | |
| | 21 | | | | | 9997 | 8998 | 6540 | 0288 | 0048 | 0000 | 0000 | 78 | |
| | 22 | | | | | 9999 | 9370 | 7389 | 0479 | 0091 | 0001 | 0000 | 77 | |
| | 23 | | | | | | 9621 | 8109 | 0755 | 0164 | 0003 | 0000 | 76 | |
| | 24 | | | | | | 9783 | 8686 | 1136 | 0281 | 0006 | 0000 | 75 | |
| | 25 | | | | | | 9881 | 9125 | 1631 | 0458 | 0012 | 0000 | 74 | |
| | 26 | | | | | | 9938 | 9442 | 2244 | 0715 | 0024 | 0000 | 73 | |
| | 27 | | | | | | 9969 | 9658 | 2964 | 1066 | 0046 | 0000 | 72 | |
| | 28 | | | | | | 9985 | 9800 | 3768 | 1524 | 0084 | 0000 | 71 | |
| | 29 | | | | | | 9993 | 9888 | 4623 | 2093 | 0148 | 0000 | 70 | |
| | 30 | | | | | | 9997 | 9939 | 5491 | 2766 | 0248 | 0000 | 69 | |
| | 31 | | | | | | 9999 | 9969 | 6331 | 3525 | 0398 | 0001 | 68 | |
| | 32 | | | | | | | 9985 | 7107 | 4344 | 0615 | 0002 | 67 | |
| | 33 | | | | | | | 9993 | 7793 | 5188 | 0913 | 0004 | 66 | |
| | 34 | | | | | | | 9997 | 8371 | 6019 | 1303 | 0009 | 65 | |
| | 35 | | | | | | | 9999 | 8839 | 6803 | 1795 | 0018 | 64 | |
| | 36 | | | | | | | 9999 | 9201 | 7511 | 2386 | 0033 | 63 | |
| | 37 | | | | | | | | 9470 | 8123 | 3068 | 0060 | 62 | |
| | 38 | | | | | | | | 9660 | 8630 | 3822 | 0105 | 61 | |
| | 39 | | | | | | | | 9790 | 9034 | 4621 | 0176 | 60 | |
| | 40 | | | | | | | | 9875 | 9341 | 5433 | 0284 | 59 | |
| 100 | 41 | | | | | | | | 9928 | 9566 | 6225 | 0443 | 58 | 100 |
| | 42 | | | | | | | | 9960 | 9724 | 6967 | 0666 | 57 | |
| | 43 | | | | | | | | 9979 | 9831 | 7635 | 0967 | 56 | |
| | 44 | | | | | | | | 9989 | 9900 | 8211 | 1356 | 55 | |
| | 45 | | | | | | | | 9995 | 9943 | 8689 | 1841 | 54 | |
| | 46 | | | | | | | | 9997 | 9969 | 9070 | 2421 | 53 | |
| | 47 | | | | | | | | 9999 | 9983 | 9362 | 3087 | 52 | |
| | 48 | | | | | | | | 9999 | 9991 | 9577 | 3822 | 51 | |
| | 49 | | | | | | | | | 9996 | 9729 | 4602 | 50 | |
| | 50 | | | | | | | | | 9998 | 9832 | 5398 | 49 | |
| | 51 | | | | | | | | | 9999 | 9900 | 6178 | 48 | |
| | 52 | | | | | | | | | | 9942 | 6914 | 47 | |
| | 53 | | | | | | | | | | 9968 | 7579 | 46 | |
| | 54 | | | | | | | | | | 9983 | 8159 | 45 | |
| | 55 | | | | | | | | | | 9991 | 8644 | 44 | |
| | 56 | | | | | | | | | | 9996 | 9033 | 43 | |
| | 57 | | | | | | | | | | 9998 | 9334 | 42 | |
| | 58 | | | | | | | | | | 9999 | 9557 | 41 | |
| | 59 | | | | | | | | | | | 9716 | 40 | |
| | 60 | | | | | | | | | | | 9824 | 39 | |
| | 61 | | | | | | | | | | | 9895 | 38 | |
| | 62 | | | | | | | | | | | 9940 | 37 | |
| | 63 | | | | | | | | | | | 9967 | 36 | |
| | 64 | | | | | | | | | | | 9982 | 35 | |
| | 65 | | | | | | | | | | | 9991 | 34 | |
| | 66 | | | | | | | | | | | 9996 | 33 | |
| | 67 | | | | | | | | | | | 9998 | 32 | |
| | 68 | | | | | | | | | | | 9999 | 31 | |
| n | k | 0,98 | 0,97 | 0,96 | 0,95 | 0,90 | 5/6 | 0,80 | 0,70 | 2/3 | 0,60 | 0,50 | k | n |
| | | p | | | | | | | | | | | | |

Für die dunkelblau unterlegten Werte ($p \ge 0{,}5$) gilt
$F_B(k;\,n;\,p) = 1 -$ abgelesener Wert.
Nicht aufgeführte Werte sind auf 4 Dezimalen gerundet 1,0000.

# Anhang: Tabellen

Gauß-Funktion → S. 134
Standardnormalverteilung → S. 140

## Gauß-Funktion (Dichtefunktion der Standardnormalverteilung)

Es gilt $\varphi(x) = \frac{1}{\sqrt{2\pi}} \cdot e^{-\frac{1}{2}x^2}$ und $\varphi(-x) = \varphi(x)$.

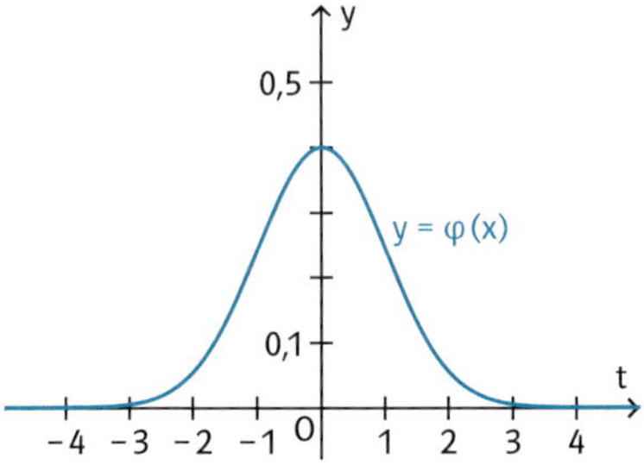


| x | 0 | 1 | 2 | 3 | 4 | 5 | 6 | 7 | 8 | 9 |
|---|---|---|---|---|---|---|---|---|---|---|
| 0,0 | 0,3989 | 3989 | 3989 | 3988 | 3986 | 3984 | 3982 | 3980 | 3977 | 3973 |
| 0,1 | 3970 | 3965 | 3961 | 3956 | 3951 | 3945 | 3939 | 3932 | 3925 | 3918 |
| 0,2 | 3910 | 3902 | 3894 | 3885 | 3876 | 3867 | 3857 | 3847 | 3836 | 3825 |
| 0,3 | 3814 | 3802 | 3790 | 3778 | 3765 | 3752 | 3739 | 3725 | 3712 | 3697 |
| 0,4 | 3683 | 3668 | 3653 | 3637 | 3621 | 3605 | 3589 | 3572 | 3555 | 3538 |
| 0,5 | 0,3521 | 3503 | 3485 | 3467 | 3448 | 3429 | 3410 | 3391 | 3372 | 3352 |
| 0,6 | 3332 | 3312 | 3292 | 3271 | 3251 | 3230 | 3209 | 3187 | 3166 | 3144 |
| 0,7 | 3123 | 3101 | 3079 | 3056 | 3034 | 3011 | 2989 | 2966 | 2943 | 2920 |
| 0,8 | 2897 | 2874 | 2850 | 2827 | 2803 | 2780 | 2756 | 2732 | 2709 | 2685 |
| 0,9 | 2661 | 2637 | 2613 | 2589 | 2565 | 2541 | 2516 | 2492 | 2468 | 2444 |
| 1,0 | 0,2420 | 2396 | 2371 | 2347 | 2323 | 2299 | 2275 | 2251 | 2227 | 2203 |
| 1,1 | 2179 | 2155 | 2131 | 2107 | 2083 | 2059 | 2036 | 2012 | 1989 | 1965 |
| 1,2 | 1942 | 1919 | 1895 | 1872 | 1849 | 1826 | 1804 | 1781 | 1758 | 1736 |
| 1,3 | 1714 | 1691 | 1669 | 1647 | 1626 | 1604 | 1582 | 1561 | 1539 | 1518 |
| 1,4 | 1497 | 1476 | 1456 | 1435 | 1415 | 1394 | 1374 | 1354 | 1334 | 1315 |
| 1,5 | 0,1295 | 1276 | 1257 | 1238 | 1219 | 1200 | 1182 | 1163 | 1145 | 1127 |
| 1,6 | 1109 | 1092 | 1074 | 1057 | 1040 | 1023 | 1006 | 0989 | 0973 | 0957 |
| 1,7 | 0940 | 0925 | 0909 | 0893 | 0878 | 0863 | 0848 | 0833 | 0818 | 0804 |
| 1,8 | 0790 | 0775 | 0761 | 0748 | 0734 | 0721 | 0707 | 0694 | 0681 | 0669 |
| 1,9 | 0656 | 0644 | 0632 | 0620 | 0608 | 0596 | 0584 | 0573 | 0562 | 0551 |
| 2,0 | 0,0540 | 0529 | 0519 | 0508 | 0498 | 0488 | 0478 | 0468 | 0459 | 0449 |
| 2,1 | 0440 | 0431 | 0422 | 0413 | 0404 | 0396 | 0387 | 0379 | 0371 | 0363 |
| 2,2 | 0355 | 0347 | 0339 | 0332 | 0325 | 0317 | 0310 | 0303 | 0297 | 0290 |
| 2,3 | 0283 | 0277 | 0270 | 0264 | 0258 | 0252 | 0246 | 0241 | 0235 | 0229 |
| 2,4 | 0224 | 0219 | 0213 | 0208 | 0203 | 0198 | 0194 | 0189 | 0184 | 0180 |
| 2,5 | 0,0175 | 0171 | 0167 | 0163 | 0158 | 0154 | 0151 | 0147 | 0143 | 0139 |
| 2,6 | 0136 | 0132 | 0129 | 0126 | 0122 | 0119 | 0116 | 0113 | 0110 | 0107 |
| 2,7 | 0104 | 0101 | 0099 | 0096 | 0093 | 0091 | 0088 | 0086 | 0084 | 0081 |
| 2,8 | 0079 | 0077 | 0075 | 0073 | 0071 | 0069 | 0067 | 0065 | 0063 | 0061 |
| 2,9 | 0060 | 0058 | 0056 | 0055 | 0053 | 0051 | 0050 | 0048 | 0047 | 0046 |
| 3,0 | 0,0044 | 0043 | 0042 | 0040 | 0039 | 0038 | 0037 | 0036 | 0035 | 0034 |
| 3,1 | 0033 | 0032 | 0031 | 0030 | 0029 | 0028 | 0027 | 0026 | 0025 | 0025 |
| 3,2 | 0024 | 0023 | 0022 | 0022 | 0021 | 0020 | 0020 | 0019 | 0018 | 0018 |
| 3,3 | 0017 | 0017 | 0016 | 0016 | 0015 | 0015 | 0014 | 0014 | 0013 | 0013 |
| 3,4 | 0012 | 0012 | 0012 | 0011 | 0011 | 0010 | 0010 | 0010 | 0009 | 0009 |
| 3,5 | 0,0009 | 0008 | 0008 | 0008 | 0008 | 0007 | 0007 | 0007 | 0007 | 0006 |
| 3,6 | 0006 | 0006 | 0006 | 0005 | 0005 | 0005 | 0005 | 0005 | 0005 | 0004 |
| 3,7 | 0004 | 0004 | 0004 | 0004 | 0004 | 0004 | 0003 | 0003 | 0003 | 0003 |
| 3,8 | 0003 | 0003 | 0003 | 0003 | 0003 | 0002 | 0002 | 0002 | 0002 | 0002 |
| 3,9 | 0002 | 0002 | 0002 | 0002 | 0002 | 0002 | 0002 | 0002 | 0001 | 0001 |
| x | 0 | 1 | 2 | 3 | 4 | 5 | 6 | 7 | 8 | 9 |

Beispiele: $\varphi(3{,}38) = 0{,}0013$ und $\varphi(-2{,}64) = 0{,}0122$.

## Gauß'sche Summenfunktion (Verteilungsfunktion der Standardnormalverteilung)

Gauß'sche Summenfunktion → S. 134
Standardnormalverteilung → S. 140

Es gilt $\Phi(x) = \int_{-\infty}^{x} \varphi(t)\,dt = \frac{1}{\sqrt{2\pi}} \int_{-\infty}^{x} e^{-\frac{1}{2}t^2}\,dt$ und $\Phi(-x) = 1 - \Phi(x)$.

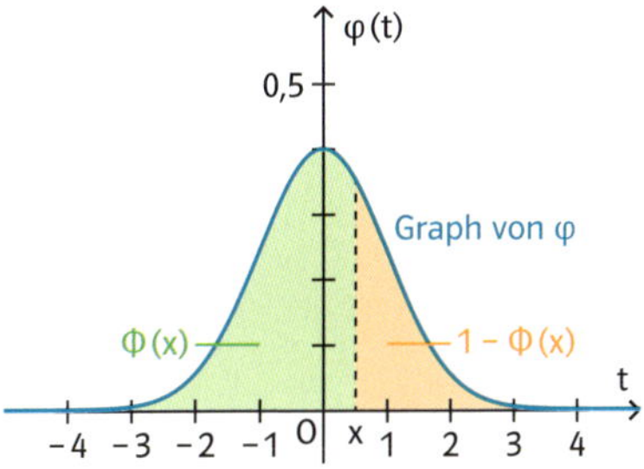


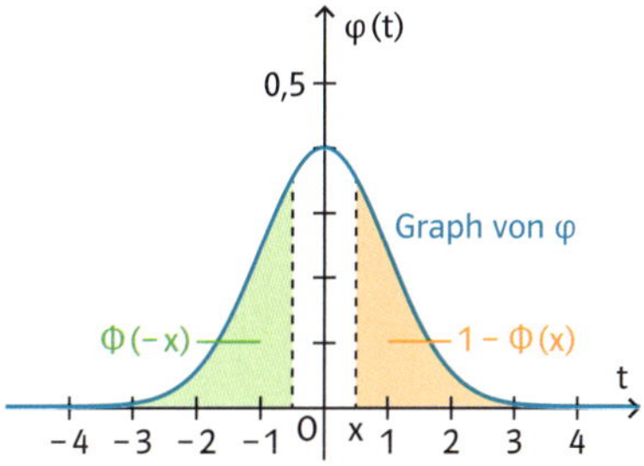


| x | 0 | 1 | 2 | 3 | 4 | 5 | 6 | 7 | 8 | 9 |
|---|---|---|---|---|---|---|---|---|---|---|
| 0,0 | 0,5000 | 5040 | 5080 | 5120 | 5160 | 5199 | 5239 | 5279 | 5319 | 5359 |
| 0,1 | 5398 | 5438 | 5478 | 5517 | 5557 | 5596 | 5636 | 5675 | 5714 | 5753 |
| 0,2 | 5793 | 5832 | 5871 | 5910 | 5948 | 5987 | 6026 | 6064 | 6103 | 6141 |
| 0,3 | 6179 | 6217 | 6255 | 6293 | 6331 | 6368 | 6406 | 6443 | 6480 | 6517 |
| 0,4 | 6554 | 6591 | 6628 | 6664 | 6700 | 6736 | 6772 | 6808 | 6844 | 6879 |
| 0,5 | 0,6915 | 6950 | 6985 | 7019 | 7054 | 7088 | 7123 | 7157 | 7190 | 7224 |
| 0,6 | 7257 | 7291 | 7324 | 7357 | 7389 | 7422 | 7454 | 7486 | 7517 | 7549 |
| 0,7 | 7580 | 7611 | 7642 | 7673 | 7704 | 7734 | 7764 | 7794 | 7823 | 7852 |
| 0,8 | 7881 | 7910 | 7939 | 7967 | 7995 | 8023 | 8051 | 8078 | 8106 | 8133 |
| 0,9 | 8159 | 8186 | 8212 | 8238 | 8264 | 8289 | 8315 | 8340 | 8365 | 8389 |
| 1,0 | 0,8413 | 8438 | 8461 | 8485 | 8508 | 8531 | 8554 | 8577 | 8599 | 8621 |
| 1,1 | 8643 | 8665 | 8686 | 8708 | 8729 | 8749 | 8770 | 8790 | 8810 | 8830 |
| 1,2 | 8849 | 8869 | 8888 | 8907 | 8925 | 8944 | 8962 | 8980 | 8997 | 9015 |
| 1,3 | 9032 | 9049 | 9066 | 9082 | 9099 | 9115 | 9131 | 9147 | 9162 | 9177 |
| 1,4 | 9192 | 9207 | 9222 | 9236 | 9251 | 9265 | 9279 | 9292 | 9306 | 9319 |
| 1,5 | 0,9332 | 9345 | 9357 | 9370 | 9382 | 9394 | 9406 | 9418 | 9429 | 9441 |
| 1,6 | 9452 | 9463 | 9474 | 9484 | 9495 | 9505 | 9515 | 9525 | 9535 | 9545 |
| 1,7 | 9554 | 9564 | 9573 | 9582 | 9591 | 9599 | 9608 | 9616 | 9625 | 9633 |
| 1,8 | 9641 | 9649 | 9656 | 9664 | 9671 | 9678 | 9686 | 9693 | 9699 | 9706 |
| 1,9 | 9713 | 9719 | 9726 | 9732 | 9738 | 9744 | 9750 | 9756 | 9761 | 9767 |
| 2,0 | 0,9772 | 9778 | 9783 | 9788 | 9793 | 9798 | 9803 | 9808 | 9812 | 9817 |
| 2,1 | 9821 | 9826 | 9830 | 9834 | 9838 | 9842 | 9846 | 9850 | 9854 | 9857 |
| 2,2 | 9861 | 9864 | 9868 | 9871 | 9875 | 9878 | 9881 | 9884 | 9887 | 9890 |
| 2,3 | 9893 | 9896 | 9898 | 9901 | 9904 | 9906 | 9909 | 9911 | 9913 | 9916 |
| 2,4 | 9918 | 9920 | 9922 | 9925 | 9927 | 9929 | 9931 | 9932 | 9934 | 9936 |
| 2,5 | 0,9938 | 9940 | 9941 | 9943 | 9945 | 9946 | 9948 | 9949 | 9951 | 9952 |
| 2,6 | 9953 | 9955 | 9956 | 9957 | 9959 | 9960 | 9961 | 9962 | 9963 | 9964 |
| 2,7 | 9965 | 9966 | 9967 | 9968 | 9969 | 9970 | 9971 | 9972 | 9973 | 9974 |
| 2,8 | 9974 | 9975 | 9976 | 9977 | 9977 | 9978 | 9979 | 9979 | 9980 | 9981 |
| 2,9 | 9981 | 9982 | 9982 | 9983 | 9984 | 9984 | 9985 | 9985 | 9986 | 9986 |
| 3,0 | 0,9987 | 9987 | 9987 | 9988 | 9988 | 9989 | 9989 | 9989 | 9990 | 9990 |
| 3,1 | 9990 | 9991 | 9991 | 9991 | 9992 | 9992 | 9992 | 9992 | 9993 | 9993 |
| 3,2 | 9993 | 9993 | 9994 | 9994 | 9994 | 9994 | 9994 | 9995 | 9995 | 9995 |
| 3,3 | 9995 | 9995 | 9995 | 9996 | 9996 | 9996 | 9996 | 9996 | 9996 | 9997 |
| 3,4 | 9997 | 9997 | 9997 | 9997 | 9997 | 9997 | 9997 | 9997 | 9997 | 9998 |
| 3,5 | 0,9998 | 9998 | 9998 | 9998 | 9998 | 9998 | 9998 | 9998 | 9998 | 9998 |
| 3,6 | 9998 | 9998 | 9999 | 9999 | 9999 | 9999 | 9999 | 9999 | 9999 | 9999 |
| 3,7 | 9999 | 9999 | 9999 | 9999 | 9999 | 9999 | 9999 | 9999 | 9999 | 9999 |
| 3,8 | 9999 | 9999 | 9999 | 9999 | 9999 | 9999 | 9999 | 9999 | 9999 | 9999 |
| 3,9 | 1,0000 | | | | | | | | | |
| x | 0 | 1 | 2 | 3 | 4 | 5 | 6 | 7 | 8 | 9 |

Beispiele: $\Phi(2{,}42) = 0{,}9922$ und $\Phi(-1{,}23) = 1 - 0{,}8907 = 0{,}1093$.

# Inhalt



**Mechanik** 158
- Bewegungen 158
- Impuls – Kraft 159
- Dichte – Druck 163
- Energie – Arbeit – Leistung 164

**Spezielle Relativitätstheorie** 166
- Ort – Zeit – Geschwindigkeit 166
- Masse – Impuls – Energie 167

**Thermodynamik** 169
- Temperatur – Volumen – Druck 169
- Kinetische Gastheorie 170
- Molare Größen 171
- Wärme – Energie 172
- Hauptsätze – Strahlungsgesetze 173

**Elektrizitätslehre** 175
- Ladung und elektrisches Feld 175
- Elektrischer Stromkreis 177
- Strom und Magnetfeld 179
- Wechselstromkreis 182

**Schwingungen und Wellen** 186
- Harmonischer Oszillator 186
- Mechanische Wellen 187
- Schwingkreis 188
- Elektromagnetische Wellen 189

**Optik** 190
- Strahlen-Optik 190
- Wellen-Optik 192
- Strahlungsenergie 195

**Quantenobjekte** 197
- Photon – Elektron 197
- Atome 199
- Atomkerne – Strahlenschutz 201

**Erhaltungssätze und Prinzipien (Auswahl)** 203
- Erhaltungssätze 203
- Prinzipien 203

**Anhang: Tabellen** 205
- Basiseinheiten des SI (Internationales Einheitensystem) 205
- Weitere Einheiten mit speziellen Namen 206
- Übersicht zu den SI-Basiseinheiten und daraus abgeleiteten Einheiten 207
- Vorsilben für dezimale Vielfache und Teile von Einheiten 208
- Naturkonstanten und Normwerte 208

**Register** 226

# Mechanik

## Bewegungen

### Geschwindigkeit $\vec{v}$

Durchschnittsgeschwindigkeit:
$v = \frac{\Delta s}{\Delta t} = \frac{s_2 - s_1}{t_2 - t_1}$; $v = \text{konstant} = \frac{s}{t}$

Momentangeschwindigkeit:
$v = \lim\limits_{\Delta t \to 0} \frac{\Delta s}{\Delta t} = \frac{ds}{dt} = \dot{s}$

| | | |
|---|---|---|
| $v$ | Geschwindigkeit | $m \cdot s^{-1}$ |
| $s$ | Weg | m |
| $t$ | Zeit | s |

### Beschleunigung $\vec{a}$

Durchschnittsbeschleunigung:
$a = \frac{\Delta v}{\Delta t} = \frac{v_2 - v_1}{t_2 - t_1}$; $a = \text{konstant} = \frac{v}{t}$

Geradlinige Bewegung:
$s = \frac{1}{2} a \cdot t^2$; $v = a \cdot t$; $v = \sqrt{2a \cdot s}$

$s = \frac{1}{2} a \cdot t^2 + v_0 \cdot t + s_0$; $v = a \cdot t + v_0$

Abbremsen:
$s_B = \frac{v_0^2}{|2a|}$; $t_B = \frac{v_0}{|a|}$

Momentanbeschleunigung:
$a = \lim\limits_{\Delta t \to 0} \frac{\Delta v}{\Delta t} = \frac{dv}{dt} = \dot{v}$

Verzögerung durch Luftreibung:
$a_L = c_W \cdot \varrho \cdot \frac{A}{2m} \cdot v^2$

| | | |
|---|---|---|
| $a$ | Beschleunigung ($a < 0$: Verzögerung) | $m \cdot s^{-2}$ |
| $v$ | Geschwindigkeit | $m \cdot s^{-1}$ |
| $t$ | Zeit | s |
| $s$ | Weg | m |
| $v_0$ | Anfangsgeschwindigkeit | $m \cdot s^{-1}$ |
| $s_0$ | Anfangsort | m |
| $s_B$ | Bremsweg | m |
| $t_B$ | Bremsdauer | s |
| $a_L$ | Verzögerung durch Luftreibung | $m \cdot s^{-2}$ |
| $c_W$ | Luftwiderstandsbeiwert | Zahl |
| $\varrho$ | Dichte der Luft | $kg \cdot m^{-3}$ |
| $A$ | Querschnittsfläche $\perp \vec{v}$ | $m^2$ |
| $m$ | Masse des Körpers | kg |

### Freier Fall (ohne Luftreibung)

Aus der Ruhe:
$s = \frac{1}{2} g \cdot t^2$
$v = g \cdot t = \sqrt{2g \cdot s}$
$a = g$

| | | |
|---|---|---|
| $s$ | Fallweg (positiv in Richtung von $g$) | m |
| $g$ | Fallbeschleunigung ($g = 9{,}81\,m \cdot s^{-2}$) | $m \cdot s^{-2}$ |
| $t$ | Zeit | s |
| $v$ | Geschwindigkeit | $m \cdot s^{-1}$ |

### Senkrechter Wurf (ohne Luftreibung)

Nach oben:
$s = v_0 \cdot t - \frac{1}{2} g \cdot t^2$
$s_h = \frac{v_0^2}{2g}$; $t_S = \frac{v_0}{g}$

Nach unten:
$s = v_0 \cdot t + \frac{1}{2} g \cdot t^2$

| | | |
|---|---|---|
| $s$ | Weglänge | m |
| $v_0$ | Abwurfgeschwindigkeit (positiv nach oben) | $m \cdot s^{-1}$ |
| $t$ | Zeit | s |
| $g$ | Fallbeschleunigung | $m \cdot s^{-2}$ |
| $s_h$ | Steighöhe | m |
| $t_S$ | Steigzeit (≙ Fallzeit von $s_h$ bis $s = 0$) | s |

## Horizontaler (waagerechter) und schiefer Wurf (ohne Luftreibung)

### Horizontaler Wurf (ohne Luftreibung)

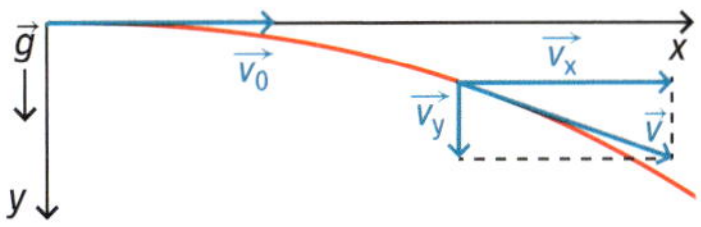


$v_x = v_0;\ v_y = g \cdot t;\ v = \sqrt{v_x^2 + v_y^2}$

$s_x = v_0 \cdot t;\ s_y = \frac{1}{2} g \cdot t^2 = \frac{1}{2} \frac{g}{v_0^2} \cdot s_x^2$

### Schiefer Wurf (ohne Luftreibung)

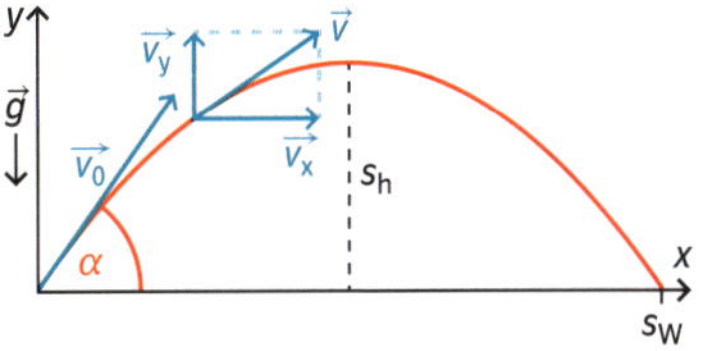


| | | |
|---|---|---|
| $v_x$ | Geschwindigkeit horizontal | $m \cdot s^{-1}$ |
| $v_0$ | Abwurfgeschwindigkeit | $m \cdot s^{-1}$ |
| $v_y$ | Geschwindigkeit vertikal | $m \cdot s^{-1}$ |
| $g$ | Fallbeschleunigung (beim Wurf nach unten positiv gerechnet) | $m \cdot s^{-2}$ |
| $t$ | Zeit | s |
| $v$ | Geschwindigkeit | $m \cdot s^{-1}$ |
| $s_x$ | Weg horizontal | m |
| $s_y$ | Weg vertikal | m |
| $\alpha$ | Abwurfwinkel | Zahl (Grad) |
| $s_W$ | Wurfweite | m |
| $t_S$ | Steigzeit | s |
| $s_h$ | Steighöhe | m |

$v_x = v_0 \cdot \cos\alpha;\ s_x = v_0 \cdot t \cdot \cos\alpha;\ s_W = \frac{v_0^2 \cdot \sin(2\alpha)}{g}$

$v_y = v_0 \cdot \sin\alpha - g \cdot t;\ s_y = v_0 \cdot t \cdot \sin\alpha - \frac{1}{2} g \cdot t^2;\ t_S = \frac{v_0 \cdot \sin\alpha}{g};\ s_h = \frac{v_0^2 \cdot \sin^2\alpha}{2g}$

## Kreisbewegung

$\Delta\varphi = \varphi_2 - \varphi_1 = \frac{b}{r};\ \omega = \frac{\Delta\varphi}{\Delta t} = \frac{2\pi}{T}$

$T = \frac{1}{f} = \frac{t}{n}$

$v = \frac{2\pi \cdot r}{T} = \omega \cdot r$
$\quad = 2 \cdot \pi \cdot f \cdot r$

$a_Z = \frac{v^2}{r} = \omega^2 \cdot r$
$\quad = \frac{4\pi^2 r}{T^2}$

(Zentralbeschleunigung bzw. Radialbeschleunigung)

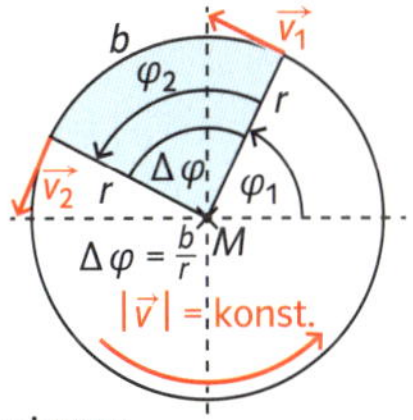


| | | |
|---|---|---|
| $\varphi$ | Drehwinkel | Zahl (Grad) |
| $b$ | Bogenlänge | m |
| $r$ | Kreisradius | m |
| $\omega$ | Winkelgeschwindigkeit | $s^{-1}$ |
| $t$ | Zeitspanne | s |
| $T$ | Umlaufdauer (für $2\pi$) | s |
| $f$ | Frequenz | $s^{-1}$ |
| $n$ | Anzahl der Umläufe in der Zeit $t$ | Zahl |
| $a_Z$ | Zentralbeschleunigung | $m \cdot s^{-2}$ |
| $v$ | Bahngeschwindigkeit | $m \cdot s^{-1}$ |



## Impuls $\vec{p}$

Impuls (Bewegungsgröße): $p = m \cdot v$

Kraft für konstantes $m$:

$F = \frac{\Delta p}{\Delta t} = \frac{\Delta(m \cdot v)}{\Delta t} = m \cdot \frac{\Delta v}{\Delta t} = m \cdot \dot{v} = m \cdot a$

Kraft für veränderliches $m$:

$F = \frac{\Delta p}{\Delta t} = \frac{\Delta m}{\Delta t} \cdot v + m \cdot \frac{\Delta v}{\Delta t} = \dot{m} \cdot v + m \cdot \dot{v}$

Kraftstoß (Impulsänderung):
$\Delta p = F_m \cdot \Delta t$

| | | |
|---|---|---|
| $p$ | Impuls, Bewegungsgröße | $kg \cdot m \cdot s^{-1}$ |
| $m$ | Masse | kg |
| $v$ | Geschwindigkeit | $m \cdot s^{-1}$ |
| $F$ | Kraft | N $= kg \cdot m \cdot s^{-2}$ |
| $\Delta p$ | Impulsänderung im Zeitintervall $\Delta t$ | $kg \cdot m \cdot s^{-1}$ |
| $\Delta t$ | Zeitintervall | s |
| $a$ | Beschleunigung | $m \cdot s^{-2}$ |
| $F_m$ | mittlere Kraft in $\Delta t$ | $N \cdot s$ |

# Mechanik

## Impuls $\vec{p}$

Impulserhaltung:
In einem abgeschlossenen System ist die Summe aller Impulse konstant:
$\vec{p_1} + \vec{p_2} + \vec{p_3} + \ldots = \vec{p_1}' + \vec{p_2}' + \vec{p_3}' + \ldots$

| | | |
|---|---|---|
| $\vec{p_1}, \vec{p_2}, \vec{p_3}$ | Impulse der Körper vorher | $kg \cdot m \cdot s^{-1}$ |
| $\vec{p_1}', \vec{p_2}', \vec{p_3}'$ | Impulse der Körper nachher | $kg \cdot m \cdot s^{-1}$ |

## Kraft $\vec{F}$

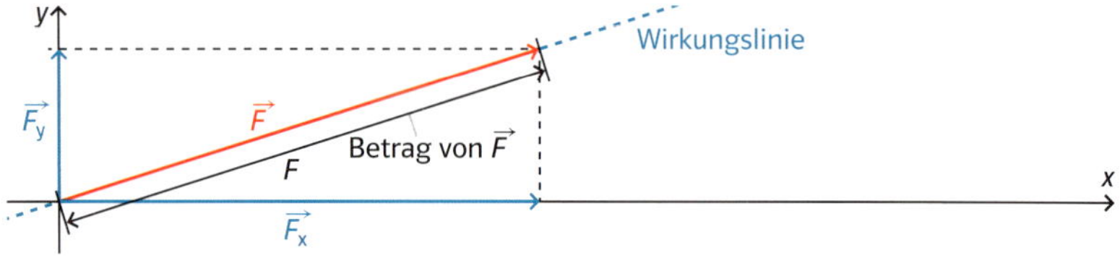


Grundgleichung der Mechanik:
$F = \frac{\Delta p}{\Delta t} = \dot{p}$

Bei konstanter Masse:
$F = m \cdot a = m \cdot \frac{\Delta v}{\Delta t} = m \cdot \dot{v} = m \cdot \ddot{s}$

Gewichtskraft: $F_G = m \cdot g$

Hangabtriebskraft:
$F_H = F_G \cdot \sin\alpha$
$= F_G \cdot \frac{h}{l}$
$F_N = F_G \cdot \cos\alpha$

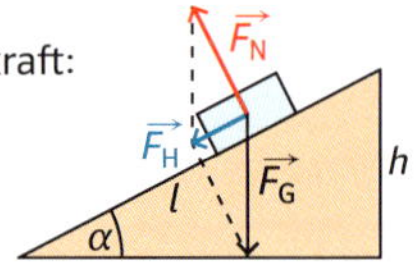


Federkraft (Spannkraft):
$F_S = -D \cdot s$
(Hooke'sches Gesetz für elastische Verformung)

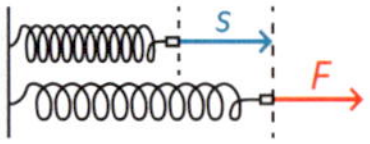


Zugkraft: $F = -F_S$

Reibungskraft $F_R$:
- Beim Haften: $F_R = f_h \cdot F_N$
- Beim Gleiten: $F_R = f_g \cdot F_N$
- Beim Rollen: $F_R = \frac{f_r}{r} \cdot F_N$

| | | |
|---|---|---|
| $F$ | Kraft auf Körper | $N = kg \cdot m \cdot s^{-2}$ |
| $\Delta p$ | Impulsänderung im Zeitintervall $\Delta t$ | $kg \cdot m \cdot s^{-1}$ |
| $\Delta t$ | Zeitintervall | s |
| $m$ | Masse des Körpers | kg |
| $a$ | Beschleunigung des Körpers in Kraftrichtung | $m \cdot s^{-2}$ |
| $\Delta v$ | Änderung der Geschwindigkeit im Zeitintervall $\Delta t$ | $m \cdot s^{-1}$ |
| $F_G$ | Gewichtskraft | N |
| $g$ | Fallbeschleunigung (Ortsfaktor) | $m \cdot s^{-2} = N \cdot kg^{-1}$ |
| $F_H$ | Hangabtriebskraft | N |
| $\alpha$ | Steigungswinkel | Zahl (Grad) |
| $F_N$ | Normalkraft ($\perp$ zur Auflagefläche) | N |
| $F_S$ | Federkraft | N |
| $D$ | Richtgröße, auch Federkonstante | $N \cdot m^{-1}$ |
| $s$ | Auslenkung (Verformung) | m |
| $F_R$ | Reibungskraft | N |
| $f_h, f_g, f_r$ | Reibungszahlen beim Haften, Gleiten, Rollen | Zahlen |
| $r$ | Rollradius | m |

## Gesetz von Stokes

$F_R = 6 \cdot \pi \cdot r \cdot \eta \cdot v$
(Reibungskraft auf eine Kugel in einer laminar strömenden Flüssigkeit)

| | | |
|---|---|---|
| $F_R$ | Reibungskraft im Medium | N |
| $r$ | Radius des Körperschnitts | m |
| $\eta$ | dynamische Viskosität | $Pa \cdot s$ |
| $v$ | Geschwindigkeit | $m \cdot s^{-1}$ |

## Luftwiderstand

$F_R = \frac{1}{2} c_W \cdot A \cdot \varrho \cdot v^2$

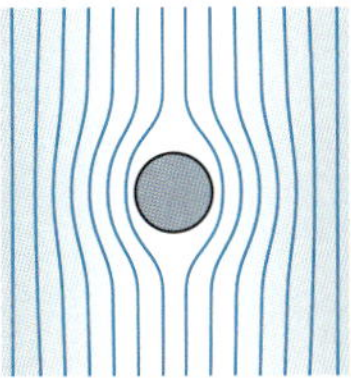

| | | |
|---|---|---|
| $F_R$ | Luftwiderstandskraft | N |
| $c_W$ | Luftwiderstandsbeiwert | Zahl |
| $A$ | Querschnittsfläche des Körpers ⊥ zur Strömung | $m^2$ |
| $\varrho$ | Dichte der Luft | $kg \cdot m^{-3}$ |
| $v$ | Geschwindigkeit des Körpers in der Strömung | $m \cdot s^{-1}$ |

## Zentralkraft $\vec{F_Z}$

$$F_Z = \frac{m \cdot v^2}{r} = m \cdot \omega^2 \cdot r = m \cdot \frac{4\pi^2 \cdot r}{T^2} = m \cdot a_Z$$

(Bei einer Kreisbewegung gleich der Zentripetalkraft.)

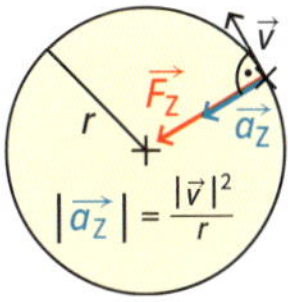


| | | |
|---|---|---|
| $F_Z$ | Zentralkraft | N |
| $m$ | Masse des Körpers | kg |
| $v$ | Bahngeschwindigkeit | $m \cdot s^{-1}$ |
| $r$ | Bahnradius der Masse | m |
| $\omega$ | Winkelgeschwindigkeit | $s^{-1}$ |
| $T$ | Umlaufzeit | s |
| $a_Z$ | Zentralbeschleunigung | $m \cdot s^{-2}$ |

## Corioliskraft $\vec{F_C}$ (Trägheitskraft im rotierenden System)

$F_C = 2 \cdot m \cdot v_K \cdot \omega$

mit $\vec{F_C} \perp \vec{v_K}$

$\frac{r}{t} = v_K$

und

$\frac{b}{t} = \omega \cdot r$

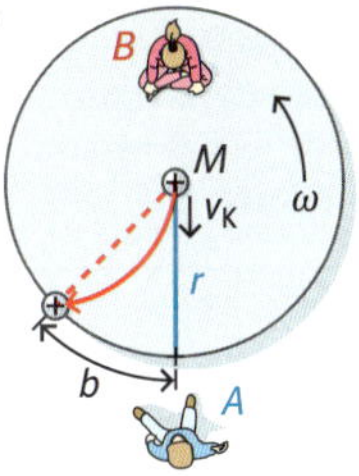


| | | |
|---|---|---|
| $F_C$ | Corioliskraft | N |
| $m$ | Masse des Körpers | kg |
| $v_K$ | Geschwindigkeit des Körpers gegenüber System | $m \cdot s^{-1}$ |
| $\omega$ | Winkelgeschwindigkeit des Systems | $s^{-1}$ |
| $r$ | Bahnradius | m |
| $t$ | Zeit | s |
| $b$ | Weg des in der Zeit $t$ mitbewegten Körpers | m |

## Drehmoment $\vec{M}$

$M = F \cdot r \cdot \sin\alpha = F_r \cdot r = F \cdot l$

$\vec{M} = \vec{r} \times \vec{F}$

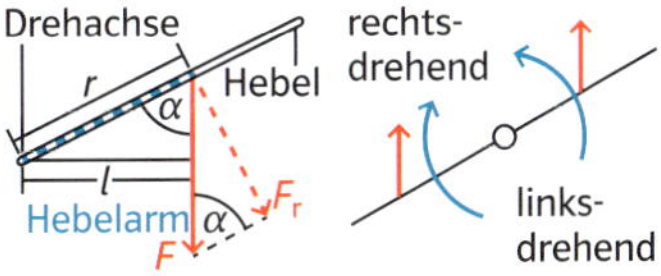


Hebelgesetz
(Gleichgewicht zweier Kräfte am Hebel):
$M_1 = M_2; \; F_1 \cdot l_1 = F_2 \cdot l_2$

| | | |
|---|---|---|
| $M$ | Drehmoment | $N \cdot m$ |
| $F$ | Kraft auf Hebelarm | N |
| $r$ | Abstand des Angriffspunktes der Kraft zur Drehachse | m |
| $\alpha$ | Winkel zwischen $r$ und $F$ | Zahl (Grad) |
| $F_r$ | Kraftkomponente senkrecht zum Hebel | N |
| $l$ | Länge des Hebelarms (Abstand der Wirkungslinie der Kraft zur Drehachse) | m |

# Mechanik

Impuls – Kraft

## Drehimpuls $\vec{L}$

$L = J \cdot \omega$ mit $J = m \cdot r^2$

Grundgleichung der Rotation:

$M = \frac{\Delta L}{\Delta t} = \dot{L}$

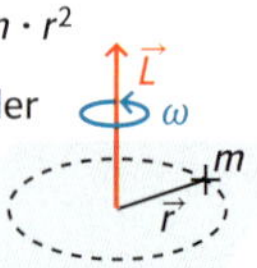


Drehimpulserhaltungssatz (in einem abgeschlossenen System):

$\vec{L_1} + \vec{L_2} + \vec{L_3} + \ldots$
$= \vec{L_1}' + \vec{L}' + \vec{L_3}' + \ldots$

| | | |
|---|---|---|
| $L$ | Drehimpuls | $kg \cdot m^2 \cdot s^{-1}$ |
| $J$ | Trägheitsmoment | $kg \cdot m^2$ |
| $\omega$ | Winkelgeschwindigkeit | $s^{-1}$ |
| $m$ | Masse | kg |
| $r$ | Rotationsradius | m |
| $M$ | Drehmoment | $N \cdot m$ |
| $\vec{L_i}, \vec{L_i}'$ | Einzeldrehimpulse vorher bzw. nachher | $kg \cdot m^2 \cdot s^{-1}$ |

## Trägheitsmoment $J$

Punktförmiger Körper:
$J = m \cdot r^2$

Beliebiger Körper:
$J = \sum_i m_i \cdot r_i^2 = \int_0^{r_{max}} r^2 \, dm$

| | | |
|---|---|---|
| $J$ | Trägheitsmoment | $kg \cdot m^2$ |
| $m, m_i$ | Masse des punktförmig anzunehmenden (Teil-)Körpers | kg |
| $r, r_i$ | Abstand des (Teil-) Körpers von der Drehachse | m |

## Gravitationskraft $\vec{F_g}$

Gravitations-
konstante
→ S. 208

Newton'sches Gravitationsgesetz:

$F_g = \gamma \cdot \frac{m_1 \cdot m_2}{r^2}$

mit $\gamma = 6{,}67 \cdot 10^{-11} m^3 \cdot kg^{-1} s^{-2}$

| | | |
|---|---|---|
| $F_g$ | Gravitationskraft | N |
| $\gamma$ | Gravitationskonstante | $m^3 \cdot kg^{-1} \cdot s^{-2}$ |
| $m_1, m_2$ | Massen der Körper | kg |
| $r$ | Schwerpunktabstand der Körper | m |

## Kepler'sche Gesetze

1. Die Planetenbahnen sind Ellipsen mit der Sonne (Zentralmasse) in einem der Brennpunkte.
2. Die Verbindungsstrecke Planet – Sonne überstreicht in gleichen Zeitspannen gleich große Flächen.

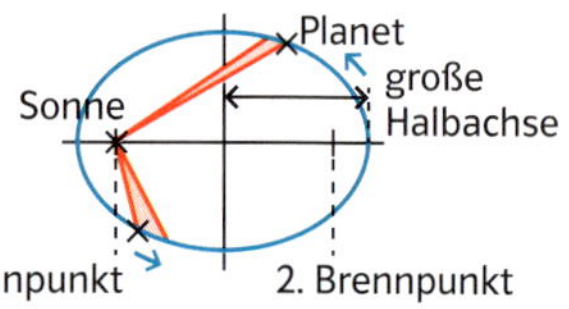


3. Die Quadrate der Umlaufzeiten $T$ zweier Planeten verhalten sich wie die 3. Potenzen der großen Halbachsen $a$ ihrer Ellipsenbahnen.

$\frac{T_1^2}{T_2^2} = \frac{a_1^3}{a_2^3}$

| | | |
|---|---|---|
| $T$ | Umlaufzeit | s |
| $a$ | große Halbachse | m |

## Feldstärke

Gravitationsfeldstärke: $G = \frac{F_g}{m}$

In der Nähe der Erdoberfläche gilt $G = g$.

| | | |
|---|---|---|
| $G$ | Gravitationsfeldstärke | $N \cdot kg^{-1}$ |
| $F_g$ | Gravitationskraft | N |
| $m$ | Masse des (Probe-)Körpers | kg |
| $g$ | Fallbeschleunigung | $m \cdot s^{-2}$ |

## Dichte $\varrho$

$\varrho = \frac{m}{V}$

| | | |
|---|---|---|
| $\varrho$ | Dichte | $kg \cdot m^{-3}$ |
| $m$ | Masse | $kg$ |
| $V$ | Volumen | $m^3$ |

## Druck $p$

$p = \frac{F}{A}$

Bei konstantem Druck:
$\frac{F_1}{A_1} = \frac{F_2}{A_2}$
(hydraulisches Gleichgewicht)

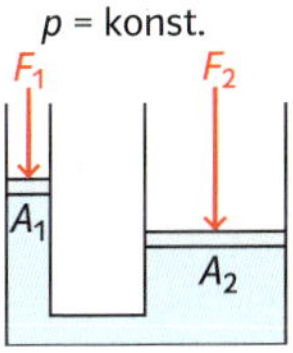


Auftriebskraft:
$F_A = \varrho \cdot g \cdot (h_2 - h_1) \cdot A$
$F_A = \varrho \cdot g \cdot V_K$

Schweredruck:
$p = \varrho \cdot g \cdot h$

Luftdruck:
$p = p_0 \cdot e^{-\frac{\varrho_0 \cdot g \cdot h}{p_0}}$
(barometrische Höhenformel)

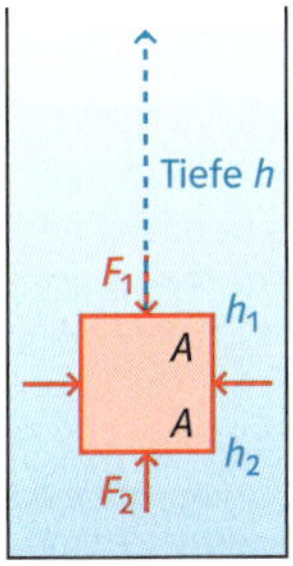


| | | |
|---|---|---|
| $p$ | Druck (statischer Druck) | $Pa = N \cdot m^{-2}$ |
| $F$ | Kraft ⊥ Fläche | $N$ |
| $A$ | Fläche | $m^2$ |
| $F_A$ | Auftriebskraft in Flüssigkeit/Gas (nach oben) | $N$ |
| $\varrho$ | Dichte von Flüssigkeit/Gas | $kg \cdot m^{-3}$ |
| $g$ | Fallbeschleunigung | $m \cdot s^{-2}$ |
| $h_1, h_2$ | Tiefe in Flüssigkeit/Gas | $m$ |
| $V_K$ | Volumen des eingetauchten Körperteils | $m^3$ |
| $h$ | Höhe der Flüssigkeits-/Gassäule darüber | h |
| $p_0$ | Luftdruck bei $h = 0$ Normaldruck 1013 hPa | $Pa$ |
| $\varrho_0$ | Luftdichte bei $h = 0$ | $kg \cdot m^{-3}$ |
| $h$ | Höhe über Normal-Null | $m$ |

## Kontinuitätsgleichung

Bei konstanter Dichte:
$A_1 \cdot v_1 = A_2 \cdot v_2$

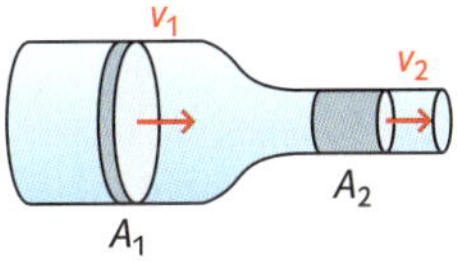


| | | |
|---|---|---|
| $A_1, A_2$ | Querschnittsflächen des strömenden Mediums | $m^2$ |
| $v_1, v_2$ | Geschwindigkeit der Strömung | $m \cdot s^{-1}$ |

## Bernoulli'sche Strömungsgleichung

$p + \frac{1}{2} \cdot \varrho \cdot v^2 = p_0 =$ konstant

| | | |
|---|---|---|
| $p$ | statischer Druck | $Pa$ |
| $\varrho$ | Dichte des Fluids | $kg \cdot m^{-3}$ |
| $v$ | Strömungsgeschwindigkeit | $m \cdot s^{-1}$ |
| $p_0$ | Gesamtdruck | $Pa$ |

## Energie – Arbeit – Leistung

### Energie $E$

Fortschreitende Bewegung:
$E_{kin} = \frac{1}{2} m \cdot v^2$

Rotationsbewegung: $E_{kin} = \frac{1}{2} J \cdot \omega^2$

Energie der Lage: $E_{pot} = m \cdot g \cdot h$

Spannenergie: $E_S = \frac{1}{2} D \cdot s^2$

Im reibungsfreien abgeschlossenen System ist
$E_{kin} + E_{pot} + E_S$ = konstant
(Energieerhaltung).

| | | |
|---|---|---|
| $E_{kin}$ | kinetische Energie | $J = W \cdot s = N \cdot m$ |
| $m$ | Masse | kg |
| $v$ | Geschwindigkeit | $m \cdot s^{-1}$ |
| $J$ | Trägheitsmoment | $kg \cdot m^2$ |
| $\omega$ | Winkelgeschwindigkeit | $s^{-1}$ |
| $E_{pot}$ | potenzielle Energie | $J = kg \cdot m^2 \cdot s^{-2}$ |
| $g$ | Fallbeschleunigung | $m \cdot s^{-2}$ |
| $h$ | Höhe über Nullniveau | m |
| $E_S$ | elastische Energie | $J = kg \cdot m^2 \cdot s^{-2}$ |
| $D$ | Richtgröße (Federkonstante) | $N \cdot m^{-1}$ |
| $s$ | Weg (Verformung) | m |

### Arbeit $W$

$$W = \Delta E = \int_{s_1}^{s_2} \vec{F}(s)\, d\vec{s} = \int_{s_1}^{s_2} F(s)\, ds$$

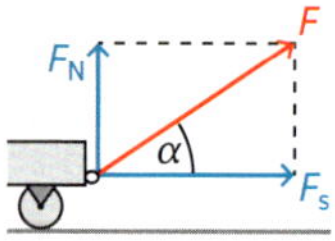


Für $\vec{F}$ = konstant:
$W = \vec{F} \cdot \vec{s} = F \cdot s \cdot \cos\alpha = F_s \cdot s$

Arbeit im Gravitationsfeld:
$$W_{P_1, P_2} = \int_{r_1}^{r_2} \vec{F_g}\, d\vec{s} = \gamma \cdot m \cdot M \cdot \left(\frac{1}{r_1} - \frac{1}{r_2}\right)$$

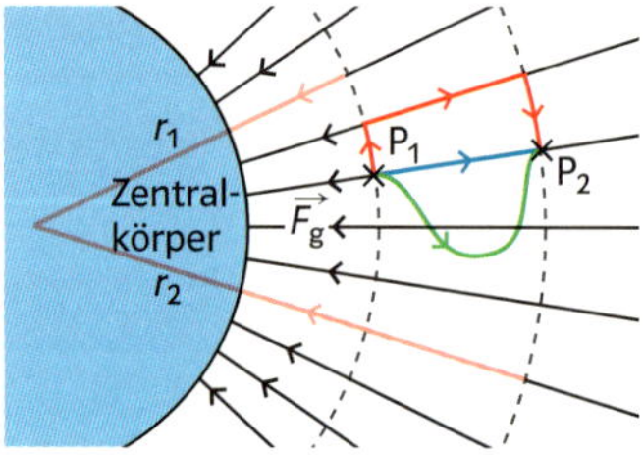


Bezugspunkt $P_1$ im Unendlichen, P im Abstand $r$ vom Schwerpunkt des Zentralkörpers: $W_\infty = -\gamma \cdot m \cdot \frac{M}{r}$

Gravitationskonstante → S. 208

Gravitationspotenzial:
$\varphi = -\gamma \cdot \frac{M}{r} = \frac{W_\infty}{m}$

Somit: $W_{P_1, P_2} = m \cdot (\varphi(P_1) - \varphi(P_2))$

| | | |
|---|---|---|
| $W$ | Arbeit; Energieumsetzung $\Delta E$ durch eine Kraft längs eines Weges | $J = W \cdot s = N \cdot m$ |
| $F(s)$ | Kraft als Funktion des Weges | N |
| $F_s$ | Kraftkomponente in Wegrichtung | N |
| $s$ | Weglänge | m |
| $W_{P_1, P_2}$ | Arbeit, um $m$ von $P_1$ nach $P_2$ zu bringen | J |
| $\vec{F_g}$ | Gravitationskraft | N |
| $m$ | Masse des Probekörpers | kg |
| $M$ | Masse des Zentralkörpers | kg |
| $r_i$ | Abstand des Ortes $P_i$ vom Schwerpunkt des Zentralkörpers | m |
| $W_\infty$ | Arbeit, um $m$ aus dem Unendlichen nach P zu bringen | J |
| $\gamma$ | Gravitationskonstante | $m^3 \cdot kg^{-1} s^{-2}$ |
| $\varphi$ | Potenzial eines Körpers der Masse $M$ im Abstand $r$ vom Schwerpunkt | $J \cdot kg^{-1}$ |
| $\varphi(P_i)$ | Potenzial im Punkt $P_i$ | $J \cdot kg^{-1}$ |

Kinetische Gastheorie

## Mittlere kinetische Energie $\overline{E_{kin}}$ der Teilchen

Teilchen der Masse $m$ mit drei Freiheitsgraden der Bewegung:
$\overline{E_{kin}} = \frac{3}{2} \cdot k \cdot T$ mit $k = \frac{R}{N_A}$

Pro Freiheitsgrad $f$:
$E_{kin} = \frac{1}{2} \cdot f \cdot k \cdot T$

| | | |
|---|---|---|
| $\overline{E_{kin}}$ | Mittelwert der kinetischen Energie eines Teilchens | J |
| $k$ | Boltzmann-Konstante | $J \cdot K^{-1}$ |
| $T$ | Temperatur | K |
| $R$ | allgemeine Gaskonstante | $J \cdot K^{-1} \cdot mol^{-1}$ |
| $N_A$ | Avogadro-Konstante | $mol^{-1}$ |
| $f$ | Freiheitsgrad | Zahl |

Boltzmann-Konstante, allgemeine Gaskonstante und Avogadro-Konstante → S. 208

## Mittleres Geschwindigkeitsquadrat $\overline{v^2}$ der Teilchen
(bei Maxwell'scher Geschwindigkeitsverteilung)

$\overline{v^2} = \frac{3p}{\varrho} = \frac{3R \cdot T}{M_m}$

$v = 0{,}92 \cdot \sqrt{\overline{v^2}}$

| | | |
|---|---|---|
| $\overline{v^2}$ | mittleres Geschwindigkeitsquadrat der Teilchen | $m^2 \cdot s^{-2}$ |
| $p$ | Druck | Pa |
| $\varrho$ | Dichte des Gases | $kg \cdot m^{-3}$ |
| $R$ | allgemeine Gaskonstante | $J \cdot K^{-1} \cdot mol^{-1}$ |
| $T$ | Temperatur | K |
| $M_m$ | molare Masse | $kg \cdot mol^{-1}$ |
| $v$ | mittlere Teilchengeschwindigkeit | $m \cdot s^{-1}$ |

Molare Größen

## Satz von Avogadro

In Gasen befindet sich bei gleichem Druck und gleicher Temperatur in gleichen Volumina die gleiche Anzahl von Teilchen (Atome oder Moleküle).

Teilchenzahl bei Normbedingungen:
$N_A = \frac{N}{n} = 6{,}022\,1367 \cdot 10^{23}\,mol^{-1}$

| | | |
|---|---|---|
| $N_A$ | Avogadro-Konstante | $mol^{-1}$ |
| $N$ | Teilchenzahl | Zahl |
| $n$ | Stoffmenge | mol |

Normbedingungen:
$p_0 = 1{,}013\,25 \cdot 10^5\,Pa$
$T_0 = 273{,}15\,K$
$V_0 = 22{,}414\,dm^3 \cdot mol^{-1}$

## Molares Volumen $V_m$ (Molvolumen)

$V_m = \frac{V}{n}$

Bei Normbedingungen:
$V_{m_0} = 22{,}414\,dm^3 \cdot mol^{-1}$

| | | |
|---|---|---|
| $V_m$ | molares Volumen | $m^3 \cdot mol^{-1}$ |
| $V$ | Volumen des Gases | $m^3$ |
| $n$ | Stoffmenge | mol |

## Molare Masse $M_m$ (Molmasse)

$M_m = \frac{m}{n}$

| | | |
|---|---|---|
| $M_m$ | molare Masse | $kg \cdot mol^{-1}$ |
| $m$ | Masse | kg |
| $n$ | Stoffmenge | mol |

# Thermodynamik

## Wärme – Energie

### Wärme $Q$

Energieumsetzung durch Temperaturunterschied:
$Q = c \cdot m \cdot \Delta T = c \cdot m \cdot \Delta \vartheta$

Energieumsetzung durch Arbeit:
$Q = W = F \cdot \Delta s$ bei $F$ = konstant
$= p \cdot \Delta V$ bei $p$ = konstant

Vereinbarung zum Vorzeichen:
$W > 0$ und $Q > 0$, wenn die Energie des Systems zunimmt.
$W < 0$ und $Q < 0$, wenn die Energie des Systems abnimmt.

| | | |
|---|---|---|
| $Q$ | Wärme (eine die innere Energie eines Körpers ändernde Energie) | J |
| $\Delta T, \Delta \vartheta$ | Temperaturänderung | K, °C |
| $m$ | Masse des Körpers | kg |
| $c$ | spezifische Wärmekapazität | $J \cdot kg^{-1} \cdot K^{-1}$ |
| $W$ | Arbeit durch Reibung oder Volumenänderung des Gases | J |
| $F$ | Kraft in Wegrichtung | N |
| $\Delta s$ | Weglänge | m |
| $p$ | Druck | Pa |
| $\Delta V$ | Volumenänderung | $m^3$ |

### Wärmekapazität $C$

$C = \frac{Q}{\Delta T}$

Spezifische Wärmekapazität c:
$c = \frac{Q}{m \cdot \Delta T}$

Molare Wärmekapazität:
$C_m = \frac{Q}{n \cdot \Delta T}$

Zusammenhang:
$C = c \cdot m = C_m \cdot n = c \cdot M_m \cdot n$

Bei Gasen:
$C_{pm} = \frac{f+2}{2} \cdot R$ und $C_{Vm} = \frac{f}{2} \cdot R$

Zusammenhang:
$C_{pm} - C_{Vm} = R$

Allgemeine Gaskonstante → S. 208

Mischungstemperatur:
$\vartheta_M = \frac{c_1 \cdot m_1 \cdot \vartheta_1 + c_2 \cdot m_2 \cdot \vartheta_2}{c_1 \cdot m_1 + c_2 \cdot m_2}$

| | | |
|---|---|---|
| $C$ | Wärmekapazität | $J \cdot K^{-1}$ |
| $Q$ | Wärmezufuhr/-abgabe | J |
| $\Delta T$ | Temperaturänderung | K |
| $c$ | spezifische Wärmekapazität | $J \cdot kg^{-1} \cdot K^{-1}$ |
| $m$ | Masse eines Körpers | kg |
| $n$ | Stoffmenge | mol |
| $C_m$ | molare Wärmekapazität | $J \cdot mol^{-1} \cdot K^{-1}$ |
| $M_m$ | molare Masse | $kg \cdot mol^{-1}$ |
| $C_{pm}$ bzw. $C_{Vm}$ | Wärmekapazität für 1 mol eines Gases unter konstantem Druck bzw. Volumen | $J \cdot mol^{-1} \cdot K^{-1}$ |
| $f$ | Anzahl der Freiheitsgrade | Zahl |
| $R$ | allgemeine Gaskonstante | $J \cdot mol^{-1} \cdot K^{-1}$ |
| $\vartheta_M$ | Mischungstemperatur | °C |

### Freiheitsgrad

Anzahl der voneinander unabhängigen Bewegungsmöglichkeiten von ein- bzw. mehratomigen Teilchen
1-atomig: $f = 3$
2-atomig: $f = 5$
3- und mehratomig: $f = 6$

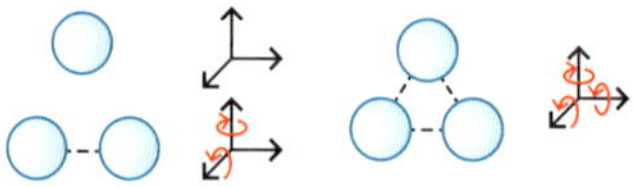

| | | |
|---|---|---|
| $f$ | Anzahl der Freiheitsgrade | Zahl |

## Spezifische Umwandlungsenergien

Wärme – Energie

Spezifische Schmelz-/Erstarrungsenergie:

$s = \frac{Q_s}{m}$

Spezifische Verdampfungs-/Kondensationsenergie:

$r = \frac{Q_r}{m}$

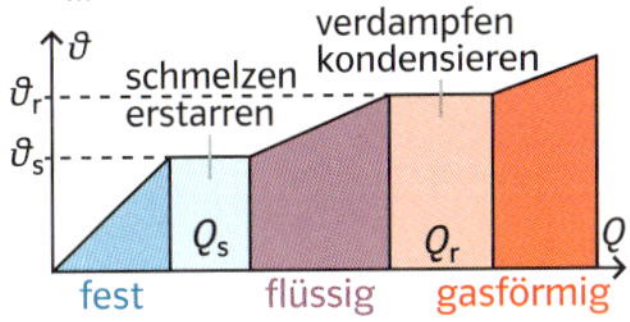


| | | |
|---|---|---|
| $s, r$ | spezifische Umwandlungsenergien zwischen fester/flüssiger bzw. flüssiger/gasförmiger Phase | $J \cdot kg^{-1}$ |
| $Q_s, Q_r$ | beim Schmelzen (Erstarren bzw. Verflüssigen/Verdampfen) umgesetzte Energie | J |
| $m$ | Masse | kg |
| $\vartheta_s, \vartheta_r$ | Schmelz-/Siedetemperatur | °C |

## Hauptsätze – Strahlungsgesetze

### 1. Hauptsatz

$\Delta E_{innere} = \Delta U = W + Q$

Vereinbarung: Dem System durch Wärme oder Arbeit zugeführte (entzogene) Energie wird positiv (negativ) gerechnet.

Zustandsänderung idealer Gase:
**Adiabatisch:** $Q = 0$; $\Delta U = W$
**Isotherm:** $T$ = konstant, $\Delta U = 0$; $|Q| = |W|$

| | | |
|---|---|---|
| $\Delta E_{innere} = \Delta U$ | Änderung der inneren Energie eines Systems | J |
| $Q$ | Wärme | J |
| $W$ | Arbeit | J |
| | adiabatisch: kein Wärmeaustausch mit Umgebung | |
| | isotherm: Wärmeaustausch mit Umgebung | |

### 2. Hauptsatz – Entropie $S$

$\Delta S = \frac{Q}{T}$

Bei einem reversiblen Vorgang ist $\Delta S = 0$, $\Delta E_{innere}$ = konstant.

Bei einem irreversiblen Vorgang ist $\Delta S > 0$, $W \neq 0$ und $Q \neq 0$.

Boltzmann'sche Gleichung:
$S = k \cdot \ln W$
Die Entropie kann als Maß der Unordnung des Systems aufgefasst werden.

Es ist unmöglich, eine einem Körper entnommene Wärme $Q$ vollständig in mechanische Arbeit $W$ umzusetzen.

| | | |
|---|---|---|
| $S$ | Entropie eines abgeschlossenen Systems | $J \cdot K^{-1}$ |
| $\Delta S$ | Entropieänderung | $J \cdot K^{-1}$ |
| $Q$ | dem System reversibel zugeführte bzw. entnommene Wärme | J |
| $T$ | Temperatur, bei der die Wärme zugeführt bzw. entnommen wird | K |
| $k$ | Boltzmann-Konstante | $J \cdot K^{-1}$ |
| $W$ | Wahrscheinlichkeit für die größtmögliche Anzahl der mit dem Makrozustand übereinstimmenden Mikrozustände | Zahl |

Boltzmann-Konstante → S. 208

## Thermodynamischer Wirkungsgrad $\eta$

$$\eta = \frac{Q_{zu} - Q_{ab}}{Q_{zu}} = \frac{T_{hoch} - T_{niedrig}}{T_{hoch}} = \frac{|W|}{Q_{zu}}$$

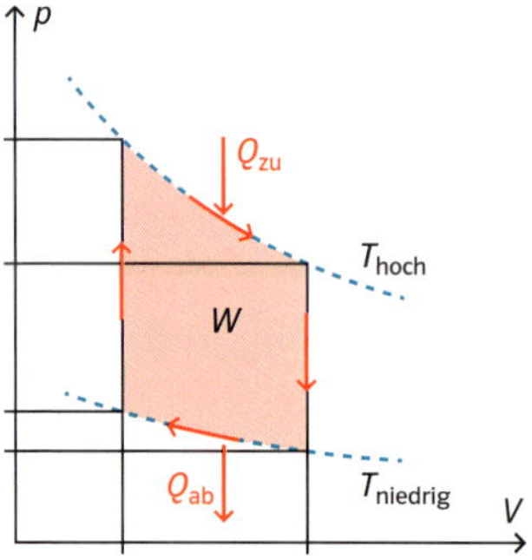


Beim Carnot'schen Kreisprozess, einem reversiblen Kreisprozess, ist der Wirkungsgrad maximal.

| | | |
|---|---|---|
| $\eta$ | Wirkungsgrad | Zahl |
| $Q_{zu}$ | einem System bei der Temperatur $T_{hoch}$ zugeführte Wärme | J |
| $Q_{ab}$ | dem System bei der Temperatur $T_{niedrig}$ entnommene Wärme | J |
| $W$ | verrichtete Arbeit | J |
| $T$ | Temperatur | K |
| $p$ | Druck | Pa |
| $V$ | Volumen | $m^3$ |

## Wien'sches Verschiebungsgesetz

Für einen schwarzen Strahler:

$\lambda_{max} = \frac{b}{T}$ mit $b = 2{,}898 \cdot 10^{-3}\,m \cdot K$

| | | |
|---|---|---|
| $\lambda_{max}$ | Wellenlänge mit größter Strahlungsleistung | m |
| $T$ | Temperatur | K |
| $b$ | Wien'sche Konstante | m · K |

## Stefan-Boltzmann'sches Gesetz

Für einen schwarzen Strahler:

$\frac{P}{A} = \sigma \cdot T^4$

$(\sigma = 5{,}670 \cdot 10^{-8}\,W \cdot m^{-2} \cdot K^{-4})$

| | | |
|---|---|---|
| $P$ | Strahlungsleistung | W |
| $A$ | Oberfläche des Strahlers | $m^2$ |
| $\sigma$ | Stefan-Boltzmann-Konstante | $W \cdot m^{-2} \cdot K^{-4}$ |
| $T$ | Temperatur | K |

## Ladung und elektrisches Feld

### Stromstärke $I$

$$I = \lim_{\Delta t \to 0} \frac{\Delta Q}{\Delta t} = \frac{dQ}{dt} = \dot{Q}$$

Bei Gleichstrom:

$$I = \frac{Q}{t}$$

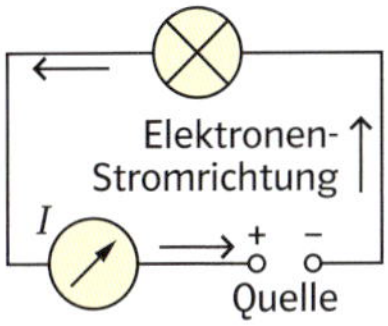


| | | |
|---|---|---|
| $I$ | Stromstärke | A |
| $Q$ | elektrische Ladung, die in der Zeitspanne $t$ durch den Leiterquerschnitt bewegt wird | $C = A \cdot s$ |
| $t$ | Zeitdauer | s |

### Elektrische Feldstärke $\vec{E}$

$$\vec{E} = \frac{\vec{F}}{q}$$

Im homogenen Feld:

$$E = \frac{U}{d}$$

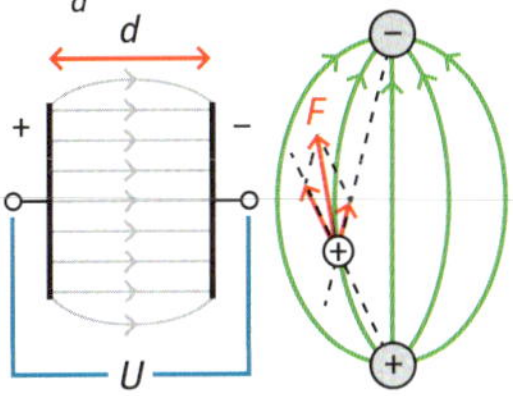


| | | |
|---|---|---|
| $E$ | elektrische Feldstärke | $N \cdot C^{-1} = V \cdot m^{-1}$ |
| $F$ | Kraft auf einen Körper mit einer kleinen Probeladung $q$ | N |
| $q$ | elektrische Probeladung | C |
| $U$ | elektrische Spannung (Potenzialunterschied im Feld) | V |
| $d$ | Abstand | m |

### Elektrische Kraft $\vec{F}$

Coulomb'sches Gesetz:

$$F = \frac{1}{4\pi \cdot \varepsilon_0 \cdot \varepsilon_r} \cdot \frac{Q_1 \cdot Q_2}{r^2}$$

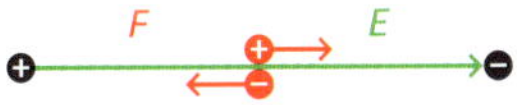


| | | |
|---|---|---|
| $F$ | Kraft zwischen zwei geladenen punktförmigen Körpern | N |
| $\varepsilon_0$ | elektrische Feldkonstante | $A \cdot s \cdot V^{-1} \cdot m^{-1}$ |
| $\varepsilon_r$ | Permittivitätszahl (Dielektrizitätszahl) | Zahl |
| $Q_1$, $Q_2$ | elektrische Ladungen | C |
| $r$ | Abstand zwischen den geladenen Körpern | m |

Elektrische Feldkonstante → S. 208

### Elektrisches Potenzial $\varphi_P$ im Radialfeld

Bezugspunkt ∞:

$$\varphi_P = \frac{1}{4\pi \cdot \varepsilon_0 \cdot \varepsilon_r} \cdot \frac{Q}{r}$$

Potenzialdifferenz zwischen $P_1$ und $P_2$:

$$\varphi_P = \varphi_{P_2} - \varphi_{P_1} = \varphi_2 - \varphi_1$$

$$= \frac{W}{q} = -\int_{P_1}^{P_2} \vec{E} \cdot d\vec{s}$$

| | | |
|---|---|---|
| $\varphi_P$ | elektrisches Potenzial im Feld der punktförmigen Ladung $Q$ im Abstand $r$ | V |
| $\varepsilon_0$ | elektrische Feldkonstante | $A \cdot s \cdot V^{-1} \cdot m^{-1}$ |
| $\varepsilon_r$ | Permittivitätszahl (Dielektrizitätszahl) | Zahl |
| $Q$ | Ladung | C |
| $r$ | Abstand | m |
| $W$ | Arbeit, um im Feld die Ladung $q$ von $P_1$ nach $P_2$ zu transportieren | J |
| $q$ | im Feld bewegte (Probe-)Ladung | C |

# Elektrizitätslehre

**Ladung und elektrisches Feld**

## Elektrische Spannung $U$ (Potenzialunterschied)

$$U = \frac{W}{q} = \varphi_2 - \varphi_1$$

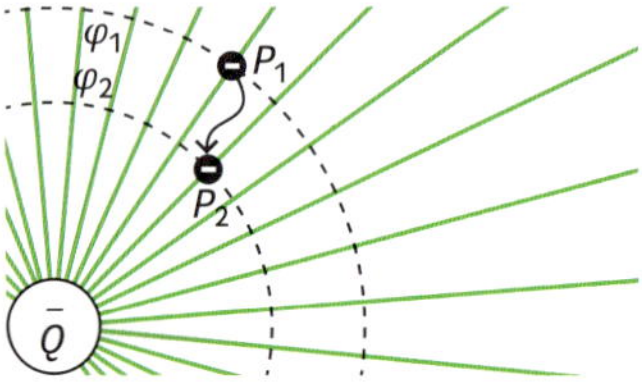


| | | |
|---|---|---|
| $U$ | elektrische Spannung | V |
| $W$ | Überführungsarbeit | J |
| $q$ | transportierte (Probe-) Ladung | C |
| $\varphi_1, \varphi_2$ | Potenzial in den Punkten $P_1$ bzw. $P_2$ | V |

## Elektrische Flussdichte $\vec{D}$ (dielektrische Verschiebung)

Elektrische Feldkonstante
→ S. 208

$$D = \varepsilon_0 \cdot \varepsilon_r \cdot E$$

| | | |
|---|---|---|
| $D$ | elektrische Flussdichte | $C \cdot m^{-2}$ |
| $\varepsilon_0$ | elektrische Feldkonstante | $A \cdot s \cdot V^{-1} \cdot m^{-1}$ |
| $\varepsilon_r$ | Permittivitätszahl | Zahl |
| $E$ | elektrische Feldstärke | $V \cdot m^{-1}$ |

## Elektrische Flächenladungsdichte $\sigma$

Im homogenen Feld:

$$\sigma = \frac{Q}{A}$$

| | | |
|---|---|---|
| $\sigma$ | Flächenladungsdichte | $C \cdot m^{-2}$ |
| $Q$ | Ladung auf Fläche A | C |
| $A$ | Fläche | $m^2$ |

## Energiedichte $w_e$ des elektrischen Feldes

$$w_e = \frac{1}{2} E \cdot D = \frac{1}{2} \varepsilon_0 \cdot \varepsilon_r \cdot E^2$$

| | | |
|---|---|---|
| $w_e$ | Energiedichte | $J \cdot m^{-3}$ |
| $E$ | elektrische Feldstärke | $V \cdot m^{-1}$ |
| $D$ | elektrische Flussdichte | $C \cdot m^{-2}$ |

## Kapazität $C$

$$C = \frac{Q}{U}$$

Reihenschaltung von Kapazitäten:

$$\frac{1}{C_{Ersatz}} = \frac{1}{C_1} + \frac{1}{C_2} + \ldots + \frac{1}{C_n}$$

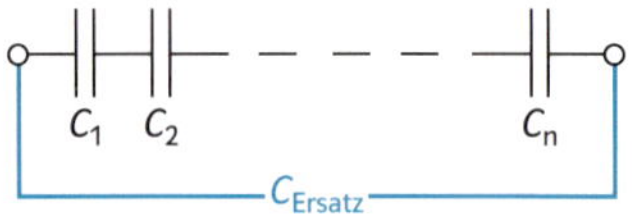


Parallelschaltung von Kapazitäten:

$$C_{Ersatz} = C_1 + C_2 + \ldots + C_n$$

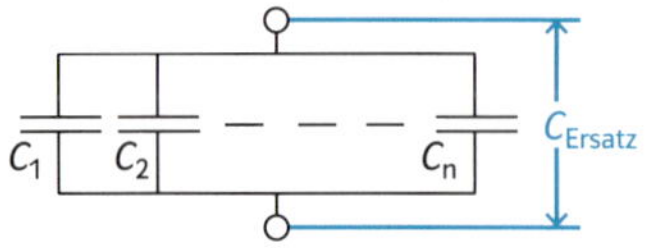


| | | |
|---|---|---|
| $C$ | Kapazität | $F = C \cdot V^{-1}$ |
| $Q$ | Ladung | C |
| $U$ | elektrische Spannung | V |
| $C_{Ersatz}$ | Ersatzkapazität | F |
| $C_1, C_2, \ldots, C_n$ | Einzelkapazitäten | F |

Ladung und elektrisches Feld

## Kondensator

| | | | |
|---|---|---|---|
| Kapazität eines Plattenkondensators: $C = \varepsilon_0 \cdot \varepsilon_r \cdot \frac{A}{d}$ | $C$ | Kapazität | $F = C \cdot V^{-1}$ |
| | $\varepsilon_0$ | elektrische Feldkonstante | $A \cdot s \cdot V^{-1} \cdot m^{-1}$ |
| | $\varepsilon_r$ | Permittivitätszahl | Zahl |
| Feldstärke im Plattenkondensator: $E = \frac{U}{d}$ | $A$ | Fläche einer Kondensatorplatte | $m^2$ |
| | $d$ | Plattenabstand | m |
| Energie des Plattenkondensators: $E_{elek} = \frac{1}{2} Q \cdot U = \frac{1}{2} C \cdot U^2$ | $E$ | elektrische Feldstärke | $V \cdot m^{-1}$ |
| | $U$ | Spannung | V |
| | $E_{elek}$ | Energie des elektrischen Feldes | J |
| Anziehungskraft zwischen Kondensatorplatten: $F = \frac{1}{2} \varepsilon_0 \cdot \varepsilon_r \cdot E^2 \cdot A = \frac{1}{2} Q \cdot E$ | $Q$ | Ladung einer Platte | C |
| | $F$ | Kraft | N |
| | $A$ | Fläche einer Platte | $m^2$ |
| Kapazität eines Kugelkondensators: $C = 4\pi \cdot \varepsilon_0 \cdot \varepsilon_r \cdot \frac{r_1 \cdot r_2}{r_2 - r_1}$ | $r_1, r_2$ | Radien der Kugelschalen | m |
| | $r$ | Radius der Kugel | m |
| Kapazität einer freistehenden Kugel: $C = 4\pi \cdot \varepsilon_0 \cdot \varepsilon_r \cdot r$ | | | |

Elektrische Feldkonstante
→ S. 208

## Elektrische Arbeit *W*

$W = Q \cdot U = U \cdot I \cdot t$

$W = Q \cdot \vec{E} \cdot \vec{s} = Q \cdot E \cdot s \cdot \cos\left(\sphericalangle(\vec{E};\vec{s})\right)$

| | | |
|---|---|---|
| $W$ | elektrische Arbeit | $J = W \cdot s$ |
| $Q$ | transportierte Ladung | C |
| $U$ | elektrische Spannung | V |
| $I$ | elektrische Stromstärke | A |
| $t$ | Zeitdauer des Stromes | s |
| $E$ | elektrische Feldstärke | $V \cdot m^{-1}$ |
| $s$ | Weglänge im Feld | m |

## Elektrische Leistung *P*

$P = \frac{W}{t} = U \cdot I$

$P = \frac{U^2}{R} = I^2 \cdot R$

| | | |
|---|---|---|
| $P$ | elektrische Leistung | $W = J \cdot s^{-1}$ |
| $W$ | elektrische Arbeit | J |
| $t$ | Zeitdauer der Umsetzung | s |
| $U$ | Spannung | V |
| $I$ | Stromstärke | A |
| $R$ | elektrischer Widerstand | Ω |

## Elektrischer Stromkreis

## Elektrischer Widerstand *R* (Ohm'scher Widerstand)

$R = \frac{U}{I}$

$R = \varrho \cdot \frac{l}{A}$

| | | |
|---|---|---|
| $R$ | Widerstand | $\Omega = V \cdot A^{-1}$ |
| $U$ | Spannung | V |
| $I$ | Stromstärke | A |
| $\varrho$ | spezifischer Widerstand | $\Omega \cdot m$ |
| $l$ | Länge des Leiters | m |
| $A$ | Querschnitt des Leiters | $m^2$ |

## Schaltung von (Ohm'schen) Widerständen

### Reihenschaltung

$R_{Ersatz} = R_1 + R_2 + \ldots + R_n$

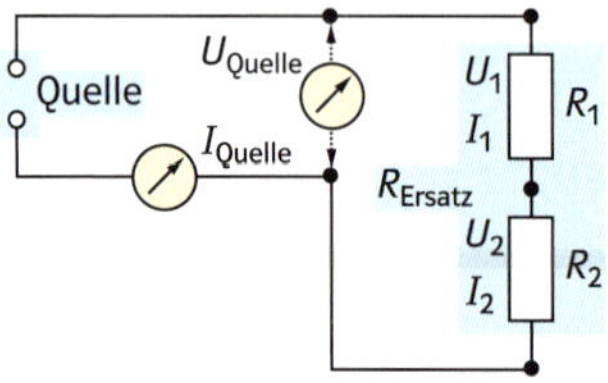


Kirchhoff'sche Regeln:

$I = I_1 = I_2 = \ldots = I_n$ (Knotenregel)

$U = U_1 + U_2 + \ldots + U_n$ (Maschenregel)

Spannungsteiler:

$\frac{U_1}{U_2} = \frac{R_1}{R_2}$

| | | |
|---|---|---|
| $R_{Ersatz}$ | Ersatzwiderstand | Ω |
| $R_1, \ldots, R_n$ | Einzelwiderstände | Ω |
| $I$ | Gesamtstromstärke | A |
| $I_1, \ldots, I_n$ | Teilstromstärken | A |
| $U$ | Spannung der Quelle | V |
| $U_1, \ldots, U_n$ | Teilspannungen | V |

### Parallelschaltung

$\frac{1}{R_{Ersatz}} = \frac{1}{R_1} + \frac{1}{R_2} + \ldots + \frac{1}{R_n}$

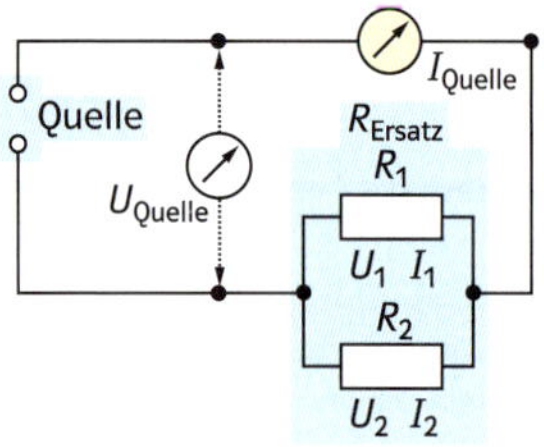


Kirchhoff'sche Regeln:

$I = I_1 + I_2 + \ldots + I_n$ (Knotenregel)

$U = U_1 = U_2 = \ldots = U_n$ (Maschenregel)

Stromteiler:

$\frac{I_1}{I_2} = \frac{R_2}{R_1}$

| | | |
|---|---|---|
| $R_{Ersatz}$ | Ersatzwiderstand | Ω |
| $R_1, \ldots, R_n$ | Einzelwiderstände | Ω |
| $I$ | Gesamtstromstärke | A |
| $I_1, \ldots, I_n$ | Teilstromstärken | A |
| $U$ | Spannung der Quelle | V |
| $U_1, \ldots, U_n$ | Teilspannungen | V |

## NTC- und PTC-Widerstände

Heißleiter (NTC):

$R_H = R_0 \cdot e^{a \cdot \left(\frac{1}{T} - \frac{1}{T_0}\right)}$

NTC: Negative Temperature Coefficient

Kaltleiter (PTC):

$R_K = R_0 \cdot e^{b(T - T_0)}$

PTC: Positive Temperature Coefficient

| | | |
|---|---|---|
| $R_H$ | Widerstand des Heißleiters bei der Betriebstemperatur $T$ | Ω |
| $R_0$ | Widerstand bei $T_0$ | Ω |
| $a$ | Materialkonstante | K |
| $T$ | Betriebstemperatur | K |
| $T_0$ | Nenntemperatur | K |
| $R_K$ | Widerstand des Kaltleiters bei der Betriebstemperatur $T$ | Ω |
| $b$ | Materialkonstante | $K^{-1}$ |

## Leitfähigkeit $\sigma$

Elektrischer Stromkreis

Leitwert:

$$G = \frac{1}{R}$$

Leitfähigkeit:

$$\sigma = \frac{1}{\varrho} = G \cdot \frac{l}{A}$$

| | | |
|---|---|---|
| $G$ | Leitwert | $\Omega^{-1}$ |
| $R$ | Widerstand | $\Omega$ |
| $\sigma$ | Leitfähigkeit | $\Omega^{-1} \cdot \text{m}^{-1}$ |
| $\varrho$ | spezifischer Widerstand | $\Omega \cdot \text{m}$ |
| $l$ | Länge des Leiters | m |
| $A$ | Querschnitt des Leiters | $\text{m}^2$ |

Leitfähigkeit von Metallen → S. 200

## Faraday'sche Gesetze

1. Gesetz:
$m = \ddot{A} \cdot Q = \ddot{A} \cdot I \cdot t$

2. Gesetz:
$\ddot{A} = \frac{m}{F \cdot z \cdot n}$ mit $F = e \cdot N_A$
(Faraday-Konstante)

| | | |
|---|---|---|
| $m$ | Masse | kg |
| $\ddot{A}$ | elektrochemisches Äquivalent | $\text{kg} \cdot \text{C}^{-1}$ |
| $Q$ | transportierte Ladung | C |
| $I$ | Stromstärke | A |
| $t$ | Zeitdauer | s |
| $F$ | Faraday-Konstante | $\text{C} \cdot \text{mol}^{-1}$ |
| $z$ | Wertigkeit der Ionen | Zahl |
| $n$ | Stoffmenge | mol |
| $e$ | Elementarladung | C |
| $N_A$ | Avogadro-Konstante | $\text{mol}^{-1}$ |

Faraday-Konstante, Elementarladung und Avogadro-Konstante → S. 208

## Strom und Magnetfeld

### Kraft $\vec{F}$ auf geraden Leiter

$$F = I \cdot l \cdot B \cdot \sin\varphi$$

Drei-Finger-Regel der linken Hand:

| | | |
|---|---|---|
| $F$ | Kraft auf Leiter | N |
| $I$ | Stromstärke im Leiter | A |
| $l$ | Länge des Leiters im Magnetfeld | m |
| $B$ | magnetische Flussdichte | $\text{T} = \text{V} \cdot \text{s} \cdot \text{m}^{-2}$ |
| $\varphi$ | Winkel zwischen den Richtungen von Elektronenstrom und Flussdichte ($\sin\varphi = 1$, wenn $\vec{I} \perp \vec{B}$) | Grad |

### Lorentz-Kraft $\vec{F_L}$ auf bewegte Ladung

$$F_L = q \cdot v \cdot B \cdot \sin\varphi$$

$$U_{ind} = B \cdot l \cdot v$$

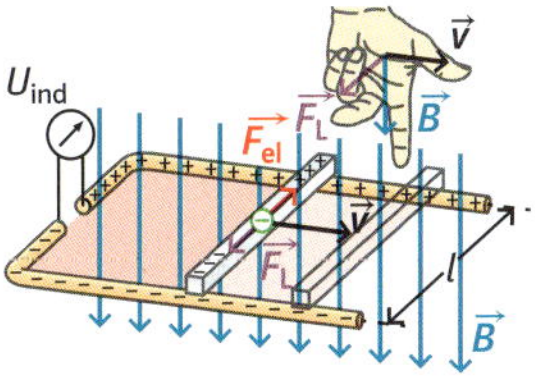


| | | |
|---|---|---|
| $F_L$ | Lorentz-Kraft | N |
| $q$ | im Feld bewegte Ladung | C |
| $v$ | Geschwindigkeit der Ladung | $\text{m} \cdot \text{s}^{-1}$ |
| $B$ | magnetische Flussdichte | $\text{T} = \text{V} \cdot \text{s} \cdot \text{m}^{-2}$ |
| $\varphi$ | Winkel zwischen Bewegungsrichtung der Ladung und magnetischer Flussdichte ($\sin\varphi = 1$, wenn $\vec{v} \perp \vec{B}$) | Grad |
| $F_{el}$ | Kraft des Magnetfeldes auf bewegte Elektronen | N |
| $U_{ind}$ | durch die Lorentz-Kraft zwischen den Leitern entstehende Spannung | V |
| $l$ | Länge des im Feld bewegten Leiters | m |

**Strom und Magnetfeld**

Magnetische Feldkonstante
→ S. 208

## Magnetische Flussdichte $\vec{B}$ in der Umgebung eines Leiters

In der Umgebung eines geraden Leiters:

$$B = \mu_r \cdot \mu_0 \cdot \frac{I}{2\pi r}$$

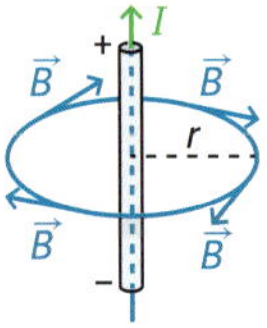


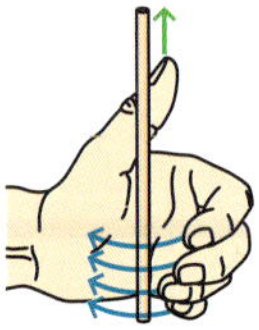

Linke-Hand-Regel für Elektronenstromrichtung

| | | |
|---|---|---|
| $B$ | magnetische Flussdichte | $T = V \cdot s \cdot m^{-2}$ |
| $\mu_r$ | Permeabilitätszahl | Zahl |
| $\mu_0$ | magnetische Feldkonstante | $V \cdot s \cdot A^{-1} \cdot m^{-1}$ |
| $I$ | Stromstärke im Leiter | A |
| $r$ | Abstand von Leiterachse | m |

Im Innern einer langen Spule:

$$B = \mu_r \cdot \mu_0 \cdot I \cdot \frac{n}{l}$$

Im Mittelpunkt eines kreisförmigen Leiters:

$$B = \mu_r \cdot \mu_0 \cdot \frac{I}{2R}$$

| | | |
|---|---|---|
| $n$ | Anzahl der Windungen im Feld | Zahl |
| $l$ | Länge der Spule | m |
| $R$ | Radius des kreisförmigen Leiters | m |

## Magnetischer Fluss $\Phi$ durch eine ebene Fläche

$$\Phi = B \cdot A \cdot \cos\varphi$$
$$\Phi = B \cdot A_s$$

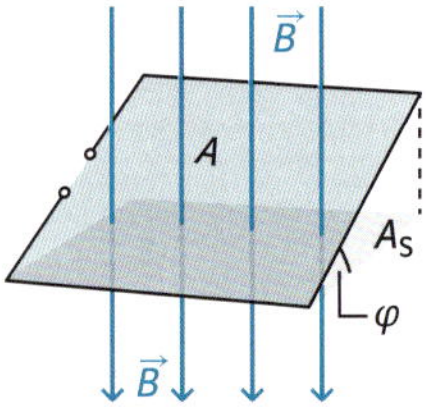


| | | |
|---|---|---|
| $\Phi$ | magnetischer Fluss | $Wb = V \cdot s$ |
| $B$ | magnetische Flussdichte | $T = V \cdot s \cdot m^{-2}$ |
| $A$ | vom Fluss durchsetzte Fläche | $m^2$ |
| $\varphi$ | Winkel zwischen Fläche und magnetischer Flussdichte | Zahl (Grad) |
| $A_s$ | Fläche $A \perp B$ | $m^2$ |

## Induktionsspannung $U_{ind}$

$$U_{ind} = -n \cdot \frac{\Delta\Phi}{\Delta t}$$

Momentanwert:

$$U_{ind} = -n \cdot \frac{d\Phi}{dt} = -n \cdot \dot{\Phi}$$

Lenz'sche Regel
→ S. 181

Nach der Lenz'schen Regel haben $U_{ind}$ und die Änderung des magnetischen Flusses $\Phi$ entgegengesetztes Vorzeichen.

Im senkrecht zum homogenen Magnetfeld bewegten geraden Leiter gilt $U_{ind} = B \cdot l \cdot v$.

| | | |
|---|---|---|
| $U_{ind}$ | induzierte Spannung | V |
| $n$ | Anzahl der Windungen der Spule | Zahl |
| $\Phi$ | magnetischer Fluss | $Wb = V \cdot s$ |
| $t$ | Zeitdauer | s |
| $B$ | magnetische Flussdichte | $T = V \cdot s \cdot m^{-2}$ |
| $l$ | Länge des Leiters | m |
| $v$ | Geschwindigkeit | $m \cdot s^{-1}$ |

Strom und Magnetfeld

## Selbstinduktionsspannung $U_{ind}$

$$U_{ind} = -L \cdot \frac{\Delta I}{\Delta t}$$

Momentanwert:

$$U_{ind} = -L \cdot \frac{dI}{dt} = -L \cdot \dot{I}$$

Lenz'sche Regel:
Die Induktionsspannung $U_{ind}$ und der durch sie hervorgerufene Induktionsstrom $I$ sind so gerichtet, dass sie ihrer Ursache entgegenwirken.

| | | |
|---|---|---|
| $U_{ind}$ | induzierte Spannung | V |
| $L$ | Induktivität | $H = V \cdot s \cdot A^{-1}$ |
| $I$ | zeitlich veränderliche Stromstärke in der Spule | A |

## Induktivität $L$ einer langen Spule

$$L = \mu_r \cdot \mu_0 \cdot \frac{n^2}{l} \cdot A$$

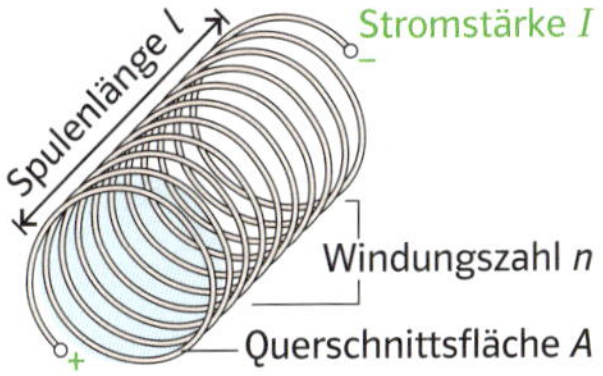


| | | |
|---|---|---|
| $L$ | Induktivität | $H = V \cdot s \cdot A^{-1}$ |
| $\mu_r$ | Permeabilitätszahl | Zahl |
| $\mu_0$ | magnetische Feldkonstante | $V \cdot s \cdot A^{-1} \cdot m^{-1}$ |
| $n$ | Anzahl der Windungen | Zahl |
| $l$ | Länge der Spule | m |
| $A$ | Querschnittsfläche der Spule | $m^2$ |

Magnetische Feldkonstante → S. 208

Reihenschaltung von Induktivitäten:

$$L_{Ersatz} = L_1 + L_2 + \ldots + L_n$$

Parallelschaltung von Induktivitäten:

$$\frac{1}{L_{Ersatz}} = \frac{1}{L_1} + \frac{1}{L_2} + \ldots + \frac{1}{L_n}$$

| | | |
|---|---|---|
| $L_{Ersatz}$ | Ersatzinduktivität | $H = V \cdot s \cdot A^{-1}$ |
| $L_1, L_2, \ldots, L_n$ | Einzelinduktivitäten | $H = V \cdot s \cdot A^{-1}$ |

## Energie $E_{mag}$ des Magnetfeldes einer Spule

$$E_{mag} = \frac{1}{2} L \cdot I^2$$

| | | |
|---|---|---|
| $E_{mag}$ | Energie des Magnetfeldes im Spuleninneren | J |
| $L$ | Induktivität der Spule | $H = V \cdot s \cdot A^{-1}$ |
| $I$ | Stromstärke in d. Spule | A |

## Hall-Spannung $U_H$

$$U_H = R_H \cdot \frac{I \cdot B}{d}$$

mit $R_H = \frac{1}{n \cdot e}$ und $n = \frac{N}{V}$

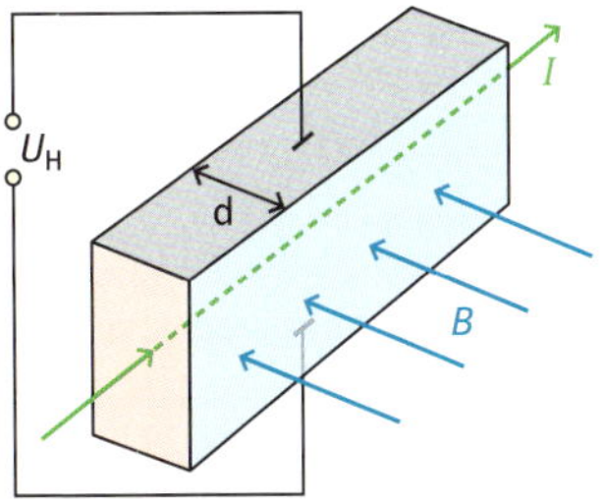


| | | |
|---|---|---|
| $U_H$ | Hall-Spannung | V |
| $R_H$ | Hall-Konstante | $m^3 \cdot C^{-1}$ |
| $I$ | Stromstärke im Leiterplättchen der Sonde | A |
| $B$ | magnetische Flussdichte | $T = V \cdot s \cdot m^{-2}$ |
| $d$ | Dicke des Leiterplättchens in der Sonde | m |
| $n$ | Konzentration der Ladungsträger | $m^{-3}$ |
| $e$ | Elementarladung | C |
| $N$ | Anzahl der Ladungsträger | Zahl |
| $V$ | Volumen | $m^3$ |

## Wechselstromkreis

### Momentanwert und Effektivwert der Spannung $U(t)$

$U(t) = \hat{U} \cdot \sin(\omega \cdot t + \varphi)$

mit $\omega = \frac{2\pi}{T} = 2\pi f$

$U_{eff} = \frac{\hat{U}}{\sqrt{2}} \approx 0{,}707 \cdot \hat{U}$

| | | |
|---|---|---|
| $U(t)$ | Momentanwert der Spannung | V |
| $\hat{U}$ | Scheitelwert (Amplitude, Maximalwert) der Spannung | V |
| $\omega$ | Kreisfrequenz | $s^{-1}$ |
| $t$ | Zeit | s |
| $\varphi$ | Phasenlage | Zahl |
| $T$ | Periodendauer | s |
| $f$ | Frequenz | $s^{-1}$ |
| $U_{eff}$ | Effektivwert der Spannung | V |

### Momentanwert und Effektivwert der Stromstärke $I(t)$

$I(t) = \hat{I} \cdot \sin(\omega \cdot t + \varphi)$

mit $\omega = \frac{2\pi}{T} = 2\pi f$

$I_{eff} = \frac{\hat{I}}{\sqrt{2}} \approx 0{,}707 \cdot \hat{I}$

| | | |
|---|---|---|
| $I(t)$ | Momentanwert der Stromstärke | A |
| $\hat{I}$ | Scheitelwert (Amplitude, Maximalwert) der Stromstärke | A |
| $\omega$ | Kreisfrequenz | $s^{-1}$ |
| $t$ | Zeit | s |
| $\varphi$ | Phasenlage | Zahl |
| $T$ | Periodendauer | s |
| $f$ | Frequenz | $s^{-1}$ |
| $I_{eff}$ | Effektivwert der Stromstärke | A |

### Ohm'scher Widerstand $R_\Omega$

$R_\Omega = \frac{U(t)}{I(t)} = \frac{\hat{U}}{\hat{I}} = \frac{U_{eff}}{I_{eff}}$

mit

$U(t) = \hat{U} \cdot \sin(\omega \cdot t)$; $I(t) = \hat{I} \cdot \sin(\omega \cdot t)$

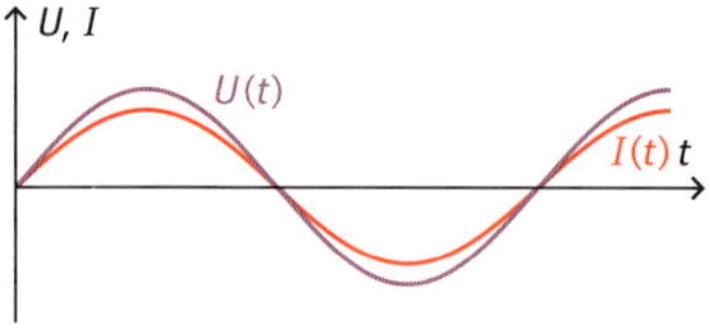


$\varphi_1 = \varphi_2 = 0$

| | | |
|---|---|---|
| $R_\Omega$ | Ohm'scher Widerstand | $\Omega = V \cdot A^{-1}$ |
| $U(t)$ | Momentanwert der Wechselspannung | V |
| $I(t)$ | Momentanwert der Stromstärke | A |
| $\hat{U}$ | Scheitelwert der Spannung | V |
| $\hat{I}$ | Scheitelwert der Stromstärke | A |
| $U_{eff}$ | Effektivwert der Spannung | V |
| $I_{eff}$ | Effektivwert der Stromstärke | A |
| $\omega$ | Kreisfrequenz | $s^{-1}$ |
| $t$ | Zeit | s |
| $\varphi_1, \varphi_2$ | Phasenlage | Zahl |

## Kapazitiver Widerstand $R_C$

$$R_C = \frac{\hat{U}}{\hat{I}} = \frac{U_{eff}}{I_{eff}} = \frac{1}{2\pi \cdot f \cdot C} = \frac{1}{\omega \cdot C}$$

mit

$U(t) = \hat{U} \cdot \sin(\omega \cdot t)$ und

$I(t) = \hat{I} \cdot \sin(\omega \cdot t + \varphi)$

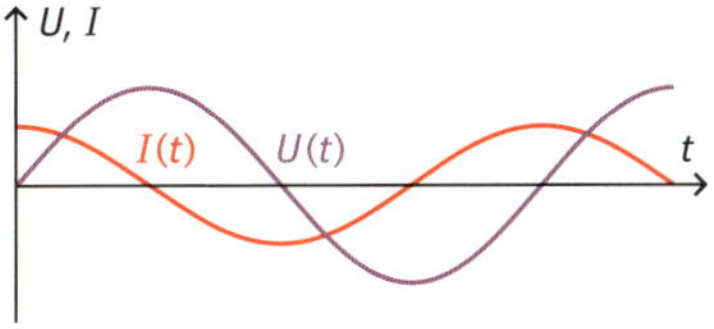


$\varphi = +\frac{\pi}{2}$

| | | |
|---|---|---|
| $R_C$ | kapazitiver Widerstand | $\Omega = V \cdot A^{-1}$ |
| $\hat{U}$ | Scheitelwert der Spannung | V |
| $\hat{I}$ | Scheitelwert der Stromstärke | A |
| $U_{eff}$ | Effektivwert der Spannung | V |
| $I_{eff}$ | Effektivwert der Stromstärke | A |
| $f$ | Frequenz | $s^{-1}$ |
| $C$ | Kapazität | $F = A \cdot s \cdot V^{-1}$ |
| $\omega$ | Kreisfrequenz | $s^{-1}$ |
| $U(t)$ | Momentanwert der Wechselspannung | V |
| $t$ | Zeit | s |
| $I(t)$ | Momentanwert der Stromstärke | A |
| $\varphi$ | Phasenunterschied von $I(t)$ gegenüber $U(t)$ | Zahl |

## Induktiver Widerstand $R_L$

$$R_L = \frac{\hat{U}}{\hat{I}} = \frac{U_{eff}}{I_{eff}} = 2\pi \cdot f \cdot L = \omega \cdot L$$

mit

$U(t) = \hat{U} \cdot \sin(\omega \cdot t)$ und

$I(t) = \hat{I} \cdot \sin(\omega \cdot t + \varphi)$

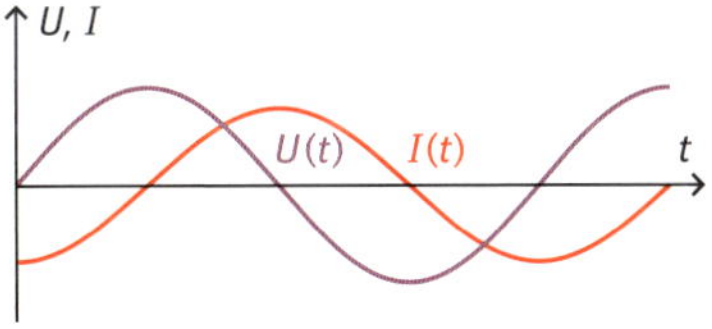


$\varphi = -\frac{\pi}{2}$

| | | |
|---|---|---|
| $R_L$ | induktiver Widerstand | $\Omega = V \cdot A^{-1}$ |
| $\hat{U}$ | Scheitelwert der Spannung | V |
| $\hat{I}$ | Scheitelwert der Stromstärke | A |
| $U_{eff}$ | Effektivwert der Spannung | V |
| $I_{eff}$ | Effektivwert der Stromstärke | A |
| $f$ | Frequenz | $s^{-1}$ |
| $L$ | Induktivität | $H = V \cdot s \cdot A^{-1}$ |
| $\omega$ | Kreisfrequenz | $s^{-1}$ |
| $U(t)$ | Momentanwert der Wechselspannung | V |
| $t$ | Zeit | s |
| $I(t)$ | Momentanwert der Stromstärke | A |
| $\varphi$ | Phasenunterschied von $I(t)$ gegenüber $U(t)$ | Zahl |

Wechselstromkreis

Ohm'scher Widerstand → S. 182
Kapazitiver und induktiver Widerstand → S. 183

## Schaltung von Widerständen

### Reihenschaltung von $R_\Omega$, $R_C$ und $R_L$

Schaltplan:

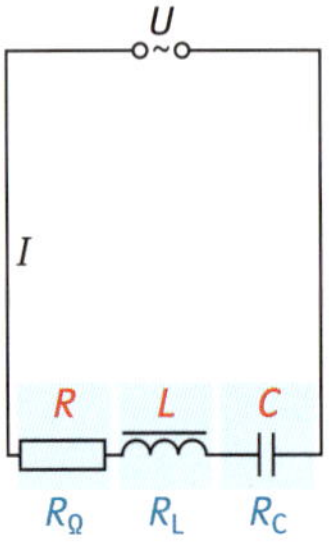


Zeigerdiagramm:

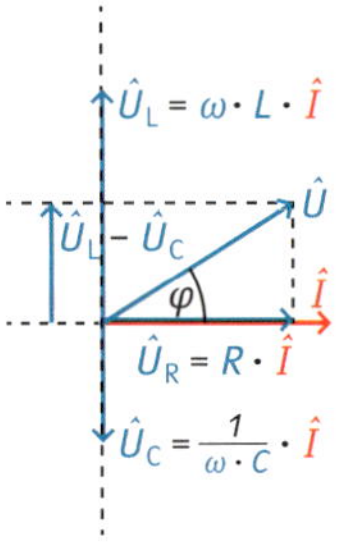


$$U(t) = \hat{U} \cdot \sin(\omega \cdot t)$$

$$I(t) = \hat{I} \cdot \sin(\omega \cdot t - \varphi)$$

$$Z = \frac{\hat{U}}{\hat{I}} = \frac{U_{eff}}{I_{eff}} = \sqrt{R_\Omega^2 + \left(\omega \cdot L - \frac{1}{\omega \cdot C}\right)^2}$$

Phasenverschiebung $\varphi$:

$$\tan \varphi = \frac{\omega \cdot L - \frac{1}{\omega \cdot C}}{R}$$

| | | |
|---|---|---|
| $R_\Omega$ | Ohm'scher Widerstand | $\Omega = V \cdot A^{-1}$ |
| $R_C$ | kapazitiver Widerstand | $\Omega = V \cdot A^{-1}$ |
| $R_L$ | induktiver Widerstand | $\Omega = V \cdot A^{-1}$ |
| $U(t)$ | Momentanwert der Spannung | V |
| $\hat{U}$ | Scheitelwert der Spannung | V |
| $\omega$ | Kreisfrequenz | $s^{-1}$ |
| $t$ | Zeitpunkt | s |
| $I(t)$ | Momentanwert der Stromstärke | A |
| $\hat{I}$ | Scheitelwert der Stromstärke | A |
| $\varphi$ | Phasenunterschied von $I(t)$ gegenüber $U(t)$ | Zahl |
| $Z$ | Scheinwiderstand | $\Omega = V \cdot A^{-1}$ |
| $U_{eff}$ | Effektivwert der Spannung | V |
| $I_{eff}$ | Effektivwert der Stromstärke | A |
| $L$ | Induktivität | $H = V \cdot s \cdot A^{-1}$ |
| $C$ | Kapazität | $F = A \cdot s \cdot V^{-1}$ |

### Parallelschaltung von $R_\Omega$, $R_C$ und $R_L$

Schaltplan:

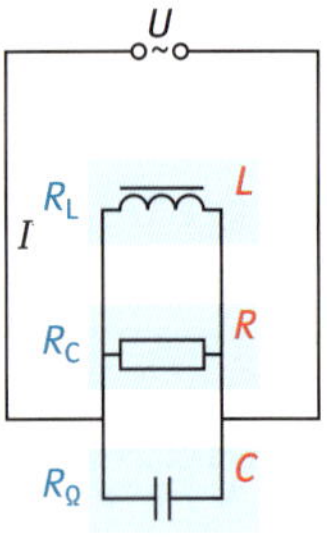


Zeigerdiagramm:

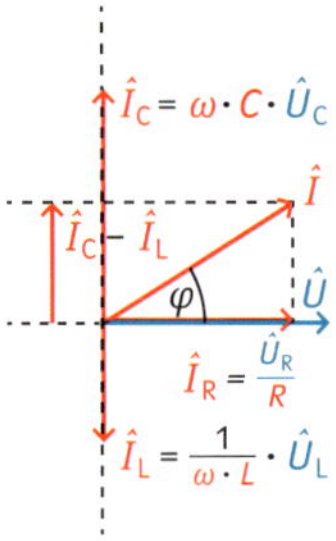


$$U(t) = \hat{U} \cdot \sin(\omega \cdot t)$$
$$I(t) = \hat{I} \cdot \sin(\omega \cdot t + \varphi)$$

$$\frac{1}{Z} = \frac{\hat{I}}{\hat{U}} = \frac{I_{eff}}{U_{eff}} = \sqrt{\frac{1}{R_\Omega^2} + \left(\omega \cdot C - \frac{1}{\omega \cdot L}\right)^2}$$

Phasenverschiebung $\varphi$:

$$\tan \varphi = R \cdot \left(\omega \cdot C - \frac{1}{\omega \cdot L}\right)$$

| | | |
|---|---|---|
| $R_\Omega$ | Ohm'scher Widerstand | $\Omega = V \cdot A^{-1}$ |
| $R_C$ | kapazitiver Widerstand | $\Omega = V \cdot A^{-1}$ |
| $R_L$ | induktiver Widerstand | $\Omega = V \cdot A^{-1}$ |
| $U(t)$ | Momentanwert der Spannung | V |
| $\hat{U}$ | Scheitelwert der Spannung | V |
| $\omega$ | Kreisfrequenz | $s^{-1}$ |
| $t$ | Zeitpunkt | s |
| $I(t)$ | Momentanwert der Stromstärke | A |
| $\hat{I}$ | Scheitelwert der Stromstärke | A |
| $\varphi$ | Phasenunterschied von $I(t)$ gegenüber $U(t)$ | Zahl |
| $Z$ | Scheinwiderstand | $\Omega = V \cdot A^{-1}$ |
| $I_{eff}$ | Effektivwert der Stromstärke | A |
| $U_{eff}$ | Effektivwert der Spannung | V |
| $C$ | Kapazität | $F = A \cdot s \cdot V^{-1}$ |
| $L$ | Induktivität | $H = V \cdot s \cdot A^{-1}$ |

## Leistung

| | | | |
|---|---|---|---|
| Wirkleistung: $P = U_{eff} \cdot I_{eff} \cdot \cos\varphi$ | $P$ | Wirkleistung | W |
| | $U_{eff}$ | Effektivwert der Spannung | V |
| Blindleistung: $Q = U_{eff} \cdot I_{eff} \cdot \sin\varphi$ | $I_{eff}$ | Effektivwert der Stromstärke | A |
| Scheinleistung: $S = U_{eff} \cdot I_{eff} = \sqrt{P^2 + Q^2}$ | $\varphi$ | Phasenverschiebung der Stromstärke gegenüber der Spannung | Zahl |
| | $\cos\varphi$ | Leistungsfaktor | Zahl |
| | $Q$ | Blindleistung | W |
| | $S$ | Scheinleistung | W |

## Transformator

| | | | |
|---|---|---|---|
| Spannungsverhältnis im unbelasteten idealen Transformator: $\frac{U_1}{U_2} = \frac{N_1}{N_2}$ | $U_1, U_2$ | Spannung an Primär- bzw. Sekundärspule | V |
| | $N_1, N_2$ | Windungszahl der Primär- bzw. Sekundärspule | Zahl |
| Stromstärkeverhältnis im stark belasteten idealen Transformator: $\frac{I_1}{I_2} = \frac{N_2}{N_1}$ | $I_1, I_2$ | Stromstärke in Primär- bzw. Sekundärspule | A |

# Schwingungen und Wellen

## Harmonischer Oszillator

### Frequenz $f$

$f = \frac{1}{T}$

$\omega = 2\pi \cdot f = \frac{2\pi}{T}$

| | | |
|---|---|---|
| $f$ | Frequenz | $s^{-1}$ |
| $T$ | Schwingungsdauer (Periodendauer) | s |
| $\omega$ | Kreisfrequenz | $s^{-1}$ |

### Harmonischer Oszillator

#### Ungedämpfte Schwingung

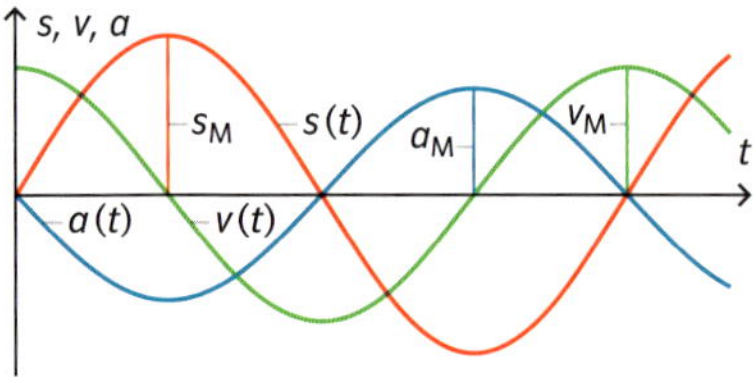


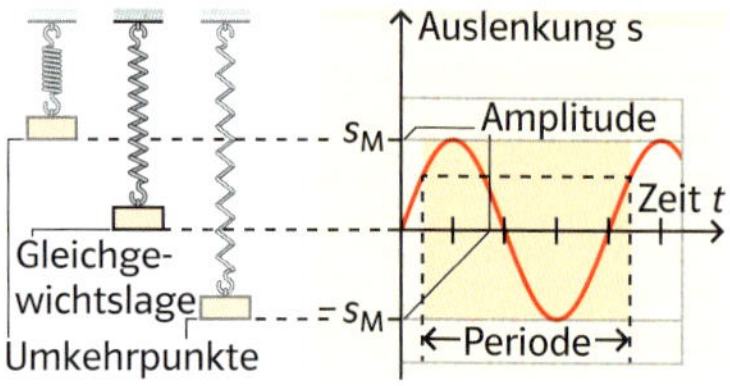


Zeit-Weg-Gesetz:
$s(t) = s_M \cdot \sin(\omega \cdot t + \Delta\varphi)$
$\varphi = \omega \cdot t + \Delta\varphi$

Zeit-Geschwindigkeit-Gesetz:
$v(t) = s_M \cdot \omega \cdot \cos(\omega \cdot t + \Delta\varphi)$

Zeit-Beschleunigung-Gesetz:
$a(t) = -s_M \cdot \omega^2 \cdot \sin(\omega \cdot t + \Delta\varphi)$

Lineares Kraftgesetz:
$F(t) = -D \cdot s(t)$ mit $D = m \cdot \omega^2$

Schwingungsdauer:
$T = 2\pi \cdot \sqrt{\frac{m}{D}}$

| | | |
|---|---|---|
| $s(t)$ | Auslenkung | m |
| $s_M$ | Amplitude (Schwingungsweite) | m |
| $\omega$ | Kreisfrequenz | $s^{-1}$ |
| $t$ | Zeit | s |
| $\Delta\varphi$ | Phasenverschiebung | Zahl |
| $\varphi$ | Phase(-nwinkel) | Zahl |
| $v(t)$ | Geschwindigkeit | $m \cdot s^{-1}$ |
| $a(t)$ | Beschleunigung | $m \cdot s^{-2}$ |
| $F$ | Kraft | N |
| $D$ | Richtgröße | $N \cdot m^{-1}$ |
| $m$ | Masse des Oszillators | kg |
| $T$ | Schwingungsdauer | s |

#### Gedämpfte Schwingung

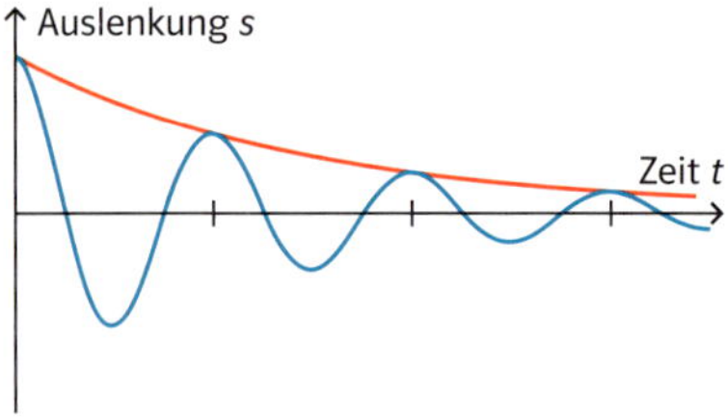


Zeit-Weg-Gesetz:
$s(t) = s_M \cdot e^{-\delta t} \cdot \sin(\omega t + \Delta\varphi)$

Für $F_R$ = konstant erhält man
$\hat{s}(t) - \hat{s}(t + T) = 2\frac{F_R}{D}$.

Für $F_R = -b \cdot v$ ist $\delta = \frac{b}{2m}$.

| | | |
|---|---|---|
| $s(t)$ | Auslenkung | m |
| $s_M$ | Amplitude (Schwingungsweite) | m |
| $\delta$ | Dämpfungsfaktor (Abklingfaktor) | $s^{-1}$ |
| $\omega$ | Kreisfrequenz | $s^{-1}$ |
| $t$ | Zeit | s |
| $\Delta\varphi$ | Phasenverschiebung | Zahl |
| $F_R$ | Reibungskraft | N |
| $\hat{s}(t)$, $\hat{s}(t+T)$ | zwei aufeinanderfolgende Auslenkungen mit gleichem Phasenwinkel $\varphi$ | m<br>m |
| $D$ | Richtgröße | $N \cdot m^{-1}$ |
| $b$ | Dämpfungskoeffizient | $kg \cdot s^{-1}$ |
| $v$ | Geschwindigkeit | $m \cdot s^{-1}$ |

Harmonischer Oszillator

## Differenzialgleichung harmonischer Schwingungen

$m \cdot \ddot{s}(t) + D \cdot s(t) = 0$

Mit $\omega = \sqrt{\frac{D}{m}}$ folgt

$\ddot{s}(t) + \omega^2 \cdot s(t) = 0.$

| | | |
|---|---|---|
| $m$ | Masse des Oszillators | kg |
| $\ddot{s}(t)$ | Beschleunigung | $m \cdot s^{-2}$ |
| $D$ | Richtgröße | $N \cdot m^{-1}$ |
| $s(t)$ | Auslenkung | m |
| $\omega$ | Kreisfrequenz | $s^{-1}$ |

## Energie $E$ des harmonischen Oszillators

$$E_{ges} = E_{kin} + E_{pot} = \frac{1}{2} m \cdot v(t)^2 + \frac{1}{2} D \cdot s(t)^2 = \frac{1}{2} D \cdot s_M^2 = 2\pi^2 \cdot m \cdot f^2 \cdot s_M^2$$

| | | |
|---|---|---|
| $E_{ges}$ | Gesamtenergie | J |
| $E_{kin}$ | kinetische Energie | J |
| $E_{pot}$ | potenzielle Energie | J |
| $m$ | Masse | kg |
| $v(t)$ | Geschwindigkeit | $m \cdot s^{-1}$ |
| $D$ | Richtgröße | $N \cdot m^{-1}$ |
| $s(t)$ | Auslenkung | m |
| $s_M$ | Amplitude | m |
| $f$ | Frequenz | $s^{-1}$ |

## Federpendel (reibungsfrei)

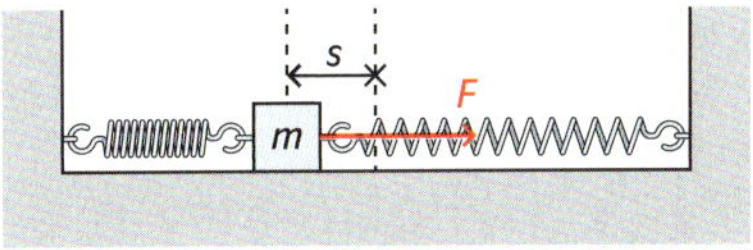


$F = -D \cdot s; \quad T = 2\pi \cdot \sqrt{\frac{m}{D}}$

| | | |
|---|---|---|
| $F$ | Kraft | N |
| $D$ | Richtgröße | $N \cdot m^{-1}$ |
| $s$ | Auslenkung | m |
| $T$ | Schwingungsdauer | s |
| $m$ | Masse | kg |

## Fadenpendel (reibungsfrei)

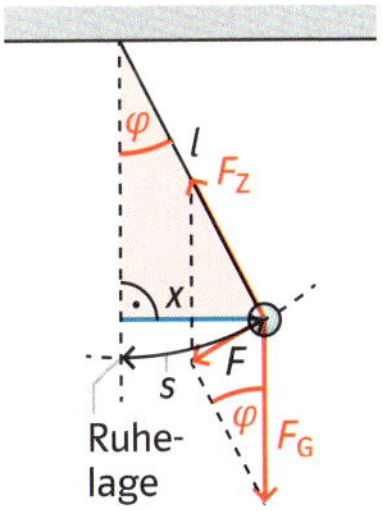


$F = -\frac{m \cdot g}{l} \cdot x$

$T = 2\pi \cdot \sqrt{\frac{l}{g}}$

| | | |
|---|---|---|
| $F$ | Kraft | N |
| $m$ | Masse | kg |
| $g$ | Fallbeschleunigung | $m \cdot s^{-2}$ |
| $l$ | Pendellänge | m |
| $x \approx s$ | Auslenkung für kleinen Wert von $\varphi$ | m |
| $T$ | Schwingungsdauer | s |

Mechanische Wellen

## Ausbreitungsgeschwindigkeit $c$

$c = \lambda \cdot f = \frac{\lambda}{T}$

| | | |
|---|---|---|
| $c$ | Ausbreitungsgeschwindigkeit (Phasengeschwindigkeit) | $m \cdot s^{-1}$ |
| $\lambda$ | Wellenlänge | m |
| $f$ | Frequenz | $s^{-1}$ |
| $T$ | Schwingungsdauer | s |

# Schwingungen und Wellen

Mechanische Wellen

Harmonischer Oszillator → S. 186

## Wellengleichung bei harmonischen Oszillatoren

$$s(t) = s_M \cdot \sin\left[2\pi \cdot \left(\frac{t}{T} - \frac{x}{\lambda}\right)\right]$$

Stehende Welle:

$$s(t) = 2s_M \cdot \cos\left(\frac{2\pi}{\lambda} \cdot x\right) \cdot \sin\left(\frac{2\pi}{T} \cdot t\right)$$

(Phasensprung von 180° bei Reflexion an einem festen Ende)

| | | |
|---|---|---|
| $s(t)$ | Auslenkung | m |
| $s_M$ | Amplitude | m |
| $t$ | Zeitpunkt | s |
| $T$ | Schwingungsdauer | s |
| $x$ | Ort | m |
| $\lambda$ | Wellenlänge | m |

## Intensität $I$

$$I = \frac{\Delta E}{A \cdot \Delta t} = 2\pi^2 \cdot \varrho \cdot c \cdot s_M^2 \cdot f^2$$

(Bei Seilwelle: $\varrho = \frac{m}{l}$ in $kg \cdot m^{-1}$.)

| | | |
|---|---|---|
| $\Delta E$ | durch die Fläche A im Zeitintervall $\Delta t$ übertragene Energie | J |
| $I$ | Intensität (mittlere Leistung pro Fläche) | $J \cdot m^{-2} \cdot s^{-1}$ $= kg \cdot s^{-3}$ |
| $\varrho$ | Dichte | $kg \cdot m^{-3}$ |
| $c$ | Ausbreitungsgeschwindigkeit | $m \cdot s^{-1}$ |
| $s_M$ | Amplitude | m |
| $f$ | Frequenz | $s^{-1}$ |

## Doppler-Effekt

Es ist jeweils das obere Vorzeichen für eine Annäherung und das untere Vorzeichen für eine Entfernung von Sender und Empfänger zu betrachten.

Sender ruhend – Empfänger bewegt:

$$f' = f \cdot \left(1 \pm \frac{v_E}{c}\right)$$

Sender bewegt – Empfänger ruhend:

$$f' = f \cdot \left(\frac{1}{1 \mp \frac{v_S}{c}}\right)$$

Sender und Empfänger bewegt:

$$f' = f \cdot \left(\frac{c \pm v_E}{c \mp v_S}\right)$$

| | | |
|---|---|---|
| $f'$ | Frequenz des Empfängers | $s^{-1}$ |
| $f$ | Frequenz des Senders | $s^{-1}$ |
| $v_E$ | Geschwindigkeit des Empfängers | $m \cdot s^{-1}$ |
| $c$ | Schallgeschwindigkeit | $m \cdot s^{-1}$ |
| $v_S$ | Geschwindigkeit des Senders | $m \cdot s^{-1}$ |

# Schwingkreis

## Kondensator

Laden: $U(t) = \hat{U} \cdot \left(1 - e^{-\frac{t}{R \cdot C}}\right)$

$I(t) = \hat{I} \cdot e^{-\frac{t}{R \cdot C}}$

Entladen: $U(t) = \hat{U} \cdot e^{-\frac{t}{R \cdot C}}$

$I(t) = -\hat{I} \cdot e^{-\frac{t}{R \cdot C}}$

$\hat{U} = R \cdot \hat{I}$

| | | |
|---|---|---|
| $U(t)$ | Spannung zur Zeit $t$ | V |
| $\hat{U}$ | Maximalspannung | V |
| $t$ | Zeitpunkt | s |
| $R$ | Widerstand | $\Omega = V \cdot A^{-1}$ |
| $C$ | Kapazität | $F = A \cdot s \cdot V^{-1}$ |
| $R \cdot C$ | Zeitkonstante | s |
| $I(t)$ | Stromstärke zur Zeit $t$ | A |
| $\hat{I}$ | Maximalstromstärke | A |

## Thomson'sche Schwingungsgleichung

Schwingkreis

Ungedämpft:

$f = \frac{1}{T} = \frac{1}{2\pi \cdot \sqrt{L \cdot C}}$

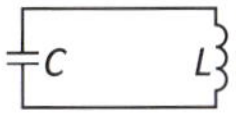


Gedämpft:

$f = \frac{1}{2\pi} \cdot \sqrt{\frac{1}{L \cdot C} - \left(\frac{R}{2L}\right)^2}$

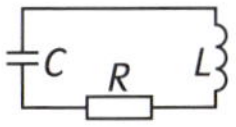


Differenzialgleichung der ungedämpften Schwingung:
$(L \cdot C) \cdot \ddot{Q} + Q = 0$

Lösung mit $\omega = \sqrt{\frac{1}{L \cdot C}}$:
$Q(t) = \hat{Q} \cdot \sin(\omega \cdot t + \varphi_0) = C \cdot U(t)$
$\dot{Q}(t) = I(t) = \hat{I} \cdot \cos(\omega \cdot t + \varphi_0)$
$= C \cdot \dot{U}(t)$
mit $\hat{I} = \hat{Q} \cdot \omega$

| | | |
|---|---|---|
| $f$ | Eigenfrequenz des Schwingkreises | $s^{-1}$ |
| $T$ | Schwingungsdauer | s |
| $L$ | Induktivität | $H = V \cdot s \cdot A^{-1}$ |
| $C$ | Kapazität | $F = C \cdot V^{-1}$ |
| $R$ | Ohm'scher Widerstand | $\Omega = V \cdot A^{-1}$ |
| $\frac{R}{2L}$ | Abklingkoeffizient | $s^{-1}$ |
| $Q$ | Ladung auf einer Kondensatorplatte | C |
| $\hat{Q}$ | maximale Ladung | C |
| $\omega$ | Kreisfrequenz | $s^{-1}$ |
| $t$ | Zeitpunkt | s |
| $\varphi_0$ | Phasenunterschied | Zahl |
| $\hat{I}$ | maximale Stromstärke | A |

## Elektromagnetische Wellen

Elektrische Feldkonstante und magnetische Feldkonstante → S. 208

### Ausbreitungsgeschwindigkeit $c$

$c = \sqrt{\frac{1}{\varepsilon_r \cdot \varepsilon_0 \cdot \mu_r \cdot \mu_0}}$

Im Vakuum ist $\varepsilon_r = \mu_r = 1$.

| | | |
|---|---|---|
| $c$ | Lichtgeschwindigkeit | $m \cdot s^{-1}$ |
| $\varepsilon_r$ | Permittivitätszahl | Zahl |
| $\varepsilon_0$ | elektrische Feldkonstante | $A \cdot s \cdot V^{-1} \cdot m^{-1}$ |
| $\mu_r$ | Permeabilitätszahl | Zahl |
| $\mu_0$ | magnetische Feldkonstante | $V \cdot s \cdot A^{-1} \cdot m^{-1}$ |

### Dipol

Sender – Eigenfrequenz:
$f = \frac{c}{2l}$

Empfänger – optimale Länge:
$l = k \cdot \frac{\lambda}{2}$ für $k = 1, 2, 3 \ldots$

| | | |
|---|---|---|
| $f$ | Eigenfrequenz des Dipols | $s^{-1}$ |
| $c$ | Lichtgeschwindigkeit | $m \cdot s^{-1}$ |
| $l$ | Länge des Dipols | m |
| $\lambda$ | Wellenlänge der zu empfangenden Welle | m |

### Maxwell'sche Gleichungen

1. $\oint \varepsilon_0 \cdot \varepsilon_r \cdot \vec{E} \cdot d\vec{A} = q$
2. $\oint \vec{B} \cdot d\vec{A} = 0$
3. $\oint \vec{E} \cdot d\vec{s} = -\dot{\Phi}$
4. $\oint \vec{B} \cdot d\vec{s} = \mu_0 \cdot I + \mu_0 \cdot \varepsilon_0 \cdot \dot{\psi}$

mit $\psi = A \cdot E$ und $\Phi = A \cdot B$ für konstante $A$ und $B$

$\oint$ bei 1. und 2. (bei 3. und 4.): Integral über eine geschlossene Fläche (Kurve)

| | | |
|---|---|---|
| $\varepsilon_0$ | elektrische Feldkonstante | $A \cdot s \cdot V^{-1} \cdot m^{-1}$ |
| $\varepsilon_r$ | Permittivitätszahl | Zahl |
| $E$ | elektrische Feldstärke | $N \cdot C^{-1}$ |
| $A$ | Fläche | $m^{-2}$ |
| $q$ | eingeschlossene freie Ladung | C |
| $B$ | magnetische Flussdichte | $T = V \cdot s \cdot m^{-2}$ |
| $s$ | Weg | m |
| $\Phi$ | magnetischer Fluss | $Wb = V \cdot s$ |
| $\mu_0$ | magnetische Feldkonstante | $V \cdot s \cdot A^{-1} \cdot m^{-1}$ |
| $I$ | Stromstärke | A |
| $\psi$ | elektrischer Fluss | $A \cdot s$ |

P

Physik

# Optik

## Strahlen-Optik

### Reflexionsgesetz

1. Einfallender Strahl, Einfallslot und reflektierter Strahl liegen in einer Ebene.
2. Einfallswinkel $\alpha$ und Reflexionswinkel $\alpha'$ sind gleich groß: $\alpha = \alpha'$.

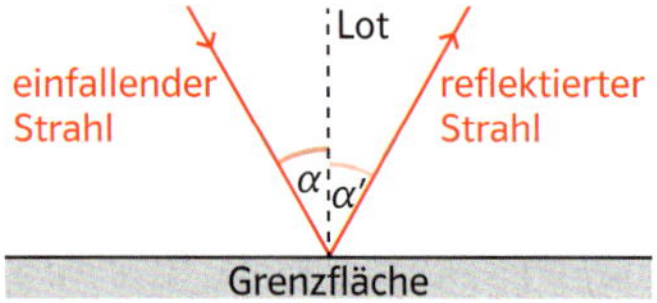


| | | |
|---|---|---|
| $\alpha$ | Einfallswinkel | Zahl (Grad) |
| $\alpha'$ | Reflexionswinkel | Zahl (Grad) |

### Brechungsgesetz

1. Einfallender Strahl, Einfallslot und gebrochener Strahl liegen in einer Ebene.
2. $\frac{\sin\alpha_1}{\sin\alpha_2} = \frac{c_1}{c_2} = \frac{n_2}{n_1}$

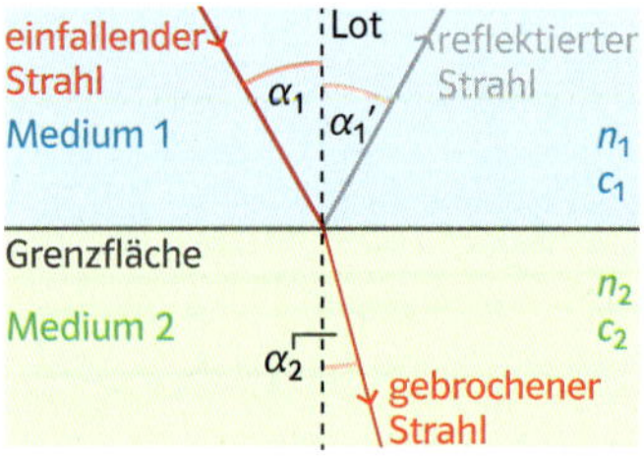


Lichtgeschwindigkeit im Vakuum → S. 208

Für $c_1 = c_0$ ist $n_1 = 1$ und es gilt $\frac{\sin\alpha_1}{\sin\alpha_2} = \frac{c_0}{c_2} = n_2 = n$.

Ein Medium heißt optisch dichter als ein anderes, wenn seine Brechzahl $n$ größer als die des anderen ist.

| | | |
|---|---|---|
| $\alpha_1$ | Einfallswinkel | Zahl (Grad) |
| $\alpha_1'$ | Reflexionswinkel | Zahl (Grad) |
| $\alpha_2$ | Brechungswinkel | Zahl (Grad) |
| $c_1$ | Lichtgeschwindigkeit in Medium 1 | $m \cdot s^{-1}$ |
| $c_2$ | Lichtgeschwindigkeit in Medium 2 | $m \cdot s^{-1}$ |
| $n_1$ | Brechzahl des Mediums 1 gegenüber Vakuum | Zahl |
| $n_2$ | Brechzahl des Mediums 2 gegenüber Vakuum | Zahl |
| $c_0$ | Lichtgeschwindigkeit im Vakuum (Luft) | $m \cdot s^{-1}$ |
| $n$ | Brechzahl des Mediums gegenüber Vakuum (Luft) | Zahl |

### Totalreflexion

$\sin\alpha_G = \frac{c_2}{c_1} = \frac{n_1}{n_2}$ für $n_1 < n_2$

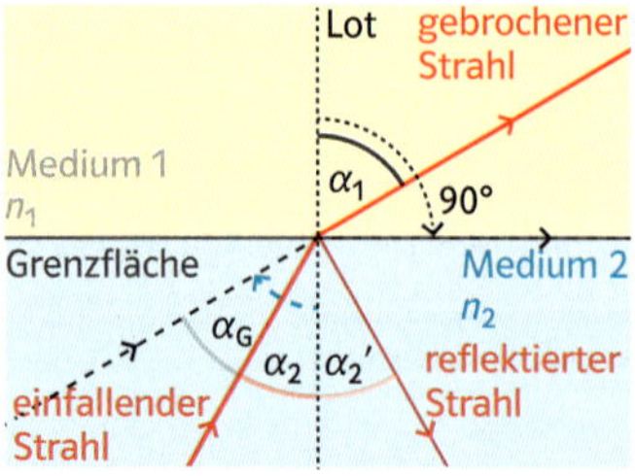


| | | |
|---|---|---|
| $\alpha_G$ | Grenzwinkel bei $\alpha_1 = 90°$ | Zahl (Grad) |
| $c_1$ | Lichtgeschwindigkeit in Medium 1 | $m \cdot s^{-1}$ |
| $c_2$ | Lichtgeschwindigkeit in Medium 2 | $m \cdot s^{-1}$ |
| $n_1$ | Brechzahl des optisch dünneren Mediums 1 gegenüber Vakuum | Zahl |
| $n_2$ | Brechzahl des optisch dichteren Mediums 2 gegenüber Vakuum | Zahl |

## Lochkamera

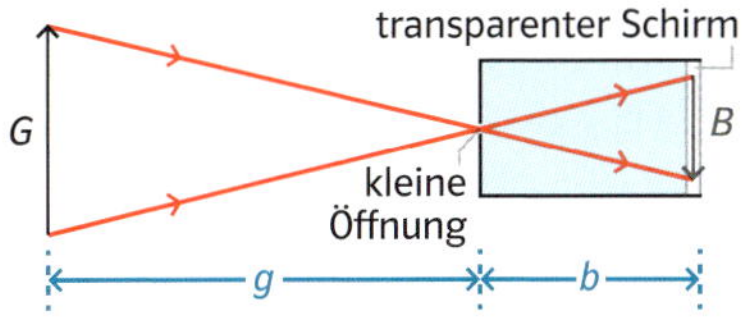


$A = \frac{B}{G} = \frac{b}{g}$

| | | |
|---|---|---|
| $A$ | Abbildungsmaßstab | Zahl |
| $B$ | Bildgröße | m |
| $G$ | Gegenstandsgröße | m |
| $b$ | Bildweite | m |
| $g$ | Gegenstandsweite | m |

## (Dünne) Linsen

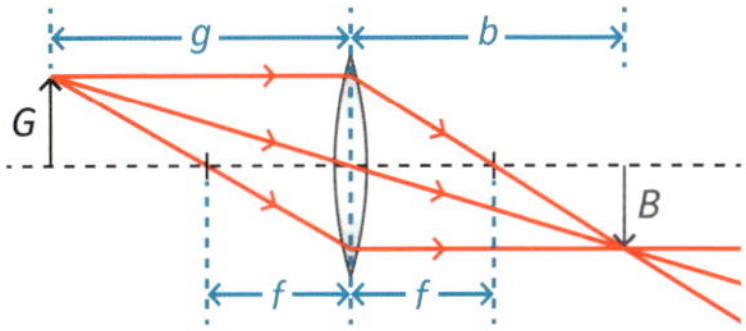


Abbildungsmaßstab: $A = \frac{B}{G} = \frac{b}{g}$

Linsengleichung: $\frac{1}{f} = \frac{1}{g} + \frac{1}{b}$

Newton'sche Formel: $(g - f) \cdot (b - f) = f^2$

Brechkraft: $D = \frac{1}{f}$

Brennweite: $\frac{1}{f} = (n - 1) \cdot \left(\frac{1}{r_1} + \frac{1}{r_2}\right)$

| | | |
|---|---|---|
| $A$ | Abbildungsmaßstab | Zahl |
| $B$ | Bildgröße | m |
| $G$ | Gegenstandsgröße | m |
| $b$ | Bildweite | m |
| $g$ | Gegenstandsweite | m |
| $f$ | Brennweite | m |
| $D$ | Brechkraft der Linse | dpt = $m^{-1}$ |
| $n$ | Brechzahl des Linsenmaterials | Zahl |
| $r_1, r_2$ | Krümmungsradien der Linsenflächen | m |

## Linsensysteme (für dünne Linsen)

$D = D_1 + D_2$

$\frac{1}{f} = \frac{1}{f_1} + \frac{1}{f_2}$

$k = \frac{d}{f}$

| | | |
|---|---|---|
| $D$ | Brechkraft des Systems | dpt = $m^{-1}$ |
| $D_1, D_2$ | Brechkraft der Einzellinsen | $m^{-1}$ |
| $f$ | Brennweite des Systems | m |
| $f_1, f_2$ | Brennweite der Einzellinsen | m |
| $k$ | Lichtstärke (Öffnungsverhältnis) des Objektivs | Zahl |
| $d$ | Objektivdurchmesser | m |

# Optik

Strahlen-Optik

## Vergrößerung optischer Geräte

$V = \frac{\tan \alpha_G}{\tan \alpha_0}$

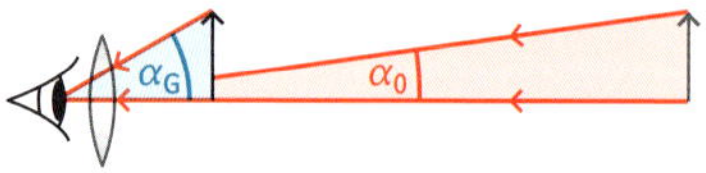


Lupe: $V = \frac{s_0}{f}$ mit $s_0 = 25\,\text{cm}$

Fernrohr: $V = \frac{f_{Obj}}{f_{Oku}}$

Mikroskop: $V = \frac{b \cdot s_0}{f_{Obj} \cdot f_{Oku}}$

| | | |
|---|---|---|
| $V$ | Vergrößerung | Zahl |
| $\alpha_G$ | Sehwinkel mit Gerät | Zahl (Grad) |
| $\alpha_0$ | Sehwinkel mit bloßem Auge | Zahl (Grad) |
| $s_0$ | deutliche Sehweite | m |
| $f$ | Brennweite der Lupe | m |
| $f_{Obj}$ | Objektivbrennweite | m |
| $f_{Oku}$ | Okularbrennweite | m |
| $b$ | Abstand der inneren Brennpunkte von Okular und Objektiv | m |

## (Kugelförmige) Spiegel

$A = \frac{B}{G} = \frac{b}{g}$

$\frac{1}{f} = \frac{1}{g} + \frac{1}{b}$

mit $f = \pm \frac{r}{2}$

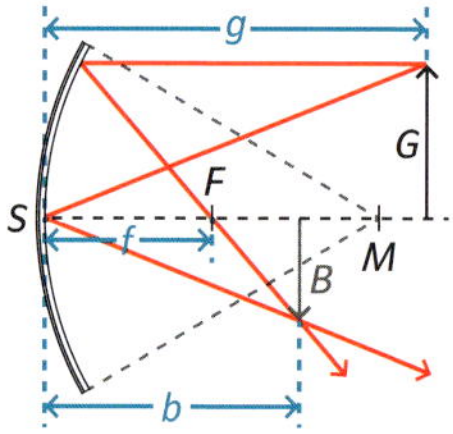


Vorzeichen von $f$:
- bei Hohlspiegeln: +
- bei Wölbspiegeln: −

| | | |
|---|---|---|
| $A$ | Abbildungsmaßstab | m |
| $B$ | Bildgröße | m |
| $G$ | Gegenstandsgröße | m |
| $b$ | Bildweite | m |
| $g$ | Gegenstandsweite | Zahl |
| $f$ | Brennweite | m |
| $r$ | Krümmungsradius | m |

Wellen-Optik

## Ausbreitungsgeschwindigkeit *c*

$c = \lambda \cdot f$

Beim Übergang von Medium 1 in Medium 2 gilt $f_1 = f_2$ bzw. $\frac{\lambda_1}{\lambda_2} = \frac{c_1}{c_2}$.

| | | |
|---|---|---|
| $c$ | Lichtgeschwindigkeit | $m \cdot s^{-1}$ |
| $\lambda$ | Wellenlänge des Lichtes | m |
| $f$ | Frequenz des Lichtes | $Hz = s^{-1}$ |
| $f_1, f_2$ | Frequenz in Medium 1 bzw. 2 | $Hz = s^{-1}$ |
| $\lambda_1, \lambda_2$ | Wellenlänge in Medium 1 bzw. 2 | m |
| $c_1, c_2$ | Lichtgeschwindigkeit in Medium 1 bzw. 2 | $m \cdot s^{-1}$ |

## Optische Weglänge

Ohne Reflexion an einem dichteren Medium:

$s_{opt} = s_{geo} \cdot n$

Mit Reflexion an einem dichteren Medium:

$s_{opt} = s_{geo} \cdot n + \frac{\lambda}{2}$ (Phasensprung)

| | | |
|---|---|---|
| $s_{opt}$ | optischer Lichtweg | m |
| $s_{geo}$ | geometrischer Lichtweg | m |
| $n$ | Brechzahl des Ausbreitungsmediums | Zahl |
| $\lambda$ | Wellenlänge im Ausbreitungsmedium | m |

## Newton'sche Ringe



Minima im reflektierten Licht bei senkrechtem Einfall:

$r_k^2 = k \cdot \lambda \cdot R$

$d_k = \frac{r_k^2}{2R}$

mit $k = 1, 2, 3 \ldots$

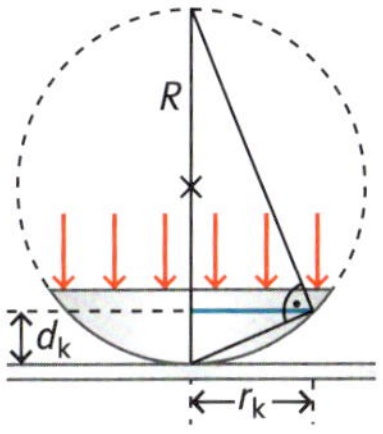


| | | |
|---|---|---|
| $r_k$ | Radius des $k$-ten dunklen Ringes | m |
| $\lambda$ | Wellenlänge in Luft | m |
| $R$ | Krümmungsradius der Linse | m |
| $d_k$ | Dicke der für den Gangunterschied verantwortlichen Luftschicht zwischen den reflektierenden Grenzflächen beim $k$-ten Maximum | m |

## Polarisation

Brewster'sches Gesetz:

$\tan \alpha_P = \frac{n_2}{n_1}$

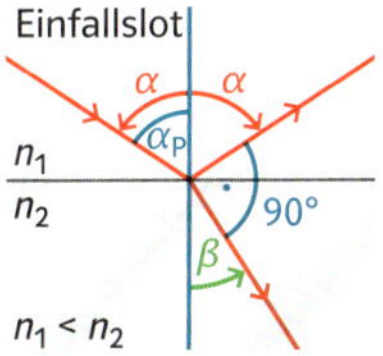


| | | |
|---|---|---|
| $\alpha_P$ | Polarisationswinkel (Einfallswinkel, bei dem eine vollständige Polarisation des reflektierten Lichtes eintritt) | Zahl (Grad) |
| $n_1$, $n_2$ | Brechzahl von Medium 1 bzw. 2 | Zahl |

## Optischer Doppler-Effekt im Vakuum

$f' = f \cdot \sqrt{\frac{c \pm v}{c \mp v}}$

Bei Annäherung gilt jeweils das obere Vorzeichen, bei Entfernung jeweils das untere Vorzeichen.

| | | |
|---|---|---|
| $f'$ | Frequenz des Lichtes beim Empfänger | $s^{-1}$ |
| $f$ | Frequenz der Lichtquelle | $s^{-1}$ |
| $c$ | Lichtgeschwindigkeit | $m \cdot s^{-1}$ |
| $v$ | Relativgeschwindigkeit | $m \cdot s^{-1}$ |

## Interferenz

$\Delta s_{opt} = s_{opt1} - s_{opt2}$

Phasenverschiebung:

$\Delta \varphi = \frac{2\pi}{\lambda} \cdot \Delta s_{opt}$

Interferenz kohärenter Wellen (gleiche Wellenlänge, konstante Phasenbeziehung):

- Für Interferenzmaxima (Verstärkung):
  $\Delta s_{opt} = k \cdot \lambda$ mit $k = 0, 1, 2, 3 \ldots$
- Für Interferenzminima (Auslöschung):
  $\Delta s_{opt} = \left(k + \frac{1}{2}\right) \cdot \lambda$ mit $k = 0, 1, 2, 3 \ldots$

| | | |
|---|---|---|
| $\Delta s_{opt}$ | Gangunterschied | m |
| $s_{opt1}$, $s_{opt2}$ | optischer Lichtweg von Strahl 1 bzw. 2 | m |
| $\Delta \varphi$ | Phasenverschiebung | Zahl |
| $\lambda$ | Wellenlänge im Ausbreitungsmedium | m |

# Optik

Wellen-Optik

## Interferenz beim Einzelspalt

Minima der Intensität:

$$\sin\alpha_k = \frac{k \cdot \lambda}{b}$$

Maxima der Intensität:

$$\sin\alpha_k = \frac{\left(k + \frac{1}{2}\right) \cdot \lambda}{b}$$

mit $k = 1, 2, 3 \ldots$

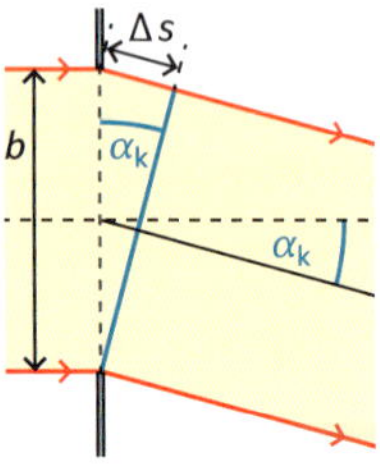


| | | |
|---|---|---|
| $\alpha_k$ | Beugungswinkel | Zahl |
| $\lambda$ | Wellenlänge im Ausbreitungsmedium | m |
| $b$ | Spaltbreite | m |

## Interferenz beim Doppelspalt

Minima der Intensität:

$$\sin\alpha_k = \frac{\left(k + \frac{1}{2}\right) \cdot \lambda}{g}$$

Maxima der Intensität:

$$\sin\alpha_k = \frac{k \cdot \lambda}{g}$$

mit $k = 0, 1, 2 \ldots$

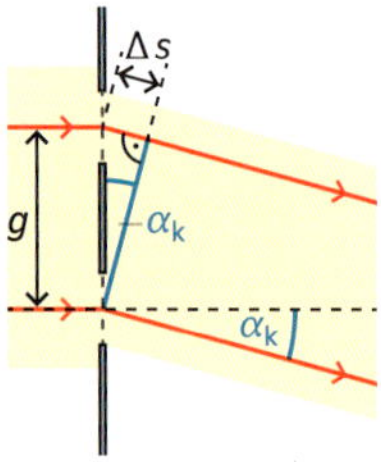


| | | |
|---|---|---|
| $\alpha_k$ | Beugungswinkel | Zahl |
| $\lambda$ | Wellenlänge im Ausbreitungsmedium | m |
| g | Abstand der Spaltmitten | m |

## Interferenz beim Gitter

Hauptmaxima der Intensität:

$\sin\alpha_k = \frac{k \cdot \lambda}{g}$ sowie $\tan\alpha_k = \frac{a_k}{l}$

mit $k = 0, 1, 2, 3 \ldots$

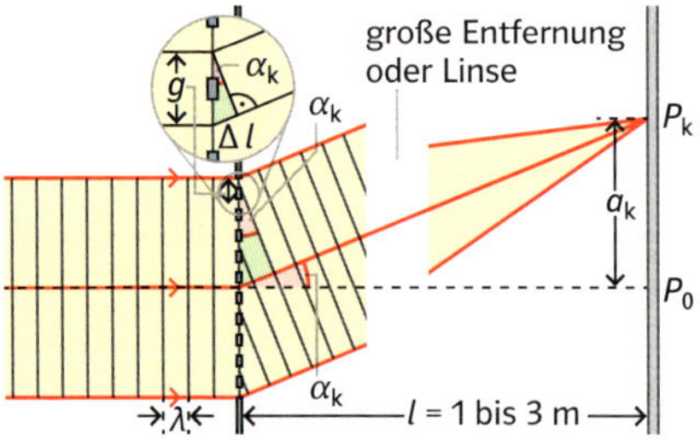


| | | |
|---|---|---|
| $\alpha_k$ | Beugungswinkel des $k$-ten Hauptmaximums | Zahl |
| $\lambda$ | Wellenlänge im Ausbreitungsmedium | m |
| $g$ | Gitterkonstante | m |
| $a_k$ | Abstand des Maximums $k$-ter Ordnung vom Maximum 0-ter Ordnung | m |
| $l$ | Entfernung des Gitters vom Schirm | m |

## Interferenz an dünnen Schichten

Im reflektierten Licht bei senkrechtem Einfall:

Maxima:

$$d = \frac{2k + 1}{n} \cdot \frac{\lambda}{4}$$

Minima:

$$d = \frac{2k}{n} \cdot \frac{\lambda}{4}$$

mit $k = 0, 1, 2, 3 \ldots$

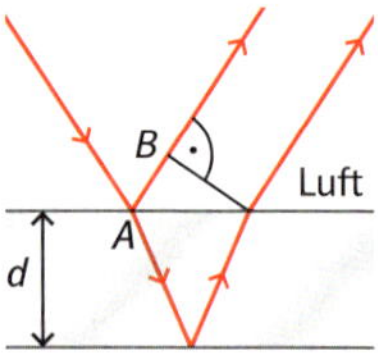


| | | |
|---|---|---|
| $d$ | Schichtdicke | m |
| $n$ | Brechzahl der Schicht | Zahl |
| $\lambda$ | Wellenlänge in Luft | m |

## Strahlungsenergie

### Lichtstärke $I_V$

$I_V = \frac{\Phi_V}{\Omega}$

Lichtmenge: $Q = \Phi_V \cdot t$

| | | |
|---|---|---|
| $I_V$ | Lichtstärke (Strahlungsleistung pro Raumwinkel) | cd $\left[\frac{1}{683} W \cdot sr^{-1}\right]$ |
| $\Phi_V$ | Lichtstrom (Strahlungsleistung mal Raumwinkel) | $lm = cd \cdot sr$ |
| $\Omega$ | Raumwinkel (Steradiant) | Zahl (sr) |
| $Q$ | Lichtmenge (Strahlungsenergie) | $lm \cdot s$ $(W \cdot s)$ |
| $t$ | Strahlungsdauer | s |

### Lichtstrom $\Phi_V$

$\Phi_V = E \cdot A$

| | | |
|---|---|---|
| $\Phi_V$ | Lichtstrom | lm |
| $E$ | Beleuchtungsstärke | $lx = lm \cdot m^{-2}$ |
| $A$ | beleuchtete Fläche | $m^2$ |

### Beleuchtungsstärke $E$

$E = \frac{I_V}{r^2}$

Solarkonstante: $S = 1{,}367 \cdot 10^3 \frac{W}{m^2}$

Astronomie:
Leuchtkraft der Sonne:
$L_S = 4\pi \cdot r^2 \cdot S = 4\pi \cdot R_S^2 \cdot \sigma \cdot T_S^4$
mit
$r = 1{,}5 \cdot 10^{11}\,m$ (Abstand Sonne – Erde)
$R_S = 6{,}95 \cdot 10^8\,m$ (Radius der Sonne)
$T_S = 6000\,K$ (Temperatur der Sonnenoberfläche)

| | | |
|---|---|---|
| $E$ | Beleuchtungsstärke (Intensität) | $lx = lm \cdot m^{-2}$ $(W \cdot m^{-2})$ |
| $I_V$ | Lichtstärke | cd |
| $r$ | Abstand der Lichtquelle von der bestrahlten Fläche | m |
| $S$ | Solarkonstante | $W \cdot m^{-2}$ |
| $L_S$ | Strahlungsleistung (Leuchtkraft) der Sonne im Abstand $r$ der Erde | W |
| $\sigma$ | Stefan-Boltzmann-Konstante | $W \cdot m^{-2} \cdot K^{-4}$ |

Stefan-Boltzmann-Konstante → S. 209

### Strahlungsleistung

$\Phi_V = \frac{Q}{t}$

Scheinbare Helligkeit:
Sterne in der astronomischen Größenklasseneinheit mag:

$m_1 - m_2 = -2{,}5\,mag \cdot \log \frac{\Phi_{V1}}{\Phi_{V2}}$

| | | |
|---|---|---|
| $\Phi_V$ | Strahlungsleistung | W |
| $Q$ | Strahlungsenergie | J |
| $t$ | Strahlungsdauer | s |
| $m_1, m_2$ | scheinbare Helligkeit zweier Sterne am selben Ort gemessen | mag |

### Stefan-Boltzmann'sches Gesetz

$\Phi_V = \varepsilon \cdot \sigma \cdot T^4 \cdot A$
$(\sigma = 5{,}760 \cdot 10^{-8}\,W \cdot m^{-2} \cdot K^{-4})$

| | | |
|---|---|---|
| $\Phi_V$ | Strahlungsleistung | W |
| $\varepsilon$ | Emissionsgrad | Zahl |
| $\sigma$ | Stefan-Boltzmann-Konstante | $W \cdot m^{-2} \cdot K^{-4}$ |
| $T$ | Temperatur des Strahlers | K |
| $A$ | abstrahlende Fläche | $m^2$ |

Strahlungsenergie

## Wien'sches Verschiebungsgesetz

$\lambda_{max} \cdot T = b$
($b = 2{,}898 \cdot 10^{-3}\,\mathrm{m} \cdot \mathrm{K}$)

| | | |
|---|---|---|
| $\lambda_{max}$ | Wellenlänge für das Maximum einer spektralen Verteilung | m |
| $T$ | Temperatur des Strahlers | K |
| $b$ | Wien'sche Konstante | m · K |

## Planck'sches Strahlungsgesetz

Planck'sches Wirkungsquantum → S. 209
Boltzmann-Konstante → S. 208

Energiestromdichte (proportional zum Strahlungsdruck):

$$u = \frac{8\pi}{c^3} \cdot \frac{h \cdot f^3}{e^{\frac{h \cdot f}{k \cdot T}} - 1}$$

($h = 6{,}626 \cdot 10^{-34}\,\mathrm{J} \cdot \mathrm{s}$

$k = 1{,}380\,648\,5 \cdot 10^{-23}\,\mathrm{J} \cdot \mathrm{K}^{-1}$)

Strahlung eines schwarzen Strahlers (Hohlraumstrahlung)

| | | |
|---|---|---|
| $u$ | Energie pro Frequenz und Fläche | $\mathrm{J} \cdot \mathrm{m}^{-2} \cdot \mathrm{s}^{-1}$ |
| $c$ | Lichtgeschwindigkeit | $\mathrm{m} \cdot \mathrm{s}^{-1}$ |
| $h$ | Planck'sches Wirkungsquantum (Planck'sche Konstante) | J · s |
| $f$ | Strahlungsfrequenz | $\mathrm{s}^{-1}$ |
| $k$ | Boltzmann-Konstante | $\mathrm{J} \cdot \mathrm{K}^{-1}$ |
| $T$ | Gleichgewichtstemperatur des Strahlers | K |

**Photon – Elektron**

## Quantenobjekt

Energie eines Photons:
$E = h \cdot f$

Energie eines Elektrons:
$E = \frac{1}{2} m \cdot v^2 = e \cdot U_B$

Masse eines Photons:
$m = \frac{E}{c^2} = \frac{h \cdot f}{c^2} = \frac{h}{c \cdot \lambda}$

Impuls eines Photons:
$p = \frac{E}{c} = \frac{h \cdot f}{c} = \frac{h}{\lambda}$

De-Broglie-Wellenlänge für Elektronen:
$\lambda = \frac{h}{p}$
$(h = 6{,}626 \cdot 10^{-34}\,\mathrm{J \cdot s})$

| | | |
|---|---|---|
| $E$ | Energie | J |
| $h$ | Planck'sches Wirkungsquantum (Planck'sche Konstante) | J · s |
| $f$ | Frequenz | $\mathrm{Hz = s^{-1}}$ |
| $m$ | Masse | kg |
| $v$ | Geschwindigkeit des Elektrons | $\mathrm{m \cdot s^{-1}}$ |
| $e$ | Elementarladung | C |
| $U_B$ | Beschleunigungsspannung | $\mathrm{V = J \cdot C^{-1}}$ |
| $c$ | Lichtgeschwindigkeit | $\mathrm{m \cdot s^{-1}}$ |
| $\lambda$ | Wellenlänge | m |
| $p$ | Impuls | $\mathrm{kg \cdot m \cdot s^{-1}}$ |

Elementarladung → S. 208

## Fotoeffekt

Insgesamt vom Licht übertragene Energie:
$h \cdot f = E_{k,max} + W_A$
$(h = 6{,}626 \cdot 10^{-34}\,\mathrm{J \cdot s})$

| | | |
|---|---|---|
| $h$ | Planck'sches Wirkungsquantum (Planck'sche Konstante) | J · s |
| $f$ | Frequenz des Lichtes | $\mathrm{Hz = s^{-1}}$ |
| $E_{k,max}$ | maximale kinetische Energie des ausgelösten (freien) Elektrons | J |
| $W_A$ | materialabhängige Arbeit zum Herauslösen des Elektrons | J |

## Röntgenbremsstrahlung

$f_G = \frac{e \cdot U_B}{h}$ bzw. $\lambda_G = \frac{c}{f_G} = \frac{c \cdot h}{e \cdot U_B}$

Interferenzmaxima der an den Netzebenen des Kristalls gebeugten Röntgenstrahlung (Bragg-Bedingung):
$2a \cdot \sin\vartheta_k = k \cdot \lambda$ für $k = 1, 2, 3 \ldots$

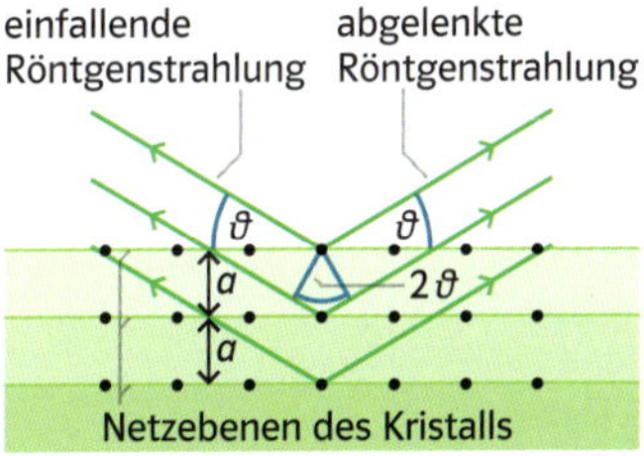


| | | |
|---|---|---|
| $f_G$ | Grenzfrequenz (max.) des kontinuierlichen Röntgenspektrums | $\mathrm{Hz = s^{-1}}$ |
| $e$ | Elementarladung | C |
| $U_B$ | Beschleunigungsspannung der Elektronen | V |
| $h$ | Planck'sches Wirkungsquantum (Planck'sche Konstante) | J · s |
| $\lambda_G$ | Grenzwellenlänge (min.) des Röntgenspektrums | m |
| $c$ | Lichtgeschwindigkeit | $\mathrm{m \cdot s^{-1}}$ |
| $a$ | Abstand der Netzebenen | m |
| $\vartheta_k$ | Glanzwinkel | Zahl (Grad) |

P

Physik

# Quantenobjekte

Photon – Elektron

## Compton-Effekt

Wellenlängenzunahme eines Photons bei Streuuung an einem Elektron:

$\Delta\lambda = \lambda_g - \lambda_e = \frac{h}{m_0 \cdot c_0} \cdot (1 - \cos\beta)$

Planck'sches Wirkungsquantum und Ruhemasse des Elektrons → S. 209 Lichtgeschwindigkeit im Vakuum und Compton-Wellenlänge des Elektrons → S. 208

Compton-Wellenlänge des Elektrons ($\beta = 90°$):

$\lambda_C = \frac{h}{m_0 \cdot c_0}$, also

$\Delta\lambda = \lambda_C \cdot (1 - \cos\beta)$

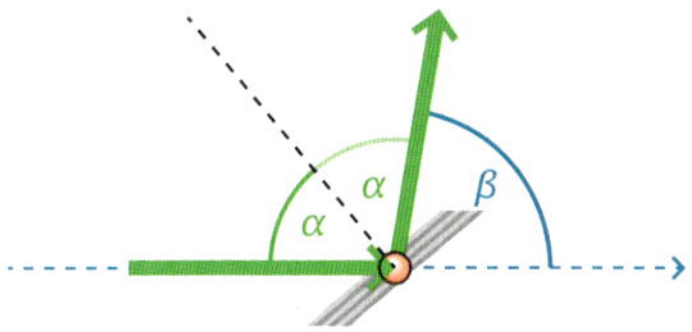


| | | |
|---|---|---|
| $\Delta\lambda$ | Wellenlängenzunahme | m |
| $\lambda_e, \lambda_g$ | Wellenlänge des einfallenden bzw. gestreuten Photons | m |
| $h$ | Planck'sches Wirkungsquantum (Planck'sche Konstante) | J · s |
| $m_0$ | Ruhemasse des Elektrons | kg |
| $c_0$ | Lichtgeschwindigkeit im Vakuum | $m \cdot s^{-1}$ |
| $\beta$ | Streuwinkel | Zahl (Grad) |
| $\lambda_C$ | Compton-Wellenlänge des Elektrons | m |

## Schrödinger-Gleichung

Eindimensional gebundenes Elektron:

$\psi''(x) + \frac{8\pi^2 m}{h^2} \cdot (E - E_{pot}) \cdot \psi(x) = 0$

Normierungsbedingung der Antreffwahrscheinlichkeit:

$\int_0^L \psi^2(x) \cdot dx = 1$

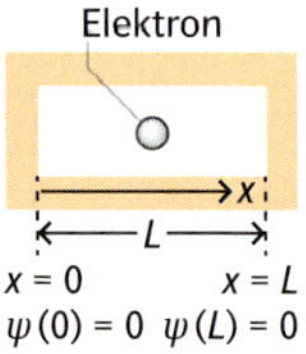


Stationäre (zeitunabhängige) Lösung in einem linearen Potenzialtopf der Länge $L$ für $E_{pot} = 0$ ($E = E_k$):

$\psi_n(x) = \sqrt{\frac{2}{L}} \cdot \sin\left(\frac{n \cdot \pi}{L} \cdot x\right)$, $n = 1, 2, 3 \ldots$

Es gilt $E_{k,n} = \frac{h^2 \cdot n^2}{8m \cdot L^2}$ mit $n = 1, 2, 3 \ldots$

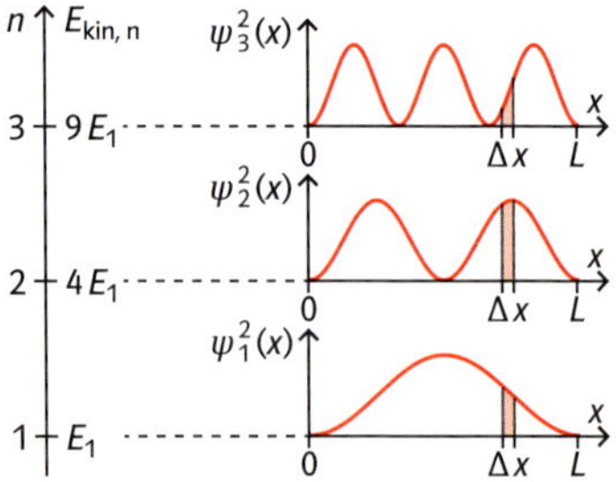


Wahrscheinlichkeit, dass sich das Elektron am Ort $x$ im Bereich $\Delta x$ befindet:

$\psi_n^2(x) \cdot \Delta x$

| | | |
|---|---|---|
| $\psi(x)$ | zeitunabhängige Lösungsfunktion der Schrödinger-Gleichung | Zahl |
| $\psi''(x)$ | zweite Ableitung der $\psi$-Funktion nach $x$ | Zahl |
| $x$ | Ort der Messung $0 \le x \le L$ | m |
| $m$ | Masse des Elektrons | kg |
| $h$ | Planck'sches Wirkungsquantum (Planck'sche Konstante) | J · s |
| $E$ | Gesamtenergie des Elektrons | J |
| $E_{pot}$ | potenzielle Energie des Elektrons | J |
| $\psi^2(x)$ | Maß für die Wahrscheinlichkeitsdichte des Elektrons am Ort $x$ | Zahl |
| $\psi_1^2(x), \psi_2^2(x), \psi_3^2(x)$ | Wahrscheinlichkeitsdichte für $n = 1$, $n = 2$, $n = 3$ | Zahl |
| $E_{k,n}$ | kinetische Energie des Elektrons bei der Quantenzahl $n$ | J |
| $n$ | Quantenzahl | Zahl |
| $L$ | Länge des linearen Aufenthaltsbereiches des Elektrons | m |

## Heisenberg'sche Unbestimmtheitsrelation

Photon – Elektron

$\overline{\Delta x} \cdot \overline{\Delta p_x} \geq \frac{h}{4\pi}$

$\overline{\Delta E} \cdot \overline{\Delta t} \geq \frac{h}{4\pi}$

| | | |
|---|---|---|
| $\overline{\Delta x}$ | mittlere Unbestimmtheit der x-(Orts-)Koordinate | m |
| $\overline{\Delta p_x}$ | mittlere Unbestimmtheit der x-Komponente des Impulses | $kg \cdot m \cdot s^{-1}$ |
| $h$ | Planck'sches Wirkungsquantum (Planck'sche Konstante) | $J \cdot s$ |
| $\overline{\Delta E}$ | mittlere Unbestimmtheit der Energie | J |
| $\overline{\Delta t}$ | mittlere Unbestimmtheit der Zeit | s |

Planck'sches Wirkungsquantum → S. 209

## Komplementarität

Bei Quantenobjekten schließen sich Unterscheidbarkeit und Interferenz gegenseitig aus.
Komplementär sind sich widersprechende, aber einander ergänzende Eigenschaften (Merkmale) eines Quantenobjekts.

# Atome

## Wasserstoff

$E_n = E_1 \cdot \frac{1}{n^2}$

$E_1 = -13{,}6\,eV$
(Bindungsenergie des Elektrons)

| | | |
|---|---|---|
| $E_1$, $E_n$ | Energie eines in der Atomhülle gebundenen Elektrons im Grund- bzw. $n$-ten Quantenzustand | eV |
| $n$ | Quantenzahl | Zahl |

## Spektrallinien des Wasserstoffatoms

$\Delta E = h \cdot f_{n,m} = E_1 \cdot \left(\frac{1}{n^2} - \frac{1}{m^2}\right)$

mit $n, m \in \mathbb{N}$, $m > n$ und
$E_1 = -13{,}6\,eV$ (Bindungsenergie des Elektrons)

Frequenzen: $f_{n,m} = R_H \cdot \left(\frac{1}{n^2} - \frac{1}{m^2}\right)$
mit $R_H = 3{,}2898 \cdot 10^{15}\,Hz$

$n = 1$: Lyman-Serie
$n = 2$: Balmer-Serie
$n = 3$: Paschen-Serie
$n = 4$: Brackett-Serie
$n = 5$: Pfund-Serie

| | | |
|---|---|---|
| $\Delta E$ | Energiedifferenz für das Elektron vom $n$-ten zum $m$-ten Quantenzustand | J |
| $h$ | Planck'sches Wirkungsquantum (Planck'sche Konstante) | $J \cdot s$ |
| $f_{n,m}$ | Frequenz | $Hz = s^{-1}$ |
| $n, m$ | Quantenzahlen | Zahl |
| $R_H$ | Rydberg-Frequenz des Wasserstoffatoms | $Hz = s^{-1}$ |

Elektronenvolt → S. 208

# Quantenobjekte

Atome

## Moseley'sches Gesetz

Energie der Röntgenstrahlung an der Absorptionskante:
$E = 13{,}6\,\text{eV} \cdot (Z - a)^2$ mit $a \approx 2$

Energie beim Übergang zwischen zwei Energieniveaus mit $n < m$:
$\Delta E = 13{,}6\,\text{eV} \cdot (Z - a)^2 \cdot \left(\frac{1}{n^2} - \frac{1}{m^2}\right)$

Rydberg-Frequenz des Wasserstoffatoms → S. 209

Für die Frequenz der $K_\alpha$-Linie ($n = 1$, $m = 2$ und $a \approx 1$) gilt
$f_{K_\alpha} = \frac{3}{4} \cdot R_H \cdot (Z - 1)^2$.

| | | |
|---|---|---|
| $E$ | Energie | J |
| $Z$ | Kernladungszahl | Zahl |
| $a$ | Korrektur infolge weiterer Elektronen in der Hülle | Zahl |
| $n_1, n_2$ | Quantenzahlen | Zahl |
| $f_{K_\alpha}$ | Frequenz | $\text{Hz} = \text{s}^{-1}$ |
| $R_H$ | Rydberg-Frequenz des Wasserstoffatoms | $\text{Hz} = \text{s}^{-1}$ |

## Pauli-Prinzip

1. Alle Elektronen eines Atoms unterscheiden sich in mindestens einer von vier Quantenzahlen:
   $n$ für die Energie,
   $l$ für den Bahndrehimpuls,
   $m_l$ für die Orientierung der Bahn,
   $s$ für den Spin des Elektrons.
2. Elektronen besetzen stets das niedrigste noch freie Energieniveau.

| | | |
|---|---|---|
| $n$ | Hauptquantenzahl mit $n \in \mathbb{N}$ | Zahl |
| $l$ | Nebenquantenzahl mit $l \in \{0, 1, 2, 3, \ldots, n - 1\}$ | Zahl |
| $m_l$ | Magnetquantenzahl mit $m_l \in \{-l, -(l-1), \ldots, 0, \ldots, (l-1), l\}$ | Zahl |
| $s$ | Spinquantenzahl mit $s \in \left\{-\frac{1}{2}; +\frac{1}{2}\right\}$ | Zahl |

## Leitfähigkeit $\sigma$ von Metallen

$\sigma = \frac{1}{\varrho} = c_L \cdot e \cdot \mu$

Die Ladungsträgerdichte im Volumen $V = A \cdot l$ ist definiert als $c_L = \frac{N}{V}$.

Elementarladung → S. 208

Driftgeschwindigkeit der Elektronen (mittlere Geschwindigkeit infolge des E-Feldes):
$v_D = \mu \cdot E$

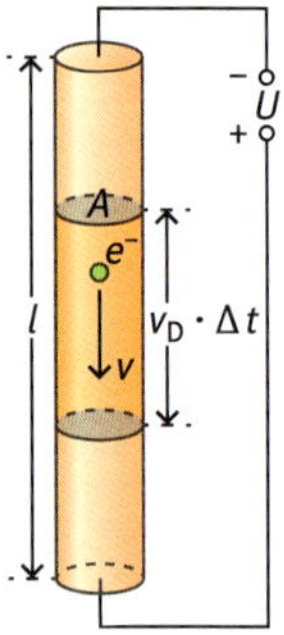


| | | |
|---|---|---|
| $\sigma$ | Leitfähigkeit des Metalls | $\Omega^{-1} \cdot \text{m}^{-1}$ |
| $\varrho$ | spezifischer Widerstand | $\Omega \cdot \text{m}$ |
| $c_L$ | Ladungsträgerdichte | $\text{m}^{-3}$ |
| $e$ | Ladung eines Elektrons | C |
| $\mu$ | Beweglichkeit | $\text{m}^2 \cdot \text{s}^{-1} \cdot \text{V}^{-1}$ |
| $N$ | Anzahl der beweglichen Elektronen | Zahl |
| $v_D$ | Driftgeschwindigkeit der Elektronen | $\text{m} \cdot \text{s}^{-1}$ |
| $E$ | elektrische Feldstärke (infolge der Spannung) | $\text{V} \cdot \text{m}^{-1}$ |

### Avogadro-Konstante $N_A$

$N_A = \frac{N}{n} = 6{,}022 \cdot 10^{23}\,\text{mol}^{-1}$

| | | |
|---|---|---|
| $N_A$ | Avogadro-Konstante (molare Teilchenzahl) | $\text{mol}^{-1}$ |
| $N$ | Teilchenzahl | Zahl |
| $n$ | Stoffmenge | mol |

### Atomare Masseneinheit u

$1\,\text{u} = \frac{1}{12} m\left({}^{12}_{6}\text{C}\right) = 1{,}660\,54 \cdot 10^{-27}\,\text{kg}$

| | | |
|---|---|---|
| $m\left({}^{12}_{6}\text{C}\right)$ | Masse eines Atoms des Isotops C-12 | kg |

### Molares Volumen $V_m$ (Molvolumen) und molare Masse $M_m$ (Molmasse)

$V_m = \frac{V}{n}$ mit $V_{m0} = 22{,}4\,\text{dm}^3 \cdot \text{mol}^{-1}$

$M_m = \frac{m}{n} = m_r$ mit $m_r = \frac{m_i}{1\,\text{u}}$

Die Massenangaben im Periodensystem der Elemente sind relative Teilchenmassen $m_r$.

$1\,\text{u} = \frac{1}{12} m\left({}^{12}_{6}\text{C}\right) = 1{,}660\,54 \cdot 10^{-27}\,\text{kg}$

| | | |
|---|---|---|
| $V_m$ | molares Volumen | $\text{m}^3 \cdot \text{mol}^{-1}$ |
| $V$ | Volumen des Gases | $\text{m}^3$ |
| $n$ | Stoffmenge des Gases | mol |
| $V_{m0}$ | molares Volumen unter Normbedingungen ($p_0 = 1\,013{,}25\,\text{hPa}$; $T_0 = 273{,}15\,\text{K}$) | $\text{m}^3 \cdot \text{mol}^{-1}$ |
| $M_m$ | molare Masse | $\text{kg} \cdot \text{mol}^{-1}$ |
| $m$ | Masse | kg |
| $m_r$ | relative Teilchenmasse | $\text{kg} \cdot \text{mol}^{-1}$ |
| $m_i$ | Teilchenmasse | kg |



### Radioaktiver Zerfall

Zählrate: $z = \frac{\Delta N}{\Delta t}$

Zerfallsgesetz: $\frac{dN}{dt} = -\lambda \cdot N(t)$

bzw. $N(t) = N(0) \cdot e^{-\lambda \cdot t}$

Halbwertszeit: $T_{1/2} = \frac{\ln 2}{\lambda}$

mittlere Lebensdauer: $\tau = \frac{1}{\lambda}$

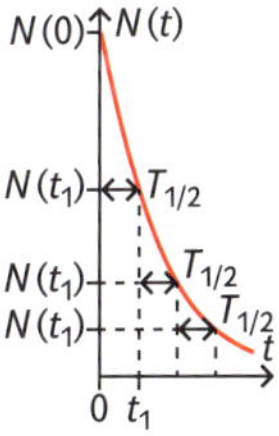


| | | |
|---|---|---|
| $z$ | Zählrate | $\text{s}^{-1}$ |
| $\Delta N$, $dN$ | Anzahl der in der Zeitspanne $\Delta t$, $dt$ zerfallenen Radionuklide | Zahl |
| $t$, $\Delta t$, $dt$ | Zeitspanne | s |
| $\lambda$ | Zerfallskonstante | $\text{s}^{-1}$ |
| $N(t)$ | Anzahl der Radionuklide zur Zeit $t$ | Zahl |
| $N(0)$ | Anzahl der zu Beginn ($t = 0$) vorhandenen Radionuklide | Zahl |
| $T_{1/2}$ | Halbwertszeit | s |
| $\tau$ | mittlere Lebensdauer | s |

### Aktivität $A(t)$

$A(t) = \left|\frac{dN}{dt}\right| = \lambda \cdot N(t)$

$A(t) = A(0) \cdot e^{-\lambda \cdot t} = \lambda \cdot N(t)$

| | | |
|---|---|---|
| $A(t)$ | Aktivität zur Zeit $t$ | $\text{Bq} = \text{s}^{-1}$ |
| $N(t)$ | Anzahl der Zerfälle in der Zeitspanne $dt$ | Zahl |
| $t$, $dt$ | Zeitspanne | s |
| $\lambda$ | Zerfallskonstante | $\text{s}^{-1}$ |
| $A(0)$ | Aktivität zur Zeit $t = 0$ | $\text{Bq} = \text{s}^{-1}$ |

# Quantenobjekte

Atomkerne – Strahlenschutz

## Absorption von $\beta$- und $\gamma$-Strahlung

$n(x) = n(0) \cdot e^{-\mu \cdot x} = n(0) \cdot e^{-\frac{\ln 2}{d_{1/2}} \cdot x}$

$n(x) = \frac{N(x)}{t}$

Halbwertsdicke:

$d_{1/2} = \frac{\ln 2}{\mu}$

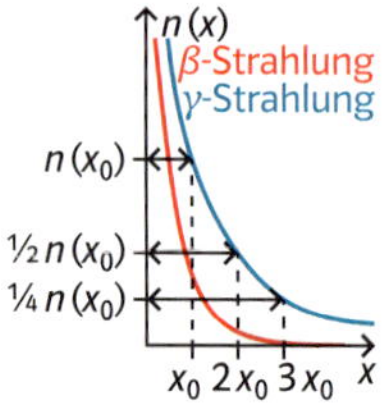


| | | |
|---|---|---|
| $n(x)$ | Zählrate bei der Materialdicke $x$ | Zahl |
| $n(0)$ | Zählrate vor dem Eintritt ins Material ($x = 0$) | Zahl |
| $\mu$ | Absorptionskoeffizient (Schwächungskoeffizient) | $m^{-1}$ |
| $x$ | Materialdicke | m |
| $d_{1/2}$ | Halbwertsdicke | m |
| $N(x)$ | Zahl der Zerfälle bei der Materialdicke $x$ | Zahl |
| $t$ | Zeitspanne | s |

## Energiedosis $D_E$, Ionendosis $D_I$ und Äquivalentdosis $D_Q$

$D_E = \frac{\Delta E}{\Delta m}$

$D_I = \frac{\Delta Q}{\Delta m}$

$D_q = q \cdot D_E$

| | | |
|---|---|---|
| $D_E$ | Energiedosis | Gy |
| $\Delta E$ | aus der Strahlung absorbierte Energie | J |
| $\Delta m$ | bestrahlte Masse | kg |
| $D_I$ | Ionendosis | $C \cdot kg^{-1}$ |
| $\Delta Q$ | erzeugte Ladung | C |
| $D_q$ | Äquivalentdosis | Sv |
| $q$ | Qualitätsfaktor | Zahl |

## Nukleonenzahl $A$ (Massenzahl)

$A = Z + N$

(Kernladungszahl $Z$: Anzahl der Elektronen in der Hülle)

Radius $r$ eines Atomkerns:

$r = r_0 \cdot \sqrt[3]{A}$ mit $r_0 = 1{,}42 \cdot 10^{-15}\,m$

| | | |
|---|---|---|
| $A$ | Nukleonenzahl | Zahl |
| $Z$ | Protonenzahl (Ordnungszahl im PSE) | Zahl |
| $N$ | Neutronenzahl | Zahl |
| $r_0$ | Radius eines Protons | m |

## Massendefekt $\Delta m$

$\Delta m = Z \cdot m_p + N \cdot m_n - m_K$

$E_B = -\Delta m \cdot c^2$

Ruhemasse des Neutrons → S. 209

| | | |
|---|---|---|
| $\Delta m$ | Massendefekt | kg |
| $Z$ | Protonenzahl | Zahl |
| $m_p$ | Ruhemasse des Protons | kg |
| $N$ | Neutronenzahl | Zahl |
| $m_n$ | Ruhemasse des Neutrons | kg |
| $m_K$ | Masse des Atomkerns | kg |
| $E_B$ | Kernbindungsenergie | J bzw. eV |
| $c$ | Lichtgeschwindigkeit | $m \cdot s^{-1}$ |

# Erhaltungssätze und Prinzipien (Auswahl)

## Erhaltungssätze

### Energie

Die Summe der Einzelenergien eines abgeschlossenen Systems bleibt bei allen Vorgängen über alle Zeiten hin konstant. Die Gesamtenergie ist konstant.

### Impuls

Impuls → S. 159

Die Summe der Einzelimpulse eines abgeschlossenen Systems bleibt bei allen Vorgängen über alle Zeiten hin konstant. Der Gesamtimpuls ist konstant.

### Drehimpuls

Drehimpuls → S. 162

Die Summe der Einzeldrehimpulse eines abgeschlossenen Systems bleibt bei allen Vorgängen über alle Zeiten hin konstant. Der Gesamtdrehimpuls ist konstant.

### Masse

Die Summe der Massen aller Körper eines Systems bleibt bei allen Vorgängen über alle Zeiten hin unverändert. Bei relativistischen oder kernphysikalischen Vorgängen ist Masse äquivalent zur Energie mit der Energieerhaltung erfasst.

### Ladung

Die Summe der in einem abgeschlossenen System vorhandenen Ladung ist bei allen Vorgängen über alle Zeiten hin konstant. Die Gesamtladung ist konstant.

### Baryonenzahl

Jedes Baryon (wie z. B. das Proton, Neutron, Lambda-, Sigma- oder Xi-Teilchen) hat die Baryonenzahl +1, jedes zugehörige Antiteilchen −1. Quarks haben die Baryonenzahl $+\frac{1}{3}$, Antiquarks $-\frac{1}{3}$, alle anderen Teilchen und Antiteilchen 0. Die Summe der Baryonenzahlen eines Systems ändert sich nicht.

### Leptonenzahl

Jedes Lepton (Elektron, Myon, Tauon und die zugehörigen Neutrinos) hat die Leptonenzahl +1, jedes der zugehörigen Antiteilchen −1, alle anderen Teilchen und Antiteilchen 0. Die Summe der Leptonenzahlen eines Systems ändert sich nicht. Außerdem bleibt zusätzlich die Summe der Leptonenzahlen der Elektronen und Elektron-Neutrinos bzw. Myonen und Myon-Neutrinos bzw. Tauonen und Tau-Neutrinos mit ihren Antiteilchen erhalten.

## Prinzipien

### Einfachheit

Jede grundlegende Gesetzmäßigkeit kann in mathematisch „einfach" strukturierten Formeln ausgedrückt werden.

### Minimalprinzip

In der geometrischen Optik breitet sich Licht (elektromagnetische Wellen) auf dem Weg von $P_1$ nach $P_2$ mit dem kleinsten Zeitbedarf aus **(Fermat'sches Prinzip)**.

# Erhaltungssätze und Prinzipien (Auswahl)

Prinzipien

## Ursache/Wirkung

Für jeden Zustand gibt es eine Ursache, die aus einem zeitlich vorangehenden Ereignis zwingend folgt (Kausalität). Diese Kausalität muss in der modernen Physik eingeschränkt werden, weil die Ausbreitungsgeschwindigkeit bei Wechselwirkungen endlich ist (es gibt keine Fernwirkung) und für Objekte der Quantenphysik eine exakte raumzeitliche Lokalisierung nicht möglich ist.
Aber auch in der klassischen Physik gibt es Einschränkungen. Zwar gilt hier, dass exakt gleiche Ursachen exakt gleiche Wirkungen zur Folge haben (schwache Kausalität), aber schon kleinste Abweichungen in den Ursachen können bei Systemen, bei denen es nichtlineare Wechselwirkungen gibt, zu völlig anderen Wirkungen führen. Bei Systemen, bei denen kleine Abweichungen in den Ursachen auch nur zu kleinen Abweichungen bei den Wirkungen führen, spricht man von starker Kausalität.

## Huygens'sches Prinzip

In homogenen Medien ist die Wellenfront für einen späteren Zeitpunkt durch die einhüllende Fläche aller Elementarwellen gleicher Frequenz und Ausbreitungsgeschwindigkeit gegeben.

1. und 2. Hauptsatz der Thermodynamik → S. 173

## Hauptsätze der Thermodynamik

Energetische Vorgänge entwickeln sich selbsttätig nur in Richtung einer Entropiezunahme hin.

Spezielle Relativitätstheorie → S. 166 ff.

Lorentz-Transformation → S. 166

## Relativität

In der klassischen Physik sind Gesetzmäßigkeiten bei Bewegungsvorgängen gegenüber Orts- und Zeitkoordinaten-Transformationen invariant. Bei relativistischen Bewegungen ist Relativität mithilfe von Lorentz-Transformationen gegeben, wenn nach Einstein das Prinzip der Konstanz der Vakuumlichtgeschwindigkeit unabhängig vom Bewegungszustand zugrunde gelegt wird.

Pauli-Prinzip → S. 200

## Pauli-Prinzip

Zwei Elektronen (allgemein Fermionen, also Teilchen mit halbzahligem Spin ↑ bzw. ↓) können sich in einem Atom nicht im gleichen Zustand befinden.

## Materie – Antimaterie

Zu jedem Elementarteilchen existiert ein Antiteilchen, das dieselbe Masse oder Lebensdauer hat, während ihre Ladung, Baryonen- bzw. Leptonenzahl entgegengesetztes Vorzeichen haben.

## Basiseinheiten des SI (Internationales Einheitensystem)[1]

| Einheit | Definition | Bemerkungen |
|---|---|---|
| m<br>Meter | 1 m ist die Länge der Strecke, die Licht im Vakuum während $\frac{1}{299\,792\,458}$ Sekunden durchläuft. | Die Lichtgeschwindigkeit $c_0$ im Vakuum ist eine Konstante. Da die Sekunde als Basiseinheit ebenfalls festliegt, ist wegen $s = v \cdot t$ auch die Länge 1 m definiert. |
| kg<br>Kilogramm | 1 kg ist die Masse eines Kilogrammprototyps (Urkilogramm, der sich in Sèvres (Vorort von Paris) befindet. | Der internationale Kilogrammprototyp ist ein Platin-Iridium-Zylinder, der etwa die Masse von 1 l Wasser hat. |
| s<br>Sekunde | 1 s ist das 9 192 631 770-Fache der Periodendauer der Strahlung, die vom Caesiumisotop $^{113}_{55}Cs$ bei einem genau festgelegten Quantensprung von Elektronen in seiner Atomhülle ausgesandt wird. | Die so definierte Sekunde unterscheidet sich von der früher durch astronomische Beobachtungen festgelegten Sekunde als der 31 556 925,9747. Teil des Jahres 1900 nur um $10^{-10}$ s. |
| A<br>Ampere | 1 A ist die Stromstärke in zwei zueinander parallelen, geraden und unendlich langen Leitern im Vakuum mit vernachlässigbar kleinem, kreisförmigem Querschnitt wenn sie im Abstand 1 m mit der Kraft $2 \cdot 10^{-7}$ N je 1 m Länge aufeinander wirken. | Eine Verwirklichung dieser Definition in ein Messverfahren ist nicht möglich (unendlich lange Drähte, vernachlässigbarer Querschnitt). Doch gibt es Versuchsanordnungen, die dieser Messvorschrift sehr nahekommen. |
| K<br>Kelvin | 1 K ist der 273,16. Teil der thermodynamischen Temperatur des Tripelpunktes von Wasser. | Beim Tripelpunkt des Wassers existieren alle drei Aggregatzustände stabil nebeneinander. Das ist bei $T = 273{,}16$ K und $p = 6$ hPa der Fall. |
| mol<br>Mol | 1 mol ist die Stoffmenge eines Systems, das aus ebenso vielen Teilchen besteht, wie es Atome in 12 g des Isotops $^{12}_{6}C$ gibt. | Jedes System, das ein Mengenmerkmal aufweist, hat die Stoffmengeneigenschaft. |
| cd<br>Candela | 1 cd ist die Lichtstärke (Strahlungsleistung) einer Strahlungsquelle mit der Frequenz $540 \cdot 10^{12}$ Hz, die in einen bestimmten räumlichen Winkelbereich mit der Stärke $\frac{1}{683}\,\frac{W}{sr}$ ausgesandt wird. | Diese Definition entspricht in ihrem Wert der früheren Definition über den schwarzen Strahler, erlaubt jedoch eine genauere Reproduzierbarkeit. (1 sr = 1 Steradiant) |

Lichtgeschwindigkeit im Vakuum → S. 208

[1] In den nächsten Jahren (Stand: Juni 2017) werden vermutlich einige der Basiseinheiten neu definiert:
- 1 kg über eine exakte Festlegung des Planck'schen Wirkungsquantums in Verbindung mit atomaren Wechselwirkungen
- 1 A entweder durch eine exakte Festlegung der Elementarladung oder über eine quantenphysikalische Definition von 1 Ω
- 1 K durch eine Festlegung der Boltzmann-Konstanten $k$
- 1 mol durch eine Festlegung der Avogadro-Konstanten $N_A$

# Anhang: Tabellen

## Weitere Einheiten mit speziellen Namen

| Größe | Formelzeichen | Einheitenzeichen und Einheitenname | | Definition und Umrechnungen |
|---|---|---|---|---|
| Aktivität | $A$ | Bq | Becquerel | $1\,Bq = 1\,s^{-1}$ |
| Äquivalentdosis | $D_q$ | Sv | Sievert | $1\,Sv = 1\,J \cdot kg^{-1} = 1\,m^2 \cdot s^{-2}$ |
| Arbeit | $W$ | eV | Elektronenvolt | $1\,eV = 1{,}602\,177\,33 \cdot 10^{-19}\,J$<br>$= 1{,}602\,177\,33 \cdot 10^{-19}\,kg \cdot m^2 \cdot s^{-2}$ |
| Druck | $p$ | Pa | Pascal | $1\,Pa = 1\,N \cdot m^{-2} = 1\,kg \cdot m^{-1} \cdot s^{-2}$ |
| | | bar | Bar | $1\,bar = 105\,Pa = 105\,kg \cdot m^{-1} \cdot s^{-2}$ |
| Energie | $E$ | J | Joule | $1\,J = 1\,Nm = 1\,Ws = 1\,kg \cdot m^2 \cdot s^{-2}$ |
| Energiedosis | $D_E$ | Gy | Gray | $1\,Gy = 1\,J \cdot kg^{-1} = 1\,m^2 \cdot s^{-2}$ |
| Frequenz | $f$ | Hz | Hertz | $1\,Hz = 1\,s^{-1}$ |
| Induktivität | $L$ | H | Henry | $1\,H = 1\,Wb \cdot A^{-1} = 1\,\Omega \cdot s$<br>$= 1\,kg \cdot m^2 \cdot A^{-2} \cdot s^{-2}$ |
| Kapazität | $C$ | F | Farad | $1\,F = 1\,C \cdot V^{-1} = 1\,s \cdot \Omega^{-1}$<br>$= 1\,A^2 \cdot s^4 \cdot kg^{-1} \cdot m^{-2}$ |
| Kraft | $F$ | N | Newton | $1\,N = 1\,kg \cdot m \cdot s^{-2}$ |
| Ladung | $Q$ | C | Coulomb | $1\,C = 1\,A \cdot s$ |
| Leistung | $P$ | W | Watt | $1\,W = 1\,J \cdot s^{-1} = 1\,kg \cdot m^2 \cdot s^{-3}$ |
| Magnetische Flussdichte | $B$ | T | Tesla | $1\,T = 1\,Wb \cdot m^{-2} = 1\,V \cdot s \cdot m^{-2}$<br>$= 1\,kg \cdot A^{-1} \cdot s^{-2}$ |
| Magnetischer Fluss | $\Phi$ | Wb | Weber | $1\,Wb = 1\,V \cdot s$<br>$= 1\,kg \cdot m^2 \cdot A^{-1} \cdot s^{-2}$ |
| Masse | $m$ | u | atomare Masseneinheit | $1\,u = \frac{1}{12}$ der Masse des Atoms ${}^{12}_{6}C$<br>$= 1{,}660\,539\,040 \cdot 10^{-27}\,kg$ |
| | | t | Tonne | $1\,t = 1000\,kg$ |
| Spannung | $U$ | V | Volt | $1\,V = 1\,W \cdot A^{-1} = 1\,J \cdot C^{-1}$<br>$= 1\,N \cdot m \cdot A^{-1} \cdot s^{-1}$<br>$= 1\,kg \cdot m^2 \cdot A^{-1} \cdot s^{-3}$ |
| Temperatur | $T$ | °C | Grad Celsius | $1\,°C = 1\,K$ (Temperaturunterschied) |
| Wärme | $Q$ | SKE | Steinkohleeinheit | $1\,kg$ SKE $= 8{,}141\,kWh = 29{,}3076\,MJ$<br>$= 29{,}3076 \cdot 10^6\,kg \cdot m^2 \cdot s^{-2}$ |
| Widerstand | $R$ | Ω | Ohm | $1\,\Omega = 1\,V \cdot A^{-1} = 1\,kg \cdot m^2 \cdot A^{-2} \cdot s^{-3}$ |

## Übersicht zu den SI-Basiseinheiten und daraus abgeleiteten Einheiten

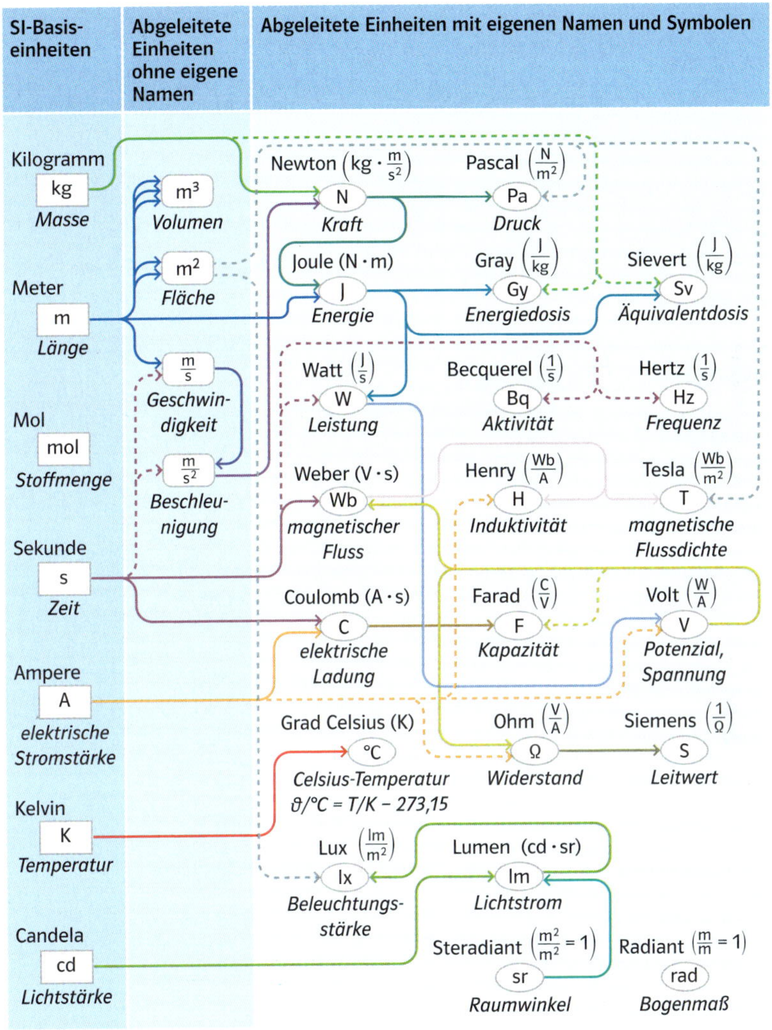

# Anhang: Tabellen

## Vorsilben für dezimale Vielfache und Teile von Einheiten

| | | | | |
|---|---|---|---|---|
| **Vorsilbe** | Exa (E) | Peta (P) | Tera (T) | Giga (G) |
| **Bedeutung** | $10^{18}$ | $10^{15}$ | $10^{12}$ | $10^{9}$ |
| **Vorsilbe** | Mega (M) | Kilo (k) | Hekto (h) | Deka (da) |
| **Bedeutung** | $10^{6}$ | $10^{3}$ | $10^{2}$ | $10^{1}$ |
| **Vorsilbe** | Dezi (d) | Zenti (c) | Milli (m) | Mikro (µ) |
| **Bedeutung** | $10^{-1}$ | $10^{-2}$ | $10^{-3}$ | $10^{-6}$ |
| **Vorsilbe** | Nano (n) | Piko (p) | Femto (f) | Atto (a) |
| **Bedeutung** | $10^{-9}$ | $10^{-12}$ | $10^{-15}$ | $10^{-18}$ |

## Naturkonstanten und Normwerte

| Größe | Formelzeichen und Wert |
|---|---|
| Absoluter Nullpunkt ($T = 0\,\mathrm{K}$) | $\vartheta = -273{,}15\,°\mathrm{C}$ |
| Allgemeine Gaskonstante | $R = 8{,}314\,459\,8\,\frac{\mathrm{J}}{\mathrm{K \cdot mol}}$ |
| Atomare Masseneinheit (amu) | $1\,\mathrm{u} = 1{,}660\,539\,040 \cdot 10^{-27}\,\mathrm{kg}$<br>$= 931{,}494\,095\,\frac{\mathrm{MeV}}{c^2}$ |
| Avogadro-Konstante | $N_A = 6{,}022\,140\,857 \cdot 10^{23}\,\frac{1}{\mathrm{mol}}$ |
| Bohr'scher Radius | $a_0 = 5{,}291\,772\,106\,7 \cdot 10^{-11}\,\mathrm{m}$ |
| Boltzmann-Konstante | $k = 1{,}380\,648\,52 \cdot 10^{-23}\,\frac{\mathrm{J}}{\mathrm{K}}$ |
| Compton-Wellenlänge des Elektrons | $\lambda_C = 2{,}426\,310\,236\,7 \cdot 10^{-12}\,\mathrm{m}$ |
| Elektrische Feldkonstante | $\varepsilon_0 = 8{,}854\,187\,817 \cdot 10^{-12}\,\frac{\mathrm{C}}{\mathrm{V \cdot m}}$ |
| Elektron(en)volt | $1\,\mathrm{eV} = 1{,}602\,176\,620\,8 \cdot 10^{-19}\,\mathrm{J}$ |
| Elementarladung | $e = 1{,}602\,176\,620\,8 \cdot 10^{-19}\,\mathrm{C}$ |
| Faraday-Konstante | $F = 9{,}648\,533\,289 \cdot 10^{4}\,\frac{\mathrm{C}}{\mathrm{mol}}$ |
| Feinstruktur-Konstante | $\alpha = \frac{1}{137{,}035\,999\,139}$ |
| Gravitationskonstante | $\gamma = 6{,}674\,08 \cdot 10^{-11}\,\frac{\mathrm{m^3}}{\mathrm{kg \cdot s^2}}$ |
| Hubble-Konstante[1] (Fluchtgeschwindigkeit $v = H \cdot r$ von Galaxien je Mpc Entfernung $r$) | $H_0 = 67{,}8\,\frac{\mathrm{km}}{\mathrm{s \cdot Mpc}}$ |
| Lichtgeschwindigkeit im Vakuum | $c_0 = 2{,}997\,924\,58 \cdot 10^{8}\,\frac{\mathrm{m}}{\mathrm{s}}$ |
| Magnetische Feldkonstante[2] | $\mu_0 = 1{,}256\,637\,061\,4 \cdot 10^{-6}\,\frac{\mathrm{V \cdot s}}{\mathrm{A \cdot m}}$ |

Naturkonstanten und Normwerte

| Größe | Formelzeichen und Wert |
|---|---|
| Magnetisches Moment des Elektrons | $m_e = -9{,}284\,764\,620 \cdot 10^{-24}\,\frac{J}{T}$ |
| Magnetisches Moment des Protons | $m_p = 1{,}410\,606\,7873 \cdot 10^{-26}\,\frac{J}{T}$ |
| Massenverhältnis Proton : Elektron | $\frac{m_p}{m_e} = 1836{,}152\,673\,89$ |
| Molares Normvolumen idealer Gase | $V_{m_0} = 22{,}413\,962\,\frac{dm^3}{mol}$ |
| Normdruck | $p_0 = 101\,325\,Pa = 1013{,}25\,hPa$ |
| Normfallbeschleunigung | $g_0 = 9{,}806\,65\,\frac{m}{s^2}$ |
| Normtemperatur | $\vartheta = 0\,°C$ bzw. $T = 273{,}15\,K$ |
| Planck'sches Wirkungsquantum (Planck'sche Konstante) | $h = 6{,}626\,070\,040 \cdot 10^{-34}\,J \cdot s$<br>$= 4{,}135\,667\,662 \cdot 10^{-15}\,eV \cdot s$ |
| Ruhemasse des Elektrons | $m_e = 9{,}109\,383\,56 \cdot 10^{-31}\,kg$<br>$= 0{,}510\,998\,946\,\frac{MeV}{c^2}$ |
| Ruhemasse des Wasserstoff-Atoms | $m_H = 1{,}673\,533 \cdot 10^{-27}\,kg$<br>$= 938{,}783\,080\,\frac{MeV}{c^2}$ |
| Ruhemasse des Neutrons | $m_n = 1{,}674\,927\,471 \cdot 10^{-27}\,kg$<br>$= 939{,}565\,413\,\frac{MeV}{c^2}$ |
| Ruhemasse des Protons | $m_p = 1{,}672\,621\,898 \cdot 10^{-27}\,kg$<br>$= 938{,}272\,082\,\frac{MeV}{c^2}$ |
| Rydberg-Frequenz des Wasserstoff-Atoms | $R_H = 3{,}289\,841\,960\,355 \cdot 10^{15}\,\frac{1}{s}$ |
| Rydberg-Konstante | $R_\infty = 1{,}097\,373\,156\,850\,8 \cdot 10^{7}\,\frac{1}{m}$ |
| Solarkonstante oberhalb Lufthülle | $S = 1{,}367 \cdot 10^{3}\,\frac{W}{m^2}$ |
| Spezifische Ladung des Elektrons | $\frac{-e}{m_e} = -1{,}758\,820\,024 \cdot 10^{11}\,\frac{C}{kg}$ |
| Stefan-Boltzmann-Konstante | $\sigma = 5{,}670\,367 \cdot 10^{-8}\,\frac{W}{m^2 \cdot K^4}$ |
| Tripelpunkt des Wassers | $T = 273{,}16\,K$ |
| Wien'sche Konstante | $b = 2{,}897\,772\,9 \cdot 10^{-3}\,m \cdot K$ |

[1] Der Kehrwert von $H_0$, die Hubble-Zeit, ergibt ein Alter für das Weltall (≈ 14,4 Milliarden Jahre).
[2] Per Definition gilt $\mu_0 = 4\pi \cdot 10^{-7} V \cdot s \cdot A^{-1} \cdot m^{-1}$; mit Rückwirkung auf die Festlegung für 1 A und $\varepsilon_0$.

# Register

0,25-Quantil 123
0,5-Quantil 123
0,75-Quantil 123

## A

Abbildung
- affine 112
- geometrische 112
- identische 117
- induzierte lineare 114
- lineare 114

Abbildungsgleichung 112
abc-Formel 20
abgeschlossenes Intervall 9
Ablehnungsbereich 143
Ableiten der Umkehrfunktion 67
Ableitung 65
- n-te 66
- n-ter Ordnung 66

Ableitungen spezieller Funktionen 66
Ableitungsfunktion 66
Ableitungsregeln 67
abrunden 10
Abschätzbarkeit des bestimmten Integrals 75
Abschreibung 18
- geometrisch-degressive 18
- lineare 18

Abschreibungssatz 18
absolute Häufigkeit 120, 129
absolute Klassenhäufigkeit 120
absolutes Maximum 68, 69
absolutes Minimum 68, 69
Absolutglieder eines LGS 107
Absorptionsgesetze 7, 8, 130
Abstand
- einer Geraden zu einer zu ihr parallelen Ebene 94
- Punkt – Ebene 94
- Punkt – Gerade 38, 82, 93
- zueinander windschiefer Geraden 94
- zweier Punkte 38, 93
- zweier zueinander paralleler Ebenen 94
- zweier zueinander paralleler Geraden 38, 94

Abszisse 24, 80
Abszissenachse 80
Abtrenngesetze 7
Achsenabschnittsform einer Geraden 28, 81
achsenparallele Lage
- Ellipse 84
- Hyperbel 84
- Parabel 84

Achsenspiegelung 48
- orthogonale 117

Achsensymmetrie zur y-Achse 25
Achtflächner 54
Addieren
- von Brüchen 12
- von Matrizen 103
- von Vektoren 88

Addition 12
Additionssatz 131
Additionssystem 10
Additionstheoreme 58
Additionsverfahren 23
Additivität 114
affine Abbildung(en) 112
- Darstellungen 113
- Eigenschaften 112
- Klassifizierung 115
- Koordinatendarstellung 113
- Matrixdarstellung 113
- Umkehrabbildung 113
- Vektordarstellung 113
- Verketten 113

affine Drehstreckung 116
Affinität 112
Ähnlichkeit 49
Ähnlichkeitsabbildungen 49, 117
- Eigenschaften 50

Ähnlichkeitssätze für Dreiecke 50
algebraische Eigenschaften
- des Skalarproduktes 89
- des Vektorproduktes 89

allgemeine Form der Geradengleichung 28, 81
allgemeine Form einer quadratischen Funktion 28
allgemeine Gleichung einer Ebene 91
allgemeine Kegelschnittgleichung 85
allgemeine Lösung einer Differenzialgleichung 79
allgemeine Sinusfunktion 33
allgemeiner Multiplikationssatz 133
allgemeines Dreieck 40
allgemeines Viereck 44
allgemeingültige Gleichung 19
Alphabet, griechisches 6
Alternative 7
Alternativhypothese 143
Alternativtest 144, 146
Änderungsrate
- mittlere 65
- momentane 65

Anfangswertproblem 79
Ankathete 42
Annuität 18
Anschaffungskosten 18
Anschaffungswert 18
Antenne 121
antisymmetrische Matrix 103
Äquivalenz 7
Äquivalenz von Gleichungen 19
Äquivalenzumformungen
- für ein LGS 23, 108
- für Gleichungen und Ungleichungen 19

archimedische Spirale 35
Argument 24
Argument einer komplexen Zahl 15
arithmetische Zahlenfolge 62
arithmetisches Mittel 18, 122
Arkusfunktionen 34
Arkuskosinusfunktion 34
Arkuskotangensfunktion 35
Arkussinusfunktion 34
Arkustangensfunktion 35
Assoziativgesetze 7, 8, 12, 88, 99, 101, 104, 105, 130
Ast einer Hyperbel 29
Asymptote
- an eine Hyperbel 84
- schiefe 32
- senkrechte 31
- waagerechte 32

Aufriss 55

aufrunden 10
Aufspann 99
Ausgang 129
ausklammern 12
ausmultiplizieren 12
Aussage 7, 19
Aussageform 7, 19
Aussagenlogik 7
- Gesetze der 7
Aussagenvariable 7
Aussagenverknüpfungen 7
ausschließendes Oder 7
Außenwinkelsatz im Dreieck 39
äußere Teilung 50
äußerer Teilpunkt 50
Austauschprozess 111
axiomatische Definition der Wahrscheinlichkeit nach Kolmogorow 131
Axiome des Vektorraums 99

## B

Balkendiagramm 121
Basis
- Dreieck 40
- kanonische 101
- Logarithmus 12, 14
- Potenz 12, 13
- Vektorraum 100
Basiswechsel bei Logarithmen 14
Baumdiagramm 132
Bayes, Satz von 134
Bedarfsmatrix 110
bedingte Wahrscheinlichkeit 132
beliebiges Dreieck 40
Bernoulli, Formel von 132
Bernoulli-Experiment 130
Bernoulli-Kette 132
Berührungspunkt 25
beschränktes Wachstum 79
Beschränktheit
- Folgen 60
- Funktionen 65
- Satz von der 65
besondere Vierecksarten 43
Bestimmen des ggT 11
Bestimmen des kgV 11
bestimmtes Integral 73
- Abschätzbarkeit 75
- Eigenschaften 75
- Existenz 73
- Intervalladditivität 75
- Linearität 75
- Monotonie 75
Betrag 13
- einer komplexen Zahl 15
- eines Vektors 86, 88, 89
Betragsfunktion 27
Bezeichnung von Winkeln 36
Bijunktion 7
bimodale Häufigkeitsverteilung 122
binäre Logarithmusfunktion 33
Binärsystem 10
Binomialkoeffizient 126, 147
Binomialverteilung 137
- Sigma-Regeln 142
binomische Formeln 13
binomischer Lehrsatz 13, 126
biquadratische Gleichung 20
Bogenlänge 37, 56, 77
Bogenmaß 37, 56
Bolzano, Nullstellensatz von 65
Boxplot 121
Box-Whisker-Plot 121
Brennpunkt 83, 84
Bruch 11
- echter 11
- gemischte Schreibweise 11
- unechter 11
Brüche
- Addition 12
- Division 12
- erweitern 11
- Gleichheit 12
- gleichnamige 11
- kürzen 11
- Multiplikation 12
- Subtraktion 12
Bruchgleichung 21
Buchwert 18

## C

Cauchy'sches Konvergenzkriterium 60
Cavalieri, Prinzip von 53
Ceva, Satz von 49
charakteristische Gleichung 114
Cramer'sche Regel 23, 108

## D

D'Alembert'sches Kriterium 62
Darstellende Geometrie 55
Darstellungen affiner Abbildungen 113
deckungsgleich 47
Definitionslücke 31
Definitionsmenge 18, 24
dekadische Logarithmusfunktion 33
dekadischer Logarithmus 14
De-Morgan-Gesetze 7, 8, 130
Determinante(n) 105
- dreireihige 106
- n-reihige 105, 106
- n-ter Ordnung 105, 106
- Regeln für das Rechnen 106
- zweireihige 105
Dezimalsystem 9
Diagonale in einem Viereck 43
Diagonalmatrix 102
Dichtefunktion 136
Differenz 12
Differenzenquotient 65
Differenzial 72
Differenzialgleichung 78
- allgemeine Lösung 79
- Lösung 79
- Ordnung 78
- partikuläre Lösung 79
Differenzialquotient 65
Differenziationsregeln 67
differenzierbar, stetig 65
Differenzierbarkeit 65, 66
Differenzmenge 8
Dimension 100
direkte Proportionalität 16
direkter Schluss 7
Disjunktion 7
diskrete Gleichverteilung 139
diskrete Verteilungen 137
diskrete Zufallsgröße 135
diskretes Merkmal 119

Diskriminante 20, 28
Distributivgesetze 7, 8, 12, 88, 89, 99, 101, 105, 130
divergente Reihe 61
divergente Zahlenfolge 60
Dividend 12
Dividieren von Brüchen 12
Division 12
Divisor 12
Dodekaeder 54
dominantes Element 130
doppeltes Vektorprodukt 90
Drachenviereck 44
- symmetrisches 43, 44
Drehstreckung 117
- affine 116
Drehung 48, 81, 117
Dreieck 38
- Ähnlichkeitssätze 50
- allgemeines 40
- Arten 40
- Außenwinkelsatz 39
- Basis 40
- beliebiges 40
- Eckpunkt 38
- Flächeninhalt 42, 82, 89
- gleichschenkliges 40
- gleichseitiges 40
- Höhe 38, 42
- Höhenlinie 38
- Höhenschnittpunkt 39
- Inkreismittelpunkt 39
- Inkreisradius 42
- Innenwinkelsatz 39
- Kongruenzsätze 48
- rechtwinkliges 40, 41
- Schenkel 40
- Schwerpunkt 39, 82, 90
- Seite 38
- Seitenhalbierende 39, 42
- spitzwinkliges 40
- stumpfwinkliges 40
- trigonometrische Beziehungen 42
- Umkreismittelpunkt 39
- Umkreisradius 42
- Winkel 38
- Winkelhalbierende 42
- Winkelsätze 39
Dreiecksarten 40
Dreiecksmatrix 102
- obere 102
- untere 102
Dreiecksungleichung 13
Drei-Punkte-Form einer Ebene 91
dreireihige Determinanten 106
Dreisatz 16
Dreitafelprojektion 55
Dualsystem 10
Durchmesser eines Kreises 46
Durchschnitt zweier Ereignisse 130

## E

Ebene(n) 91
- Abstand zweier zueinander paralleler 94
- allgemeine Gleichung 91
- Drei-Punkte-Form 91
- Hesse'sche Normalenform 92
- Koordinatenform 91
- Normalenform 91
- Parameterform 91
- Punkt-Richtungs-Form 91
- Schnittwinkel zweier 93
- Spurgeraden 92
- Spurpunkte 92
echt gebrochenrationale Funktion 31
echte Teilmenge 8
echter Bruch 11
echter Teiler 11
Eckpunkt
- eines Dreiecks 38
- eines Vierecks 43
Eigenraum 114
Eigenschaften
- affiner Abbildungen 112
- der relativen Häufigkeit 129
- des bestimmten Integrals 75
- des Teilverhältnisses 50
- von Ähnlichkeitsabbildungen 50
- von Kongruenzabbildungen 48
- zentrischer Streckungen 48
Eigenvektor 114
Eigenwert 114
einander ausschließende Ereignisse 130
eineindeutig 24
einfache Hypothese 143
eingipflige Häufigkeitsverteilung 122
Einheitskreis 37, 56
Einheitsmatrix 102
Einheitsvektor 86
einschließendes Oder 7
einseitiger Signifikanztest 144, 145
Einsetzungsverfahren 23
einstufiger Produktionsprozess 110
elementare Zeilenumformungen für ein LGS 108
Elementarereignis 129
- Wahrscheinlichkeit 131
Ellipse 83
- achsenparallele Lage 84
- als Ortslinie 85
- Flächeninhalt 84
- Mittelpunktslage 83, 84
- Tangente 84
empirische Varianz 124
empirisches Gesetz der großen Zahlen 130
endliche Zahlenfolge 60
entgegengerichtete Vektoren 86
Entscheidungsregel 143
Ereignis(se) 129
- Durchschnitt zweier 130
- einander ausschließende 130
- komplementäres 130
- Rechenregeln 130
- sicheres 129
- unmögliches 129
- unvereinbare 130
- Vereinigung zweier 130
- Verknüpfen 130
- Wahrscheinlichkeit 131
Ereignisalgebra 130
Ereignisraum 129
Ergebnis 129
Ergebnismenge 129
Ergebnisraum 129

Erhebung, statistische 118
Erwartungswert 136
erweitern 11
erweiterte Koeffizientenmatrix eines LGS 107
Erzeugendensystem 100
euklidischer Algorithmus 11
euklidischer Vektorraum 101
Euler'sche Identität 15
Euler'sche Relation 15
Euler'sche Zahl 6
Euler'scher Polyedersatz 54
Euler-Affinität 116
Euler-Gerade 39
Existenz des bestimmten Integrals 73
Exponent 12, 13
Exponentialform komplexer Zahlen 15
Exponentialfunktion 32
- natürliche 32
Exponentialgleichung 21
Exponentialverteilung 141
exponentielles Wachstum 79
Extrempunkt 68, 69
Extremstelle 68
- lokale 68, 69
Exzentrizität
- lineare 84
- numerische 84

## F

Faktor 12
Faktorregel
- Differenzialrechnung 67
- Integralrechnung 74
Fakultät 126, 147
Fehler 1. Art 144
Fehler 2. Art 144
Fehler bei einem Signifikanztest 144
Fixgerade 115
Fixpunkt 115
Fixpunktgerade 115
Flächeninhalt
- Dreieck 40, 41, 42, 82, 89
- Ellipse 84
- konvexes Vieleck 82
- Parallelogramm 89, 113
- regelmäßiges Vieleck 45
- Vierecke 43
Flächeninhaltsberechnungen 75
flächeninhaltstreu 113
Folgen 60
Formel von Bernoulli 132
fortsetzbar, stetig 31
Fundamentalsatz der Algebra 20
- „reelle Version" 21
Fundamentalsatz der Analysis 74
Funktion(en) 24
- beschränkte 65
- echt gebrochenrationale 31
- ganzrationale 30
- gebrochenrationale 31
- gerade 25
- Graph 24
- Grenzwerte 63
- Grenzwertsätze 63
- konstante 27
- lineare 27
- proportionale 27
- quadratische 28
- quadratische (allgemeine Form) 28
- quadratische (Normalform) 28
- quadratische (Scheitelpunktform) 28
- rationale 30
- Sätze über stetige 64
- spezielle Ableitungen 66
- spezielle Grenzwerte 64
- spezielle n-te Ableitungen 66
- stetige 64
- streng konkave 67
- streng konvexe 67
- streng monotone 26, 67
- trigonometrische 33
- unecht gebrochenrationale 31
- ungerade 25
- zyklometrische 34
Funktionenschar 25
Funktionsgleichung 6, 24
Funktionsterm 6, 24
Funktionsvorschrift 6, 24
Funktionswert 24
- an einer Stelle 24

## G

ganze Zahlen 9
ganzrationale Funktion
- Nullstellen 30
- vom Grad n 30
Gauß'sche Glockenfunktionen 134, 135
Gauß'sche Glockenkurve 134
Gauß'sche Summenfunktion 134
Gauß'sche Summenkurve 134
Gauß'sches Eliminationsverfahren 108
Gauß-Funktion 134
Gauß-Jordan-Verfahren 108
Gauß-Klammer 123
Gauß-Verteilung 140
gebrochene Zahlen 9
gebrochenrationale Funktion 31
- echt 31
- Nullstellen 31
- Polstellen 31
- unecht 31
Gegenereignis 130
Gegenhypothese 143
Gegenkathete 42
Gegenvektor 86, 99
Gegenzahl 13
gemeinsame Wahrscheinlichkeitsverteilung 137
gemischte Schreibweise eines Bruches 11
geometrisch-degressive Abschreibung 18
geometrische Abbildung 112
geometrische Zahlenfolge 62
geometrisches Mittel 18, 123

Gerade(n) 27, 36
- Abstand zueinander windschiefer 94
- Abstand zweier zueinander paralleler 94
- Achsenabschnittsform 28, 81
- allgemeine Form 28, 81
- Hauptform 81
- Hesse'sche Normalenform 82
- Koordinatengleichungen 28
- Lagebeziehungen zweier 27, 95
- Parameterform 90
- Punkt-Richtungs-Form 90
- Punkt-Steigungs-Form 81
- Schnittpunkt zweier 28, 82
- Schnittwinkel zweier 27, 82, 93
- Spurpunkte 91
- Zwei-Punkte-Form 28, 81, 91
gerade Funktion 25
Geradengleichung, allgemeine Form 28, 81
Geradenspiegelung 48
gerader Kegelstumpf 52
gerader Kreiskegel 52
gerader Kreiszylinder 52
gerades Prisma 51
Gesetze der Aussagenlogik 7
Gesetze der Mengenalgebra 8
gestreckter Winkel 37
ggT 11
gleich 6
gleichgerichtete Vektoren 86
Gleichgewichtsverteilung 111
Gleichheit von Brüchen 12
Gleichheit von Matrizen 101
Gleichheit von Vektoren 86
gleichnamige Brüche 11
gleichschenkliges Dreieck 40
gleichseitiges Dreieck 40
Gleichsetzungsverfahren 23
Gleichung(en) 19
- allgemeingültige 19
- Äquivalenz 19
- biquadratische 20
- höheren Grades 20
- lineare 20
- n-ten Grades 20
- quadratische 20
- trigonometrische 22
Gleichverteilung 131
- diskrete 139
- stetige 141
Glied einer Zahlenfolge 60
globale Näherungsformel von de Moivre und Laplace 138
globales Maximum 68, 69
globales Minimum 68, 69
Goldener Schnitt 50
Gozintograph 110
Grad 37, 56
Gradmaß 37, 56
grafisches Lösen eines linearen Gleichungssystems mit zwei Gleichungen und zwei Variablen 22
Graph einer Funktion 24
- Steigung 65
Graßmann'scher Entwicklungssatz 90
Grenze
- obere 73
- untere 73
Grenzmatrix 111
Grenzverteilung, stabile 111
Grenzwert(e) 60, 63
- linksseitiger 63
- rechtsseitiger 63
- spezieller Zahlenfolgen 61
- von Funktionen 63
Grenzwertsatz, zentraler 141
Grenzwertsätze
- für Funktionen 63
- für Zahlenfolgen 61
griechisches Alphabet 6
größer als 6
größter gemeinsamer Teiler 11
Grundaufgaben
- Prozentrechnung 17
- Zinsrechnung 17
Grundgesamtheit 118
Grundgleichung
- Prozentrechnung 17
- Zinsrechnung 17
Grundintegrale 72
Grundmenge 18
Grundrechenarten 12
- Rechengesetze 12
Grundriss 55
Grundwert 16
- vermehrter 17
- verminderter 17
Grundzahl 12, 13
Guldin'sche Regeln 53

## H

Halbgerade 36
Halbweite 125
Halbwinkelsatz 42
harmonische Teilung 50
harmonisches Mittel 18, 123
Häufigkeit
- absolute 120, 129
- relative 120, 129
Häufigkeitsdichte 121
Häufigkeitstabelle 120
Häufigkeitsverteilung
- bimodale 122
- eingipflige 122
- mehrgipflige 122
- multimodale 122
- unimodale 122
- zweigipflige 122
Hauptachse 84
Hauptähnlichkeitssatz 50
Hauptdiagonale
- einer (m × n)-Matrix 102
- einer quadratischen Matrix 102
Hauptform
- einer Geraden 81
- einer linearen Funktion 27
Hauptnenner 11
Hauptsatz der Differenzial- und Integralrechnung 74
Hauptscheitel 83
Haus der Vierecke 44
hebbare Lücke 31, 32
Heron'sche Formel 40
Hesse'sche Normalenform
- einer Ebene 92
- einer Geraden 82
Hexadezimalsystem 10
Hexaeder 54
Hierarchie der Rechenoperationen 12

hinreichende Bedingung 69
Histogramm 121
Hochpunkt 68, 69
Hochzahl 12, 13
Höhe in einem Dreieck 38, 42
Höhenlinie in einem Dreieck 38
Höhensatz 41
Höhenschnittpunkt eines Dreiecks 39
höhere Ableitungen 66
Homogenität 114
homogenes LGS 107
Hospital, Regel von de l' 64
Hülle, lineare 99
Hyperbel 29, 83
- achsenparallele Lage 84
- als Ortslinie 85
- Ast 29
- Asymptote 84
- Mittelpunktslage 83, 84
- Tangente 84
- Zweig 29
hypergeometrische Verteilung 139
Hypotenuse 41
Hypotenusenabschnitte 41
Hypothese 143
- einfache 143
- zusammengesetzte 143
Hypothesentest 143

## I

Idempotenzgesetze 7, 8, 130
identische Abbildung 117
Ikosaeder 54
imaginäre Einheit 15
- Potenzen 15
Imaginärteil 15
Implikation 7
indirekte Proportionalität 16
indirekter Schluss 7
Induktion, vollständige 18
Induktionsanfang 18
Induktionsbehauptung 18
Induktionsschritt 18
Induktionsvoraussetzung 18
induzierte lineare Abbildung 114
induzierte Vektorabbildung 114
Infimum 60
inhomogenes LGS 107
injektiv 24
Inkreismittelpunkt eines Dreiecks 39
Inkreisradius
- Dreieck 42
- regelmäßiges Vieleck 45
Innenwinkelsatz
- Dreieck 39
- regelmäßiges Vieleck 45
- Viereck 43
innere Teilung 50
innerer Teilpunkt 50
Integral
- bestimmtes 73
- Eigenschaften bestimmtes 75
- Existenz bestimmtes 73
- näherungsweise Berechnung 77
- unbestimmtes 72
- uneigentliches 78
Integralfunktion 74
Integrand 72
Integration
- durch Substitution 74
- logarithmische 74
- numerische 77
Integrationskonstante 72
Integrationsregeln 74
Integrationsvariable 72
Integrierbarkeit 73
Interquartilsabstand 125
Intervall 9
- abgeschlossenes 9
- linksoffenes 9
- offenes 9
- rechtsoffenes 9
- unbeschränktes 9
Intervalladditivität des bestimmten Integrals 75
inverse Matrix 103
inverses Element 99
invertierbare Matrix 103
IQR 125
Irrtumswahrscheinlichkeit 143

## J

Jahreszinsen 17
jährliche Tilgungsrate 18
Junktor 7

## K

kanonische Basis 101
kanonische Primfaktorzerlegung 10
Kapital 16
kartesisches Koordinatensystem 24, 80, 87
Katheten 41
Kathetensatz 41
Kavaliersperspektive 55
Kegelschnitte 83
- Leitgeraden-Definition 85
- Leitkreis-Definition 85
- Scheitelgleichung 85
Kegelschnittgleichung, allgemeine 85
Kegelstumpf, gerader 52
Kehrbruch 11
Kehrzahl 13
Kepler'sche Fassregel 78
Kettenregel 67
kgV 11
Klassenbreite 120
Klasseneinteilung 120
Klassengrenze
- obere 120
- untere 120
Klassenhäufigkeit
- absolute 120
- relative 120
Klassenmitte 120
Klassierung 120
Klassifizierung affiner Abbildungen 115
kleiner als 6
kleinstes gemeinsames Vielfaches 11
Koeffizienten eines LGS 107
Koeffizientenmatrix
- eines LGS 107
- erweiterte 107
kollineare Vektoren 87, 100

Kolmogorow 131
Kombination 127
- mit Wiederholung 128
- ohne Wiederholung 127
Kommutativgesetze 7, 8, 12, 88, 89, 99, 101, 104, 105, 130
komplanare Vektoren 87, 100
Komplement 8
komplementärer Teiler 11
komplementäres Ereignis 130
Komplementmenge 8
komplexe Zahlen 9
- Argument 15
- Betrag 15
- Exponentialform 15
- Normalform 15
- Phase 15
- Polarform 15
- Rechnen 15
- trigonometrische Form 15
Komponenten eines Vektors 87, 100
Komponentendarstellung von Vektoren 87, 100
Konfidenzintervall 146
Kongruenz 47
Kongruenzabbildungen 48, 117
- Eigenschaften 48
Kongruenzsatz
- sss 48
- Ssw 48
- sws 48
- wsw 48
Konjunktion 7
konstante Funktion 27
Kontrapositionsgesetz 7
konvergente Reihe 61
konvergente Zahlenfolge 60
Konvergenz einer Reihe 61
Konvergenzkriterien einer Reihe 62
Konvergenzkriterium, Cauchy'sches 60
konvexer Polyeder 54
Koordinaten eines Vektors 87, 100
Koordinatendarstellung
- einer affinen Abbildung 113
- von Vektoren 87, 100
Koordinatenform einer Ebene 91
Koordinatengleichung
- Ebene 91
- Gerade 28
- Kugel 92
Koordinatenraum 100
Koordinatenvektor 100
Körper
- platonische 54
- schiefe 53
Korrelationskoeffizient 125
Kosinus 42, 56, 57
Kosinusfunktion 34
Kosinussatz 42
Kotangens 42, 56, 57
Kotangensfunktion 34
Kreis 46, 83
- Durchmesser 46
- Mittelpunkt 46
- Parameterdarstellung 35
- Radius 46
- Tangente 83
Kreisabschnitt 46
Kreisausschnitt 46
Kreisdiagramm 121
Kreisgleichung 83
Kreiskegel, gerader 52
Kreispunkt, Tangente 83
Kreisring 46
Kreiswinkelsatz 46
Kreiszylinder, gerader 52
Kreuzprodukt 89
- doppeltes 90
Krümmungsverhalten 67
Kugel 52
- Koordinatengleichung 92
- Vektorgleichung 92
Kugelabschnitt 52
Kugelausschnitt 52
Kugelkappe 52
Kugelschicht 52
Kugelsegment 52
Kugelsektor 52
Kugelzone 52
Kurvenschar 25
kürzen 11

## L

Lagebeziehungen
- Ebene - Ebene 96
- Ebene - Kugel 97
- Gerade - Ebene 96
- Gerade - Gerade 27, 95
- Gerade - Kugel 97
- Kugel - Kugel 98
- Punkt - Ebene 95
- Punkt - Gerade 94
Lagemaße 122
Lagrange'sche Identität 90
Länge einer Strecke 36, 81, 88
Laplace'scher Entwicklungssatz 106
Laplace-Bedingung 138
Laplace-Experiment 131
leere Menge 8
Leibniz-Regel 67
Leitgerade 83, 84
Leitgeraden-Definition von Kegelschnitten 85
Leitkreis-Definition von Kegelschnitten 85
LGS 107
- Absolutglied 107
- Äquivalenzumformungen 108
- elementare Zeilenumformungen 108
- erweiterte Koeffizientenmatrix 107
- homogenes 107
- in Matrixschreibweise 107
- in Vektorschreibweise 107
- inhomogenes 107
- Koeffizienten 107
- Koeffizientenmatrix 107
- lösen 108
- partikuläre Lösung eines inhomogenen 109
- quadratisches 107
- triviale Lösung eines homogenen 109
lineare Abbildung 114
lineare Abhängigkeit 87, 100
lineare Abschreibung 18
lineare Exzentrizität 84

lineare Funktion 27
lineare Gleichung 20
lineare Hülle 99
lineare Substitution 74
lineare Unabhängigkeit 87, 100
lineare Ungleichung mit zwei Variablen 22
lineares Gleichungssystem mit m Gleichungen und n Variablen 107
lineares Gleichungssystem mit zwei Gleichungen und zwei Variablen 22
lineares Ungleichungssystem mit zwei Variablen 23
lineares Wachstum 79
Linearität des bestimmten Integrals 75
Linearkombination 86, 99
Linkskurve 67
linksoffenes Intervall 9
linksseitiger Grenzwert 63
linksseitiger Signifikanztest 144, 145
Logarithmen
- Basiswechsel 14
- Rechnen 14
- zu speziellen Basen 14
logarithmieren 12
logarithmische Integration 74
Logarithmus 12, 14
- dekadischer 14
- natürlicher 14
Logarithmusfunktion 33
- binäre 33
- dekadische 33
- natürliche 33
Logarithmusgleichung 21
logistisches Wachstum 79
lokale Extremstelle 68, 69
lokale Maximumstelle 68, 69
lokale Minimumstelle 68, 69
lokale Näherungsformel von de Moivre und Laplace 138
lokales Maximum 68, 69
lokales Minimum 68, 69
Lösbarkeitskriterien für ein (m, n)-LGS 109
Lösen eines LGS 108
Lösung einer Differenzialgleichung 79
Lösungsmenge 19
Lot 36
- errichten 36
- fällen 36
Lotfußpunkt 36
Lotgerade 36
Lotstrecke 36
Lücke, (stetig) hebbare 31, 32
Ludolf'sche Zahl 6

## M

(m, n)-LGS 107
(m × n)-Matrix 101
Maclaurin'sche Formel 71
Maclaurin'sche Reihe 71
Majorantenkriterium 62
Mantelflächeninhalt eines Rotationskörpers 53, 76
Markow-Kette 111
Markow-Prozess 111
Maßzahlen von Wahrscheinlichkeitsverteilungen 136
Matrix 101
- antisymmetrische 103
- Hauptdiagonale einer quadratischen 102
- inverse 103
- invertierbare 103
- nichtsinguläre 103
- n-reihige quadratische 102
- quadratische 102
- Rang einer 101
- reguläre 103
- schiefsymmetrische 103
- singuläre 103
- stochastische 111
- symmetrische 103
- transponierte 102
- vom Typ (m × n) 101
Matrixdarstellung einer affinen Abbildung 113
Matrixschreibweise eines LGS 107
Matrizen
- addieren 103
- Gleichheit 101
- multiplizieren 104, 105
- potenzieren von quadratischen 105
- subtrahieren 103
Maximum
- absolutes 68, 69
- globales 68, 69
- lokales 68, 69
- relatives 68, 69
Maximumstelle, lokale 68, 69
Median 122, 123
mehrgipflige Häufigkeitsverteilung 122
mehrstufiger Produktionsprozess 110
mehrstufiges Zufallsexperiment 132
Menelaos, Satz von 49
Menge, leere 8
Mengen 8
Mengenalgebra, Gesetze der 8
Mengengleichheit 8
Mengenverknüpfungen 8
Merkmal 118
- diskretes 119
- qualitatives 118
- quantitatives 118
- stetiges 119
Merkmalsarten 118
Merkmalsausprägung 118
Merkmalsträger 118
metrischen Skala 119
m-fache Nullstelle 30
Mindestgröße des Stichprobenumfangs 146
Minimum
- absolutes 68, 69
- globales 68, 69
- lokales 68, 69
- relatives 68, 69
Minimumstelle, lokale 68, 69
Minuend 12
Minute 37, 56
Mittel
- arithmetisches 18, 122
- geometrisches 18, 123
- harmonisches 18, 123

Mittelparallele 36
Mittelpunkt
- Kreis 46
- Strecke 50, 81, 90
Mittelpunktslage
- Ellipse 83, 84
- Hyperbel 83, 84
Mittelpunktswinkel 45, 46
Mittelsenkrechte 38
- Dreieck 42
Mittelwert 122
Mittelwert einer Funktion 76
Mittelwertsatz der Differenzialrechnung 70
Mittelwertsatz der Integralrechnung 76
„Mitternachtsformel" 20
mittlere absolute Abweichung
- vom Mittelwert 124
- vom Zentralwert 124
mittlere Änderungsrate 65
mittlere quadratische Abweichung 124
mittleres Quartil 123
Modalwert 122
Modus 122
Moivre, Satz von de 15
Moivre und Laplace
- globale Näherungsformel von de 138
- lokale Näherungsformel von de 138
- Näherungsformeln von de 138
momentane Änderungsrate 65
Monatszinsen 17
monoton
- fallend 26, 60, 67
- wachsend 26, 60, 67
Monotonie 26, 60, 67
Monotonie des bestimmten Integrals 75
Monotoniegesetze 13
Monotonieintervall 26
Monotoniesatz 67
multimodale Häufigkeitsverteilung 122
Multiplikation 12
Multiplikationssatz
- allgemeiner 133
- spezieller 133
Multiplizieren
- einer Matrix mit einer reellen Zahl 104, 105
- eines Vektors mit einer reellen Zahl 88
- von Brüchen 12
- von Matrizen 104, 105
- von Summen 12

## N

N(0; 1)-Verteilung 140
N($\mu$; $\sigma^2$)-Verteilung 140
nachschüssige Rente 17
Näherungsformel von Poisson 138
Näherungsformeln von de Moivre und Laplace 138
Näherungskurve, nichtlineare 32
näherungsweise Berechnung
- von Integralen 77
- von Nullstellen 70
Näherungswert 10
natürliche Exponentialfunktion 32
natürliche Logarithmusfunktion 33
natürliche Zahlen 9
natürlicher Logarithmus 14
Nebenachse 84
Nebenscheitel 83
Nebenwinkel 37
n-Eck 45
Negation 7
Nenner 11
neutrales Element
- Ereignisalgebra 130
- Vektorraum 99
Newton-Verfahren 70
nichtlineare Näherungskurve 32
Nichtnegativität 131
nichtsinguläre Matrix 103
Nominalskala 119
Normale 65
Normalenform 91
Normalenvektor 91
Normalform
- komplexe Zahlen 15
- quadratische Funktion 28
Normalparabel 28
Normalverteilung 140
- Sigma-Regeln 142
Normiertheit 131
notwendige Bedingung 69
n-reihige Determinante 105, 106
n-reihige quadratische Matrix 102
n-stufiges Zufallsexperiment 132
n-te Ableitung 66
- spezieller Funktionen 66
n-te Partialsumme 61
n-te Wurzel 12
Nullfolge 60
Nullhypothese 143
Nullmatrix 102
Nullstelle 25
- der Vielfachheit m 30
- ganzrationale Funktion 30
- gebrochenrationale Funktion 31
- m-fache 30
- m-ter Ordnung 30
- näherungsweise Berechnung 70
Nullstellensatz von Bolzano 65
Nullvektor 86, 99
Nullwinkel 37
numerische Exzentrizität 84
numerische Integration 77
Numerus 12, 14

## O

obere Dreiecksmatrix 102
obere Grenze 73
obere Klassengrenze 120
obere Schranke 60
oberes Quartil 123
Obersumme 73
Oder
- ausschließendes 7
- einschließendes 7

offenes Intervall 9
Oktaeder 54
Ordinalskala 119
Ordinate 24, 80
Ordinatenachse 80
Ordnung einer Differenzialgleichung 78
Orientierung von Vektoren 86
orthogonal 36
orthogonale Achsenspiegelung 117
Orthogonalität von Geraden und Ebenen 97
Ortskurve 25
Ortslinie
- Ellipse 85
- Hyperbel 85
- Parabel 85
Ortsvektor 86

## P

Parabel 28, 83
- achsenparallele Lage 84
- als Ortslinie 85
- Mittelpunktslage 83, 84
- n-ten Grades 29
- Tangente 84
parallel 27, 36
parallelentreu 112
Parallelität von Geraden und Ebenen 97
Parallelogramm 43, 44
- Flächeninhalt 43, 89, 113
- Umfang 43
Parallelprojektion 55
- schräge 55
- senkrechte 55
Parallelstreckung 115
Parallelverschiebung 48, 80, 116, 117
Parameterdarstellung von Kurven in der Ebene 35
Parameterform
- Ebene 91
- Gerade 90
Partialsumme(n), spezielle 61
partielle Substitution 74
partikuläre Lösung
- einer Differenzialgleichung 79
- eines inhomogenen LGS 109
Pascal'sches Dreieck 13, 126
Passante 46
Periode 27
periodisch 27
Periodizität 27
Peripheriewinkel 46
Peripheriewinkelsatz 47
Permutation 127
- mit Wiederholung 127
- ohne Wiederholung 127
Pfad 132
Pfadregeln 132
Phase einer komplexen Zahl 15
Pi 6
platonische Körper 54
Platzhalter 18
Poisson, Näherungsformel von 138
Poisson-Verteilung 138
Pol
- mit Vorzeichenwechsel (gebrochenrationale Funktion) 31
- ohne Vorzeichenwechsel (gebrochenrationale Funktion) 31
- Polarebene 93
- Polarkoordinaten 80
Polarachse 80
Polarebene 93
Polarform komplexer Zahlen 15
Polarkoordinaten 80
Polarkoordinatensystem 80
Polarwinkel 80
Polstelle 31, 32
Polyeder 54
- konvexer 54
- regelmäßiger 54
- regulärer 54
Polygon 45
Polynom vom Grad n 20
Polynomdivision 21
Polynomfunktion vom Grad n 30
Populationsprozess 112
Positionssystem 9
positive Definitheit 101
Potenz 12, 13
Potenzen
- der imaginären Einheit 15
- trigonometrischer Funktionen 59
Potenzfunktion 29, 30
Potenzgesetze 14
Potenzieren 12
- von quadratischen Matrizen 105
Potenzmenge 8
Potenzregel 67
pq-Formel 20
p-Quantil 123
prim 10
Primfaktor 10
- Vielfachheit 10
Primfaktorzerlegung 10
- kanonische 10
Primzahl 10
Prinzip von Cavalieri 53
Prisma, gerades 51
Produkt 12
Produkte trigonometrischer Funktionen 59
Produktgleichheit 16
Produktintegration 74
Produktionsprozess
- einstufiger 110
- mehrstufiger 110
- zweistufiger 110
Produktmenge 8
Produktregel
- Differenzialrechnung 67
- Wahrscheinlichkeitsrechnung 132
Projektionsebene 55
Projektionsrichtung 55
Projektionssatz 42
Promille 16
proportionale Funktion 27
Proportionalität
- direkte 16
- indirekte 16
- umgekehrte 16
Proportionalitätsfaktor 16
Prozent 16
Prozentrechnung 16
- Grundaufgaben 17
- Grundgleichung 17

# Register

Prozentsatz 16
Prozentwert 16
Prozentzahl 16
Prozess
- stochastischer 111
- zyklischer 112
Prozessmatrix 110
Prüfgröße 143
Ptolemäus, Satz von 44
Punktrechnung 12
Punkt-Richtungs-Form
- Ebene 91
- Gerade 90
Punktspiegelung 48, 117
Punkt-Steigungs-Form einer Geraden 81
Punktsymmetrie zum Ursprung 25
Pyramide, quadratische 51
Pyramidenstumpf, quadratischer 51
Pythagoras
- Satz des 41
- Umkehrung des Satzes von 41

## Q

$Q_{0,25}$ 123
$Q_{0,5}$ 123
$Q_{0,75}$ 123
$QA_p$ 125
Quader 51
Quadrant 24
Quadrat 43, 44
- Flächeninhalt 43
- Umfang 43
quadratische Funktion 28
quadratische Gleichung 20
quadratische Matrix 102
quadratische Pyramide 51
quadratischer Pyramidenstumpf 51
quadratisches LGS 107
qualitatives Merkmal 118
Quantil 123
Quantilsabstand 125
quantitatives Merkmal 118
Quartil
- mittleres 123
- oberes 123
- unteres 123
Quotient 12
Quotientengleichheit 16
Quotientenkriterium 62
Quotientenregel 67

## R

rad 37, 56
Radiant 37, 56
Radikand 12, 14
Radius eines Kreises 46
Radius (Polarkoordinaten) 80
radizieren 12
Randextremum 68, 69
Rang einer Matrix 101
rationale Funktion 30
rationale Zahlen 9
Raute 43, 44
- Flächeninhalt 43
- Umfang 43
Realteil 15
Rechengesetze für die Grundrechenarten 12
Rechenoperationen 12
- Hierarchie 12
Rechenregeln für Ereignisse 130
Rechnen
- mit Brüchen 12
- mit Determinanten 106
- mit komplexen Zahlen 15
- mit Logarithmen 14
- mit Matrizen 103
- mit Potenzen 14
- mit Wurzeln 14
Rechteck 43, 44
- Flächeninhalt 43
- Umfang 43
Rechteckregel 77
rechter Winkel 37
Rechtskurve 67
rechtsoffenes Intervall 9
rechtsseitiger Grenzwert 63
rechtsseitiger Signifikanztest 144, 145
rechtwinkliges Dreieck 40, 41
- Sätze 41
Reduktionsformeln 57
reduzierte Stufenform 108
„reelle Version des Fundamentalsatzes der Algebra" 21
reelle Zahlen 9
reelle Zahlenfolge 60
reeller Vektorraum 99
Regel von de l'Hospital 64
Regel von Sarrus 106
regelmäßiger Polyeder 54
regelmäßiges Vieleck 45
Regeln für das Rechnen mit
- Determinanten 106
- Matrizen 104
Regressionsgerade 125
Regula falsi 70
reguläre Matrix 103
regulärer Polyeder 54
Reihe(n) 61
- divergente 61
- konvergente 61
- Konvergenz 61
- Konvergenzkriterien 62
- Summenwerte spezieller unendlicher 62
- unendliche 61
- unendliche geometrische 62
Relationszeichen 6
relative Häufigkeit 120, 129
- Eigenschaften 129
relative Klassenhäufigkeit 120
relatives Maximum 68, 69
relatives Minimum 68, 69
Rente
- nachschüssige 17
- vorschüssige 17
Rentenrechnung 17
Rhombus 43, 44
- Flächeninhalt 43
- Umfang 43
Risiko 1. Art 144
Risiko 2. Art 144
Rolle, Satz von 70
römische Zahlzeichen 10
Rotation 81
Rotationskörper 53, 76
- Mantelflächeninhalt 53, 76
- Volumen 53, 76
runden 10

## S

Sarrus, Regel von 106
Sattelpunkt 68, 69
Satz
- des Pythagoras 41
- des Thales 41, 47
- vom ausgeschlossenen Dritten 7
- vom Minimum und Maximum 65
- vom Widerspruch 7
- von Bayes 134
- von Ceva 49
- von de Moivre 15
- von der Beschränktheit 65
- von der totalen Wahrscheinlichkeit 134
- von Menelaos 49
- von Ptolemäus 44
- von Rolle 70
- von Taylor 71
- von Vieta 20
- von Weierstraß 65
Sätze
- im rechtwinkligen Dreieck 41
- über stetige Funktionen 64
- über Zahlenfolgen 60
Säulendiagramm 121
Scharparameter 25
Scheitelgleichung von Kegelschnitten 85
Scheitelpunkt eines Winkels 36
Scheitelpunktform einer quadratischen Funktion 28
Scheitelpunktslage einer Parabel 83, 84
Scheitelwinkel 37
Schenkel
- Dreieck 40
- Winkel 36
Scherstreckung 116
Scherung 115
schiefe Asymptote 32
schiefe Körper 53
schiefsymmetrische Matrix 103
Schluss
- direkter 7
- indirekter 7
Schnittmenge 8
Schnittpunkt 25
- zweier Geraden 28, 82
Schnittwinkel
- zweier Ebenen 93
- zweier Geraden 28, 82, 93
Schrägbild 55
schräge Parallelprojektion 55
Schranke
- obere 60
- untere 60
Schubparallelstreckung 116
Schubscherung 116
Schubspiegelung 117
Schwerpunkt eines Dreiecks 39, 82, 90
Sechsflächner 54
Segment 46
Sehne 46
Sehnensatz 47
Sehnentangentenviereck 44
Sehnen-Tangenten-Winkel 46
Sehnen-Tangenten-Winkelsatz 47
Sehnenviereck 44
Seite
- Dreieck 38
- Viereck 43
Seitenhalbierende eines Dreiecks 39, 42
Seitenlänge eines regelmäßigen Vielecks 45
Seitenriss 55
Sekante 46
Sekantensatz 47
Sekanten-Tangenten-Satz 47
Sektor 46
Sekunde 37, 56
senkrecht 27, 36
senkrechte Asymptote 31
senkrechte Parallelprojektion 55
sicheres Ereignis 129
Sicherheit, statistische 143
Sigma-Regeln 142
- Binomialverteilung 142
- Normalverteilung 142
Signifikanzniveau 143
Signifikanztest 143, 145
- bei binomialverteilten Zufallsgrößen 145
- einseitiger 144, 145
- Fehler 144
- linksseitiger 144, 145
- rechtsseitiger 144, 145
- Vorgehen 144
- zweiseitiger 144, 145
Simpson'sche Regel 77
singuläre Matrix 103
Sinus 42, 56, 57
Sinusfunktion 33
Sinusfunktion, allgemeine 33
Sinussatz 42
Skalarmultiplikation 88, 99
Skalarprodukt 88, 101
- algebraische Eigenschaften 89
Skalierung 119
S-Multiplikation 99
Spaltenvektor 101
Spannweite 125
Sparkassenformeln 17
Spat, Volumen 90
Spatprodukt 90
spezielle Grenzwerte von Funktionen 64
spezielle Partialsummen 61
spezieller Multiplikationssatz 133
Spiegelstreckung 117
Spiegelung 26
spitzer Winkel 37
spitzwinkliges Dreieck 40
Sprungstelle 32
Spur 102
Spurgeraden einer Ebene 92
Spurpunkte
- Ebene 92
- Gerade 91
stabile Grenzverteilung 111
Stammbruch 11
Stammfunktion 72
Standardabweichung 125, 136
Standardbasis 101
Standard-Glockenfunktion 134
standardisierte Zufallsgröße 137
Standardnormalverteilung 140
Standardskalarprodukt 101
stationäre Verteilung 111
statistische Erhebung 118

statistische Sicherheit 143
Stauchung 26
Steigung 27
- Graph 65
- Strecke 81
Stellenwertsystem 9
stetig differenzierbar 65
stetig fortsetzbar 31
stetig hebbare Lücke 31, 32
stetige Funktionen 64
stetige Gleichverteilung 141
stetige Teilung 50
stetige Verteilungen 140
stetige Zufallsgröße 135
stetiges Merkmal 119
Stetigkeit 64, 66
- an einer Stelle 64
- in einem Intervall 64
Stichprobe 118
Stichprobenerhebung 118
Stichprobenraum 129
Stichprobenumfang, Mindestgröße 146
Stichprobenwert 119
stochastische Matrix 111
stochastischer Prozess 111
Strahl 36
Strahlensätze 49
Strahlensatzfigur 49
Strecke 36
- Länge 36, 81, 88
- Mittelpunkt 50, 81, 90
- Steigung 81
- Teilung 50, 81, 90
Strecken eines Graphen
- in x-Richtung 26
- in y-Richtung 26
Streckfaktor 48
Streckung 26
Streckung, zentrische 48, 116, 117
Streckzentrum 48
streng konkave Funktion 67
streng konvexe Funktion 67
streng monoton fallend 26, 60, 67
streng monoton wachsend 26, 60, 67
streng monotone Funktion 26, 67
Streumaße 124
Strichliste 119
Strichrechnung 12
Stufenform 108
- reduzierter 108
Stufenwinkel 37
- an geschnittenen Parallelen 37
stumpfer Winkel 37
stumpfwinkliges Dreieck 40
Subjunktion 7
Substitution
- Integration durch 74
- lineare 74
- partielle 74
Subtrahend 12
Subtrahieren
- von Brüchen 12
- von Matrizen 103
- von Vektoren 88
Summand 12
Summe 12
Summen, multiplizieren 12
Summen und Differenzen trigonometrischer Funktionen 58
Summenregel
- Differenzialrechnung 67
- Integralrechnung 74
- Wahrscheinlichkeitsrechnung 132
Summenwerte spezieller unendlicher Reihen 62
Supremum 60
Symmetrie
- von Graphen 25
- von Graphen ganzrationaler Funktionen 31
- zu einem Punkt 25
- zu einer Parallelen zur y-Achse 25
symmetrische Matrix 103
symmetrisches Drachenviereck 43, 44
- Flächeninhalt 43
- Umfang 43
symmetrisches Trapez 44

## T

Tabelle
- Binomialkoeffizienten 147
- Dichtefunktion der Standardnormalverteilung 154
- Fakultäten 147
- Gauß'sche Summenfunktion 155
- Gauß-Funktion 154
- Verteilungsfunktion der Binomialverteilung 150
- Verteilungsfunktion der Standardnormalverteilung 155
- Wahrscheinlichkeitsfunktion der Binomialverteilung 148
Tageszinsen 17
Tangens 42, 56, 57
Tangensfunktion 34
Tangenssatz 42
Tangente 46, 65
- an eine Ellipse 84
- an eine Hyperbel 84
- an eine Parabel 84
- in einem Kreispunkt 83
Tangenten-Näherungsverfahren 70
Tangentenviereck 44
Tangentialebene 92
Tangentialkegel 93
Tautologie 7
Taylor, Satz von 71
Taylor-Entwicklung 71
Taylor-Polynom 71
Taylor-Reihe 71
Teilbarkeitsregeln 11
Teiler 11
- echter 11
- komplementärer 11
- unechter 11
Teilereignis 130
Teilermenge 11
Teilmenge 8
- echte 8
Teilpunkt
- äußerer 50
- innerer 50

Teilung
- äußere 50
- einer Strecke 50, 81, 90
- harmonische 50
- innere 50
- stetige 50
Teilverhältnis 50
- Eigenschaften 50
teilverhältnistreu 112
Term(e) 18
- wertgleiche 19
Termumformungen 13, 19
Termwert 18
Terrassenpunkt 68, 69
Tetraeder 51, 54
Thales, Satz des 41, 47
Thales, Umkehrung des Satzes von 41
Thales-Kreis 41
Tiefpunkt 68, 69
Tilgungsrate, jährliche 18
Tilgungsrechnung 18
Torus 53
totale Wahrscheinlichkeit 134
Transitivgesetz 7
Translation 80, 116, 117
transponierte Matrix 102
Trapez 43, 44
- Flächeninhalt 43
- symmetrisches 44
- Umfang 43
Trapezregel 77
trigonometrische Beziehungen in Dreiecken 42
trigonometrische Form komplexer Zahlen 15
trigonometrische Funktionen 33
- Potenzen 59
- Produkte 59
- Summen und Differenzen 58
- Umkehrfunktionen 34
trigonometrische Gleichung 22
triviale Lösung eines homogenen LGS 109
Tschebyscheff'sche Ungleichung 137

## U

Übergangsgraph 111
Übergangsmatrix 111
überstumpfer Winkel 37
Umfang eines regelmäßigen Vielecks 45
Umfangswinkel 46
Umfangswinkelsatz 47
umgekehrte Proportionalität 16
Umkehrabbildung einer affinen Abbildung 113
umkehrbar eindeutig 24
Umkehrfunktion 24, 30, 33, 34
- Ableitung 67
- Graph 24
- trigonometrische Funktionen 34
Umkehrung des Satzes von
- Pythagoras 41
- Thales 41
Umkreismittelpunkt eines Dreiecks 39
Umkreisradius
- Dreieck 42
- regelmäßiges Vieleck 45
Unabhängigkeit
- Ereignisse 133
- Zufallsgrößen 137
unbeschränktes Intervall 9
unbestimmtes Integral 72
unecht gebrochenrationale Funktion 31
unechter Bruch 11
unechter Teiler 11
uneigentliches Integral 78
unendliche geometrische Reihe 62
unendliche Reihe 61
unendliche Zahlenfolge 60
ungefähr gleich 6
ungerade Funktion 25
ungleich 6
Ungleichung 19
unimodale Häufigkeitsverteilung 122
unmögliches Ereignis 129
Unterdeterminante 105
untere Dreiecksmatrix 102
untere Grenze 73
untere Klassengrenze 120
untere Schranke 60
unteres Quartil 123
Untersumme 73
Untervektorraum 99
unvereinbare Ereignisse 130
Urliste 119

## V

Variable 18
Varianz 136
- empirische 124
Variation 127
- mit Wiederholung 127
- ohne Wiederholung 127
Vektor(en) 86, 99
- Addition 88
- Betrag 86, 88, 89
- entgegengerichtete 86
- gleichgerichtete 86
- Gleichheit 86
- kollineare 87, 100
- komplanare 87, 100
- Komponentendarstellung 87, 100
- Koordinatendarstellung 87, 100
- Multiplikation mit einer reellen Zahl 88
- Orientierung 86
- Skalarmultiplikation 88
- Subtraktion 88
- Winkel zwischen zwei 89, 93
Vektorabbildung 114
- induzierte 114
Vektordarstellung einer affinen Abbildung 113
Vektorgleichung einer Kugel 92
Vektorprodukt 89
- algebraische Eigenschaften 89
- doppeltes 90
Vektorraum 99
- Axiome 99
- euklidischer 101
- reeller 99

Vektorschreibweise eines LGS 107
verallgemeinerter Mittelwertsatz der Integralrechnung 76
Vereinigung zweier Ereignisse 130
Vereinigungsgesetze 7
Vereinigungsmenge 8
Verflechtungsdiagramm 110
Verhalten ganzrationaler Funktionen im Unendlichen 31
Verhältnisgleichung 16
Verketten
- affiner Abbildungen 113
- von Funktionen 24
Verknüpfen von Ereignissen 130
vermehrter Grundwert 17
verminderter Grundwert 17
Verschieben eines Graphen
- in x-Richtung 26
- in y-Richtung 26
Verteilung, stationäre 111
Verteilungen
- diskrete 137
- stetige 140
Verteilungsfunktion 136
Vertrauensintervall 146
Vertrauensniveau 146
Vertrauenszahl 146
Verwerfungsbereich 143
Verzerrungsfaktor 55
Verzerrungswinkel 55
Vieleck(s) 45
- Flächeninhalt eines konvexen 82
- Flächeninhalt eines regelmäßigen 45
- Inkreisradius eines regelmäßigen 45
- Innenwinkelsatz im regelmäßigen 45
- regelmäßiges 45
- Seitenlänge eines regelmäßigen 45
- Umfang eines regelmäßigen 45
- Umkreisradius eines regelmäßigen 45
Vielfachenmenge 11
Vielfaches 11
Vielfachheit 10, 20, 30
Vielflach 54
Vielflächner 54
Viereck(s)
- Diagonale 43
- Eckpunkt 43
- Innenwinkelsatz 43
- Seite 43
- Winkel 43
Vierfeldertafel 133
Vierflächner 54
Vieta, Satz von 20
Vollerhebung 118
vollständige Induktion 18
Vollwinkel 37
Volumen eines Rotationskörpers 53, 76
Vorgehen bei einem Signifikanztest 144
Vorrangregeln 12
vorschüssige Rente 17

## W

waagerechte Asymptote 32
Wachstum
- beschränktes 79
- exponentielles 79
- lineares 79
- logistisches 79
Wachstumsprozesse 79
Wahrheitstafeln 7
Wahrheitswert 7
Wahrscheinlichkeit 130
- bedingte 132
- eines Elementarereignisses 131
- eines Ereignisses 131
- totale 134
Wahrscheinlichkeitsdichte 136
Wahrscheinlichkeitsfunktion 136
Wahrscheinlichkeitsverteilung 131
- gemeinsame 137
- Maßzahlen 136
Wälzwinkel 35
Wechselwinkel 37
- an geschnittenen Parallelen 37
Weierstraß, Satz von 65
Wendepunkt 68, 69
Wendestelle 68, 69
Wert eines Terms 18
Wertemenge 24
wertgleiche Terme 19
Widerspruch, Satz vom 7
Winkel 36
- an sich schneidenden Geraden 37
- Bezeichnung 36
- Gerade – Ebene 93
- gestreckter 37
- in einem Dreieck 38
- in einem Viereck 43
- rechter 37
- Scheitelpunkt 36
- Schenkel 36
- spitzer 37
- stumpfer 37
- überstumpfer 37
- zwischen zwei Vektoren 89, 93
Winkelarten 37
Winkelfunktionen 33
Winkelhalbierende 38
- Dreieck 42
Winkelmaße 37, 56
Winkelsätze in einem Dreieck 39
Würfel 51, 54
Wurzel 14
Wurzelexponent 12, 14
Wurzelfunktion 30
Wurzelgesetze 14
Wurzelgleichung 21
Wurzelkriterium 62
Wurzelziehen 12

## Y

y-Achsenabschnitt 27

## Z

Zahl(en)
- ganze 9
- gebrochene 9
- komplexe 9
- natürliche 9
- rationale 9
- reelle 9
- zusammengesetzte 10
Zahldarstellungen 9
Zahlenfolge(n) 60
- arithmetische 62
- Beschränktheit 60
- divergente 60
- endliche 60
- geometrische 62
- Glied 60
- Grenzwert 60
- konvergente 60
- Monotonie 60
- reelle 60
- Sätze 60
- spezielle Grenzwerte 61
- unendliche 60
Zahlenmengen 9
Zähler 11
Zahlzeichen, römische 10
Zehnerlogarithmus 14
Zehnerlogarithmusfunktion 33
Zehnersystem 9
Zeilenvektor 101
zentraler Grenzwertsatz 141
Zentralwert 122
zentrische Streckung 48, 116, 117
- Eigenschaften 48
Zentriwinkel 46
Zentriwinkelsatz 46
Zerlegung 73
Zielmenge 24
Ziehen
- mit Zurücklegen 128
- ohne Zurücklegen 128
Zinsen 16
Zinseszins 17
Zinsrechnung 16
- Grundaufgaben 17
- Grundgleichung 17
Zinssatz 16
Zinszahl 16
zueinander konjugiert komplexe Zahlen 15
Zufallsexperiment 129
- n-stufiges 132
Zufallsgröße(n) 135
- diskrete 135
- standardisierte 137
- stetige 135
- Unabhängigkeit 137
Zufallsvariable 135
Zufallsversuch 129
zusammengesetzte Hypothese 143
zusammengesetzte Zahl 10
Zwanzigflächner 54
Zweierlogarithmusfunktion 33
Zweig einer Hyperbel 29
zweigipflige Häufigkeitsverteilung 122
Zwei-Punkte-Form einer Geraden 28, 81, 91
zweireihige Determinanten 105
zweiseitiger Signifikanztest 144, 145
zweistufiger Produktionsprozess 110
Zwischenwertsatz 65
Zwölfflächner 54
zyklischer Prozess 112
Zykloide 35
zyklometrische Funktionen 34

# Register


1. Faraday'sches Gesetz 179
1. Hauptsatz der Thermodynamik 173
2. Faraday'sches Gesetz 179
2. Hauptsatz der Thermodynamik 173

## A

Abbildungsmaßstab 191, 192
abbremsen 158
Abklingfaktor 186
Abklingkoeffizient 189
absolute Temperatur 169
absoluter Nullpunkt 208
Absorption von $\beta$- und $\gamma$-Strahlung 202
Absorptionskoeffizient 202
Abwurfgeschwindigkeit 159
Adiabatenexponent 170
adiabatische Zustandsänderung 173
Aktivität 201, 206, 207
allgemeine Gasgleichung 170
allgemeine Gaskonstante 170, 208
Amontons, Gesetz von 170
Ampere 205, 207
Amplitude 186
amu 208
Antimaterie 204
Antiteilchen 203
Antreffwahrscheinlichkeit 198
Anziehungskraft zwischen Kondensatorplatten 177
Äquivalent, elektrochemisches 179
Äquivalentdosis 202, 206, 207
Arbeit 164, 206
- im Gravitationsfeld 164
atomare Masseneinheit 201, 206, 208
Atomkern, Radius 202
Atto 208
Auftriebskraft 163
Ausbreitungsgeschwindigkeit 192
- elektromagnetische Welle 189
- mechanische Welle 187
Avogadro, Satz von 171
Avogadro-Konstante 170, 171, 179, 201, 208

## B

Balmer-Serie 199
Bar 206
barometrische Höhenformel 163
Baryon 203
Baryonenzahl 203
Basiseinheiten des SI 205, 207
Becquerel 206, 207
Beleuchtungsstärke 195, 207
Bernoulli'sche Strömungsgleichung 163
Beschleunigung 158, 207
Beugungswinkel 194
Beweglichkeit 200
Bildgröße 191, 192
Bildweite 191, 192
Blindleistung 185
Bogenmaß 207
Bohr'scher Radius 208
Boltzmann'sche Gleichung 173
Boltzmann-Konstante 173, 196, 208
Boyle-Mariotte, Gesetz von 170
Brackett-Serie 199
Bragg-Bedingung 197
Brechkraft 191
Brechungsgesetz 190
Brechzahl 190, 191
Bremsdauer 158
Bremsweg 158
Brennweite 191, 192
Brewster'sches Gesetz 193

## C

Candela 205, 207
Carnot'scher Kreisprozess 174
Celsius-Temperatur 169, 207
Compton-Effekt 198
Compton-Wellenlänge des Elektrons 198, 208
Corioliskraft 161
Coulomb 206, 207
Coulomb'sches Gesetz 175

## D

Dämpfungsfaktor 186
Dämpfungskoeffizient 186
De-Broglie-Wellenlänge für Elektronen 197
Deka 208
deutliche Sehweite 192
Dezi 208
Dichte 163
Dielektrizitätszahl 175
Differenzialgleichung harmonischer Schwingungen 187
Dipol 189
Doppelspalt, Interferenz beim 194
Doppler-Effekt 167, 188, 193
Drehimpuls 162
Drehimpulserhaltungssatz 162
Drehmoment 161, 162
Drei-Finger-Regel der linken Hand 179
Driftgeschwindigkeit 200
Druck 163, 206, 207
dünne Linse 191
Durchschnittsbeschleunigung 158
Durchschnittsgeschwindigkeit 158
Durchschnittsleistung 165
dynamische Viskosität 160

## E

Effektivwert
- Spannung 182
- Stromstärke 182
Eigenfrequenz
- Dipol 189
- Schwingkreis 189
Einfallswinkel 190
Einstein'sche Postulate 166
Einzelspalt, Interferenz beim 194

elastischer Stoß
zweier Körper 165
elektrische Arbeit 177
elektrische Feldkonstante 175, 176, 189, 208
elektrische Feldstärke 175, 189
– in einem Plattenkondensator 177
elektrische Flächenladungsdichte 176
elektrische Flussdichte 176
elektrische Kraft 175
elektrische Ladung 175, 206, 207
elektrische Leistung 177
elektrische Probeladung 175
elektrische Spannung 176, 206, 207
elektrische Stromstärke 175, 205, 207
elektrischer Fluss 189
elektrischer Widerstand 177
elektrisches Potenzial 175, 206
elektrochemisches Äquivalent 179
elektromagnetische Welle, Ausbreitungsgeschwindigkeit 189
Elektron 203
– Compton-Wellenlänge 198
– De-Broglie-Wellenlänge 197
– Energie 197
– Ruhemasse 209
Elektronenvolt 206, 208
Elektron-Neutrino 203
Elementarladung 208
Emissionsgrad 195
Energie 164, 168, 206, 207
– der Lage 164
– Elektron 197
– harmonischer Oszillator 187
– kinetische 164, 187
– Magnetfeld im Spuleninneren 181
– Photon 197
– Plattenkondensator 177
– potenzielle 164, 187
– Rotationsbewegung 164
Energiedichte des elektrischen Feldes 176
Energiedosis 202, 206, 207
Energieerhaltung 164
Energie-Impuls-Beziehung 168
Energiestromdichte 196
Energiestromstärke 165
Energieumsetzung
– durch Arbeit 172
– durch Temperaturunterschied 172
Entropie 173
Erhaltungssatz
– Baryonenzahl 203
– Drehimpuls 162, 203
– Energie 164, 203
– Impuls 160, 203
– Ladung 203
– Leptonenzahl 203
– Masse 203
Ersatzinduktivität 181
Ersatzkapazität 176
Ersatzwiderstand 178
Erstarrungsenergie, spezifische 173
Exa 208

## F

Fadenpendel 187
Fallbeschleunigung 158, 162
Farad 206, 207
Faraday'sche Gesetze 179
Faraday-Konstante 179, 208
Federkonstante 160
Federkraft 160
Federpendel 187
Feinstruktur-Konstante 208
Feldkonstante
– elektrische 175, 176, 189, 208
– magnetische 180, 181, 189, 208
Feldstärke
– elektrische 175, 189
– Gravitation 162
Femto 208
Fermat'sches Prinzip 203
Fernrohr 192
Fläche 207
Fluss
– elektrischer 189
– magnetischer 180, 189, 206, 207
Flussdichte, magnetische 180, 189, 206, 207
Fotoeffekt 197
freier Fall 158
Freiheitsgrad 172
Frequenz 159, 167, 182, 183, 184, 186, 187, 188, 192, 193, 196, 197, 199, 200, 206, 207

## G

Galilei-Transformation 166
Gangunterschied 193
Gasgesetze 170
Gasgleichung
– allgemeine 170
– universelle 170
Gastheorie, kinetische 170
Gay-Lussac, Gesetz von 170
gedämpfte Schwingung 186
Gegenstandsgröße 191, 192
Gegenstandsweite 191, 192
geradlinige Bewegung 158
Geschwindigkeit(en) 158, 207
– Addition von 167
Gesetz
– von Amontons 170
– von Boyle-Mariotte 170
– von Gay-Lussac 170
– von Stokes 160
Gewichtskraft 160
Giga 208
Gitter, Interferenz beim 194
Gitterkonstante 194
Glanzwinkel 197
Gleichgewicht, hydraulisches 163
Grad Celsius 206, 207
Gravitationsfeld, Arbeit im 164
Gravitationsfeldstärke 162
Gravitationsgesetz, Newton'sches 162
Gravitationskonstante 162, 208
Gravitationskraft 162
Gravitationspotenzial 164
Gray 206, 207
Grenzfrequenz 197

Grenzwellenlänge 197
Grenzwinkel 190
Grundgleichung
- der Mechanik 160
- der Rotation 162

## H

Halbwertsdicke 202
Halbwertszeit 201
Hall-Konstante 181
Hall-Spannung 181
Hangabtriebskraft 160
harmonische Schwingung, Differenzialgleichung 187
harmonischer Oszillator 186
- Energie 187
- Wellengleichung 188
Hauptquantenzahl 200
Hauptsätze der Thermodynamik 173, 204
Hebelarm 161
Hebelgesetz 161
Heisenberg'sche Unbestimmtheitsrelation 199
Heißleiter 178
Hekto 208
Helligkeit, scheinbare 195
Henry 206, 207
Hertz 206, 207
Hohlraumstrahlung 196
Hohlspiegel 192
Hooke'sches Gesetz für elastische Verformung 160
horizontaler Wurf 159
Hubble-Konstante 208
Hubble-Zeit 209
Huygens'sches Prinzip 204
hydraulisches Gleichgewicht 163

## I

Impuls 159, 167
Impulsänderung 159, 160
Impulserhaltung 160
Induktionsspannung 180
Induktivität(en) 181, 206, 207
- Parallelschaltung 181
- Reihenschaltung 181
induzierte Spannung 180
Inertialsystem 166
innere Energie eines idealen Gases 170
Intensität 188, 195
Interferenz 193
- an dünnen Schichten 194
- beim Doppelspalt 194
- beim Einzelspalt 194
- beim Gitter 194
Internationales Einheitensystem (SI) 205
Ionendosis 202
isotherme Zustandsänderung 173

## J

Joule 206, 207

## K

Kaltleiter 178
Kapazität(en) 176, 188, 206, 207
- freistehende Kugel 177
- Kugelkondensator 177
- Parallelschaltung 176
- Plattenkondensator 177
- Reihenschaltung 176
Kelvin 205, 207
Kepler'sche Gesetze 162
Kernladungszahl 200, 202
Kilo 208
Kilogramm 205, 207
kinetische Energie 164, 187
kinetische Gastheorie 170
Kirchhoff'sche Regeln 178
Knotenregel 178
Komplementarität 199
Kondensationsenergie, spezifische 173
Kondensator 177, 188
Kontinuitätsgleichung 163
Kraft 159, 160, 168, 206, 207
- auf einen geraden Leiter 179
Kraftstoß 159
Kreisbewegung 159
Kreisfrequenz 182, 183, 184, 186, 187, 189
Kreisprozess, reversibler 174
Kugel, Kapazität einer freistehenden 177
Kugelkondensator(s), Kapazität eines 177
$K_{\alpha}$-Linie 200

## L

Ladung, elektrische 175, 206, 207
Ladungsträgerdichte 200
Lambda-Teilchen 203
Länge 207
Längenänderung, thermische 169
Längenausdehnungskoeffizient 169
Längenkontraktion 167
Lebensdauer, mittlere 201
Leistung 165, 206, 207
Leitfähigkeit 179
- von Metallen 200
Leitwert 179, 207
Lenz'sche Regel 181
Lepton 203
Leptonenzahl 203
Leuchtkraft der Sonne 195
Lichtgeschwindigkeit 166, 167
- im Vakuum 208
Lichtmenge 195
Lichtstärke 191, 195, 207
Lichtstrom 195, 207
Linke-Hand-Regel für Elektronenstromrichtung 180
Linse (dünn) 191
Linsensystem für dünne Linsen 191
Lochkamera 191
Lorentz-Kraft 179
Lorentz-Transformation 166, 204
Luftreibung 158
Luftwiderstand 161
Luftwiderstandsbeiwert 158, 161

Lumen 207
Lupe 192
Lux 207
Lyman-Serie 199

## M

magnetische Feldkonstante 180, 181, 189, 208
magnetische Flussdichte 180, 189, 206, 207
magnetischer Fluss 180, 189, 206, 207
magnetisches Moment
- Elektron 209
- Proton 209
Magnetquantenzahl 200
Maschenregel 178
Masse 167, 206, 207
- molare 170, 171, 201
Massendefekt 202
Massenverhältnis Proton : Elektron 209
Massenzahl 202
Materie 204
Maxwell'sche Geschwindigkeitsverteilung 171
Maxwell'sche Gleichungen 189
mechanische Welle
- Ausbreitungsgeschwindigkeit 187
- Phasengeschwindigkeit 187
Mega 208
Meter 205, 207
Mikro 208
Mikroskop 192
Milli 208
Minimalprinzip 203
mittlere kinetische Energie 171
mittlere Lebensdauer 201
mittleres Geschwindigkeitsquadrat 171
Mol 205, 207
molare Masse 170, 171, 201
molare Wärmekapazität 172
molares Normvolumen idealer Gase 209
molares Volumen 171, 201
Molmasse 171, 201
Molvolumen 171, 201
Momentanbeschleunigung 158
Momentangeschwindigkeit 158
Momentanwert
- Spannung 182
- Stromstärke 182
Moseley'sches Gesetz 200
Myon 203
Myon-Neutrino 203

## N

Nano 208
Nebenquantenzahl 200
Neutrino 203
Neutron 203
- Ruhemasse 209
Neutronenzahl 202
Newton 206, 207
Newton'sche Ringe 193
Newton'sches Gravitationsgesetz 162
Normalkraft 160
Normdruck 209
Normfallbeschleunigung 209
Normtemperatur 209
NTC-Widerstand 178
Nukleonenzahl 202

## O

Objektivbrennweite 192
Objektivdurchmesser 191
Ohm 206, 207
Ohm'scher Widerstand 177, 182
- Parallelschaltung 178
- Reihenschaltung 178
Okularbrennweite 192
optisch dichteres Medium 190
optische Weglänge 192
optischer Dopplereffekt 167, 193
optischer Lichtweg 192

## P

Parallelschaltung von Wechselstromwiderständen 184
Pascal 206, 207
Paschen-Serie 199
Pauli-Prinzip 200, 204
Permeabilitätszahl 180, 181, 189
Permittivitätszahl 175, 176, 189
Peta 208
Pfund-Serie 199
Phasengeschwindigkeit einer mechanischen Welle 187
Phasensprung 188, 192
Phasenverschiebung 184, 185, 186, 193
Photon
- Energie 197
- Impuls 197
- Masse 197
Piko 208
Planck'sche Konstante 196, 209
Planck'sches Strahlungsgesetz 195
Planck'sches Wirkungsquantum 196, 209
Plattenkondensator
- Anziehungskraft der Platten 177
- Energie 177
- Feldstärke 177
- Kapazität 177
Poisson'sche Gesetze 170
Polarisation 193
Polarisationswinkel 193
Potenzial, elektrisches 175, 207
Potenzialunterschied 176
potenzielle Energie 164, 187
Probeladung, elektrische 175
Proton 203
- Radius 202
- Ruhemasse 209
Protonenzahl 202
PTC-Widerstand 178

## Q

Qualitätsfaktor 202
Quarks 203

## R

Radialbeschleunigung 159

Radiant 207
radioaktiver Zerfall 201
Radius eines Atomkerns 202
Radius eines Protons 202
Raumwinkel 195, 207
Reflexionsgesetz 190
Reflexionswinkel 190
Reibungskraft 160, 186
Reibungszahl 160
Reihenschaltung von Wechselstromwiderständen 184
Relativität 204
reversibler Kreisprozess 174
Richtgröße 160, 186, 187
Röntgenbremsstrahlung 197
Rotationsbewegung, Energie bei einer 164
Ruheenergie 168
Ruhemasse 167
- Elektron 209
- Neutron 209
- Proton 209
- Wasserstoff-Atom 209
Rydberg-Frequenz des Wasserstoff-Atoms 199, 200, 209
Rydberg-Konstante 209

## S

Satz von Avogadro 171
scheinbare Helligkeit 195
Scheinleistung 185
Scheinwiderstand 184
Scheitelwert
- Spannung 182
- Stromstärke 182
schiefer Wurf 159
Schmelzenergie, spezifische 173
Schrödinger-Gleichung 198
- stationäre Lösung in einem linearen Potenzialtopf 198
- zeitunabhängige Lösung in einem linearen Potenzialtopf 198
Schwächungskoeffizient 202
schwarzer Strahler 174
- Strahlung 196
Schweredruck 163
Schwingkreis 188 f.
Schwingung
- gedämpfte 186
- ungedämpfte 186
Schwingungsdauer 186, 187, 188, 189
Schwingungsweite 186
Sehweite, deutliche 192
Sehwinkel 192
Sekunde 205, 207
Selbstinduktionsspannung 181
senkrechter Wurf 158
Siemens 207
Sievert 206, 207
Sigma-Teilchen 203
SKE 207
Solarkonstante 195, 209
Spannkraft 160
Spannung 176, 206, 207
- induzierte 180
Spannungsteiler 178
spezifische Erstarrungsenergie 173
spezifische Kondensationsenergie 173
spezifische Ladung des Elektrons 209
spezifische Schmelzenergie 173
spezifische Umwandlungsenergien 173
spezifische Verdampfungsenergie 173
spezifische Wärmekapazität 170, 172
spezifischer Widerstand 177
Spiegel (kugelförmig) 192
Spinquantenzahl 200
statischer Druck 163
Stefan-Boltzmann'sches Gesetz 174, 195
Stefan-Boltzmann-Konstante 174, 195, 209
stehende Welle 188
Steighöhe 158, 159
Steigzeit 158, 159
Steinkohleeinheit 206
Steradiant 195, 207
Stoffmenge 171, 207
Stokes, Gesetz von 160
Stoß
- elastischer 165
- unelastischer 165
Strahlung eines schwarzen Strahlers 196
Strahlungsdauer 195
Strahlungsenergie 195
Strahlungsleistung 174, 195
Stromstärke 175, 205, 207
Stromteiler 178
Strömungsgeschwindigkeit 163

## T

Tau-Neutrino 203
Tauon 203
Teilspannungen 178
Teilstromstärken 178
Temperatur 169, 206, 207
- absolute 169
- thermodynamische 169
Temperaturunterschied 169
Tera 208
Tesla 206, 207
thermische Längenänderung 169
thermische Volumenänderung 169
thermodynamische Temperatur 169
thermodynamischer Wirkungsgrad 174
Thomson'sche Schwingungsgleichung 189
Tonne 206
Totalreflexion 190
Trägheitsmoment 162
Transformator 185
Tripelpunkt des Wassers 209

## U

Überführungsarbeit 176
Umlaufdauer 159
Umwandlungsenergien, spezifische 173

unelastischer Stoß zweier Körper 165
ungedämpfte Schwingung 186
universelle Gasgleichung 170
Ursache 204

## V

Van-der-Waals-Gleichung 170
Verdampfungsenergie, spezifische 173
Vergrößerung 192
Verhältnisfaktor 166, 167, 168
Verzerrungsfaktor 166, 167, 168
Viskosität, dynamische 160
Volt 206, 207
Volumen 207
Volumenänderung, thermische 169
Volumenausdehnungskoeffizient 169

## W

waagerechter Wurf 159
Wahrscheinlichkeitsdichte 198
Wärme 172, 206
Wärmekapazität 172
- molare 172
- spezifische 170, 172
Wärmeleitfähigkeit 169
Wärmeleitung 169
Wasserstoffatom 199
- Balmer-Serie 199
- Brackett-Serie 199
- Bindungsenergie des Elektrons 199
- Lyman-Serie 199
- Paschen-Serie 199
- Pfund-Serie 199
- Rydberg-Frequenz 199, 200, 209
- Spektrallinien 199
Watt 206, 207
Weber 206, 207
Welle (elektromagnetische), Ausbreitungsgeschwindigkeit 187
Welle (mechanische)
- Ausbreitungsgeschwindigkeit 187
- Phasengeschwindigkeit 187
- stehende 188
Wellengleichung bei harmonischen Oszillatoren 188
Wellenlänge 187, 188, 189, 192
Widerstand 206, 207
- elektrischer 177
- induktiver 183
- kapazitiver 183
- Ohm'scher 177, 182
- spezifischer 177
Wien'sche Konstante 196, 209
Wien'sches Verschiebungsgesetz 174, 196
Wirkleistung 185
Wirkung 204
Wirkungsgrad 165
- thermodynamischer 174
Wölbspiegel 192
Wurf
- horizontaler 159
- schiefer 159
- waagerechter 159

## X

Xi-Teilchen 203

## Z

Zählrate 201
Zeigerdiagramm 184
Zeit 207
Zeitdilatation 166
Zenti 208
Zentralbeschleunigung 159, 161
zentraler Stoß 165
Zentralkraft 161
Zentralmasse 162
Zentripetalkraft 161
Zerfall, radioaktiver 201
Zerfallsgesetz 201
Zerfallskonstante 201
Zugkraft 160
Zustandsänderung
- adiabatische 173
- isotherme 173

**1. Auflage** 1 6 5 4 3 2 | 2023 22 21 20 19



**Autoren:** Stefan Stöckle, Hans-Jerg Dorn, Dr. Tilo Fischer
**Berater:** Manfred Baum, Prof. Dr. Hinrich Lorenzen, Dr. Michael Schmitz, Oliver Thomsen
**Redaktion:** Stefan Stöckle, Anke Stöckle
**Herstellung:** Jörg Adrion, Simone Glauner, Renate Mönch

**Gestaltung:** Petra Michel, Essen
**Illustrationen:** Annette Liese, Dortmund; Alfred Marzell, Schwäbisch-Gmünd; tiff.any, Berlin; topset Computersatz Rudi Warttmann, Nürtingen
**Satz:** tiff.any, Berlin
**Druck:** AZ Druck und Datentechnik GmbH, Kempten/Allgäu

Printed in Germany
ISBN 978-3-12-718520-1

9 783127 185201